全国高等农林院校“十一五”规划教材

# 动物防疫与检疫

毕丁仁 钱爱东 主编

中国农业出版社

# 内 容 简 介

《动物防疫与检疫》是兽医专业的一门重要专业课程，与许多兽医学其他专业基础课如兽医微生物学、兽医传染病学、动物寄生虫病学、兽医病理学、兽医临床诊断学以及动物性食品卫生学等课程有着紧密的联系，与我国目前蓬勃发展的畜牧养殖业生产实际密切相关。本书内容也展示了我国近期对动物重大疫病防控和公共卫生安全的迫切需要。本书共分 12 章，第一至四章论述了动物防疫与动物检疫总论，主要包括动物防疫的基本理论和基本技术，动物检疫概述，动物检疫基本方法和动物性产品检验检疫的基本技术。第五章以后则依次讲述了多种动物共患疫病和猪、禽、牛、羊、马等各种动物的疫病的防疫和检疫。

本书内容翔实，兼顾了本门学科的系统性、科学性和实用性，适合于高等农林院校兽医专业学生作为教材使用，也可供有关科研、教学、检疫检验、进出境检疫以及生产单位的科研、技术人员阅读。

# 编 写 人 员


**主　编**　毕丁仁　钱爱东

**副主编**　胡永浩　罗满林　徐昆龙

**编　者**（按姓氏笔画排序）

付童生　湖南农业大学
宁官保　山西农业大学
毕丁仁　华中农业大学
刘　毅　湖南农业大学
孙永科　云南农业大学
佘锐萍　中国农业大学
张安国　天津农学院
罗满林　华南农业大学
胡永浩　甘肃农业大学
徐昆龙　云南农业大学
栗绍文　华中农业大学
钱爱东　吉林农业大学

**审　稿**　孙锡斌　华中农业大学
毕丁仁　华中农业大学
栗绍文　华中农业大学

# 前言

随着我国规模化、集约化养殖业的快速发展，各种重大动物疫病频频发生，给我国动物疫病的防控工作带来巨大的压力，严重制约了畜牧业的健康、快速发展。因此，提高动物疫病的预防和控制能力，是实现我国养殖业持续、稳定、健康发展的前提条件，也是保障食品安全和公共卫生安全的必然要求。《中华人民共和国动物防疫法》明确规定，动物防疫包括整个动物饲养、经营、屠宰和动物产品的生产、经营全过程的动物疫病的预防、控制、扑灭和动物、动物产品的检疫。动物检疫是指为了防止动物疫病和人畜共患病的发生和传播、保护畜牧业发展和保障人民身体健康，由国家法定的检疫检验监督机构和人员，采用法定的检疫方法，依照法定的检疫项目、检疫对象和检疫检验标准以及管理形式和程序，对动物及动物产品进行疫病检查、定性和处理的一项带有强制性的技术行政措施。动物检疫作为发现、预防、控制、扑灭动物疫病的重要手段，因而也是动物防疫的重要内容。所以，有效地防止和控制重大动物传染病的发生和流行，保证各类动物性产品的安全，是摆在我国相关行政管理部门、执法机构、科研单位以及从业人员面前的重大课题。我国各个高等农业院校兽医专业均开设了《动物防疫与检疫》课程，有的学校还被列成“公共卫生专业”的主干课程，因此我们组织全国各高校有关老师编写了这本教材。

本教材共分12章，具体编写分工为：第一、二章，胡永浩；第三章，栗绍文；第四章，毕丁仁、栗绍文；第五章，张安国；第六章，罗满林；第七章，钱爱东；第八章，刘毅、付童生；第九章，徐昆龙、孙永科；第十章，佘锐萍、栗绍文；第十一、十二章，宁官保。最后，由孙锡斌教授、毕丁仁教授和栗绍文副教授对全文统稿和审定。

由于编者水平有限，书中的不妥之处在所难免，在编排体例和内容取舍上可能存在偏颇，敬请读者批评指正，以便在再版时更正。

编　者

2009年3月

目录

# 绪 论

## 一、动物防疫与检疫的概念

动物防疫（animal epidemic prevention）是指在动物饲养、经营、屠宰以及动物产品的生产和经营全过程中，对动物疫病的预防、控制、扑灭以及动物和动物产品的检疫。动物检疫（animal quarantine）是指为了防止动物疫病和人兽共患病的发生和传播、保护畜牧业发展和保障人民身体健康，由国家法定的检验检疫监督机构和人员，采用法定的检疫方法，依照法定的检疫项目、检疫对象和检验检疫标准以及管理形式和程序，对动物、动物产品进行疫病检查、定性和处理的一项带有强制性的技术行政措施。动物检疫作为发现、预防、控制、扑灭动物疫病的重要手段，因而也是动物防疫的重要内容。

尽管动物防疫包含了动物检疫的内容，但随着科学技术的进步和研究方法、研究对象的具体化，逐步形成了动物防疫学和动物检疫学。动物防疫学是指应用动物医学的基本理论和技术，预防、控制和扑灭动物疫病的一门应用学科；而动物检疫学是指运用各种检查、诊断方法检查法定的动物疫病及产品，并采用一切措施防止疫病传播的一门应用科学。动物防疫学的内容主要涉及动物防疫的基本理论和基本技能，包括动物疫病的发生、发展规律，动物防疫的技术操作要求和方法；而动物检疫学的内容主要涉及动物检疫的基本理论知识和基本技术，包括动物检疫范围、对象和种类，动物检疫技术、动物检疫处理以及各种动物疫病的检疫要点及其处理。

动物防疫与检疫是预防兽医学的重要组成部分，与基础兽医学、临床兽医学和预防兽医学的其他课程密切相关。它以动物解剖和组织胚胎学、动物生理学、动物病理学、兽医药理及毒理学、动物病原学、动物免疫学等基础理论、基本知识和基本技能为基础，并与动物产品检验、人兽共患病、动物卫生法规等互相联系配合，共同组成预防兽医学。

## 二、动物检疫简史及现状

### （一）动物检疫的起源和发展

检疫的英文 quarantine 源自意大利语 quarantina，意思是 40d。它起源于 14 世纪，意大利威尼斯共和国为防止当时欧洲流行的鼠疫、霍乱和疟疾等危险性疾病的传入，率先建立世界上第一个检疫机构——lazaretto（检查站），令抵达其口岸的外国船只、人员及其随行物，必须在船上滞留 40d，在此期间如未发现传染性疾病，才允许其离船登陆。其理由是，如果患有某种传染病，一般在40d之内可能通过潜伏期表现出来。这种原始的隔离措施，原是针对人而采取的卫生检疫手段，在当时对防止鼠疫等传染病的传播起过很大的作用。此后，很多欧洲国家，特别是地中海沿岸的一些国家都开始采取类似措施，一些港口检疫机构也相继建立。最早的检疫方法是由检疫人员登轮巡视，检查物品与喷洒消毒，暴露货物、禁闭船员和旅客，同时检查船舶的卫生证件，这种检疫方法称为隔离法，而quarantine就成为隔离40d的专有名词，并逐渐发展成“检疫”的概念。随着科学技术的不断发展，不少国家陆续采用了这一规定，将用于预防动物危险性传染病传播的，称为动物检疫（animal quarantine)。

1871年日本开始采取最早的动物检疫措施，以防止西伯利亚的牛瘟传入；1879年意大利发现美国输入欧洲的肉类有旋毛虫，即下令禁止美国肉类输入，1881年澳大利亚、德国、法国等也相继宣布了类似的禁令；1882年，英国发现美国东部有牛传染性胸膜肺炎，便下令禁止美国活牛进口，其后丹麦等国也采取了同样的措施。这是初始的进出境动物检疫。

随着科技的进步，人们逐渐认识和掌握了大多数危险性传染病和寄生虫病传播和流行的规律和特点。同时，随着交通业的发展和人们相互交往、贸易往来的逐渐增多，高山、大川、海洋已不能成为阻止疫病流行的屏障。因此，过去只针对某一种危险性疾病而采取的禁止从疫区进口其动物及动物产品的做法已不适用，需要更广泛地采用法律手段对可能带有危险性病原的动物、动物产品进行检疫，来堵住一切可能传播、蔓延危险性疫病的渠道。各国也相继制定了有针对性和可操作性的检疫法规。如日本1886年和1896年相继颁发了《兽医传染病预防法规》和《兽医预防法》，英国1907年颁发了《危险性病虫法案》，美国1935年颁发了《动植物检疫法》等。

动物检疫取得成效的一个必要条件是着眼于保护一个生物地理区域，而不仅仅只保护某个国家。只有在一个生物地理区域内免受某种疫病的危害，该区域内的国家和地区才能得到保护；一种疫病只有在整个生理地理区域内被控制或扑灭，该区域内的国家和地区才能免受其害。因此，检疫法规逐步由国家法规发展为国家间的双边合作、多边合作乃至国际公约。

1872年，欧洲大面积暴发牛瘟，奥地利召集比利时、法国、德国等国家在维也纳召开国际会议，协商各国应采取统一行动来控制牛瘟。1920年，巴基斯坦运往巴西的瘤牛途经比利时安特卫普港时，引起比利时再次暴发牛瘟，这一事件引起欧洲各国极大的关注。1924年1月25日，阿根廷、比利时、巴西、法国等28个国家代表聚会巴黎，一致同意在巴黎创建“国际兽疫流行病机构”（Office International des Epizooties，OIE)。OIE的英文名称是“World Organisation for Animal Health”，即“世界动物卫生组织”。OIE成立后，立即引起了国际社会的普遍关注，其成员国数量也不断增加，最初是28个，1950年为53个，1970年增至87个，至今已发展到172个，目前OIE已成为影响力最大的国际动物卫生组织。随着WTO-SPS协定对OIE规则、标准和建议的认可，OIE也在人类和动物健康方面发挥着越来越重要的作用。

### （二）我国动物检疫的发展和现状

#### 1. 我国出入境动物检疫

(1) 新中国成立前的出入境动物检疫：1903年清政府在中东铁路管理局设立了铁路兽医检疫处，对来自沙皇俄国的各种肉类食品进行检疫，这是我国最早的动物检疫。中国官方最早的动物检疫机构是1927年北京张作霖军政府农工部在天津成立的“农工部毛革肉类检查所”，最早的动物检疫法规是同年公布的《毛革肉类出口检查条例》和《毛革肉类检查条例实施细则》。1929

年，工商部上海商品检验局成立，这是中国第一个由国家设立的官方商品检验局。1932年，国民政府行政院通过并由实业部公布《商品检验法》，这是中国商品检验最早的法律。抗日战争爆发后，随着天津、上海、青岛、广州等大城市的沦陷，各地检验检疫机构相继停办，在此期间动植物检疫基本上处于停顿状态。直到1945年抗日战争胜利后，各地商品检验局才陆续恢复工作。

新中国成立前的商品检验，虽然有法律和法规作为依据，也设有官方的商品检验局。但由于中国当时处于半封建半殖民地的地位，没有海关的自主权。进出口贸易由国外商人操纵，外商在经营购销商品的同时，在我国口岸设立检验机构执行检疫任务，而我国无权执行对外动物检疫。因此，随着帝国主义疯狂的经济和政治侵略，很多患病的动物及动物产品输入我国，致使一些重要畜禽疫病传入我国并广泛流行，给我国畜牧业造成了巨大损失。

（2）新中国成立后的出入境动物检疫：新中国成立后，中央贸易部外贸司设立商品检验处，统一领导全国商品检验工作。1951年颁布《商品检验暂行条例》，这是中华人民共和国第一部关于进出口商品检验的行政法规。1952年，中央贸易部分为商业部和外贸部，外贸部商品检验总局统一管理全国进出口商品检验和对外动植物检疫工作。1964年，国务院将动植物检疫划归农业部领导（动物产品检疫仍由商品检验总局办理），并于1965年在全国27个口岸设立了国家动植物检疫所。“文化大革命”期间，中国动植物检疫工作受到了极大的冲击和破坏，许多机构被精简甚至撤销，大批人员被下放，进出境动植物检疫工作一度陷入混乱，进出口商品质量无法保证，国家经济建设和对外贸易遭受严重损失。

1980年，外贸部商品检验总局改为国家进出口商品检验总局（1982年更名为进出口商品检验局）。同年，口岸动植物检疫工作恢复归农业部统一领导。1982年，国务院批准成立国家动植物检疫总所（1995年更名为国家动植物检疫局），代表国家行使对外动植物检疫行政管理职权，负责统一管理全国口岸动植物检疫工作。1998年国家进出口商品检验局、国家动植物检疫局和国家卫生检疫局合并组建国家出入境检验检疫局，归属海关总署，内设动植物监管司，全面负责出入境动物检验检疫工作。国家出入境检验检疫局设立在各地的直属局于1999年8月10日同时挂牌成立。2001年，国家质量技术监督局和国家出入境检验检疫局合并组成国家质量监督检验检疫总局（以下简称国家质检总局），进出境动植物检疫工作仍由动植物监管司负责。

1982年，国务院颁布《中华人民共和国进出口动植物检疫条例》，明确规定了进出口动植物检疫的宗旨、意义、范围、程序、方法以及检疫处理和相应的法律责任，这是中国进出境动植物检疫史上第一部比较完善的检疫法规。1982年，全国人民代表大会常务委员会（以下简称全国人大常委会）公布了《中华人民共和国食品卫生法》（试行），1995年修订为《中华人民共和国食品卫生法》，明确规定“出口食品卫生由商品检验机构监督检验”。1989年，全国人大常委会审议通过了《中华人民共和国进出口商品检验法》，1992年国家商品检验局发布了《中华人民共和国进出口商品检验法实施条例》。1991年，全国人大常委会审议通过了《中华人民共和国进出境动植物检疫法》（以下简称《进出境动植物检疫法》），这是我国颁布的第一部动植物检疫法律，标志着中国动植物检疫事业进入一个新的发展时期。1996年，国务院颁布《中华人民共和国动植物检疫法实施条例》。

新中国成立以后我国出入境动物检疫国家管理机构的发展过程见图绪-1。

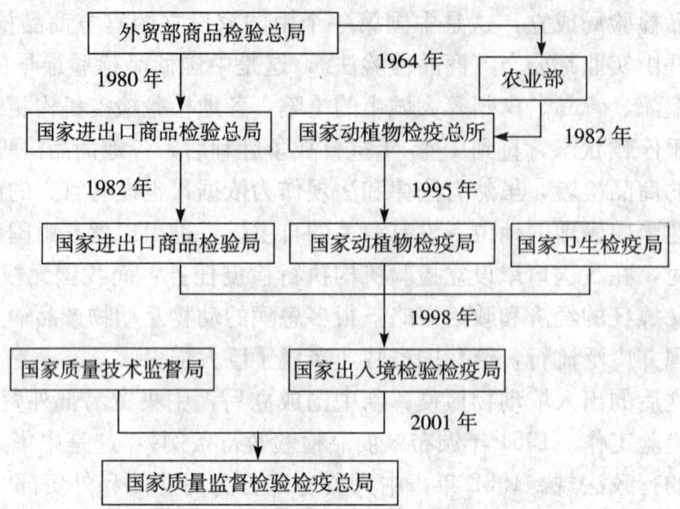


图绪-1　新中国成立后出入境动物检疫国家管理机构发展简图

2. 我国国内的动物检疫　我国国内的动物检疫目前实行的是中央、省、地（市）、县四级防疫、检疫、监督体系，其具体职责分工如下：

（1）国家兽医行政管理部门：农业部主管全国兽医工作，负责全国的动物疫病防治、检疫和动物防疫监督的宏观管理，负责起草动物防疫和检疫的法律法规，签署政府间协议、协定，制定有关标准等。下设兽医局和渔政渔港监督管理局。

兽医局主要职责是：承办起草动物防疫检疫法律、法规和政府间动物检疫协议，发布禁止入境动物及其产品名录；研究、指导动物防疫检疫队伍和体系建设，组织兽医医政管理、兽药药政药检和兽医实验室监管；提出动物防疫检疫、畜禽产品安全、动物福利方面的方针、措施并组织落实；组织制订兽医、兽药标准并监督实施；组织兽药、兽医医疗器械和兽用生物制品的登记和进出口审批等。

渔政渔港监督管理局主要职责是：负责水生动物防疫工作；负责水产养殖中的兽药使用、兽药残留检测和监督管理，参与起草有关法律、法规、规章，并监督实施。参与组织制定并监督执行国际渔业公约和多边、双边渔业协定，组织开展国际渔业交流与合作；研究提出促进渔业国际贸易的政策建议；协调处理重大的涉外渔业事件等。

农业部在兽医管理方面下设三个事业机构：中国动物疫病预防控制中心，负责收集、汇总疫情，拟定重大动物疫病防治预案并组织实施；中国兽医药品监察所，负责兽医药品的监察及菌种保存、供应等工作；中国动物卫生与流行病学中心，负责动物疫病诊断方法研究、流行病学调查和分析，以及国外动物疫情收集、分析及管理工作。

（2）地方兽医行政管理部门：县级以上地方人民政府下设畜牧兽医行政管理部门，其兽医工作主要任务是：负责辖区内动物疫病的防疫、兽用药品的管理与监督；组织实施动物防疫规划、计划；根据法律法规授权，起草或制定地方动物防疫检疫和兽药管理的办法、技术规范和规定；实施辖区内动物疫情调查、测报，组织疑难病症的诊断和疫情的扑灭；组织辖区内动物防疫、检疫，需要管理的科普活动、技术培训、技术指导和技术推广。

县级以上人民政府所属动物卫生监督机构具体实施动物防疫和动物防疫监督工作；乡镇动物防疫机构在县级动物卫生监督机构指导下，做好动物疫病的预防、控制、扑灭等具体工作。

另外，卫生部下属的国家食品药品监督管理局负责全国食品安全管理方面的法律、行政法规的制订，食品安全的综合监督、组织协调和依法组织开展对重大事故查处等。下设31个地方食品药品监督局负责对各省（自治区、直辖市）的食品安全工作进行管理和综合监督。

国家先后颁布了一系列法律法规来规范国内动物检疫工作。例如，1959年农业部、卫生部、对外贸易部及商业部联合颁发了《肉品卫生检验试行规程》（《四部规程》）；1985年国务院颁布《家畜家禽防疫条例》；1997年颁布《中华人民共和国动物防疫法》（以下简称《动物防疫法》）（2007年修订）和《生猪屠宰管理条例》（2008年修订）；2002年农业部颁布了《动物检疫管理办法》。

## 三、动物检疫的作用和意义

动物检疫的作用是通过对动物、动物产品的检验检疫、消毒和处理，达到防止动物疫病传播扩散、保护畜牧业生产和人民身体健康的目的。其最根本的作用体现在下列几方面：

### （一）监督检查作用

检疫人员通过索证、验证，发现和纠正违反动物卫生行政法规的行为，保证动物、动物产品生产经营者合法经营，维护消费者的合法权益。

（1）促使动物饲养者自觉开展预防接种等防疫工作，提高免疫率，从而达到以检促防的目的。

（2）促进动物及其产品经营者主动接受检疫，合法经营。

（3）促进产地检疫工作顺利进行，防止不合格的动物及其产品进入流通环节。

### （二）有效控制和消灭动物疫病

通过动物检疫，可以及时发现动物疫病以及其他妨害公共卫生的因素。其意义在于：

（1）及时采取措施，扑灭疫源，防止疫情传播蔓延，把疫情消灭在最小范围内，保护畜牧业生产。

（2）通过对检疫发现动物疫情的记录、整理、分析，及时、准确、全面地反映动物疫病的流行分布动态，为制定动物疫病防控规划和防疫计划提供可靠的科学依据。

（3）目前对于绵羊痒病、结核病、鼻疽等多种疫病仍无疫苗可供接种，也极难治愈。通过检疫、扑杀病畜、无害化处理染疫产品等手段可达到净化消灭目的。

### （三）保护人体健康

通过动物及其产品传播的疫病会危害人体健康。在动物疫病中，有近200种属于人兽共患，如狂犬病、口蹄疫、炭疽、结核病、旋毛虫病等。通过检疫，可以及早发现并采取措施，防止对人的感染。同时，通过动物产品检疫，及时检出和处理不合格的动物产品，可保证消费者食用安全。

**（四）维护动物及其产品的对外贸易**

通过对进口动物、动物产品的检疫，可以避免国外疫病入境，减少或免除进口贸易损失，维护国家利益；而通过对外出口检疫，有利于保证我国出口动物及动物产品的卫生质量，对拓宽国际市场、维护国家的贸易信誉、扩大畜产品出口创汇等方面都具有重要意义。

（毕丁仁　栗绍文）

# 动物疫病防疫

## 第一节 动物疫病防疫概述

### 一、动物疫病的概念

动物疾病包括动物疫病（包括传染病和寄生虫病）和动物普通病（包括内科病、外科病、产科病等）。动物疫病（epidemic disease）是由活的病原体引起的具有传染性和流行性的疾病。动物疫病的病原体一般包括病毒、病原菌和病原寄生虫三大类。病原微生物引起的动物疫病称为传染病（infectious disease），病原寄生虫引起的动物疫病称为寄生虫病（parasitic disease）。

1. *病毒* 是无细胞结构的微小生物，严格细胞内寄生。病毒核酸承载着病毒的遗传物质，病毒蛋白质包裹在核酸芯髓外面，保护核酸免受破坏。亚病毒（subvirus）是比病毒结构更简单的微生物，主要有类病毒（viroid）和朊病毒（prion）。类病毒只含有核酸，不含蛋白质，仅感染植物；朊病毒只含有传染性蛋白质，不含有核酸，引起人和动物的海绵状脑病。

2. *病原菌* 是有完整细胞结构的微生物。按照细胞有无核膜可分为原核微生物和真核微生物：原核微生物包括细菌、立克次体、衣原体、支原体、螺旋体和放线菌等；真核微生物一般称为真菌，可分为酵母菌、霉菌等。

3. *病原寄生虫* 一般分为蠕虫（包括吸虫、绦虫、线虫、棘头虫等）、蜘蛛昆虫和原虫等。原虫为单细胞生物，可由一个细胞进行或完成生命活动的全部功能和过程。蠕虫和蜘蛛昆虫为多细胞动物，由相应的器官和系统构成，通过中间宿主或终末宿主完成其生活史。

### 二、动物疫病的特点

#### （一）动物传染病的特点

（1）由相应病原微生物引起：每一种传染病都有其特定的病原微生物。如猪瘟是由猪瘟病毒引起的，口蹄疫由口蹄疫病毒引起。

（2）具有传染性和流行性。

（3）感染的动物机体发生特异性免疫反应：传染过程中由于病原微生物及其抗原的刺激作用，机体发生特异性免疫反应，产生特异性抗体和变态反应等；大多数情况下，耐过的动物均能产生特异性免疫力，在一定时期内或终生不再感染或发病。

（4）具有一定的疾病特征和病程经过：大多数传染病具有特征性的临床症状和病理变化，个体发病动物通常经过潜伏期、前驱期、明显发病期和转归期等病程经过。

（5）流行有一定的规律性：大多数传染病在动物群中的流行有一定的时限，且表现有明显的季节性；有些传染病的流行表现有明显的地域性，如猪支原体肺炎等；有些传染病的流行表现有一定的周期性，如口蹄疫等。

### （二）动物寄生虫病的特点

（1）由相应病原寄生虫寄生于动物的体内或体表所引起。如牛皮蝇的幼虫寄生于皮下组织引起牛皮蝇蛆病，猪蛔虫寄生于肠道引起猪蛔虫病，伊氏锥虫寄生于马血液引起伊氏锥虫病。

（2）与传染病一样，寄生虫病也具有传染性和流行性。

（3）病原寄生虫感染动物的免疫反应不同于病原微生物，表现为不完全免疫或带虫免疫。大多数寄生虫是多细胞动物，构造复杂，且经过不同的发育阶段，生活史多样，造成了其抗原及免疫的复杂性。不完全免疫是指尽管宿主动物对侵入的寄生虫有一定的免疫作用，但不能完全将虫体清除，以致寄生虫可以在宿主体内有一定程度的繁殖和生存；带虫免疫是指寄生虫在宿主体内保持一定数量时，宿主对同种寄生虫的再感染有一定的免疫力，一旦宿主体内虫体消失，这种免疫力也随之消失。

（4）病原寄生虫生活史复杂，受环境因素影响大，宿主类型各异，使疾病过程或特征多样化。

（5）病原寄生虫对侵袭动物的危害呈现多重性。寄生虫通过吸盘、棘钩和移行作用，可直接造成组织损伤；虫体的直接压迫或阻塞于腔管，可引起器官萎缩或梗塞；寄生虫吸取宿主血液、组织液等，可造成营养不良或贫血；寄生虫分泌毒素，可引起发热、溶血、血管壁损伤等，有些毒素可影响神经、消化等系统的功能。有些寄生虫可作为传播媒介使动物感染其他病原体，造成新的感染或疾病。

## 三、动物疫病的分类

### （一）按照感染或侵袭的病原体分类

依据病原体的特性，可将动物疫病分为传染病和寄生虫病。传染病一般分为病毒病和细菌病。其中，病毒病除包括一般意义的各种病毒感染或疾病外，还包括朊病毒引起的疾病；细菌病除包括狭义的各种细菌感染或疾病外，还包括支原体病、衣原体病、螺旋体病、立克次体病、放线菌病和真菌病等。寄生虫病一般分为蠕虫病、蜘蛛昆虫病和原虫病。蠕虫病包括吸虫病、绦虫病、线虫病、棘头虫病等；蜘蛛昆虫病包括蜱螨病和昆虫病等；原虫病包括鞭毛虫病、梨形虫病、孢子虫病和纤毛虫病等。

### （二）按照感染的宿主动物的种类分类

依据宿主动物的种类，可将动物疫病分为多种动物共患疫病、猪疫病、禽疫病、牛疫病、羊疫病、马属动物疫病、兔疫病、蜜蜂疫病、蚕疫病及水生动物疫病等。

### （三）按照病原体侵害的主要组织器官或系统分类

按照病原体侵害的主要组织器官、系统，可将动物疫病分为呼吸系统疫病、消化系统疫病、生殖系统疫病、神经系统疫病、免疫系统疫病、循环系统疫病、皮肤或运动系统疫病等。但在大多数情况下，器官或系统的感染或疾病，只不过是疾病全身过程的局部表现，真正单纯组织或器官的疫病感染并不多见。

### （四）按照动物疫病的重要性分类

根据动物疫病的公共卫生学意义、对动物生产的危害程度、造成经济损失的大小以及控制消灭动物疫病的需要，一般将动物疫病进行等级划分，并通过相应的法律规定实施强制性管理。

2005 年前 OIE 制定的《陆生动物卫生法典》中将动物疫病分为 A、B 两类。A 类疫病是指超越国界，具有迅速传播的潜力，引起严重的社会经济或公共卫生后果，并对动物和动物产品国际贸易具有重大影响的疫病；B 类疫病是指在国内对社会经济和/或公共卫生具有影响，并在动物和动物产品国际贸易中具有明显影响的疫病。2005 年以后的《陆生动物卫生法典》取消了 A 类和 B 类疫病的划分，将二者全部分列在动物疫病名录中。本书附录 1、附录 2 分别列出了 2008 年版《陆生动物卫生法典》（第 17 版）和《水生动物卫生法典》（第 11 版）动物疫病名录。

《动物防疫法》将规定管理的动物疫病分为三类。一类疫病是指对人和动物危害严重，需要采取紧急、严厉的强制预防、控制、扑灭等措施的动物疫病；二类疫病是指可能造成重大经济损失，需要采取严格控制、扑灭等措施，防止扩散的动物疫病；三类疫病是指常见多发、可能造成重大经济损失，需要控制和净化的动物疫病。附录 3 列出了我国农业部 2008 年公布的一、二、三类动物疫病名录。

## 四、动物疫病的危害性

由于动物疫病具有传染性、流行性的特点，其危害更具危险性和普遍性。动物疫病不仅对动物生产造成危害，而且许多动物疫病属人兽共患病，对人类健康也构成严重威胁。

### （一）动物疫病引起大批动物死亡，造成巨大的经济损失

动物疫病是死亡率最高的一类疾病，引起动物死亡的数量很大，可直接造成巨大的经济损失；即使动物不死亡，也往往造成经济价值或饲养价值的下降，使大批动物被淘汰，经济损失惨重。而且，当流行口蹄疫、高致病性禽流感等烈性传染病时，需要对同群或一定范围内的易感动物做扑杀销毁处理，同样会造成很大的经济损失。

### （二）动物疫病引起动物生产性能下降

动物由于受病原体感染或发病，导致动物生产性能降低，如产蛋率、产乳量、日增重、饲料转化率等降低，或者役力丧失或减低，或者引起繁殖障碍性疫病，影响繁殖能力（如猪繁殖与呼吸综合征、猪伪狂犬病等），或者导致动物副产品废弃（如牛皮蝇蛆病造成牛皮张的废弃），往往造成难以估量的经济损失。

### （三）人兽共患疾病威胁人类健康

许多动物疫病如高致病性禽流感、结核病、炭疽、弓形虫病、旋毛虫病等属人兽共患病，不仅使养殖业蒙受损失，而且威胁人类健康，引起消费市场的恐慌甚至混乱，对农业生产乃至国计民生带来严重的负面影响。

### （四）动物疫病影响经济贸易活动

动物疫病的存在、发生或流行，不仅影响区域经济贸易活动，而且影响国际经济贸易活动，

甚至引起国际贸易纠纷或不必要的国际贸易壁垒，造成不可估量的损失。例如，“疯牛病”事件使英国为之骄傲的养牛业遭受灭顶之灾；1996—1997年间台湾发生的口蹄疫使岛内兴旺的养猪业濒临崩溃。

### （五）动物疫病的防疫消耗大量财富

动物疫病的控制水平，常常是一个国家综合国力和科学技术的标尺。对动物疫病的控制、扑灭和消灭，常常需要花费大量的人力、物力和财力，造成社会财力资源的巨大浪费。

# 第二节　动物疫病的发生和流行

## 一、动物疫病发生的条件

动物疫病的发生是在一定环境条件下病原体与宿主动物相互作用、相互斗争的体现。这一作用过程的发生和发展受病原体特征（毒力、数量）、病原体侵入宿主动物的途径（侵入门户）、宿主机体防御状态和防御能力以及外部环境等诸多因素的影响。

### （一）病原体的毒力和数量

1. *病原体的毒力*　病原体引起宿主动物感染或发病的致病力程度称为毒力。各种病原体有不同的致病力，同种病原体不同株系之间其致病力也有强有弱。病原体必须有足够的毒力才可能引发感染或致病。高致病性病原体，可使宿主动物发生严重感染或急性感染；中等毒力的病原体，可使宿主动物发生轻度感染；低致病性病原体，不引起宿主动物明显的临床疾病，使宿主动物呈现亚临床感染状态；还有一些病原体，单独感染时病害轻微，但可使宿主动物更易受到其他病原体的严重感染；另外一些病原体，平时存在于宿主体内或周围环境中，当宿主受到应激因素的作用时，引起明显感染或严重感染。

2. *感染病原体的数量*　除毒力之外，感染的病原体尚需达一定数量，才能引发疾病。即使毒力强，但数量不足，也可能被机体防御力量所消灭，疾病不能发生。一般而言，病原体毒力愈强，引起感染发病所需的数量愈少；毒力愈弱，所需数量则愈多。如多杀性巴氏杆菌，强毒株只需几个活菌即可致死实验小鼠，弱毒株则需几亿个活菌方能使实验小鼠死亡。

### （二）侵入门户

病原体能引起宿主动物感染发病的入侵部位或途径称为侵入门户。侵入门户常与病原体的寄生繁殖特性、亲组织性、对宿主细胞的黏附作用以及在体内的扩散因素等有关，也受宿主防御能力的限制。大多数病原体可通过多种侵入部位引起感染发病，如炭疽杆菌、布鲁菌、猪瘟病毒等。某些病原体有其专门的侵入门户，如破伤风梭菌只有在较深创伤部位的厌氧环境中才能大量繁殖，引发疾病；脑膜炎球菌则经呼吸道侵入，在鼻咽部黏膜繁殖，再侵入脑脊髓膜引起脑膜感染。

### （三）宿主动物的防御状态和防御能力

没有一定毒力和数量的病原体，就不会引起相应的感染或疾病。但病原体侵入易感动物，是否一定引起感染，在更大程度上还取决于宿主动物的防御状态和防御能力，而宿主动物的防御状态和防御能力通常由诸多因素所决定。

1. *宿主抗感染免疫的遗传特性*　动物由于种属、品种和品系的不同，对同种病原体或者不同病原体在易感性方面存在很大差别，这种差异是由种属免疫的遗传特性决定的。如炭疽杆菌常引起牛和羊的急性感染，对猪则多引起局限性感染；白来航鸡对鸡白痢沙门菌感染的抵抗力较其他品系的鸡强。某些病原体对宿主动物的感染常表现出年龄倾向特征，即病原体只对一定年龄时期的动物发生感染，这种特征具有遗传特征。如布鲁菌主要感染性成熟动物，沙门菌和大肠杆菌以感染幼龄动物为主。

2. *宿主个体免疫系统的发育* 宿主个体免疫系统的良好发育是抵抗感染的根本保证，如果免疫系统在个体发育时期形成缺陷或遭受某种免疫抑制性疾病感染，则容易发生病原体感染。如鸡患传染性法氏囊病后可引起免疫抑制，对多杀性巴氏杆菌、致病性大肠杆菌、葡萄球菌等多种病原菌的易感性增强。

3. *非特异性免疫作用* 非特异性免疫作用由动物机体正常组织结构、细胞以及体液成分所构成，是先天性的，其发挥的抗感染作用缺乏针对性。非特异性免疫作用主要包括宿主的表皮屏障、血脑屏障、血胎屏障、吞噬细胞的吞噬作用以及正常细胞免疫因子的作用等构成。

4. *获得性免疫作用* 宿主动物耐过某种病原体感染或经免疫接种后，可获得特异性的抗感染能力，又称为特异性免疫。宿主动物的特异性免疫状态对抵抗感染有着十分重要的意义。

### （四）宿主动物的营养状况

宿主动物的营养状况与感染的发生之间存在着很重要的相互作用。一方面，营养状况影响免疫力，进而影响抵抗病原体感染的能力；另一方面，病原体引起的感染又影响宿主生长代谢和营养需求。这种相互作用最终导致免疫系统功能和营养状况同时恶化，增加病原体的感染机会，导致感染过程加剧或疾病恶化。

### （五）外部环境因素

影响动物疫病发生的外部环境因素主要指气候因素、生物性传播媒介、应激因素、生产因素、环境卫生状况以及控制疾病发生的措施等。

气候因素对动物感染病原体有着重要的影响，适宜的温度、湿度、阳光等因素影响病原体的增殖和存活时间。节肢动物、啮齿动物以及非宿主动物（包括人）的活动影响病原菌的散播。如高寒、过热、断水、饥饿、维生素缺乏、矿物质不足以及寄生虫侵袭等应激因素，以及如长途运输、过度使役、高产应激、断喙、拥挤饲养、通风不良等生产因素影响宿主动物的抵抗力。环境卫生状况差、污物堆积、蚊蝇孳生、虫鼠活跃等因素有利于病原体的存活和传播。控制感染的措施如杀灭病原、免疫接种、检疫隔离、药物防治、消毒销毁尸体、杀虫灭鼠等措施均对疫病的发生产生一定的影响。

## 二、动物疫病的流行过程

动物疫病不仅能使易感个体感染发病，在条件适宜时，也能使易感群体感染发病，这是动物疫病的一个重要特征。病原体从受感染的个体通过直接接触或传播媒介传递给另一易感个体，循环传播，形成流行。动物疫病在群体中的蔓延流行一般需经三个阶段，即病原体从感染的机体（传染来源）排出，在外界环境中存留，经过一定的传播途径侵入新的易感动物而形成新的感染。通常将传染来源、传播途径和易感动物称为动物疫病流行的三个基本环节。这三个环节必须环环相扣、紧密联系才能形成动物疫病的传播流行。

### （一）传染来源

病原体在其中寄居、生长、繁殖，并能排出体外的人和动物称为传染来源或传染源（resources of infection）。传染来源就是受病原体感染的人和动物，包括患病动物、患人兽共患病的病人及病原携带者。

1. *患病动物* 多数患病动物在发病期排出病原体数量大、次数多，传染性强，是主要传染来源。如开放性鼻疽病马，随鼻液或黏膜溃疡分泌物不断地排出病原体，易于发现和隔离处理。但临床症状不典型的慢性鼻疽，不易被发现，虽然排出病原体数量较少，也是危险的传染来源。

2. *患人兽共患病的病人* 如患炭疽、布鲁菌病、结核病及钩端螺旋体病等的病人，排泄物、分泌物中含有病原体，排到环境中可造成动物感染。

3. *病原携带者* 指外表无症状但携带并排出病原体的动物和人，其排出病原体的数量一般不及病畜，但由于缺乏症状，往往不易引起注意，是更危险的传染来源。如果检疫不严，还可以随运输动物远距离散播到其他地区，造成新的传播。病原携带者又可分为三类：

（1）潜伏期病原携带者：指感染后至症状出现前排出病原体的动物。多数患病动物，在潜伏期不具备排出病原体的条件。但少数疫病（如猪瘟）在潜伏期后期能够排出病原体，可以成为传染来源。

（2）病后病原携带者：指临床症状消失后仍能排出病原体的动物。一般当患病动物临床症状消失后，机体各种机能障碍基本恢复，其传染性很小或无传染性。但有些疫病（如猪支原体肺炎）临床痊愈的恢复期仍然能排出病原体，甚至可延续终身。

（3）健康病原携带者：指过去没有患过某种疫病，但却能排出该种病原体的动物或人。一般认为是隐性感染或健康带菌现象。巴斯德菌病和猪丹毒等疫病的健康病原携带者可成为传染来源。

病原体自动物体内排出后，可以在排泄物、分泌物内存留一定时间，有的病原体可在粪便、用具及土壤里存活。

### （二）传播途径

病原体由传染来源排出后，经一定方式再侵入其他易感动物所经过的路径称为传播途径（route of transmission）。传播途径根据病原体在传染来源和易感动物之间的世代更替方式，可分为水平传播和垂直传播。

1. *水平传播*（horizontal transmission） 病原体在群体之间或个体之间以水平形式传播。根据传染来源和易感动物接触传递病原体的方式，水平传播又可分为直接接触传播和间接接触传播。

（1）直接接触传播（direct contact transmission）：病原体通过传染来源与易感动物直接接触如舐咬、交配、皮毛接触等发生传播的方式。如狂犬病病毒、外寄生虫的传播等多以直接接触为主要传播方式。

（2）间接接触传播（indirect contact transmission）：病原体通过生物或非生物性媒介物使易感动物发生感染的传播方式。从传染来源将病原体传播给易感动物的各种外界环境因素称为传播媒介（transmission vector）。大多数动物疫病如口蹄疫、牛瘟、猪瘟、鸡新城疫等以间接接触为主要传播方式。

2. *垂直传播*（vertical transmission） 是指病原体从上一代动物传递给下一代动物的方式。一般有三种情况：

（1）经胎盘传播：病原体经受感染的孕畜胎盘传播感染胎儿。如猪瘟病毒、猪细小病毒、蓝舌病病毒、伪狂犬病病毒等。

（2）经卵传播：病原体由污染的卵细胞发育而使胚胎受感染。主要见于禽类疫病，如禽白血病病毒、禽腺病毒、鸡白痢沙门菌等。

（3）经产道传播：病原体经孕畜阴道通过子宫颈口到达绒毛膜或胎盘引起胎儿感染，或胎儿从无菌的羊膜腔穿出而暴露于严重污染的产道时，胎儿经皮肤、呼吸道、消化道感染源于母体的病原体。可经产道传播的病原体有大肠杆菌、链球菌和疱疹病毒等。

### （三）易感动物

动物对某种病原体缺乏免疫力而容易感染的特性称为易感性（susceptibility），对某种病原体有易感性的动物称为易感动物（susceptible animals 或 susceptible hosts）。动物群体的易感性是影响动物疫病蔓延流行的重要因素，其反映的是动物群体作为整体对某种病原体易感的程度。某一动物群体中易感个体所占的比率，决定着动物疫病能否形成流行或流行的严重程度。

## 三、动物疫病流行的特征

### （一）传染性

病原体从感染动物体内排出，侵入另一有易感性的动物体内，引起同样症状的疾病或感染，这种特性称为传染性（infectivity）。动物疫病的传染性是构成流行的生物学基础。

### （二）流行性

当环境条件适宜时，在一定时间内，某一地区易感动物群中可能有许多动物被感染或发病，致使疫病蔓延散播，形成流行，这种特性称为流行性（epidemic）。流行性是动物疫病的一个重要特征。

### （三）地域性

某种病原体引起的感染或疾病局限在一定的地域范围，这种特性称为地域性（enzootic）。地域性在一定程度上是地方流行性的同义语，也就是说某种传染性疾病的流行表现有一定的地区性。地域性揭示了某一地区存在有利于某种疫病发生流行的因素。如猪支原体肺炎、血吸虫感染。

### （四）季节性

某种动物疫病常发生于一定的季节，或者在一定的季节发病率显著升高的现象，称为季节性（seasonal）。动物疫病表现季节性的原因主要有以下诸方面：

（1）季节对病原体在外界环境中存在和散播有影响。例如，夏季气候炎热，不利于口蹄疫病毒的存活，口蹄疫流行少见；多雨和洪水泛滥时节，易造成炭疽杆菌和气肿疽梭菌的散播，炭疽、气肿疽病例易见。

（2）季节对活的传播媒介（如节肢动物等）有影响。夏天蚊、蝇、虻多，猪丹毒、日本乙型脑炎、马传染性贫血、炭疽等发生较多。

（3）季节对易感动物的活动和抵抗力有影响。冬季寒冷，温度低，通风不良，常易促进呼吸道传染病发生流行。

### （五）周期性

某些动物疫病如口蹄疫、马流感、牛流行热等，经过一定的间隔时间（通常以年计），再度发生流行的现象或特征称为周期性（periodicity）。动物疫病流行期间，一部分动物发病死亡或淘汰处理，其余动物或患病免疫，或隐性感染，获得一定免疫力，流行逐渐停息。但经过一定时间后，原有动物免疫力降低，或新一代出生动物比例增大，或引进新的易感动物，使易感动物比例增高，动物群体易感性增高，重新暴发流行。

## 四、动物疫病流行的形式

动物疫病流行的形式指的是一定时间内某种动物疫病发病率的高低和传播范围的大小。动物疫病的流行形式一般包括散发性流行、地方性流行、流行和大流行等。

### （一）散发性流行

在较长时间内，某种动物疫病呈个别的、零星的散在发生的形式称为散发性流行。动物疫病表现散发性流行的原因主要有以下几点：

（1）免疫接种使动物对某种疫病群体免疫水平提升，只有少数个体易感，出现散发。如猪瘟本为一流行性强的传染病，现每年进行两次免疫接种，使动物群体易感性降低，只有少数动物易感，出现散发病例。

（2）某种动物疫病如钩端螺旋体病、流行性乙型脑炎等隐性感染比例较大，仅有一部分动物出现临床症状，表现为散发。

（3）某些动物疫病如破伤风、恶性水肿、放线菌病等，传播发生需特殊的条件，只有当条件存在或满足时，才出现病例，而呈散发性流行。

### （二）地方性流行

在一定时间内，某种疫病发病动物数较多，但流行范围不广，局限于一定的区域范围，这种流行形式称为地方性流行，即疫病的流行具有一定的地区性。如猪丹毒、猪支原体肺炎等常呈现地方性流行。

### （三）流行

在一定时间内，某种动物疫病发病动物数量多，且在较短的时间内传播至较广范围的流行形式称为流行。具有流行性特性的动物疫病，传染性强，发病率高，传播范围广，在时间、空间以及动物群间的分布变化常起伏不定。如口蹄疫、猪瘟、绵羊痘等常呈流行态势。

### （四）大流行

某种动物疫病呈现出的规模宏大的流行形式称为大流行。呈现大流行的动物疫病，传染易于实现，流行迅速，传播范围广大，可波及几个省区、一个国家、几个国家甚至整个大陆。口蹄疫、牛瘟、新城疫等在历史上均发生过大流行。

## 五、影响动物疫病流行的因素

只有传染来源、传播途径和易感动物三个基本环节相互衔接并协同作用时，动物疫病才能构成蔓延流行。动物活动所在的环境和条件，即各种自然因素和社会因素，通过影响三个基本环节的存在及相互衔接，从而影响动物疫病蔓延流行。

### （一）自然因素

包括气候、气温、湿度、阳光、雨量、水域、地形地貌、地理位置等，这些因素对动物疫病流行的影响作用是错综复杂的。

1. 作用于传染来源和其排出的病原体　一定的地理条件如大海、河流、高山等，限制和阻隔传染来源的转移、流动。季节变换、气候变化影响患病动物的病况和排出病原体的多寡。一般情况下，阳光照射、干燥等气候因素不利于传染来源排出的病原体的长期存活；相反，适当的温度、湿度则有利于传染来源排出的病原体在外界的生存。如猪支原体肺炎患猪，冷天湿天，病情加剧，排出病原体多，易于传播。

2. 作用于传播媒介　夏季气温上升，媒介昆虫孳生，活动频繁，易于传播乙型脑炎、炭疽等虫媒传播疫病。多雨多水季节，易造成洪水泛滥，使土壤和粪便中的病原体随水流散播，易于引起钩端螺旋体病、炭疽等疫病的流行。

3. 作用于易感动物　自然因素对易感动物的作用首先是改变其抵抗力，进而影响疫病的流行。低温高湿，可降低易感动物呼吸道黏膜的屏障作用，有利于呼吸道疫病的发生和流行。处于不同季节的动物，营养状况往往不同，影响其免疫力构成。自然应激因素如寒冷、断水和饥饿等，使动物机体抵抗力下降，易感性升高，容易造成某种疫病的流行。

#### （二）社会因素

影响动物疫病流行的社会因素主要包括社会制度、教育文化水平、科学技术水平、综合经济实力、养殖业发展水平、动物防疫法规的建立及执行情况、人们对动物疫病及防疫的认知水平等。社会因素对动物疫病流行的影响作用是综合的，复杂的，也是深远的。只有提升人们的文化科技素养和对疫病的认知水平，建立健全动物防疫法规并认真遵照执行，切实采取综合防疫措施，才可有效阻断动物疫病的传播流行，保障人类健康和养殖业持续发展。

## 第三节　动物防疫基本技术

动物防疫是指动物疫病的预防、控制、扑灭以及动物、动物产品的检疫。动物疫病的流行是由传染来源、传播途径和易感动物三个基本环节相互联系、相互作用构成的复杂的生物学过程。因此，动物防疫工作要针对疫病流行的三个基本环节，通过采取查明、控制、消除传染来源，切断传播途径和保护易感动物等综合措施，预防和阻断动物疫病的发生、流行。另外，建立无特定疫病区，是动物防疫的一种新途径。

### 一、查明、控制和消除传染来源

#### （一）查明传染来源

动物疫病发生或流行时，通过诊断查明传染来源是防疫工作的关键和首要环节，它关系到能否制定并采取行之有效的防疫措施。诊断动物疫病的方法很多，包括临床诊断、流行病学诊断、病理学诊断、病原学诊断和免疫学诊断等。准确的诊断来自正确的思维、合理的方案、可靠的方法和先进的技术。特别是对重大疫情，应全面了解、系统掌握各方面的信息、材料、数据及检测结果，综合分析，做出判断。规模化养殖场疫病的确定，应注重诊断的群体性，即在一个相对隔离的养殖场，检出一例或少数几例某些疫病患病动物或阳性动物时，要考虑全群染疫的可能性。

从事动物疫情监测、检验检疫、疾病研究、动物诊疗以及动物饲养、屠宰、经营、隔离、运输等活动的单位和个人，发现动物染疫或者疑似染疫时，应立即向动物疫病预防控制机构或相应管理机构报告，并采取隔离等控制措施，防止动物疫情扩散。疫情报告采取逐级上报的原则。《动物防疫法》规定，动物疫情由县级以上人民政府兽医主管部门认定，其中重大动物疫情由省、自治区、直辖市人民政府兽医主管部门认定，必要时报国务院兽医主管部门认定。国务院兽医主管部门负责向社会及时公布全国动物疫情，也可以根据需要授权省、自治区、直辖市人民政府兽医主管部门公布本行政区域内的动物疫情。依照我国缔结或者参加的条约、协定，国务院兽医主管部门应及时向 OIE 等国际组织或者贸易方通报重大动物疫情的发生和处理情况。

**（二）控制和消除传染来源**

1. 隔离　通过诊断或检查，将染疫动物、可疑感染动物和假定健康的动物分化饲养，以消除和控制传染来源的措施称为隔离（isolation）。

（1）染疫动物：指疫病流行时，有明显临床症状的典型病畜或通过其他诊断方法检查为阳性的动物。染疫动物应原地隔离或在指定场所隔离，及时进行救治和消毒，有专人负责观察、护理和喂养等工作。

（2）可疑感染动物：指无任何症状，但怀疑与染疫动物及其污染的环境有过明显接触的动物。可疑感染动物消毒后另地观察或看管，限制其活动并进行疫病观察。出现症状者按染疫动物处理。

（3）假定健康动物：指一切正常，与上述两类动物及其所在环境无明显接触的动物。假定健康动物可根据实际情况后分散喂养或转移到偏僻牧地，加强管理并定时检查。有条件时，进行紧急免疫接种以提高群体免疫水平。

2. 治疗　对染疫动物采取的综合救护措施称为治疗（therapy）。治疗一方面是为了挽救患病动物的生命，减少经济损失；另一方面通过治愈患病动物，消除传染来源，避免疫病的流行蔓延。因此，治疗是动物疫病综合防控措施的重要组成部分。

3. 扑杀　将被某种疫病感染的动物（有时包括可疑感染动物或同群动物）全部宰杀并进行无害化处理，以彻底消灭传染来源的措施称为扑杀（stamping out）。扑杀政策（stamping-out policy）是指国家对扑灭某种疫病所采取的严厉措施，即宰杀所有感染动物、可疑感染动物和同群动物，必要时宰杀直接接触或间接接触但可能造成病原传播的动物，并采取隔离、消毒、无害化处理等措施。

扑杀淘汰患病动物或可疑感染动物是传染性疾病防控中的重要举措。对在动物检疫特别是在口岸检疫中检出国家规定的一类疫病时，患病动物及同群动物应全部扑杀并销毁尸体；某一地区发生当地从未有过的传染性疾病时，患病动物及同群动物应全部扑杀并销毁尸体；无法治愈的患病动物应淘汰扑杀；医疗费用超过自身价值、长期甚至终身携带某种病原体的患病动物或罹患目前尚无有效治疗方法疫病的动物应及时淘汰、扑杀；感染某种严重危害人类和动物健康的病原体如狂犬病病毒、炭疽杆菌等的患病动物应做淘汰扑杀处理。

4. 封锁　当暴发某种重要动物疫病或某种疫病呈流行态势时，报请相应政府发布命令，实行划区管理，采取隔离、治疗、扑杀、销毁尸体、消毒、无害化处理、紧急免疫接种等强制性措施，禁止染疫、疑似染疫和易感的动物、动物产品输出疫区，禁止非疫区的易感动物进入疫区，并根据扑灭动物疫病的需要对出入疫区的人员、非易感动物、运输工具及有关物品采取消毒和其他限制性措施，称为封锁（sequestration，block）。

（1）区域划分：根据疫病的流行规律、当时疫情流行的具体情况和当地的实际条件，确定疫点、疫区和受威胁区，实行强制分类管理，称为区域划分（area division）。

①疫区：疫病正在流行的地区称为疫区（epidemic area），包括患病动物分布的区域及患病动物在发病前后一定时间内曾经到达过的区域。

②疫点：患病动物所在的畜（禽）舍、场、院和经常出没的地方或最初发现的患病动物所在的地方称为疫点（original epidemic area）。农区包括病畜的棚圈、运动场周围地区等；牧区包括放牧点、足够的草场和饮水地点等。

③受威胁区：疫区周围可能受到疫病侵袭的地区称为受威胁区（risk area）。

（2）封锁原则：封锁属政府行为，一方面对生产、生活将带来严重影响，另一方面实施封锁工作头绪繁多，涉及面广。因此，实施封锁时应掌握“早、快、严、小”的原则，即执行封锁应在流行早期，行动果断迅速，封锁严密，范围不宜过大，以便将损失减少到最小。

（3）封锁措施：实施封锁的措施一般有以下几方面：

①交通要道设立检疫消毒站，禁止易感动物出入，禁止染疫或疑似染疫的动物产品输出，对必须通过的车辆、人员、非易感动物要进行消毒。

②封锁区内立即实施隔离、治疗、消毒、焚烧尸体以及污染物、污染地的无害化处理等疫病控制措施。

③封锁区内关闭集贸市场，停止畜禽集散活动，禁止易感动物及其产品调拨转运。

（4）解除封锁：最后一头（匹、只）患病动物痊愈、急宰或扑杀后，经过一定的封锁期（该病最长潜伏期以上的时间），再无新病例出现时，可经过全面消毒，按照防疫规程规定的标准和程序评估合格后，由原决定机关决定并宣布解除封锁。疫点、疫区、受威胁区也相应撤销。解除封锁后，尚需根据疫病的特点，在一定范围内对易感动物进行监控或限制其活动，以防疫情重现或扩散。

## 二、切断传播途径

通过采用消毒、销毁尸体、杀虫、灭鼠以及染疫器物的无害化处理等措施，消灭病原体及其媒介动物，消除外界环境中的疫病传播因子。

### （一）消毒

利用物理、化学、生物学等方法杀灭或清除污染物和外界环境中的病原体的过程称为消毒（disinfection）。消毒方法一般包括机械清除、物理消毒、化学消毒以及生物热消毒等。根据动物疫病防控的需要和消毒的目的，消毒一般分为疫源地消毒和预防性消毒两类。

1. *疫源地消毒*　对确认存在传染来源或曾存在传染来源的场所或地方进行的消毒称为疫源地消毒（disinfection of epidemic focus）。疫源地消毒又分为随时消毒和终末消毒两种。

（1）随时消毒：动物疫病发生流行时，为了及时消灭或清除刚从传染来源排出的病原体所进行的应急性消毒称为随时消毒（current disinfection）。随时消毒的对象包括染疫动物所在的场所、垫料、残余饲料、污染器具以及染疫动物的排泄物、分泌物等。

（2）终末消毒：在染疫动物解除隔离、痊愈或死亡后，或者在疫区解除封锁之前，为了消灭疫区内可能残存的病原体而实行的最后一次彻底的消毒称为终末消毒（terminal disinfection）。

终末消毒的目的是杀灭遗留在疫源地内各种器物上的病原体。

2. 预防性消毒　在未发现传染来源的情况下，对有可能被传染来源排出的病原体污染的物品、场所、水源、运输工具和用具等进行的消毒称为预防性消毒（preventive disinfection，prophylactic disinfection）。预防性消毒一般结合平时的饲养管理进行。疫病流行时期，有时难以认识处于潜伏期的染疫动物，因而预防性消毒同样具有重要意义。

### （二）销毁尸体

将死亡动物尸体进行焚烧、深埋、化制等无害化处理，以彻底消灭它们所携带的病原体的方法称为销毁尸体（carcass disposal）。疫病流行期间，死亡动物尸体内含有大量的病原体，是最为危险的传染物。因此，销毁尸体是防疫工作的重要内容。

### （三）杀虫驱虫

采用物理、化学、生物学等方法消灭或减少媒介昆虫或动物体内外寄生虫称为杀虫；应用药物驱除和杀灭宿主动物体内以及与外界相通脏器中的寄生虫称为驱虫。蝇、蚊、蜱等节肢动物都是动物疫病的重要传播媒介或病原体。因此，杀灭这些媒介昆虫和防止它们的侵袭，在预防和扑灭动物疫病方面有重要的意义。

### （四）灭鼠

采用物理、化学、生物学或生态学等方法消灭或减少鼠类，以防止其危害的措施称为灭鼠。鼠类是许多动物疫病的传播媒介和传染来源，不仅对人类生产、生活造成巨大损失，也可传播疾病，危害人类和动物健康。因此，灭鼠对动物疫病防控具有重要作用。

### （五）无害化处理

用物理、化学或生物学等方法处理带有或疑似带有病原体的动物尸体、动物产品、动物分泌物和排泄物、残余饲料、垫料等，以消灭病原体、切断传染途径的措施称为无害化处理（biosafety disposal）。

## 三、保护易感动物

### （一）提高动物非特异性抵抗力

加强饲养管理，均衡动物营养水平，消除外界环境中的各种应激因素，提高动物非特异性抵抗力。

### （二）免疫接种，提高动物特异性抵抗力

依据动物疫病流行规律和分布特征，对暴露或有暴露于疫病倾向的动物（群）进行有针对性的接种疫苗或免疫血清等生物制品，以提高动物特异性免疫力，降低易感性的措施称为免疫接种（immunization，vaccination）。免疫接种一般分为计划免疫接种和紧急免疫接种两类。

1. 计划免疫接种　按照既定的免疫程序对易感动物（群）进行的免疫接种称为计划免疫接种（planned immunization）。依据疾病流行的规律、使用疫苗的性质以及接种动物的特点，确定接种次数、途径、剂量和时间间隔，以及疫病种类顺序等，制定免疫程序。

2. 紧急免疫接种　在发生某种疫病时，对疫区和受威胁区尚未发病的易感动物进行的应急性免疫接种，或者在动物运输检疫或口岸检疫时，根据检疫情况或要求对检疫动物进行的临时性免疫接种称为紧急免疫接种（emergency immunization，emergency vaccination）。

### （三）药物预防

以饲料添加剂形式或其他途径给动物个体或群体提供一定种类的药物，达到预防动物疫病的目的，称为药物预防（phamacological prevention）。药物预防是防控动物疫病的一条新途径，在某些疫病或一定条件时采用可取得理想效果。

## 四、建立无特定疫病区

无特定疫病区（certain epidemic free zone）是指明确界定的某些区域，该区域在规定的期限内未发生规定的某种疫病，并在该区域内及其周围对动物及动物产品实施有效的动物防疫。在该特定区域范围内，建立无特定疫病动物群是消除病原、净化畜群的重要措施。在此基础上逐步扩大地域，最终达到预防、控制和消灭一定种类动物疫病的目标。

# 第四节　动物疫病的预防、控制和扑灭

## 一、预防动物疫病发生的措施

### （一）坚持动物疫病知识和动物防疫法规的宣传、教育

对动物疫病本质的认知程度、动物防疫的法律意识、文化科技素养、疫病预防技术的普及和提高、动物生产环境卫生以及人们处理与动物关系的态度、生活习性等社会因素，对动物疫病的发生、流行具有重大影响。因此，坚持不懈地进行全民动物疫病知识、疫病预防技术、防疫法律法规、动物环境卫生和福利等方面的宣传、教育、普及和提高，培养良好的生产、生活习惯和防病意识，是动物防疫工作的实际需要，也是动物防疫工作的经常性内容。

### （二）强化兽医专业人员、养殖业及相关产业从业人员的职业教育和岗位培训

从事动物疫病管理、疫情监测、检验检疫、疾病研究、动物诊疗和动物饲养、屠宰、经营、隔离、运输等活动的专业从业人员，是动物疫病防疫工作的主体。经常性地进行专业人员的继续教育培训，不断提高专业技术水平和岗位技能，培育职业道德和防疫法律意识，明确工作职责和权限，对于防止动物疫病发生流行、保障生产安全、降低疫病危害、提高动物产品质量都具有非常重要的意义。

### （三）积极推广动物防疫、动物生产方面的新技术、新成果和新经验

在长期与动物疫病的斗争中，人们越来越认识到动物防疫的重要性，积累了丰富的经验，取得了丰硕的防疫成果，不断改善有利于防疫的动物生产模式，摸索出了“养、防、检、治”并举的综合性防疫措施。我国是一个发展中国家，尽管动物防疫工作取得了前所未有的进展和成绩，但与世界先进水平还有一定的差距。因此，大力推广普及动物防疫、动物生产的新技术、新成果和新经验，借鉴他人成功经验，对我国动物防疫工作将产生不可估量的深远影响。

### （四）加强动物饲养管理，提高动物抗病能力

加强饲养管理工作，强化动物福利意识，搞好动物环境卫生，规范养殖生产过程，消除各种应激因素，提高动物抗病力，是防疫工作的坚实基础。“养、防、检、治”的综合性防疫措施将饲养放在首位，正是饲养环节在整个动物防疫工作中重要性的具体体现。

**（五）制定防疫计划，搞好免疫接种，提高动物群整体免疫水平**

疫苗接种是模拟自然感染，使动物获取特异性免疫力的重要方法。目前许多动物疫病有可供利用的有效疫苗。制定切实可行的防疫计划，拟定行之有效的免疫程序，严格执行计划免疫接种，适时进行紧急免疫接种，实行重大动物疫病强制免疫接种，提高动物群整体免疫水平，无疑是动物疫病防疫工作不可或缺的重要举措。

**（六）消灭病原体，消除媒介物，净化环境，切断传播途径**

切实做好消毒工作，协调实施预防性消毒和疫源地消毒（随时消毒与终末消毒），去除环境中的病原体。严格执行染疫动物尸体、污染动物产品、分泌物、排泄物、残余饲料、垫草、器具等的无害化处理。坚持做好杀虫驱虫、灭鼠防鼠工作。努力达到净化环境，切断传播途径这一环节的防疫目标。

**（七）做好检疫工作，保障动物、动物产品流通畅通**

认真贯彻执行动物防疫检疫的法律法规，协调做好产地检疫、运输检疫和口岸检疫工作，及时发现并消灭传染来源，消灭染疫动物、污染产品中的病原体，阻断动物疫病的发生流行以及从一个地区向另一个地区的蔓延传播。

**（八）加强动物疫情通报工作，建立疫情预警预报机制**

各级政府应制定本辖区动物疫情监测计划，建立健全动物疫情监测网络，加强动物疫情监测工作。动物防疫部门应调查研究当地疫情，掌握疫情分布情况和流行趋势，实行动物疫情报告制度，建立疫情预警预报和疫情通报联防协作机制，及时阻止疫病蔓延，力争将动物疫情控制在最小范围。疫病蔓延，有时速度往往很快，控制不利时往往带来巨大灾难，造成巨额经济损失。为了在发生重大疫情时能够及时、迅速、高效、有序地控制和扑灭疫情，降低和减轻疫情带来的损失，应预先制定综合性动物防疫应急处理方案，从指挥组织系统、技术力量配备、人员物资储备、药品器械补给等方面做好充分准备。一旦发生疫情，即可按照既定方案，迅速动员社会力量，全面部署，统一指挥，协调行动，配合作战，以最小的费用、最短的时间、最快的速度、有效的措施控制、扑灭疫情，最大限度地保障人和动物健康，减少经济损失。

## 二、发生动物疫病时的控制和扑灭措施

（1）发生疫情，动物疾控中心人员或兽医人员应立即赶赴现场，对发病动物（群）进行隔离、观察、诊断、治疗等措施。

（2）染疫动物所在场所或曾经到过的地方、污染的环境应进行消毒。染疫动物及其排泄物、染疫动物产品，病死或者死因不明的动物尸体，运载工具中的动物排泄物以及垫料、包装物、容器等，应进行无害化处理。一定范围内未感染的易感动物立即进行紧急免疫接种。

（3）当确诊为一类动物疫病时，应立即划定疫点、疫区、受威胁区，调查疫源，及时报请本级政府或上一级政府对疫区实行封锁。

①疫区立即采取封锁、隔离、消毒、扑杀、销毁尸体、无害化处理等强制性措施，以期迅速扑灭疫病。

②疫区和受威胁区内未经感染的易感动物立即进行紧急免疫接种，建立免疫带，阻止疫情蔓延。

③在封锁期间，禁止染疫、疑似染疫和易感染的动物、动物产品流出疫区，禁止非疫区的易感染动物进入疫区，对出入疫区的人员、运输工具及有关物品采取消毒和其他限制性措施。

④动物卫生监督机构应当派人在当地依法设立的检疫消毒站执行监督检查任务；必要时，报请政府批准，设立临时性的动物卫生监督检查站，执行监督检查任务。

（4）当确诊为二类动物疫病时，应划定疫点、疫区、受威胁区，采取隔离、扑杀、销毁尸体、消毒、无害化处理、紧急免疫接种、限制易感染的动物和动物产品及有关物品出入等控制、扑灭措施。

（5）当确诊为三类动物疫病时，按照一般性防疫措施实施防治和净化。二、三类动物疫病呈暴发性流行时，按照一类动物疫病处理。

## 三、畜禽养殖场的防疫措施

由于养殖场多采用机械化、工厂化养殖方式，畜禽密集程度高，接触机会多，动物疫病易于发生流行。有些在散养条件下不易发生的动物疫病，在大型养殖场可能造成严重的危害，如鸡葡萄球菌病、鸡球虫病、猪支原体性肺炎等。因此，疫病防控应在采取一般性措施的基础上，特别重视管理理念，防疫措施的执行更为严格，而且要适用于大型养殖场的实际。

（1）养殖场场址的选择要有利于防疫工作的开展。养殖场所在位置应与居民生活区、生活饮用水源地、学校、医院等公共场所保持一定的距离，符合防疫规程规定的标准。场址应选在地势高燥、向阳背风、排水便利、交通方便、水质良好、供应充足和电力资源充裕的地方；远离闹市区、旅游区、交通干线、河流水源和排污沟管。大型养殖场的选址还应考虑生物安全问题，远离屠宰场、动物产品加工厂、制革厂、化工厂、化肥厂、玻璃厂和造纸厂等，防止病原体及有害化学物质的侵袭、污染。

（2）管理区、生产区和无害化处理区等功能区分离。场区四周应有围墙或篱笆围起，有条件时可开挖防疫沟，管理区、生产区和无害化处理区等功能区要适度分离。管理区与外界联系频繁，大门处应设立消毒池、门卫室和消毒更衣室。生产区封闭隔离，工程设计和工艺流程要符合动物防疫要求，房舍门口设立消毒池。病死动物、染疫动物产品、染疫粪便等污染物的处理设施应建在无害化处理区，无害化处理区应处在下风向和地势最低处。

（3）重视养殖场的环境保护工作，倡导发展生态养殖业。养殖场应建有相应的污水、污物、病死动物、染疫动物产品、粪便等的无害化处理设施设备和清洗、消毒设施设备。

（4）建立、健全完善的疫病防疫制度，制定周密的动物防疫计划，配备有专业防疫技术人员。

（5）生产区内外运输车辆、工具应分开专用。工作人员进入场区应做到洗澡、更衣。

（6）以自繁自养为主，畜禽最好采用“全进全出”制度。

（7）房舍、运动场所及周围环境严格消毒，做好预防性消毒、随时消毒和终末消毒的有机结合。做好动物舍的通风排气工作，及时排出氨气、硫化氢、二氧化碳等有害气体。粪尿清除要有专门设备，定时清除粪便、尿液。

（8）建立疫病监测制度，定期检疫，及时扑杀、淘汰染疫动物，净化动物群。

（9）结合本场的养殖特点，制定科学合理的免疫程序，做好计划免疫接种工作，根据需要适时进行紧急免疫接种。有条件时，可进行免疫监测，及时掌握动物群体免疫水平。

(10) 做好药物预防工作。药物预防工作对规模化养殖十分重要，应给予足够重视，特别是要掌握好药物预防的量和度。在大型养殖场既不能轻视药物预防的作用，也不能过分依赖药物预防以至于滥用。

## 四、动物防疫监督

动物卫生监督机构依法对动物饲养、屠宰、经营、隔离、运输以及动物产品生产、经营、加工、贮藏、运输等活动中的动物防疫实施监督管理，这也是动物防疫工作中把关、防范的重要措施之一。动物防疫监督主要通过动物检疫、发生疫情时对防疫措施实施的监督监管以及动物疫病普查等形式开展工作。

(1) 对动物、动物产品按照规定采样、留验、抽检。对染疫或者疑似染疫的动物、动物产品及相关物品进行隔离、查封、扣押和处理。

(2) 对依法应当检疫而未经检疫的动物、动物产品实施补检，对不具备补检条件的动物产品依法予以没收销毁。

(3) 查验检疫证明、检疫标志和畜禽标志；进入有关场所调查取证，查阅、复制与动物防疫有关的资料。

(4) 根据动物防疫需要，经当地批准，可以在车站、港口、机场等相关场所派驻官方兽医，开展动物防疫监督工作。

(5) 对屠宰、出售或者运输的动物、动物产品进行检疫，检疫合格的，出具检疫证明、加施检疫标志。对参加展览、演出和比赛的动物进行检疫，检疫合格的，出具检疫证明，加施检疫标志。

(6) 对经铁路、公路、水路、航空运输的动物和动物产品进行检疫，检疫合格的，出具检疫证明，加施检疫标志。托运人托运时应当提供检疫证明。没有检疫证明的，承运人不得承运。运载动物、动物产品的工具在装载前和卸载后应当及时清洗、消毒。

(7) 输入到无规定动物疫病区的动物、动物产品，货主应当按照国务院兽医主管部门的规定向无规定动物疫病区所在地动物卫生监督机构报检，经检疫合格的，方可进入。

(8) 跨省、自治区、直辖市引进乳用动物、种用动物及其精液、胚胎、种蛋的，应当向输入地省级动物卫生监督机构申请办理审批手续，并依法检疫，取得检疫证明。

(9) 人工捕获的可能传播动物疫病的野生动物，应当报捕获地动物卫生监督机构检疫，经检疫合格的，方可饲养、经营和运输。

(10) 检疫不合格的动物、动物产品，依法在动物卫生监督机构监督下进行检疫处理。

## 复习思考题

1. 何谓动物疾病？何谓动物疫病？
2. 试述动物疫病的特点。
3. 试论动物疫病的危害性。
4. 试述动物疫病流行的三个基本环节。

5. 什么是消毒？疫源地消毒和预防性消毒有何异同点？

6. 何谓免疫程序？计划免疫接种与紧急免疫接种有何区别和联系？

7. 何谓疫病预防、疫病控制和疫病消灭？发生、流行动物疫病时，如何采取防控措施？

8. 简述大型养殖场的疫病防治要点。

9. 什么是动物防疫监督？简述动物防疫监督的内容。

（胡永浩）

# 第二章 动物检疫概论

## 第一节 动物检疫概述

动物检疫是遵照国家法律，运用强制性手段和科学技术方法对动物、动物产品、运载工具等进行疫病方面的检查，并采取相应措施预防或阻断动物疾病的发生、流行以及从一个地区向另一个地区之间的传播。

### 一、动物检疫的类型

根据动物、动物产品的流向和运输形式，动物检疫分为国内动物检疫和出入境动物检疫两类。在国内和出入境动物检疫过程中都涉及到隔离检疫。

#### （一）国内动物检疫

国内动物检疫（native animal quarantine）是指为了防止动物疫病的传播，动物卫生监督机构对进入、输出或路过本地区以及原产地的动物、动物产品进行的检疫，简称内检。包括产地检疫、运输检疫监督、屠宰检疫和市场检疫监督。

1. 产地检疫（quarantine in origin area）　是对畜禽等动物、动物产品出售或调运离开饲养生产地前实施的检疫（详见本章第五节）。

2. 运输检疫监督（quarantine and surveillance on transportation）　是对各种交通工具（汽车、火车、船只等）运输的动物、动物产品实施的检疫监督（详见本章第五节）。

3. 屠宰检疫（quarantine on slaughtering）　是指在屠宰厂（场）对即将屠宰的畜禽等动物进行的宰前检验、宰后检验及屠宰过程中的兽医卫生监督（详见第四章）。

4. 市场检疫监督（quarantine and surveillance at markets）　由动物卫生监督机构对进入集贸市场进行交易的动物、动物产品所实施的监督检查，并监督指导对病害动物、动物产品进行无害化处理（详见本章第五节）。

#### （二）出入境检疫

出入境检疫（territory quarantine）又称进出境检疫或口岸检疫，是由国家检疫机构对进出国境的动物、动物产品进行的检疫。为了维护国家主权和信誉，保障动物生产安全，促进对外经济贸易活动，出入境检疫要求既要杜绝动物疫病由境外传入，又要防止国内动物疫病传至境外。

为此，所有用于贸易、馈赠、交换和科学研究等用途的动物、动物种质材料和生物资源以及动物产品，包括旅客携带的动物、动物产品，涉及动物和动物产品的国际邮包等在进出国境时，均要依据输入、输出两国检疫法规和双边签订的检疫条款，进行严格的检疫检查，并查验相应检疫证明书及其他证明材料。根据检疫结果，对动物、动物产品及其他生物资源依法进行检疫处理。出入境动物检疫一般包括进境检疫、出境检疫和过境检疫三种形式。

1. *进境检疫*　进境检疫包括进境动物检疫和进境动物产品检疫。进境动物检疫是指对境外引入国内的动物以及动物胚胎、受精卵、精液等遗传物质和生物资源等实施的检疫。依据国家检疫法规，引进动物、动物遗传物质和其他生物资源时，必须接受进境检疫。进境动物产品检疫是指进入国境的来源于动物未经加工或虽经加工但仍有可能传播疫病的动物产品实施的检疫。

2. *出境检疫*　出境检疫包括出境动物检疫和出境动物产品检疫。出境动物检疫是指对输出到其他国家和地区的种用、肉用或演艺用等饲养或野生的活动物出境前实施的检疫。出境动物产品检疫是指对输出到其他国家和地区的、来源于动物未经加工或虽经加工但仍有可能传播疫病的动物产品实施的检疫。

3. *过境检疫*　过境检疫是指由输出国运输至输入国的动物、动物产品等检疫物途经第三国时，第三国口岸检疫机构对运输动物、动物产品和运载工具等实施的动物检疫。过境动物检疫主要包括过境动物检疫许可管理工作、报检以及过境期间的检疫监督管理工作。

### （三）隔离检疫

隔离检疫（isolation quarantine）是指将输入或输出的动物在检疫机关指定的隔离场所内，于隔离条件下进行饲养，并在一定的观察期内进行疫病检查、检测和处理的检疫措施（详见本章第五节）。

## 二、动物检疫的基本属性

动物检疫是动物疫病预防控制的重要组成部分，它同一般的动物疾病防治是相互关联、相辅相成的。动物检疫又不完全等同于一般的动物疾病防治，这主要体现在动物检疫的基本属性方面。动物检疫的基本属性有法制性、预防性、国际性和综合性等。

### （一）法制性

动物检疫是依法开展工作的，法制性是其与生俱来的属性之一。动物检疫是动物疾病预防控制的法制措施，是在一定的法律前提下，由代表国家或政府的检疫机构和检疫人员执行法律所赋予的各种检疫权力。国际相关组织和世界各国将制订动物检疫的相应协议和法律法规作为重要立法工作，并陆续组建专门的动物检疫机构和检疫队伍，使动物检疫工作逐步法制化、科学化和规范化。

### （二）预防性

动物检疫的目的是防止检疫性疫病和有害生物的传入和扩散，防患于未然是动物检疫的属性之一。动物疫病的发生、分布有其自身的生物学规律和特点，具有复杂性、隐蔽性和突发性的特征。因此，为了使疫病入侵的风险和损失降低至最小，动物检疫需要有动物疫情预警机制，而这一预警机制的建立正是动物检疫预防性的特点所决定的。

### （三）国际性

动物检疫的一个重要任务是促进国际经济贸易活动，国际合作与交流对动物检疫来说具有重要的意义，国际性成为动物检疫的属性之一，特别是进出境动物检疫。从农业生态系统角度来看，只有在一个较大范围的生物地理区域预防、控制或扑灭某些疫病和有害生物，才能使这一区域内的所有国家或地区的农牧业生产得到有效的保护。人类逐步认识到动物检疫工作中区域性合作的必要性和紧迫性，进而制定、实施了一些相关的动物检疫国际公约、标准等，指导并协调各签约国的动物检疫工作。

### （四）综合性

动物检疫是一项集疫病流行、法律法规、科学技术和管理手段于一体的系统工程，综合性是动物检疫的基本属性之一。既表现在其检疫内容、管理对象的错综复杂，又表现在其法律法规和管理手段的有机综合。动物检疫的内容主要包括法定的检疫性疫病、管制的非检疫性动物疫病及其各种载体如动物、动物产品、运输工具、包装物等。动物检疫的管理对象主要包括受检疫法规约束的公民、法人以及从事动物检疫工作的机构和人员。动物检疫的法律法规主要包括国际间的协定、协议，国家及地方政府的检疫法规以及贸易双方签订的动物检疫相关协议等。管理手段则包括法律强制手段、行政干预手段和技术措施手段，这些手段实施于动物及动物产品检疫的全过程。

## 三、动物检疫的内容

### （一）检疫性疫病

动物疫病很多，要根据国家当前动物疫病控制情况、可能遭遇的境外动物疫病侵入威胁、本国科学技术水平等，确定具体的动物检疫对象。例如，我国进境动物检疫名录将检疫疫病分为一类、二类动物疫病（见附录4）。一类疫病主要包括一些危害严重、目前控制困难的动物疫病、人兽共患病以及我国尚未发现的境外动物疫病等。二类疫病则包括一般性动物疫病，这些疫病对我国动物生产和人民健康有重要影响。除国家法律规定的或公布的检疫疾病以外，国与国签订的有关协定或贸易合同中也可规定某种或某些动物疾病作为检疫对象。省、市地方政府，也可根据本地区实际情况或需要在国家法律规定的基础上补充规定相关动物疫病作为检疫对象。

### （二）检疫物

1. *动物、动物产品和其他检疫物*　检疫动物主要包括各种家畜、家禽、实验动物、野生动物、特种经济动物、观赏动物、水产动物、蜂、蚕以及动物苗种（如鸡苗、鱼苗等），动物胚胎、受精卵、精液等种质材料也属检疫之例。动物产品一般指生肉、蛋、奶、生皮张、生毛类、兽骨、蹄角、肉骨粉、鱼粉、水产品等。其他检疫物包括动物血清、动物废弃物（分泌物、排泄物、渗出物以及脱落的皮屑毛发等）、动物疫苗、动物饲料等。

2. *运载工具和器物*　包括来自疫区的运输工具如运输动物、动物产品的火车、飞机、船舶、汽车及其他运输车辆以及装载动物、动物产品和其他检疫物的容器、包装材物或包装物、饲养工具、铺垫材料等。

## 四、动物检疫法规

从世界范围看，广义的动物检疫法规包括各国自身制定的法律、法规，也包括由国际组织或双边、多边制定并由各成员国认可的相关公约、协定和议定书等。

**（一）主要国际动物检疫法规**

1. SPS 协定（Agreement on the Application of Sanitary and Phytosanitary Measures，SPS Agreement）　即“实施卫生和植物卫生措施协定”，是世界贸易组织（World Trade Organisation，WTO）针对动植物安全与检疫问题而专门制定和实施的一个国际准则。总体目标是维护各成员政府所规定的合适的健康水平的主权，但保证这种主权不得滥用于保护主义的目的，同时不对国际贸易形成不必要的壁垒。在 SPS 协定中，重申不应阻止各成员采纳或实施为保护人类，动物或植物的生命和/或健康所必需的措施，但这些措施的实施方式不在情形相同的成员之间构成任意或不合理的歧视，或对国际贸易构成变相的限制。内容涉及协调性问题、等效性问题、合理性问题、透明性问题、特殊性问题和分歧性问题等。

2. 国际动物卫生法典（International Animal Health Code，IAHC）　是由 OIE 国际动物卫生法典委员会的专家们在各成员国的有关法规资料的基础上编写的，首版见于 1968 年。随着动物卫生技术的改进和动物疫情的变化，OIE 不断推出新的版本。1998 年以来，由于每年有大量的修订意见和建议，《国际动物卫生法典》改为每年一版。2003 年版（第 12 版）分为《陆生动物卫生法典》(Terrestrial Animal Health Code）和《水生动物卫生法典》(Aquatic Animal Health code)。OIE 发布的法典及其相关标准是成员国兽医当局一致认同的成果，有关内容是动物卫生和动物源性人兽共患病的国际标准，已成为全球人兽共患病控制、动物检疫、动物防疫的权威性法规和标准。主要内容包括成员国的义务和责任、检疫性疾病、疫情信息通报和国际贸易出证。

**（二）中国有关动物检疫法规**

我国国内动物检疫依据的主要法律为 1997 年颁布、2007 年修订的《动物防疫法》。该法适用于在我国领域内的动物防疫活动，共分 10 章 85 条，内容包括动物疫病的预防、控制和扑灭，动物疫情的报告、通报和公布，动物和动物产品的检疫，动物诊疗，监督管理，保障措施，法律责任等。

我国出入境动物检疫依据的主要法律法规为 1991 年颁布的《进出境动植物检疫法》和 1992 年颁布的《进出境动植物检疫法实施条例》。主要内容包括检疫职权、检疫措施、法律责任等。

# 第二节　动物检验检疫样品

采集检验检疫样品是动物检疫工作的重要内容。采样的时机是否适宜，样品是否具有代表性，样品处理、保存、运送是否合适、及时，与检验检疫结果的准确性、可靠性关系极大。

## 一、检验检疫样品的含义

检验检疫中取自动物、动物产品等检疫物或环境，拟通过检验反映检疫物或环境有关检疫状况的材料或物品称为检验检疫样品（sample)。检验检疫样品的含义与病料（specimen）不完全等同，病料是指采自患病（感染）动物、可疑患病（感染）动物以及污染某种病原体物品的待检材料，是检验检疫的特殊样品。检验检疫样品既包括病料，也包括正常的待检样品。

## 二、检验检疫样品的种类

动物检验检疫样品通常包括动物组织样品、动物废弃物样品、动物生殖系统样品、动物种质材料、动物产品样品及与动物有关的其他样品等。

1. 动物组织样品　包括血液、皮肤及皮屑、淋巴结、肝脏、脾脏、肠组织及肠内容物、肾脏、膀胱组织及内容物、肺脏及气管组织、心脏、脑组织及神经组织、骨组织、肌肉、鼻咽组织、眼耳组织等。

2. 动物废弃物样品　包括动物的各种排泄物、分泌物和渗出物，通常用于病原学检验。排泄物一般包括粪便、尿液等；分泌物、渗出物包括眼分泌物、鼻腔分泌物、口腔分泌物、咽喉食道分泌物、阴道（包括子宫和宫颈）分泌物、皮下水肿渗出液、胸腔渗出液、腹腔渗出液、关节囊（腔）渗出液、脓汁、乳汁等。

3. 生殖系统样品　包括动物死胎、流产胎儿、胎盘、阴道分泌物、阴道冲洗液、阴茎包皮冲洗液、精液、受精卵等。

4. 动物种质材料　主要指动物精液和胚胎。动物精液或胚胎可以携带某些病原体，引起动物疫病传播。

5. 动物产品样品　包括胴体、食用内脏、食用骨血、原毛、皮张、骨头、蹄角、油脂等。此外，其他来源于动物未经加工或虽经加工但仍有可能携带病原体的产品如乳制品、食用蛋、蜂王浆以及动物性药材等。

6. 其他检疫物样品　包括动物饲料、动物用生物制品样品以及媒介样品如空气、土壤、水源、垫料、残余饲料、包装物、媒介昆虫等。

## 三、样品采集的一般原则

采集检验检疫样品时，通常要遵循下列原则。

1. 及时采样　根据检疫要求以及检验检疫对象和检验项目的不同，选择适当的采样时机十分重要。对于有临床症状的动物，采集病原分离的样品时，必须在病初发热期或症状典型时采集。一般采集未经治疗动物的样品；对濒死期动物，可扑杀采样；患传染性疾病死亡的动物，应尽可能立即采样。

2. 合理采样　不同疫病的需检样品各异，应尽可能按圈定的疫病侧重采样。尚不能确定为何种疫病时，则应全面采样。如有混合感染，还应兼顾采样。

3. 典型采样　采样时尽可能选取症状典型的病例和病变明显的组织器官。

4. 无菌采样　关键是避免环境中的微生物污染样品，同时防止样品中的病原体逸散至周围环境。采样器械及器皿要灭菌处理；进行尸体剖检同时需采集样品时，则先采样，后检查；一般先无菌采集供病原学及血清学检验的样品，后采集病理学检查的样品。

5. 适量采样　采集样品的量要满足检验检疫项目的需要。一般不得少于检验需要量的3倍，以供复检和留样备查。

6. 安全采样　采样过程中，一要做好采样人员的安全防护；二要防止造成病原体污染环境或逸洒扩散，以防止疫病的传播和蔓延。

7. 正确盛样　采集时应一种样品一个容器，容器必须完整无损，密封且不渗漏液体。装样品的容器，用前彻底清洁干净，必要时经清洁液浸泡，冲洗干净后以干热或高压灭菌并烘干。如选用塑料容器，能耐高压的经高压灭菌，不能耐高压的经环氧乙烷熏蒸消毒后使用。也可选用一次性灭菌器械或器皿。容器装量不可过多，尤其液态样品不可超过容量的80%，以防冻结时容器破裂。装入样品后必须加盖，然后用胶布或封箱胶带固封。如是液态样品，在胶布或封箱胶带外还需用熔化的石蜡加封，以防液体外泄。如果选用塑料袋，则应用两层袋，分别用线结扎袋口，防止液体漏出或入水造成污染。

8. 迅速送样　样品经包装密封后，必须尽快送往实验室。在送样过程中，要根据样品的保存要求及检验目的，妥善拟定运送计划。细菌学检验、寄生虫学检验及血清学检验的冷藏样品，一般要求在24h内送达实验室；病毒学检验的冷藏处理样品，应尽可能在数小时内送达实验室。经冻结的样品必须在24h内送到，24h内不能送达实验室，则要在运送过程中保持样品处于冻结状态。送检样品过程中，为防止样品容器破损，样品装入冷藏瓶（箱）后应妥善包装，防止碰撞，尽可能地保持平稳运输。飞机运送时，样品应放在增压舱内，以防压力改变使样品受损。

## 四、样品冷藏和贴签

根据样品的性状及检验检疫要求的不同，采集的样品在必要时应做暂时的冷藏、冷冻或其他处理。病毒学检验的样品，数小时内要送到实验室，可只做冷藏处理；超过数小时的样品应冻结处理。细菌学、寄生虫学或血清学检验的样品，如无特殊要求，冷藏送实验室即可。

采集的样品，应加贴标签，标签要注明采样检疫员、取样日期及货物产地、品种、批号、货主名称等。所有样品应有标记，标记应牢固，具有防水性，字迹不会被擦掉或脱色。送样时附上发病、死亡等相关资料。

## 五、样品采集及注意事项

### （一）样品采集的方法

1. 血液样品　应在动物病初体温升高或发病期及未经药物治疗期间用灭菌注射器和真空采血管采集。马、牛、羊从颈静脉或尾静脉采血；猪从前腔静脉采血，用量少时也可从耳静脉采集；禽类从翅静脉或颈静脉采集；家兔经耳静脉或心脏采集。采得的血液以冷藏状态立即送实验室。

2. 皮肤样品　凡皮肤上出现疱疹、丘疹、水疱、结节、脓包性皮炎、皮肤坏死等病变的疫病，均可采集有病变的皮肤进行病原分离、寄生虫检验或病理组织学检查。供检验的皮肤样品病变应明显而典型。扑杀或死亡后的动物，可用灭菌的器械取病变部位及与之交界的小部分“健康”皮肤；活动物的病变皮肤如水疱皮、结节、痂皮等可直接剪取或刮取。

3. 其他组织样品　一般在扑杀动物和病死动物尸体剖检时采集，也可从活动物体内采集。剖检采样时，先采集皮肤样品，然后剥去动物胸、腹部皮肤，以无菌器械将胸、腹腔打开，根据检验目的和生前疫病的初步诊断，无菌采集不同的组织。

4. 排泄物、分泌物和渗出物　粪便样品最好是在动物使用抗菌药物之前从直肠或泄殖腔内新鲜采集。粪便样品量较少时可投入灭菌缓冲盐水或肉汤试管内，量较多时则可装入灭菌器皿内，并根据检验目的考虑是否加入抗生素。尿液样品可在动物排尿时收集，也可以用导管导尿或膀胱穿刺采集。眼、口腔、鼻腔、阴道分泌物或渗出液以灭菌棉拭子蘸取；咽喉食道分泌物可用食道探子从已扩张的口腔伸入咽喉、食道处反复刮取。皮下水肿液和关节囊（腔）渗出液可用注射器从积液处抽取；胸腔、腹腔渗出液可在相应部位刺入抽取。做病原菌检验的脓汁应在药物治疗之前采集。采集已破口的脓灶脓汁，宜用灭菌棉拭子蘸取；未破口的脓灶脓汁，用注射器抽取。乳汁的采集，先将乳房、乳头清洗消毒后，用手挤取乳汁，初挤出的乳汁弃去，收集后挤出的乳汁。所采集的各种排泄物、分泌物和渗出液等，立即分别加入灭菌玻璃瓶内密封，贴签冷藏，迅速送实验室。

5. 生殖系统样品　流产胎儿及胎盘可按采集组织样品的方法，无菌采集有病变的组织，也可按检验目的采集血液或其他组织。精液以人工采精方法收集。阴道分泌物、阴茎包皮冲洗液可用棉拭子从深部取样，亦可将阴茎包皮外周、阴户周围消毒后，以灭菌的缓冲液或 Hank's 液冲洗阴道、阴茎包皮，收集冲洗液。

6. 动物种质材料样品　精液样品应采自符合双边动物检疫协定或中国有关兽医卫生要求的合格供体公畜。供体动物应全身清洁，采精前用灭菌生理盐水将包皮、包皮周围及阴囊冲洗干净，按照常规方法采集精液并稀释、分装。胚胎样品应采自符合双边动物检疫协定或中国有关兽医卫生要求的合格供胚胎畜，按照常规方法冲洗采集并检查。

7. 动物产品和其他检疫物样品　动物产品、饲料及动物用生物制品一般都经过包装并分批次，可按检验检疫的实际需要适量采样、随机采样和分批次采样。非生物性媒介样品可根据检验检疫的目的和需要直接采集，昆虫样品采用捕捉的方法采集。

### （二）注意事项

(1) 血液样品根据检验检疫目的考虑是否脱纤或加抗凝剂以及是否加入抗生素。枸橼酸钠对病毒略有毒性，采集病毒学样品时不宜使用。

(2) 用于微生物学检验的组织样品，采集后应放入灭菌容器，或加入保护液后冷藏送检；用于寄生虫学检验的组织样品，应新鲜采集，立即送检，尽量保持虫体的活力和形态；用于病理组织学检查的组织样品，最好保持新鲜，选取病变典型、明显的部位，连同与病变部位相邻的部分“健康”组织一并采集，采集后立即浸泡在95%酒精或10%中性甲醛缓冲液内固定。

(3) 当样品需要托运或由非专职取样人员运送时，必须密封样品容器，并做好样品运送记录，写明运送条件、日期、到达地点及其他需说明事项，并由运送人签字。

(4) 样品送达实验室后，应立即对照采样凭单、送样单核查样品。核查内容主要包括样品名称、数量，包装是否完好，样品容器或外包装上的标记是否清晰，冷冻样品是否已融化，有否腐败变质、变味等。

(5) 经检验合格的样品剩余部分由检验员及时通知货主限期领回，逾期不领的做销毁处理。发现腐败变质、变味的样品全部做销毁处理。

(6) 经实验室检验发现有动物病原体的，样品全部做销毁处理。

(7) 样品如不能及时检验，应及时置防潮、防霉、防晒、防污染的阴凉处保存。需要冷藏或冷冻保存的样品应及时冷藏或冷冻保存，并注意检验检疫的时间。

## 第三节　动物检疫流行病学方法

兽医流行病学（Veterinary epidemiology）是研究动物群体中疾病的频率分布及其决定因素的学科，其任务和目的是收集相关疾病的病因学和生态学资料，确定疾病的起源，研究疾病的发生机制和防控方法，规划和实施疾病的防控计划和措施，评估动物疫病、特别是外来病的风险，以及防控措施的经济效益。其研究方法主要包括收集疾病资料、定性调查、定量调查、建立动物疾病模型、统计学分析和生物学推理等。兽医流行病学在发展中形成了很多分支学科，在动物防疫、检疫中普遍应用的有描述流行病学、分析流行病学、实验流行病学、血清流行病学、分子流行病学和理论流行病学等。

### （一）描述流行病学

描述流行病学（descriptive epidemiology）是应用普查和抽样调查等方法，在一定时间内调查群体中的疾病事件和疾病现象，描述疾病在动物间、时间和空间的三间分布和动态变化，获得疾病的描述性资料，提供有关病因、宿主和环境等方面的疾病线索或关联。

基本任务是描述疾病的三间分布情况，为疾病的防控提供依据或重点；描述病因、宿主和环境之间的关联，以建立病因假设；为评价疾病防控效果提供有价值的信息；为疾病的监测或其他流行病学研究提供基础。

基本方法是普查、抽样调查、筛检和相关性研究等。普查是在一定时间内对一定范围内的动物群中所有成员进行的调查或检查。抽样调查是指用有代表性的样本进行调查，利用样本的调查结果估计群体疾病特征或情况的调查方法。筛检是用某种检测方法主动检测动物群体中患病动物或感染动物的方法，以便早期诊断、早期发现，及早采取隔离、治疗等疾病防控措施。相关性研究又称生态学研究，是以动物群体为观察分析单位，通过描述不同动物群中特定因素的暴露情况与疾病的频率，揭示某种因素与疾病的关系。

### （二）分析流行病学

分析流行病学（analytical epidemiology）是通过动物组群的比较，以阐明某种因素与某种疾病是否有统计学联系，验证联系是否有因果性，从而研究影响疾病频率分布的因素，直接把因素和疾病联系起来的研究方法。

基本任务是依据对群体中自然存在疾病的观察数据进行分析研究，鉴别疾病的主要病因或特定因素的致病作用，估价各种病因因素的定量效果。

基本方法包括病例对照研究和队列研究。从疾病（结果）开始去探找病因（原因）的方法称为病例对照研究（case-control study）。病例对照研究从时间上是回顾性的，所以又称为回顾性研究（retrospective study）。从有无可疑病因（原因）开始去观察是否发生疾病（结果）的研究方法称为队列（群组）研究（cohort study）。队列研究从时间上是前瞻的，所以又称为前瞻性研究（prospective study）。

验证因素与疾病是否有统计学联系的主要方法是 t 检验和卡方检验。t 检验常用于小样本正态分布资料的分析。卡方检验适合于离散型变量的分析。

### （三）实验流行病学

实验流行病学（experimental epidemiology）是将研究对象（动物群）随机分为实验组和对

照组，将所研究的干预措施给予实验组动物后，随访观察一定时间，比较两组动物群的结局，对比分析实验组与对照组之间效应上的差别，判断干预措施的效果的流行病学方法。

研究对象要求来自一个总体的抽样动物群，并采取随机分组原则。实验设计时要施加一种或多种干预处理，作为处理因素可以是预防或治疗某种疾病的疫苗、药物或方法措施等。实验时要有平行的实验组和对照组动物，两组动物在有关各方面必须相当近似或可比，这样实验结果的组间差别才能归之于干预处理的效应。实验流行病学方法本质上是前瞻性的，从假设的"因"出发，观察所产生的"果"，在这一点上它与队列研究相同。

实验研究方法有其独到之处。描述流行病学和分析流行病学是用观察法进行研究，研究对象可以随机抽样，但不能随机分组。与描述性流行病学相比，实验流行病学能够进行假设检验；与分析性流行病学相比，虽然两者都可以用来检验假设，但实验流行病学在检验效能上往往要强得多，可以作为一系列假设检验的最终手段而做出较肯定的结论。

根据实验是在现场还是在实验室进行，将实验流行病学研究分为现场实验流行病学研究和实验室实验流行病学研究。现场实验流行病学是科学地和人为地选择某种因素进行现场实验，观察该因素对某种疾病的作用效果大小和影响程度；实验室实验流行病学研究是在实验室用实验动物或本动物进行的流行病学研究。

**（四）血清流行病学**

血清流行病学（serological epidemiology）是应用血清学和流行病学的原理和方法，研究血清中抗体等各种物质的出现和分布规律，以揭示疾病病因、疾病在动物群中的分布和流行规律，以及在采取相应措施后评价效果的流行病学方法。

基本任务是进行病因学研究，查明疾病在动物群体中流行的情况，探讨某些疾病的地理分布，检查疫苗免疫效果，进行疫情预测和疾病监测等，为制定有效防控对策提供依据。血清流行病学分析的方法适合于检测大量样本或样品。

测定特异性抗体可以揭示动物群过去和现在是否受到病原体的侵袭或感染。通过抗体测定检查某种病原体感染或曾经感染是最有效、最经济的方法。血清学试验具有敏感、特异、简便、可靠、安全等特点，对疫病的流行病学研究具有很大的意义。

特异性抗体的检测方法很多，在兽医学领域常用的有凝集试验、沉淀试验、补体结合试验、中和试验、免疫荧光技术、免疫酶技术、放射免疫测定等。血清学试验方法的选择，依具体疾病和检测目的等情况而定。

数据分析方法中最重要的一点是结果必须与正常参考水平进行比较。有些数据本身就存在比较，如发病初期和后期血清样本的比较。血清学检测结果，往往以倍比滴度的数据为准。平均滴度以几何均数计算，不用算术均数。几何均数可使样本的偏态分布趋向正态分布，便于对结果做差异显著性分析。

**（五）分子流行病学**

分子流行病学（molecular epidemiology）是将分子生物学的理论和技术应用于流行病学调查研究，在分子水平上阐明疾病或疾病事件在动物群或环境生物群体中频率分布及其决定因素的学科。

分子流行病学在研究内容上有两点与常规流行病学不同：①从分子（基因）水平上阐明疾病

或疾病事件的频率分布及其决定因素，而不同于常规流行病学从大体上或表型上研究疾病或疾病事件。②仅研究疾病或疾病事件的生物学方面，因此较常规流行病学的范围要小一些。

基本任务是在分子水平上研究病原体的分型和分类，进行传染来源和传播途径的分析，进行病原体起源和进化的研究以及用于病原体耐药性研究等。

研究方法有核酸技术（包括核酸电泳图谱、核酸酶切电泳图谱、核酸分子杂交分析、核酸体外扩增技术以及核酸序列分析等）、蛋白质技术（包括琼脂糖凝胶电泳、聚丙烯酰胺凝胶电泳、蛋白质印迹技术、蛋白质色谱分析以及蛋白质测序等）、生物芯片技术等。

#### （六）理论流行病学

理论流行病学（theoretical epidemiology）又称为流行病学数学模型，是以数学模型或数学语言，表达疾病在群体间流行过程中各因素内在的和数量的关系，并对疾病事件进行预测的流行病学方法。

基本任务是以数学模型来阐明疾病的流行过程，预测发病率或流行率，检验病因假设，设计控制疾病的措施等。

方法是数学建模。建模是为了预测疾病的发生形式，以及评价不同防控对策的效果。准确的模型对选择最有效的疾病防控方法以及对病原体生活史的了解具有指导意义。广义的建模是指有形过程的表示法，如因果模型以及因素间相互作用的加法模型和乘法模型；狭义的建模是指以定量的数学语言表达事件，并对该事件进行预测，即数学建模。

## 第四节　动物检疫的基本程序

动物检疫程序（quarantine procedure）一般包括检疫许可、检疫申报、检疫实施、检疫处理以及检疫放行等五个环节。

### 一、检疫许可

检疫许可（quarantine permit）又称检疫审批，是在引进动物、动物产品、种质材料等检疫物时，引进单位或个人应向检疫机关提前提出申请，检疫机关审查并决定是否批准引进的检疫程序。

#### （一）检疫许可的意义

检疫许可是动物检疫的重要程序之一，是控制某些动物、动物产品、种质材料等检疫物携带动物疫病病原体，防止动物疫病传播的重要环节。其主要作用表现在以下三个方面：

1. 避免盲目引进，减少经济损失　作为货主，其对输出地动物疫情的了解较为局限，同时对国家相关法规的掌握也不一定很全面。因此，有可能出现直接输入或引进某些检疫物的情况。一旦这些检疫物抵达口岸，则会因违反动物检疫法规而被退回或销毁，造成不必要的经济损失。经过检疫许可，能够明确输入或引进的检疫物是否可以进境，可避免输入或引进的盲目性。

2. 提出检疫要求，预防疫病传入　办理检疫许可时，动物检疫机关依据有关法规和输出地的疫情来决定是否批准输入。如果允许输入，则会进一步提出相应的检疫要求，如要求该批检疫物不能携带某些病原体等。因此，检疫许可能够有效地预防动物疫病的传入。

3. 签订贸易合同，依法进行索赔　动物检疫机关在办理检疫许可时，提出相应检疫要求并通知货主，货主即可依据检疫要求与输出方签订相关贸易合同或协议。当检疫物到达并检疫不合格时，可依据贸易合同中的检疫要求条款向输出方提出索赔。

**（二）检疫许可的类型**

依据检疫许可物的范围，检疫许可通常分为两种基本类型，即一般许可（一般审批）和特殊许可（特许审批）。针对一般动物、动物产品、动物种质材料等检疫物的许可为一般许可。针对禁止输入的检疫物的许可为特殊许可。

（1）在一般许可中，检疫许可物主要包括以下两类：一类是通过贸易、科技合作、赠送、援助等方式引进或输入的动物、动物产品及动物种质材料等；另一类是运输过境的动物、动物产品及动物种质材料等。

（2）在特殊许可中，检疫许可物主要包括动物病原体（包括虫种、菌种和毒种等）、害虫及其他有害生物，某种动物疫病流行的国家或地区的相关动物、动物产品、动物种质材料等检疫物，动物尸体、动物标本等，土壤等。

**（三）检疫许可的基本手续**

1. 领取单证　引进单位提供有关证明和说明材料后，到当地动物检疫机关领取许可证申请表等。

2. 报请批准　引进单位填写申请表后报相关动物检疫机关审批。

3. 批准发证　相关动物检疫机关根据申请内容和待批物进境后的特殊需要和使用方式，认为合格时，签发许可证。检疫许可证应标明批准引入的品名、数量、检疫要求、进境口岸、许可证有效期等内容。

办理检疫许可证后，遇有下列情况，货主或代理人应当重新申请办理检疫许可手续：①变更输入物的品种或者数量的。②变更输出国家或者地区的。③变更进境口岸的。④超过检疫许可审批有效期的。

## 二、检疫申报

检疫申报（quarantine declaration）简称报检，是检疫物输入或输出时由货主或代理人向检疫机关及时声明并申请检疫的检疫程序。报检机关在接到货主或代理人递交的报检申请后，核对相关单证，为实施检疫做好必要准备。

进出境动物检疫中下述 4 类检疫物需进行检疫申报：①输入、输出的动物、动物产品及其他检疫物。②承运动物、动物产品及其他检疫物的装载容器、包装物。③来自某种疫病疫区的运输工具。④过境的动物、动物产品及其他检疫物。

货主在输入、输出动物、动物产品和其他检疫物时，应向相关进境口岸动物检疫机关和各地区动物卫生监督机构报检。运输动物、动物产品和其他检疫物过境时，应向相关进境口岸动物检疫机关报检。

检疫申报一般由报检员向检疫机关办理手续。报检员首先填写报检单，然后将报检单、输出国家或地区的官方检疫机关出具的检疫证书、产地证书、贸易合同、信用证、发票等单证一并交检疫机关审验。如果属于应办理检疫许可手续的检疫物，则在报检时还需提交进境许可证。

下列情况时，货主或代理人应及时向口岸检疫机关申请办理报检变更：①在货物运抵口岸后或实施检疫前，从提货单中发现原报检内容与实际货物不相符。②出境货物已报检，但原申报的输出货物品种、数量或输出国家需做改动。③出境货物已报检，并经检疫或出具了检疫证书，货主又需做改动。

某些检疫物需要提前进行检疫申报。种用大动物及其精液、胚胎需提前30d报检，小动物等需提前15d报检。

## 三、检疫实施

检疫实施（quarantine practice）是检验机构在受理货主或代理人提交的检疫申报单后，对货物实施检疫的措施，包括现场检疫和实验室检验。

### （一）现场检疫

1. 现场检疫的定义　现场检疫（on-the-spot quarantine）是检疫人员在现场环境中对输入或输出的检疫物进行查验、检查和抽样，并初步确认是否符合相关检疫要求的检疫程序。

2. 现场检疫的内容　现场查验、检查和抽样是现场检疫的基本任务，主要针对货物及存放场所、携带物及邮寄物、运输及装载工具等检疫物进行实地检查，并对经现场检疫认为需要采集样品进一步进行实验室检验的检疫物抽取样品。

在现场查验货物时，检疫人员首先要核对相关单证，如许可证、报检单、输出地官方出具的检疫证明书等，查验货物与报检单内容是否相符。然后在车站、码头、机场和指定隔离场所等现场对检疫物进行详细的检查和采样。针对动物，重点检查有无死亡、有无外伤和是否处于病征状态。针对动物产品，重点查验外包装是否完整、有无散包和开裂、产品是否裸露、变质、腐败等。

在检查旅客携带物时，采用X光机和检疫犬来检查行李中的携带物。根据检查情况，检验人员可要求旅客打开包裹进行进一步的检查。

在检查运输及装载工具时，检疫人员登机、上车、登船执行检疫检查，着重查看装载货物的船舱或车厢内外上下四壁、缝隙边角以及包装物、铺垫材料、残留物等地方。如检查到可疑检疫物，则采集装入样品袋或瓶中带回实验室进行检验。

经现场检疫，某些检疫物或查验出可疑的动物疫病病原体等有害生物需要进一步送实验室进行检验，以确定动物疫病及其病原体的种类。

### （二）实验室检验

1. 实验室检验的定义　实验室检验（laboratory testing）是指借助实验室仪器设备和检验试剂等，对现场抽取的检疫物样品进行动物疫病病原体等有害生物检查、鉴定的检疫程序。这一环节不仅需要实验室具备先进的监测设备、仪器，而且要有敏感、特异、快速、简洁的检测方法，同时对检疫人员的业务技能有一定的要求。

2. 实验室检验的内容　在动物检疫中，实验室检验的主要内容是确定动物是否感染检疫性疫病，动物性样品是否污染或携带动物疫病病原体等。我国在进境动物检疫中，实验室重点检验《动物防疫法》规定的一、二类动物疫病。

动物疫病病原体的分离鉴定是实验室检验的重要内容，主要采用病毒学、细菌学、寄生虫学以及免疫学技术和方法进行。病理学检验是确诊动物疫病的重要方法之一，罹患各种动物疫病的动物或死亡动物，大多表现有特征性的病理变化。通过对感染、患病或死亡动物的病理解剖学和病理组织学检查，发现并分析动物各器官组织的形态学变化，可为动物疫病的综合诊断提供科学依据。

现场检疫和实验室检验是查验检疫物、收集样品和鉴定病原体等有害生物的重要检疫程序，二者相辅相成。现场检疫直观、简洁、方便、经济，检疫人员亲临现场，对动物和动物产品等检疫物直接检查或查验，获得检疫的第一手资料和感性认识。同时，为实验室检验提供线索和检验样品，是实验室检验的必经程序。实验室检验方法敏感、特异、准确、可靠，为现场检疫提供确实的检验凭据或检验资料，是现场检疫的重要补充和最终确认。

## 四、检疫处理

检疫处理（quarantine treatment）是检疫机关依据检疫法规和检疫要求，根据现场检疫和实验室检验的结果，对检疫物实施退回、销毁或无害化处理的检疫程序。检疫物经过现场检疫和实验室检验后，若发现携带动物疫病病原体等有害生物，或不符合检疫要求，则需根据实际情况，进行不同方式的检疫处理。对需要进行检疫处理的动物、动物产品和其他检疫物由动物检疫机关签发《检疫处理通知单》，通知货主或其代理人，在动物检疫机关的监督下进行检疫处理，或由动物检疫机关指定的或认可的单位进行检疫处理。

### （一）检疫处理的原则

（1）检出一类疫病时，阳性动物与同群动物全群退回或全群扑杀并销毁尸体；检出二类疫病时，阳性动物退回或扑杀，同群其他动物隔离观察。

（2）动物、动物产品和其他检疫物检出一、二类疫病以外的其他疫病时，根据危害程度做无害化处理、退回或销毁处理。经除害处理合格的，准予放行。

（3）出境动物、动物产品和其他检疫物经检疫不合格或达不到输入国的要求，又无有效方法进行无害化处理时，不准过境。

（4）过境动物、动物产品和其他检疫物，检出一、二类疫病或检疫要求的疫病时，不准过境。

（5）过境动物发生死亡时，动物尸体及其排泄物、分泌物、垫料、废弃物等，必须在口岸动物检疫机关的监督下进行无害化处理。

（6）携带、邮寄我国规定的禁止携带、邮寄进境的动物、动物产品和其他检疫物进境时，做退回或销毁处理。携带、邮寄允许通过携带、邮寄方式进境的动物、动物产品和其他检疫物，经检疫不合格，做无害化处理、退回或销毁处理。

（7）根据检疫法规和检疫要求，对运载工具进行消毒、货物封存、不合格检疫物销毁、不准进境等检疫处理。

### （二）检疫处理的方式

1. 退回　是指将检出携带病原体的动物、动物产品等检疫物退回输出地的检疫措施。

2. 封存　是指将污染或可疑污染有病原体的货物存放在指定地点并采取阻断性措施（如隔

离、密封等)，以防止动物疫病的传播的措施。

3. 扑杀　是指将被某种动物疫病感染的动物或可疑感染的动物杀死并进行无害化处理，以彻底消灭传染来源，防止疫情扩散的措施。

4. 销毁　是指将感染动物的尸体和污染病原体的动物产品等检疫物进行焚烧、化制等无害化处理的措施。

5. 无害化处理　简称除害处理，是指用物理学、化学和生物学等方法处理携带或疑似携带病原体的动物尸体、动物产品等检疫物，以达到消灭传染来源、切断传染途径、破坏毒素和消除有害物质的检疫措施。

6. 不准入境　是指输入到境内的动物、动物产品和其他检疫物经检疫不合格或达不到输入国的要求，且不能做无害化处理时，检疫机关所做的不准进境的检疫处理。

7. 不准出境　是指输出到境外的动物、动物产品和其他检疫物经检疫不合格或达不到输入国的要求，且不能做无害化处理时，检疫机关所做的不准离境的检疫处理。

8. 不准过境　是指过境动物、动物产品等检疫物携带一、二类疫病或检疫要求的疫病病原体时，检疫机关所做的不准过境运输的检疫处理。

**(三) 动物检疫无害化处理技术**

无害化处理是动物检疫处理的重要方式之一。除常规消毒措施外，动物检疫实践中常用的无害化处理方法包括熏蒸处理、辐射处理等。

1. 熏蒸处理（fumigation treatment）　是指利用化学药剂对检疫性有害生物、不符合要求的检疫物进行熏蒸除害的措施。熏蒸处理是目前国内外口岸检验中应用最广的无害化处理方法之一。常用的化学熏蒸药剂有溴甲烷、磷化氢、磷化铝、环氧乙烷、硫酰氟等。

熏蒸处理的形式可分为常压熏蒸和减压熏蒸（真空熏蒸）两类。常压熏蒸是指在常压状态下导入一定量熏蒸剂进行熏蒸处理的形式，常用于帐幕、仓库、车厢、集装箱、筒仓等可密闭的容器或土壤覆盖塑料形成密闭空间的熏蒸。减压熏蒸是在一定的气密容器内低于 $1.013\times10^5$Pa（1个标准大气压）的状态下进行熏蒸处理的形式。实际应用中，减压熏蒸是在一定的容器内或专门的熏蒸设备中抽出空气以达到所需的真空度，再导入定量的熏蒸剂进行熏蒸。为了提高熏蒸效果，在常压或减压条件下，可通过加温、降温或保持恒温等措施进行控温熏蒸或增加循环设备进行循环熏蒸。采用何种熏蒸形式，取决于熏蒸剂、检疫物、有害生物及其发育状态（阶段）、熏蒸容器的结构等。

2. 辐射处理（radiation treatment）　是指用 $\gamma$ 射线等辐射能照射检疫物，以达到灭虫、杀菌等作用的一种检疫处理方法。辐射处理是一种具有广阔前景的无害化处理技术，在动植物检疫工作中越来越被接受并应用。

常用的辐射能包括 X 光、钴-60、铯-137、放射线、$\gamma$ 射线等。辐射处理较之化学、生物以及发酵处理法有许多优点：

(1) 设备简单，操作方便。用泵或其他传送工具将检疫物送进辐射处理设备，经放射线照射后即可达到除害目的。

(2) 放射线穿透力强，灭虫、杀菌较为彻底。

(3) 辐射照射不会增温，使用剂量较低，不影响检疫物的品质或质量，也不影响某些农产品的后熟。

(4) 辐射处理无残留，不污染环境。

## 五、检疫放行

检疫放行（quarantine pass）是检疫机关根据检疫结果或无害化处理的程度，认为检疫合格后，签发检疫证书、消毒证书、检疫放行单等相关单证并准予出境、入境或过境的检疫程序。

# 第五节　动物检疫的基本措施

## 一、检疫风险分析

动物及其产品的流通往往可能将动物疫病病原体等有害生物、毒害物质传入输入地，特别是从境外传入重大动物疫病和人兽共患疾病病原体，将对国家畜牧业生产安全和人民身体健康构成重大威胁。检疫风险分析越来越受到 WTO、FAO、OIE 等国际组织、各国政府及学术界的关注，也成为动植物检疫的热点研究问题之一，将为促进动物及动物产品的国际贸易活动，减少不必要的贸易壁垒起到重要的保障作用。

### （一）检疫风险的定义及特征

检疫风险（quarantine risk）是指动物疫病病原体、有毒有害物质随动物、动物产品等检疫物由输出地传入输入地的可能性及其对输入地生产、环境和公共卫生造成的潜在危害。检疫风险具有四个主要特征：

1. 难确定性　是指检疫风险因素本身的变化多端和人们对风险因素认识不足而对风险发生的损害、程度、时间和地点等不易确定的属性。难确定性是风险的基本特征。

2. 损害性　是指风险发生后必然造成损害的属性。

3. 未来性　是指风险都是后来发生的属性。

4. 可预测性　是指在一定期限、一定地域范围内，风险发生的频率、导致的损失是可以通过一定方法如概率论进行预测的属性。

### （二）风险分析的内容

风险分析是动物检疫必要的措施之一。通过预估危险性动物疫病的入侵风险，确定管制性动物疫病并提出相应的检疫手段，提高动物检疫的科学性和透明性，有效地降低动物和动物产品的流通对环境、生产和人类健康带来的威胁和危害以及对贸易造成的不良影响。动物检疫中，风险分析（risk analysis）包括风险识别、风险评估、风险管理和风险交流的一系列活动。

1. 风险识别（risk identification）　又称危害确定（hazard identification），是指对尚未发生的或潜在的危害或风险进行判断、鉴别、分类等，以确定风险因素的存在、级别和主次的过程。风险识别是风险防范和控制的基础。

2. 风险评估（risk assessment）　是指对风险发生的可能性和风险事件可能造成的损失进行评价、估算和衡量的逻辑判断过程。风险评估是对风险事件发生的概率和可能带来的危害的客观估计，为风险防范和控制提供依据。

3. 风险管理（risk management）又称危机管理（crisis management），是指通过风险识别、风险评估和采取对应的控制方法将风险减至最低的管理过程。风险管理是通过归纳、选择、评价、改进直至最后确定减少风险的措施，并将之应用于动物检疫实践中。

4. 风险交流（risk communication）是指风险管理者、风险评估者及社会相关团体公众之间就风险识别、风险评估和风险管理等方面的信息进行互换交流的过程。风险交流是风险信息和分析结果双向多边的交换和传达，以便相互理解并逐步达成一致，有利于风险管理者在风险分析过程中确定和权衡所选择的政策和做出的决定，有助于保证风险管理实施的透明度和科学性，提高风险管理水平。

### （三）风险分析的方法

动物检疫风险分析的基本方法包括定性分析和定量分析两种。

1. 定性分析（qualitative analysis）是指分析者凭对分析对象或事件的直觉、经验、过去和现在状况的比对以及分析者掌握的信息资料，对分析对象或事件的性质、特点、发展变化规律做出判断的一种方法。定性分析是依靠先例、经验和文字信息进行主观估计和判断，用文字语言进行相关描述的方法。

2. 定量分析（quantitative analysis）是指利用数据信息，建立数学模型，并用数学模型计算出分析对象或事件的各项指标等数值的一种方法。定量分析是利用数据信息给定性的风险因素赋以数值，用数学语言进行相关描述的方法。

定性分析与定量分析是统一互补、相辅相成的。定性分析是定量分析的基本前提，没有定性的定量是一种盲目的定量。定量分析使定性分析更具有说服力、科学性、透明性、灵活性和可防御性。相比而言，定量分析方法更加科学、合理，但需要较完整的数据资料和一定的数学知识。定性分析方法虽然略显直观、粗糙，但在数据资料不够充分或分析者数学基础薄弱时比较适用。

动物检疫风险分析中，有关数据和信息的收集和选择十分重要，一般应以 FAO、OIE 等提供的有关国家动物疫病状况的出版物作为信息和数据的主要来源，其他渠道获得的信息和数据（如各国的疫情通报、专业杂志的研究报告等）也具有价值。

### （四）风险分析的步骤

1. 风险识别　风险识别是风险分析的第一步，其目的在于确认拟流通的动物和动物产品等检疫物存在传播哪些疫病的风险，传播的可能性或概率的大小。为此，风险分析要对动物和动物产品的整个贸易流通过程中影响动物疫病传播、流行的各种因素进行充分研究和综合分析。在贸易流通过程中影响疫病传播、流行的因素主要有疫病因素、防疫体系以及区域划分和地区划分体系等。

（1）疫病因素：主要考虑拟流通的动物及动物产品能够感染、携带哪些疫病病原体？这些疫病病原体如何传播？输出地或出口国有无上述疫病存在以及发生、流行的情况如何？输入地或进口国有无上述疫病的易感动物？数量及分布情况如何？输出地或进口国环境是否存在适宜上述疫病病原体生存、传播的因素？通过对上述诸因素的综合分析，确定拟流通的动物及动物产品是否存在传播疫病的相关风险，为进一步进行风险评估奠定基础。

（2）动物防疫体系：主要由兽医机构及人员、动物防疫检疫立法、动物疫病控制计划和动物防疫措施的实施及监督等构成。对动物防疫检疫系统进行评价是检疫风险分析的重要内容之一，也是制定动物检疫措施的重要依据。评价既包括对输出地或出口国动物防疫检疫系统的评价，也包括对输入地或进口国动物防疫检疫系统的自我评价。评价的范围和内容包括组织机构及职能、人员及装备、立法状况、防疫计划、动物健康和兽医公共卫生制度、监督检查和审核机制、物力财力支持、疫病控制和消灭水平、参与相关国际组织活动的情况等。动物防疫体系建设的评价是确定疫病传播可能性的重要依据，是动物检疫风险分析的重要组成部分。

(3) 区域及地区划分：以往对一个国家的动物疫病发生情况评价时，只要该国某一个地方存在或怀疑存在某种疫病，就被认为整个国家存在这种疫病。其他国家会慎重考虑甚至拒绝从该国进口相关的动物及动物产品。WTO 指出，这种零危险度与现行国际贸易是不相容的。另外，从动物健康的角度考虑，这种做法并不适用于所有情况。实际上，气候和地理屏障等因素对疫病分布的限制作用比行政边界更具效果。人口密度、传播媒介分布、动物移动及管理措施也都是影响疫病分布的重要因素。为此，在现代动物检疫中引入了区域划分和地区划分的概念，而且越来越多地被运用到动物检疫风险分析之中。

①区域划分：在一个国家，为了控制某种重大动物疫病，对于发生疫病的地区及其周围不同距离的地区划分成不同的区域实施分类管理，称为区域划分。一般以疫病所在地为中心向外划分为 5 个区域，从外向内依次为不使用疫苗接种的非疫区、不使用疫苗但进行相关疫病检测的监测区、接种疫苗的非疫区、易遭遇某种疫病侵入的受威胁区（缓冲区）以及已确定某种疫病存在或某种疫病正在流行的疫区。

② 地区划分：有相同或相近的动物卫生状况和疫病控制措施的邻近国家或几个国家或其部分地区在某种疫病防疫上可以作为一个地区来对待的地域划分称为地区划分。对于某种疫病来讲，地区划分可以用地理（天然）的、人为的或法定的有效界线标示出来。在划分地区内所有有关国家具有共同的疫病控制政策，有一致的疫病控制目标和通用的疫病检测系统。有关国家之间应订立有关动物检疫的官方动物健康协议。

2. 风险评估　风险评估是风险分析的重要步骤，要解决的主要问题是合理地收集有关信息和资料，对所存在的风险进行定性评估和定量评估，得出引入某种动物或动物产品使输入地或进口国发生某种疫病的概率，寻找减少风险的措施，为风险防范决策提供科学的依据。定性风险评估是指用如高、中、低或极低等定性术语表示风险发生的可能性或带来后果的严重性的方式，定量风险评估是指用数据或概率等定量术语表示风险分析结果的方式。

(1) 风险评估的原则：风险评估的原则主要有：

①信息和资料应体现科学性、完整性和可靠性。以科技信息为基础，资料完整，数据可靠，来源透明。评估报告应附有专家意见、参考资料等。

②定性分析和定量风险应有机结合。

③评估过程应体现公正性、透明性和一致性，保证公平、合理并易为有关各方理解、认同。

④明确不确定事项、假设及其对最后评估结果的影响。

(2) 风险评估的过程：

①释放评估（release assessment）：揭示引入某种动物和动物产品等检疫物向某一特殊环境释放危害（如病原体等）的风险，评价相关的生物学因素、防疫体系因素和贸易流通因素对释放的影响，定性分析释放事件发生的可能性，定量计算释放事件发生的概率。生物学因素包括病原

体释放的途径，在环境中的存活、定居、传播的特征，病原体的侵入门户、致病性和毒力；易感动物的种类、品种、年龄、性别、数量和分布以及免疫接种的情况等。防疫体系因素包括输出地或出口国兽医机构、监控计划及区划体系的状况等。贸易流通因素包括引入动物和动物产品的数量，感染或污染病原体的难易程度，加工、贮存和运输。

②暴露评估（exposure assessment）：阐明输入地或进口国的人和动物暴露或接触风险源释放危害的风险，评价相关的生物学因素、暴露因素、环境气候因素、人文习俗因素和贸易流通因素对暴露或接触的影响，定性分析暴露或接触事件发生的可能性，定量计算暴露或接触事件发生的概率。生物学因素包括病原体的特性、传播媒介（生物媒介和非生物媒介）的存在和分布、传播途径、暴露人群和动物群的数量及分布等。暴露因素包括暴露或接触的量、时间、频度和期限等。环境气候因素包括地形地貌、山川水流、植被覆盖、气温季风等。人文习俗因素包括生产方式、生活习俗、文化素养、经济水平和防疫意识等。贸易流通因素包括引入动物和动物产品的数量、用途、使用方式和监管措施等。

③后果评估（consequence assessment）：确定输入地或进口国的人和动物暴露或接触风险源释放的危害所引起的潜在后果，定性分析引发潜在后果的可能性，定量计算引发潜在后果的概率。动物检疫中，风险源释放危害所引发的后果分为直接后果和间接后果。直接后果包括动物感染、发病、死亡、生产性能下降和经济受损以及引发公共卫生问题，间接后果包括动物疫病监控成本、补偿成本、潜在的贸易损失以及对环境的不良影响等。

④风险计算（risk estimation）：对释放评估、暴露评估和后果评估的风险结果进行评定，确定每种风险带来的潜在危害程度和风险发生的概率，综合评价引入动物和动物产品等检疫物的全过程中，所有危害可能产生的总体风险。

3. 风险管理　风险管理是指对引进某种动物及动物产品等检疫物的风险得出结论、制定防范风险的决策并实施减少或避免风险措施的过程。风险管理过程中，需要对相关疫病随引进动物及动物产品传入的可能性及其发生后导致的损失给出结论。同时，要明确控制相关疫病传入的检疫防疫措施。一般而言，减少或避免特定的疫病随引进动物及动物产品传入的风险，可以通过选择原产地、装运前和抵达后实施严格检疫措施、选择标准的实验室诊断方法、进行免疫接种和熏蒸消毒措施、选择熟制或特定的加工条件以及存放温度或时间、监管输入地等其他必要的措施来实现。

风险管理由风险评价（risk evaluation）、方法评价（option evaluation）、实施（implementation）、监管及审查（monitoring and review）等过程组成。风险评价是将风险评估中所计算的风险与可接受的风险进行比较的过程，根据“总体风险水平”与“可接受的风险水平”比值的大小，科学决策和制定防范危害引起风险的策略和综合措施。方法评价是为减少或避免风险，确定采取的措施并评估其可行性及效能的过程。实施是指坚持既定的风险管理措施并保证落实到位的过程。监测和审查是指进一步监督实施风险管理措施并保证取得预期效果的过程。

4. 风险交流　风险交流是在风险分析期间，从可能的受影响方或当事方收集信息和意见的过程，同时也是将风险评估结果和风险管理措施向进出口国家或当事方进行通报的过程。风险交流是公开的、互相的、反复的信息交流过程。

适当的风险交流非常必要，它可以使公众了解决策者制定有关风险管理措施的依据，并在自己的生产经营活动中自觉采纳风险专家推荐的方法，减少或避免风险。同时，风险交流是一个双向互动的过程。通过交流，公众、风险分析专家和政府决策者根据各方对风险分析信息的反馈、质询和建议，不断改进完善风险管理措施，使风险分析更加科学又符合实际。实际上风险交流贯穿了风险分析的全过程。

## 二、产地检疫

产地检疫（quarantine in origin area）是对畜禽等动物、动物产品出售或调运离开饲养生产地前实施的检疫。产地检疫是动物检疫的第一关，是一项基层检疫工作，对于贯彻落实预防为主的方针具有重要意义。该项工作面广、量大、分散，主要依靠基层动物防疫监督机构及其人员执行，并出具产地检疫证明。

产地检疫主要指在国内某一原产地对动物和动物产品进行的检疫。在世界经济一体化、国际贸易空前频繁的大趋势下，动物和动物产品的进出口贸易也非常活跃。为了更有效地开展动物检疫工作，降低检疫风险，在进口动物和动物产品前，相关检疫人员前往出口国原产地，在当地检疫部门和检疫人员的配合下，在动物饲养和动物产品生长加工过程实施检疫工作，称为境外产地检疫。境外产地检疫是在国内产地检疫的基础上发展起来的，它拓展了动物检疫工作的内涵。

### （一）产地检疫的意义

产地检疫是防止染疫动物及其产品进入流通环节的关键，是促进动物疫病预防工作的重要手段。开展产地检疫对于贯彻预防为主的方针，促进生产、方便流通和理顺动物检疫工作具有重要的意义。

（1）能够及时发现病源，并及时采取预防措施，消灭传染来源，防止病原扩散，可以把疫情消灭在最小范围内，最大限度地减少危害。

（2）防止患病畜禽及其产品进入流通领域，从而克服流通过程中难以短时间做出准确诊断疫病的困难，减少贸易损失。

（3）通过查验动物免疫证或免疫标志，可以调动畜主防疫的积极性，促进基层防疫工作的开展，能达到“防检结合，以检促防”的目的。

### （二）产地检疫报检制度

产地检疫报检制度就是要求动物饲养户和经营者在出售或调运动物、动物产品前应向所在地县级动物卫生监督机构或派出机构报检，在接到报检后，应及时派动物检疫人员到场到户或到指定地点实施产地检疫。

产地检疫报检制度是开展产地检疫的前提条件，也是动物饲养户和经营者的法定义务。只有动物饲养户和经营者按规定报检，才能使动物检疫监督机构随时掌握他们饲养的动物或生产的动物产品何时出栏、出售，以便及时派检疫人员到饲养、生产场地实施产地检疫，同时将检出的患病动物和染疫动物产品按国家有关规定进行无害化处理，才能真正把动物疫病消灭在产地，控制动物疫病远距离传播。因此，实施产地检疫报检制度，对依法开展产地检疫工作起到积极的促进作用。

### （三）产地检疫的内容

产地检疫项目包括疫情调查、检验免疫证明和临床检查，以及必要的实验室检验等。

1. 疫情调查　了解当地疫情，确定动物是否来自疫区。

2. 检验免疫证明　检查按国家规定的强制接种项目，动物必须处在免疫有效期内。

3. 临床检查　主要采用群体检查（静态、动态、饮食状态等）和个体检查（视、触、听诊和测体温等）对动物进行检查。

4. 实验室检查　按规定的实验室检验项目进行检验。

**（四）产地检疫处理**

动物、动物产品经产地检疫后，对检疫合格的出证放行；对检疫不合格的贯彻预防为主和就地处理的原则，按规定进行无害化处理。

1. 产地检疫的出证

（1）出具动物产地检疫合格证明必须符合下列条件：被检动物必须来自非疫区；动物免疫接种在有效期内，猪、牛、羊必须具备规定的免疫标志；动物临床检查合格；未达到健康标准的种用、乳用、役用动物，除符合上述条件外，必须经过实验室检验合格。

（2）出具动物产品产地检疫合格证明必须符合下列条件：被检动物产品来自非疫区；肉类经检验合格、胴体上加盖合格验讫印章或加封检验标志；生皮、原毛、绒按规定进行消毒。炭疽易感动物的生皮、原毛、绒等产品，炭疽沉淀反应为阴性；或经环氧乙烷消毒。

产地检疫证明仅限于本县境内交易、运输的动物、动物产品使用。两县毗邻乡镇间交易的动物、动物产品，经两县动物卫生监督机构协商同意，也可出此证明。

动物产地检疫合格证明的有效期一般为1～2d，最长不得超过7d。动物产品检疫合格证明的有效期一般为1～2d，最长不得超过30d；在夏季无冷藏条件销售鲜肉类，有效期限在当日。蜜蜂属特殊动物，检疫有效期为3个月。有效期从签发日期当天算起。

2. 产地检疫不合格动物、动物产品的处理　发现染疫动物及其产品，首先依据《动物防疫法》的规定，及时向当地动物卫生监督机构报告，必要时紧急采取应急措施，防止疫情扩散。对检疫不合格的动物、动物产品严格按规定处理。处理方法一般有以下几种：

（1）补免：国家或地方规定必须强制免疫的项目，未按规定预防接种或已接种但超过免疫有效期的，应补免疫接种并佩带规定的免疫标志。

（2）隔离：经检疫一时难以判定结果的可疑动物，可采取隔离观察的措施。

（3）治疗：对于可治疗的一般性动物疫病，因患病动物较多且具有治疗价值的，可以选择适宜地方进行隔离治疗。

（4）封锁：经检疫发现动物或动物产品带有农业部2008年公布的一类疫病或当地新发现的疫病时，依法对疫源地采取封锁措施。

（5）扑杀：对带有严重危害动物生产和人类健康的检疫对象的动物或其同群动物，采取扑杀等处理措施。

（6）无害化处理：确认患有检疫对象的动物、疑似动物及染疫动物产品以及其他不合格动物产品，按GB 16548—2006《病害动物及病害动物产品生物安全处理规程》的规定采用化制或销毁等措施进行无害化处理。

（7）消毒：凡是有可能与病畜禽接触过的场所、圈舍、用具及有关物品都要进行消毒。

## 三、运输检疫监督

运输检疫监督（quarantine and surveillance on transportation）是对各种交通工具（汽车、火车、船只等）运输的动物、动物产品实施的检疫监督。动物卫生监督机构依法设立动物卫生监督检查站，对动物、动物产品运输依法进行监督检查。运输检疫监督是防止疫病远、中距离传播和促进产地检疫的一种手段，对保护动物健康、促进畜牧业发展具有重要意义。

### （一）运输检疫监督与管理

动物、动物产品在调出离开产地前，必须向所在地动物卫生监督机构提前报检。经过检疫，确认需要调运和携带的动物、动物产品来自非疫区，报检的动物具备合格免疫标志，免疫在有效期内，并经群体和个体临床健康检查合格，凭《动物产地检疫合格证明》或《动物产品检疫合格证明》换发《出县境动物检疫合格证明》或《出县境动物产品检疫合格证明》。经过产地检疫的生皮、原毛、绒等产品原产地无规定疫情，并按照有关规定进行消毒；炭疽易感动物的生皮、原毛、绒和骨、角等产品经炭疽沉淀试验为阴性，或经环氧乙烷消毒，凭《动物产品检疫合格证明》换发《出县境动物产品检疫合格证明》。捕获的野生动物，经捕获地动物卫生监督机构临床健康检查和实验室检疫合格，方可运输。运载工具经过消毒后取得《动物及动物产品运载工具消毒证明》。

为了加强对经公路、铁路、水路、航空运输的动物、动物产品的检疫监督管理，在公路途中和铁路、水路、航空终起点设立动物防疫监督检查站，其主要任务是进行验证、查物。对检疫证明有效并符合兽医卫生规定的，准予放行；对无检疫证明、检疫证明无效或不符合兽医卫生规定的，分别采取补检、重检、封存、留验、扣押、销毁等措施。

### （二）运输前的准备

动物、动物产品的运载工具、垫料、包装物应当符合动物防疫条件。

运输牲畜的汽车应装有高的车厢板，车底部严密不漏水。装载大牲畜时，应设格木，固定在两畜之间。车顶上设置横木以便拴系。凡装载过农药、化肥、腐蚀性药品、化学药品的车厢，未经清洗、消毒，不得装运牲畜。

运载动物、动物产品的车辆、船舶、机舱以及饲养用具、装载用具，货主或者承运人必须在装货前进行清扫、洗刷，并由动物卫生监督机构或其指定单位进行消毒后，凭运载工具消毒证明装载和运输动物、动物产品。

铁路运输在起运前防疫监督部门必须向押运人员明确规定运输途中的饲养管理制度和兽医卫生要求，合理分工，备齐途中所需要的各种用品，如篷布、苇席、水桶、饲槽、扫帚、铁锹、手电、消毒用具和药品等。根据装运的动物数量、旅途远近及沿途饲料供应情况，备好应携带的饲料。装运动物车厢的选定，温热季节，运输路程不超过一昼夜者，可用高帮敞车；天热时，应搭凉棚，车门钉上栅栏；寒冷季节，必须使用棚车，并根据气温情况及时开关车窗。装运大动物的车厢必须设置拴系缰绳的铁环或横杠；装运猪或羊的车厢最好用木（竹）栅栏分隔成若干间。如采用双层装载法，必须沿两层地板斜坡设排水沟，在下层车厢的适当位置设一容器，接受上层流下来的粪水。凡无通风设备的铁皮闷罐车厢，不可用来装运动物。

水路运输屠畜，必须在装卸港口设置专用码头，码头附近设置畜圈以备动物休息和检疫。选用的船只，要求船舱宽敞，船底平坦，有完善的通风和防雨设备，铁地板的应铺垫木板。根据装运头数、路程远近，备足饲料，准备好雨布、水桶、饲槽及常用药品。

运输肉、乳等容易变质的动物产品必须使用专用冷藏车运送，车辆必须清洗、消毒。

**（三）承运要求**

动物、动物产品托运人托运前需在规定时间内向有管理权限的动物卫生监督机构报检，并取得检疫证明和运载工具消毒证明。

经铁路、公路、水路、航空运输动物、动物产品，承运单位及承运人必须凭规定的《出县境动物检疫合格证明》或《出县境动物产品检疫合格证明》、《动物及动物产品运载工具消毒证明》等有关证照办理运输手续。

**（四）运输途中的卫生管理与监督要点**

（1）对动物应细心管理、按时饮喂。贩运户或随行的防疫人员应经常注意动物的健康状况，防止聚堆挤压。天气炎热时车厢、船舱内应注意通风、降温，如在车厢中（主要用于猪）喷洒冷水；天气寒冷时则采取防寒挡风措施，如给以垫草，关紧车门、车窗。在铁路运输途中，根据车站的停车时间，每日饮喂不得少于两次，夏季要增加饮水次数。

途中必须做好车内清洁卫生工作。收集起来的粪便和垫草不得沿途随意抛弃，待到达指定车站时，按照有关规定进行处理。

（2）贩运户或随行的防疫人员，应认真观察动物情况，发现病、死亡动物或可疑染疫动物时，立即隔离到车、船一角，进行救治及消毒，并将发病情况报告车船负责人，以便与有动物卫生监督机构的车站、码头联系，及时卸下患病动物和（或）染疫动物产品。

（3）严禁宰杀、出售染疫动物，不准抛弃死亡动物、污物和腐败变质的动物产品，也不得任意出售或带回原地。应在指定地点卸下染疫动物、死亡动物、污物和腐败变质的动物产品，并在动物卫生监督机构的监督下，按规定做无害化处理。

（4）如发现恶性传染病及当地已扑灭或从未流行过的传染病时，应遵照防疫要求采取措施，防止扩散，并将疫情报告当地和邻近地区动物卫生监督机构。严格无害化处理染疫动物尸体及污染场所、运输工具。对同群动物进行隔离检疫，注射相应疫苗、血清，待确定健康、无散播危险时，方准运出或屠宰。

**（五）卸货卫生管理与监督要点**

（1）合法捕获的野生动物到达目的地后，货主凭有关证明到当地动物卫生监督机构报验。

（2）畜禽等动物、动物产品到达目的地后，检疫人员询问产地及途中情况，然后深入车（船）检查，核对检疫证明所列全部项目无误之后，方可准予卸货。当发现某车厢内有染疫动物或尸体时，应运至指定场所。先将健康动物车厢卸下，与染疫动物或尸体接触过的动物、动物产品必须隔离检疫，进行无害化处理。

（3）运载工具的消毒和粪便等垃圾的处理：运载动物、动物产品的船舶、车辆、机舱以及饲养用具、装载用具等的兽医卫生消毒，必须在严格的卫生监督下按以下情况进行处理：

①装运过健康动物及其产品的运输工具，先将清除的垫料、粪便等集中堆积发酵处理，然后用热水洗刷或选用有效消毒剂进行消毒。

②装运患一般性传染病畜禽及其产品的运输工具，可选用2%～4%热氢氧化钠溶液、

10%～20%漂白粉混悬液或 2%～4%福尔马林消毒。清除的垫料、粪便等垃圾发酵处理。

③运输过患烈性传染病或疑似烈性传染病的畜禽及其产品的运输工具，应在清除一切污染物之前，用 10%氢氧化钠溶液、0.3%～0.5%过氧乙酸溶液或 0.3%～0.5%二氧化氯溶液彻底喷洒消毒后清扫。重复消毒一次，30min 后用热水冲洗。清除的粪便等污染物集中焚烧。

## 四、市场检疫监督

市场检疫监督（quarantine and surveillance at markets）是由动物卫生监督机构对进入集贸市场进行交易的动物、动物产品所实施的监督检查，并监督指导对病害动物、动物产品进行无害化处理。市场检疫监督的主要任务是监督检查，即验证、查物。对检出的患病动物，按照相关法律法规实施隔离、消毒、治疗或扑杀等检疫处理措施；对未经免疫接种的易感动物应进行紧急免疫接种；对检出的不合格动物产品，按照法律法规进行相应的检疫处理。

通过市场检疫监督，禁止患病动物和危及人畜健康的病害动物产品上市，有助于保证消费者健康和防止动物疫情扩散；同时，通过市场检疫监督时查验产地检疫证明和运输检疫证明，也可以促进产地检疫和运输检疫监督。

市场检疫监督的兽医卫生要求主要包括：

（1）动物及动物产品的交易应在市场管理单位指定的地点进行，四周应设有围障，粪便、污物要集中堆放，散市后有专人负责清扫、定期消毒和粪便、污物的无害化处理。

（2）上市交易的本县家畜、畜禽产品凭产地检疫证明、肉类还要凭加盖的验讫印章和产品检验证明入市。非本县的凭运输检疫证明和消毒证明入市。

（3）检疫人员负责检查有关证件，核对证物，对无证或证明过期失效的，应就地进行重检、补检、补注或消毒，补发检验检疫证明并按规定予以处罚。

（4）查验动物免疫标志、胴体检验痕迹和验讫印章，严禁出售病害动物、动物产品。

（5）监督经营者将患传染病等病害动物转移到指定地点进行隔离处理；病死动物肉、腐败变质肉进行化制或销毁；有条件利用肉进行无害处理后方可利用，未经处理的不准交易，更不准擅离市场，传播疫源。

（6）查处违反兽医卫生法规的交易行为和其他行为。

## 五、隔离检疫

隔离检疫（isolation quarantine）是指将输入或输出的动物在检疫机关指定的隔离场所内，于隔离条件下进行饲养，并在一定的观察期内进行疫病检查、检测和处理的检疫措施。动物疫病具有一定的潜伏期，处于潜伏期的动物往往不表现临床症状；动物在运输途中存在再次感染某种病原体的可能性；动物对病原体的免疫应答反应存在一定的不应期。因此，隔离检疫是重要的检疫措施，是产地检疫和运输检疫的补充措施，有助于降低检疫风险，提高检疫的准确性，避免或减少检疫中的漏检问题，更为有效地控制病原体的传入或传出。

### （一）隔离检疫场

隔离检疫场（isolation quarantine station）是指检查输入或输出的待进入生产或流通领域的动物是否患有传染性疾病的专用场所，是动物检疫实践中预防疫病传播的一种必备设施。动物隔离检疫场的设计、建设和装备应符合和满足动物隔离检疫的要求。动物隔离区、管理人员的生活区应分开；出入口应设有冲洗、消毒设施；场内应设有动物栏舍、饲料加工房、化验室和排污设施等；房舍应各有围栏并间隔一定的距离；室内应有通风排气设备；墙体和地面应以耐用和易清洗的材料建成；有专门的粪便、垫草等处理设备；要有动物剖检室、尸体焚化炉，能够对病、死动物及其污染物进行销毁等无害化处理。

在我国，动物隔离检疫场一般分国家级隔离检疫场所和地方隔离检疫场所。国家级隔离检疫场所通常由国家进出境动物检疫机关设立，主要针对国境检疫中高风险及中风险的动物疫病。近年来，我国进出境检疫机构先后在北京、天津、上海、广州等地设立了动物隔离检疫场。地方级隔离检疫场所通常由地方检疫部门或货主设立，主要针对国内检疫中的动物。

**（二）隔离检疫的基本步骤**

隔离检疫是由动物检疫机关在指定的隔离场所内，按照一定的程序和规定，对待检疫动物实施检疫的过程。

待检疫动物运抵隔离检疫场之前，检疫人员查验相关检疫单证，同时做初步临床观察和检查。未发现异常方准予不落地而直接装上经消毒的运载工具转运到动物隔离检疫场。入场时，动物先通过喷雾消毒间进行体表消毒后进入畜舍。以后每天测温并做观察记录，一定时间（如1周后）按检疫要求采集血样等检疫样品，进行血清学试验和病理、生化等方面的检查。隔离检疫期满，对无病者解除隔离检疫，出具检疫证明并放行；对患病动物、阳性动物或可疑感染动物，则根据疫病性质，对全群动物和染疫动物做扑杀、销毁或退回处理。隔离检疫观察期限视检疫程序和被检疫疫病潜伏期的长短由相应检疫机关确定。

隔离检疫遵循严格的管理制度，对隔离动物、人员出入以及隔离时间等都有明确的规定。对于隔离检疫的动物，规定进境的大、中动物必须在国家级隔离检疫场实施隔离检疫。隔离检疫规定在隔离动物进入隔离场后，饲养人员和检疫人员必须在封闭的场内生活，未经检疫机关允许，任何人不得离开检疫场；隔离检疫期内，除检疫人员可进入场内采取样品外，其他人员不许进入。进境动物的隔离检疫时间依据动物的种类确定，一般进境的大、中家畜和野生偶蹄类动物需45d，进境小动物和其他动物需30d。出境动物的隔离检疫时间按检疫要求中的规定执行。

## 六、检疫监管

检疫监管（quarantine supervision）是检验检疫监督管理的简称，是指检疫机关对输入、输出的动物和动物产品的养殖、生产、加工、存放、转运等过程实施监督管理的检疫措施。将事关动物疫情风险和影响动物产品质量安全的所有因素、所有环节纳入检疫管理范围，全面建立从动物养殖、生产加工到储存转运全过程的监管链条和国内外动物疫情信息收集、分析和防控等动物检疫监管机制，强化养殖加工管理、产地检疫、风险预警、运输检疫和口岸查验等检疫环节，构建动物养殖及产品质量安全保障体系和外来疫病及毒害物质传入的防控体系，同时提高检疫验放的速度和效率，避免检疫物滞留并防止出现漏检问题，是当代动物检疫实践的迫切需求和实际需要，是动物检疫工作的拓展和延伸。检疫监管一方面将检验检疫监管工作的关口前置，提高对动物和动物产品质量的把关力度和效率，促进相关企业提高诚信意识和质量管理水平；另一方面，将检验检疫监管工作延续到动物和动物产品使用、生产单位，进一步加强对入境动物及动物产品的跟踪监管，有效防止疫病因子等不符合安全、卫生、环保要求的毒害物质进入、传播和污染。

**（一）检疫监管的目的和意义**

检疫监管主要应用于进出口动物和动物产品检疫中。要求对进出口动物和动物产品等全面实施注册登记制度，将所有进出口动物和动物产品养殖、加工、包装、存放单位纳入监管范围，以确保对农产品的源头得到有效监管。在此基础上，建立进出口动物和动物产品全过程监管措施，加强动物和动物产品养殖、生产、加工、包装、储存、转运等各个环节的监管，建立健全疫情和残留监控制度，指导和监督企业建立完善的饲料、疫苗、兽药和农药等养殖及加工过程中投料的质量安全管理和准入制度，全面实行产品质量安全溯源管理；加强产地检疫工作，坚持进出口动物和动物产品在产地报检、产地检验检疫和监督管理；同时，完善进出口动物和动物产品的运输检疫和隔离检疫管理，确保检疫监管有效。

检疫监管实践就是把检验检疫从过去的单纯检测中解放出来，从注重单批产品的合格判定转变到注重企业质量安全体系是否有效运行和产品质量安全是否稳定的认定上来，在职能上实现从单纯检测到宏观管理的转变。在监管过程中，通过质量安全诚信受惠等鼓励政策的引导，促进企业不断追求完全质量管理，促进行业整体质量水平的提高。检疫监管实践就是把检疫人员从大量无效的劳动中解放出来，将检疫工作放在进出口活动物等敏感检疫物的重点上，放在安全、卫生、环保等重点上，放在高风险、低诚信的企业等重点上。在监管过程中，把更多的精力放在进出口动物和动物产品安全和质量的把关上，大大提高动物检疫把关的针对性和有效性。检疫监管实践就是要完善动物检疫的社会经济服务职能，在进出口企业中推行诚信建设，维护贸易公平竞争，创造有利于构建和谐社会、发展循环经济、建立资源节约型和环境友好型社会的工作局面，创造有利于形成知识产权保护、自主品牌建设和创新型社会的环境氛围，创造有利于形成有效应对国外技术壁垒和解决突发质量安全事件能力的长效机制。

**（二）检疫监管的内容**

对于进出境和过境动物和动物产品，检疫监管的重点内容包括以下6个方面：

（1）进出境动物的检疫许可、检疫申报、产地检疫、运输检疫和隔离检疫监管。

（2）批准引进的禁止进境检疫物的运输、使用、存放等过程监管。

（3）进出境肉类制品、肠衣、奶制品的加工、存放、转运等过程监管。

（4）进出境生皮张、生毛类等产品的生产、加工、运输等过程监管。

（5）国际展览会或博览会期间，参展的动物和动物产品等检疫物的检疫监管。

（6）过境活动物的检疫许可、检疫申报、运输过程等检疫监管。

**（三）检疫监管的主要措施**

检疫监管是当代动物检疫实践中发展起来的新举措。动物检疫部门在检疫实际工作中通过反复实践、摸索、归纳和总结，逐步提炼出了以下检疫监管的具体措施：

1. 实行注册登记制度　为了全面掌握动物和动物产品的养殖、生产、加工、营销、储运和使用企业或厂商等的信息，更便捷地提供检疫服务和检疫监督管理，动物检疫部门对上述企业或厂商实行注册登记制度，并建立相应的数据库进行管理。

2. 实行动物检疫过程监管　动物检疫机构派出检疫人员对动物和动物产品的养殖、生产、加工、包装、储存、转运等各个环节实行实地监控、信息收集和监督管理，及时了解掌握动物疫情、产品质量以及加工、存放、转运等条件，实行从生产、销售、使用的全过程监管。

3. 建立检疫监管库区　动物检疫监管库区是指符合动植物检疫监管要求，经口岸动物检疫机关批准设立的存放进出境动物、动物产品的检疫监督管理场所。凡经国家有关部门批准的经营外贸、外贸运输、仓储和代理报检业务的企业，均可申请建立检疫监管库区。申请建立检疫监管库区的企业应具有相关经营文件及执照，具备开展检疫监管必备的设施和条件，配有动物疫情监测人员，具备符合动物检疫要求的管理制度。

4. 进行防疫检疫培训　动物防疫检疫培训是检疫监督工作的重要组成部分，是有效进行检疫监督管理的基础。检疫机关对监管企业、厂商的相关人员进行动物检疫的法律法规、防疫知识、检疫技术、检疫处理以及检疫除害等方面的培训，以提高检疫监管的水平和效率。

5. 进行疫情监测　进行重大动物疫病疫情调查和监测，掌握动物疫病流行病学资料和疫情动态信息是动物检疫监管的重要内容，是动物检疫风险分析的基础。动物检疫机构通过进行疫情调查和监测，准确掌握疫病信息，及早发现、确诊动物疫病及其发生、流行和传播蔓延情况，及时采取防控、扑灭措施，力争将动物疫病消除在萌发状态或流行早期。因此，进行疫情监测，是动物检疫监管的重要举措。

### （四）电子检疫监管

电子检疫监管系统是运用现代质量管理理论和网络信息技术，借助公共网络资源，通过数据资料和视频信息的实时监控，实现动物和动物产品从生产过程到销售利用等环节中检疫申报、风险分析、过程监督、项目检测、符合验证和检疫放行等监督管理的电子信息化系统。

传统的检验检疫监管方式，以书面申报、现场检验检疫、书面通知放行等形式为主，存在效率低、成本高、信息不便共享等不足。实施电子监管后，以电子申报、电子放行替代纸质申报和纸质放行，以对电子数据和视频信息的实时监控实现高效流程和严密监管，满足了现代检验检疫监管信息快速、有效、便捷运转的需要，实现了动物检疫信息的互联互通，适应了现代物流信息化的潮流，是现代检验检疫的重要组成部分，代表着现代动物检疫的发展方向。

我国检验检疫电子监管系统是国家质检总局根据国务院的指示，为全面推进“大通关”建设而开发的信息化监督管理系统。“电子监管系统”充分利用CIQ2000（检验检疫综合业务管理系统）现有资源，建立了与CIQ2000的全面连接，适用于所有出口报检企业和产品，适用于不同经济发展水平地区和检验检疫机构。该系统与“电子申报”和“电子放行”相融合，形成完整的中国电子检验检疫系统。

电子检验检疫建设尤其是电子检验检疫监管建设是检验检疫监管工作的一项重大改革，是应对经济全球化趋势提高监管效能、服务外经贸发展的重要举措。电子监管的应用不但可以加快口岸验放速度，而且可以有效地解决检验检疫人力和物力资源不足的问题，进一步促进检验检疫工作的科学化和规范化。

## 复习思考题

1. 何谓动物检疫？试述动物检疫的基本属性。
2. 简述动物检疫的类型。
3. 简述主要动物检疫国际组织及其协议和法规。

4. 我国有关动物检疫的法律法规有哪些？建设我国动物检疫法规对动物检疫工作有何意义？
5. 试论动物检验检疫样品采集的原则。
6. 试述兽医流行病学方法在动物检疫中的应用。
7. 什么是检疫许可？检疫许可在动物检疫中有何意义？
8. 简述现场检疫和实验室检疫的步骤和内容。
9. 试述动物检疫的基本程序。
10. 动物检疫的基本措施有哪些？
11. 何谓检疫风险？其有哪些特征？
12. 什么是检疫风险分析？其意义何在？
13. 风险分析的基本内容有哪些？试述检疫风险分析的步骤。
14. 隔离检疫的涵义是什么？怎样进行隔离检疫？
15. 试述检疫监督的意义。

# 第三章

# 动物检疫技术

## 第一节　临床检疫技术

### 一、临床检疫技术概述

临床检疫是应用兽医临床诊断方法，对待检动物进行的活体检疫。临床检疫的目的在于：①用兽医临床诊断学方法判别动物健康状况；②根据检疫对象要求和流行病学情况，结合临床检查，对患病动物判断是否患有某种检疫对象。

临床检疫与一般诊断学不完全相同，尤其在大群检疫时，应结合流行病学资料进行有目的的检查。如某地运输动物到达口岸时，通过疫情调查，了解该地区曾有过某种疾病的流行或新近有某种疫病发生的报道，检疫时应重点加强该病的检查。通过临床检疫，对于具有症状典型的动物疫病可以做出初步诊断；对于症状不典型的动物疫病，可提供诊断线索以便采用其他方法做进一步检疫。临床检疫时，首先进行群体检查，然后对检查中发现的异常动物进行个体检查。

#### （一）群体检查

群体检查是对待检动物群体进行临床检查，初步评价整群动物健康状况，并将异常动物挑出来予以隔离，以便进一步做个体检查。群体检查一般将来自同一地区或同一批的动物，或将一圈、一舍的动物划为一群，犬、兔、家禽可按笼、箱分群。运载动物检疫时，可登车、船、机舱，或在卸载后集中进行群体检查。群体检查内容主要包括以下三个方面：

1. 静态检查　检疫人员深入圈舍、车、船，观察动物自然安静状态下的表现，如精神和营养状况，立卧姿势，对外界事物的反应能力，被毛、反刍状态，呼吸，有无咳嗽、气喘、呻吟、战栗、流涎、嗜睡及独立一隅等异常现象。

2. 动态检查　将圈内动物哄起或在卸载后往预检圈驱赶途中，观察动物的起立姿势、行动姿势及精神状态等，有无站立不稳、行动困难、跛行、后肢麻痹、步态踉跄、屈背拱腰、离群掉队，以及喘息、咳嗽等异常现象。

3. 饮食及排泄状态检查　饮水、进食时观察饮食、咀嚼、吞咽时反应，有无少食少饮、不食不饮、暴食暴饮，吞咽困难、呕吐、流涎或异常鸣叫等现象。同时观察排粪排尿姿势，粪、尿的质度、颜色、气味、含混物等，有无粪便干燥、拉稀、血便、尿少及尿色发红等异常现象。

### （二）个体检查

对群体检查检出的病态或可疑病态动物进行详细个体检查，以判定其是否有病，尤其是是否患有规定的检疫对象。若群体检查未发现可疑患病动物，必要时可随机抽取5%～20%做个体检查。个体检查主要采用“看、听、摸、检”等技术。

1. 看　观察动物的精神状态、营养状况、起卧及运动姿态、呼吸动作、被毛与皮肤情况、可视黏膜、天然孔、排粪排尿情况等。

（1）可视黏膜检查：眼结膜色泽是否苍白、潮红、黄染、发绀，有无分泌物和炎性肿胀、充血、出血等；鼻黏膜色泽是否苍白、发红、发绀，有无溃疡、疤痕等，鼻液的颜色、数量、性状等；口腔黏膜色泽、湿度等是否正常，黏膜、齿龈、舌有无病变和流涎；外生殖器有无炎性肿胀、溃疡、发疹，流出黏液性状。

（2）排泄动作及排泄物检查：排泄有无困难，粪便颜色、硬度、气味及性状，尿的颜色、尿量、清浊程度等。

（3）被毛和皮肤检查：被毛光泽、长度、分布，清洁程度及完整性，有无脱毛等；皮肤一般状况，有无肿胀、丘疹、斑疹、水疱、脓疱或溃烂，患病部位、形状、温度、硬度、敏感性等；皮肤湿度，有无多汗、冷汗、鼻镜（牛）或鼻盘（猪）干湿情况。

（4）呼吸状态检查：安静状态下检查呼吸频率、节律、强度，有无困难。

2. 听　利用听诊器或听觉，听动物发出的声音。用听诊器听肺区，健康动物产生一种柔和而微弱的肺泡呼吸音，吸气时清楚，呼气时微弱；听取心音，判明心跳的频率、节律、强度和性质是否正常；听胃肠音要注意胃肠蠕动规律、音量强弱等。凭听觉可以判断动物叫声是否正常。健康动物一般都有其独特的叫声，有病时会出现咳嗽、呻吟、喘鸣、磨牙、嘶哑、尖叫等异常叫声。

3. 摸

（1）皮温检查：皮温是否增高、降低或分布不匀。检查部位：猪为鼻面、耳及四肢，马为耳、鼻梁下部、颈侧、腹侧及四肢末梢，牛、羊为鼻镜、角根、胸侧及四肢末梢。

（2）皮肤检查：检查皮肤弹性，表面有无疹块或结节、水肿等。

（3）体表淋巴结检查：注意淋巴结的大小、形状、硬度、敏感性和活动性。牛应检查下颌淋巴结、颈浅淋巴结、膝上淋巴结及乳房淋巴结；马属动物主要检查下颌、肩前淋巴结；猪主要检查咽喉淋巴结、颈淋巴结。

4. 检　各种健康动物的体温、呼吸和脉搏有一定的正常生理指标范围。体温测量是检疫工作中很重要的一个环节。检测体温时，将动物保持在安静状态下用体温计测定，家畜测直肠温度，家禽常测翼下温度。体温突然升高，往往与急性感染有关，但要注意拥挤、运动、曝晒、长途运输等也能引起体温升高。

检查脉搏一般大家畜检测颌下（额外动脉）或尾根部（尾中动脉），中、小家畜检测股内动脉，家禽检测翼下动脉。健康动物脉形节律整齐，亢盈均整，脉数恒定。患病动物脉搏节律不整，次数减少或增多，脉波弱小无力或洪大有力等。

经临床检疫后发现有可疑疫病动物，应全群原地扣留，做进一步确诊。如属患传染病的动物必须运往集中隔离地点做妥善处理。考虑某些动物传染病有较长的潜伏期，进口动物必须进行一定的集中观察期。

表 3-1　常见动物的正常体温、脉搏和呼吸数

| 动物种类 | 体温（℃） | 脉搏数（次/min） | 呼吸数（次/min） | 动物种类 | 体温（℃） | 脉搏数（次/min） | 呼吸数（次/min） |
|---|---|---|---|---|---|---|---|
| 猪 | 38.0～39.5 | 60～80 | 10～20 | 犬 | 37.5～39.0 | 70～120 | 10～30 |
| 牛 | 37.5～39.5 | 40～80 | 10～30 | 猫 | 38.0～39.5 | 110～130 | 20～30 |
| 羊 | 38.0～40.0 | 60～80 | 12～20 | 禽类 | 40.0～42.0 | 120～200* | 16～30 |
| 马 | 37.5～38.5 | 26～42 | 8～16 | 兔 | 38.5～39.5 | 120～140 | 50～60 |

*：禽类指的是心跳次数。

## 二、临床检疫设备和器材

### （一）检疫设备

临床检疫是以兽医临床诊断技术为基础，重点是检出活动物的法定疫病。由于检疫时常需要在短时间内准确检查大群动物，所以检疫前必须根据待检动物的种类、数量充分准备好必需的设备，以保证检疫工作的顺利进行。

1. 猪的检疫设备

（1）检疫小圈：在一面积较小的猪圈内，尽量赶入较多的猪，使其活动范围减小而便于检疫。该设备适合于业务量较小的基层单位。

（2）检疫夹道：为一长形通道，入口呈漏斗状，与猪舍相通，出口处设有活动闸门。检疫人员站在夹道两侧进行检疫，根据检疫结果将猪赶入健康圈或隔离圈。该设备适宜于大群猪的检疫。

2. 牛的检疫设备

（1）排队保定设备：在相隔一定距离的两根木桩上横拴一根木杆或粗绳，将被检牛依次拴在木杆或粗绳上进行检疫。

（2）栅栏保定设备：用木桩构成长 30～50m、宽 2.5m 的栅栏，中间每隔 10m 设一间隔。栅栏前面设有 3～4 根活动的横杆，最高的离地 1.5m，后面活动横杆最高离地 1m。此设备适用于大批较为温顺牛群的检疫。

3. 羊的检疫设备　在羊舍内用木板制成夹道，入口处呈漏斗状，与待检圈相连，出口处设两个活动闸门，检疫人员站在夹道两侧进行检疫，根据检疫结果将羊赶入健康圈或隔离圈。

4. 禽的检疫设备

（1）飞沟检疫：在禽舍与运动场之间，挖一条长 60cm、宽 45cm 的沟即成。可应用于大群成年鸡检疫。

（2）障板检疫：在禽舍和运动场之间，竖一长 1.5～2m，高 30～45cm 的木板，构成障碍。仅限于鸡、鸭，不适用于鹅的检疫。

### （二）检疫器材

1. 临床检疫器材

（1）保定器材：鼻钳、鼻捻子，烈性家畜还需有保定栏。

（2）检测器材：体温计、听诊器、叩诊器、长尺、注射器等。

（3）消毒器材：消毒盒、消毒壶、喷雾器及常用消毒药物。

（4）其他器材及保护用品：试纸、试管刷、脱脂棉、纱布、标记颜料及检疫记录簿、工作服、胶皮手套、口罩、长筒胶靴等。

2. 实验室检验器材

（1）仪器类：荧光显微镜、光学显微镜、酶联免疫检测仪、PCR仪、电热恒温培养箱、电热干燥箱、电热恒温水浴箱、低温冰箱、普通冰箱、超净工作台、离心机、酸度计、天平、测微尺、高压蒸汽灭菌器、酒精喷灯、磁力搅拌器等。

（2）器械类：检验刀具、手术剪、镊子、微量加样器、琼脂打孔器、接种棒、接种环、试管架、电炉、酒精灯、石棉网、陶质乳钵、搪瓷盘、标本盒等。

（3）玻璃器皿类：试剂瓶、吸管、容量瓶、锥形瓶、烧杯、试管、离心管、漏斗、培养皿、玻璃棒、玻片、毛细吸管、标本缸等。

## 三、猪的临床检疫

### （一）群体检查

1. 静态检查　检疫人员可登车、登船进行，但由于车、船内猪群密度大，不易全面观察，故常在卸下后在圈舍中休息时进行。

健康猪：精神活泼，被毛整齐有光泽，吻突湿润，鼻孔清洁，眼角无分泌物。站立平稳，蹄底直立，不断走动和拱食，拱食时发出“吭吭”声。反应敏捷，外人接近时表现警惕性凝视。睡卧时常侧卧，四肢舒展、头侧着地，若爬卧时后腿屈于腹下。呼吸平稳自如，节奏均匀。

病猪：精神沉郁，被毛粗乱无光，鼻盘干燥，流涕，眼发红有眼屎。离群独处，吻部触地，全身颤抖或单独蜷卧一处。睡姿蜷缩或伏卧，喜钻草堆。呼吸促迫或喘息，有的呈犬坐姿势。颈部肿胀，尾部和肛门处粘有粪污。

2. 动态检查　在装卸猪群，或由圈舍放出运动时，或人为驱赶其运动时，检疫人员站在车沿或圈台上观察。

健康猪：精神活泼，起立迅速敏捷，行走平稳，步态矫健，两眼前视，摇头摆尾或尾巴上卷，随群前进，叫声洪亮。

病猪：精神沉郁，不愿站立，立而不稳，行动迟缓，步态踉跄，低头垂尾，弓腰曲背，溜边或跛行掉队。有的表现为异常兴奋。叫声尖厉或嘶哑，发出呻吟、咳嗽及异常鼻音。

3. 饮食及排泄状态检查　给猪群喂食、饮水时进行。

健康猪：食欲旺盛，饲喂时急奔饲槽，相互争抢，嘴伸入槽底，大口吞食。全身鬃毛震动，尾巴自由甩动，采食时间不长即饱腹而去。喂饲饮水时有的边吃边喝，有的吃完后再饮。排便姿势正常，粪便粗圆，尿色澄清透明。

病猪：立于槽外，懒得上槽或勉强走向饲槽，食而无力，吃几口就自动退槽，或嗅闻而不吃，或吃稀不吃稠，甚至停食，有的只吃少许青绿多汁饲料。食后肷窝仍塌陷。排粪困难或失禁，粪便干硬，或有带血黏液，或拉稀，尿少色黄、混浊，有时带血。

### （二）个体检查

以口蹄疫、水疱病、猪瘟、猪丹毒、炭疽、猪链球菌病、猪伪狂犬病、猪肺疫、猪副伤寒、猪痢疾、猪传染性萎缩性鼻炎、猪支原体肺炎、猪繁殖与呼吸综合征、旋毛虫病、囊尾蚴病、弓形虫病等为重点检疫对象。实施检疫时，以精神外貌、姿态步样、可视黏膜、鼻、眼、口腔、咽喉、被毛、皮肤、肛门、排泄物、饮食情况及体温、呼吸等为主要检疫内容。

## 四、牛的临床检疫

### （一）群体检查

1. 静态检查　当牛群在车、舱、牛栏、放牧场休息时进行。

健康牛：站立时姿态平稳，神态安定，常用舌频频舔鼻镜。睡卧时常呈膝卧姿势，四肢弯曲，两眼半闭。被毛整洁光亮，皮肤柔软平坦而有弹性，反刍咀嚼有力。鼻镜湿润，眼明亮有神，无分泌物，嘴角周围干净。呼吸平稳，无异常声音，正常嗳气。肛门紧凑，周围无稀粪黏着。

病牛：站立不稳，头颈低伸，拱背弯腰，恶寒战栗，或委顿，或疝痛。卧地时四肢伸开横卧，久卧不起或起立困难。被毛粗乱无光，皮肤局部可能有肿胀，反刍迟缓或停止。鼻镜干燥、龟裂，眼流泪，有黏性、脓性分泌物。嘴角周围湿秽流涎。呼吸急促、困难、咳嗽，嗳气减少或停止。肛门周围粘有粪便。

2. 动态检查　装卸、赶运、放牧过程中进行。

健康牛：精力充沛，眼亮有神，走路平稳，四肢有力，腰背灵活，耳、尾灵敏。在有蚊蝇的季节，频频摇尾，或抖动皮肤，或用头驱赶蚊蝇，耳壳不断转动。

病牛：精神沉郁或兴奋，两眼无神，起立困难，四肢无力，走路摇晃或跛行，屈背弓腰，耳、尾乏力不摇动，离群掉队。

3. 饮食及排泄状态检查　在给牛群喂食饮水时进行。

健康牛：争抢饲料，咀嚼有力，速度快，采食时间长，常常到大群中抢水喝，运动后饮水不咳嗽。排粪姿势正常，粪便半干半稀，落地成堆，尿色澄清。

病牛：食欲不振，停食或少食，采食缓慢，咀嚼无力，采食时间短，反刍停止。不愿到大群中饮水，运动后饮水常发生咳嗽。排粪困难或失禁，粪便干硬或拉稀，有时混有黏液、血液、脓液，有时血尿。

### （二）个体检查

以口蹄疫、炭疽、牛传染性胸膜肺炎、布鲁菌病、结核病、副结核病、地方性白血病、牛传染性鼻气管炎、牛病毒性腹泻黏膜病、肝片吸虫病、血吸虫病、牛锥虫病、牛梨形虫病等为检疫对象。实施检疫时，以精神、外貌、姿态步样、被毛、皮肤、可视黏膜、分泌物以及体温、呼吸、脉搏为主要检疫内容。其中，体温检测是牛个体检查的重要项目，需逐头进行。

## 五、羊的临床检疫

### （一）群体检查

1. 静态检查　当羊群在车船、舍内或放牧休息时进行。

健康羊：常于饱食后合群卧地休息，同时缓慢反刍；呼吸平稳，无异常声音；被毛整洁，口及肛门周围干净，有人接近时立即站起走开。

病羊：精神萎靡不振，耳耷头低，常独卧一隅，倦怠，肌肉震颤或痉挛，不见反刍；呼吸迫促，咳嗽，打喷嚏；皮肤瘙痒，被毛粗乱、脱落或有痘疹、痂皮等现象，骨骼显露；鼻镜干燥，流涕，流涎，磨牙，流泪；肛门周围污秽不清；有人接近时不起不走。

2. 动态检查　当羊群在装卸、赶运及其他运动过程中进行。

健康羊：精神活泼，走路平稳，合群不掉队。

病羊：精神沉郁或兴奋不安，步态不稳、踉跄，行走摇摆、跛行或做圆圈运动，前肢跪地或后肢麻痹，离群掉队或突然倒地痉挛。

3. 饮食及排泄状态检查

健康羊：食欲旺盛，放牧时多走在前头，动作轻快，边走边吃草。饲喂时互相争食，食后肷窝鼓起；有水时迅速奔向饮水处，争先抢水喝。排粪姿势正常，粪便呈小球状。

病羊：食欲不振或废绝，放牧时多落在后面，时吃时停或不食呆立，反刍停止，食后肷窝仍下陷；有水时不喝或暴饮。拉稀，粪便恶臭。

### （二）个体检查

以口蹄疫、炭疽、痒病、蓝舌病、布鲁菌病、绵羊痘和山羊痘、山羊关节炎-脑炎、梅迪-维斯纳病、肝片吸虫病、羊疥癣等为主要检疫对象。实施检疫时，以精神状态、可视黏膜、体表淋巴结、被毛、皮肤、分泌物和排泄物性状等以及体温、呼吸、脉搏作为主要检查内容。

## 六、禽类的临床检疫

### （一）群体检查

1. 静态检查　禽群在舍内或在运输途中于笼内休息时进行。

健康禽：均匀分布于禽舍或笼内，精神活泼，听觉灵敏，白天视觉敏锐，周围稍有惊扰便能做出反应；卧时头叠放于翅内，站时常一肢高收，头高举，常侧视，两眼圆睁、明亮有神、无分泌物。羽毛丰满、整洁、紧贴体表、有光泽。冠髯红润发亮。口、鼻、泄殖腔周围及腹下清洁，无分泌物污染。呼吸正常。

病禽：精神萎靡，反应迟钝，缩颈垂翅，离群独居，两眼凝视或闭目似睡，目光呆滞，有分泌物，有的眼睑肿胀。冠髯苍白或发绀，羽毛蓬松污秽，泄殖腔周围及腹下羽毛潮湿不洁；口、鼻有黏性或脓性分泌物；嗉囊虚软，充满气体或液体而膨大；呼吸困难、张嘴伸脖，咳嗽，有喘息音；叫声异常或无力。早晨不离栖架，或伏卧于产蛋箱内，水禽不愿下水。

2. 动态检查

健康禽：行动敏捷，运动时步态稳健有力。

病禽：行动迟缓，步态不稳，摇晃、跛行，常离群掉队。有时翅肢麻痹，或呈劈叉姿势，或呈扭头曲颈、返转滚动等其他异常姿态。

3. 饮食及排泄状态检查

健康禽：食欲良好，喂食时争先恐后挤向食槽抢食，啄食连续，嗉囊饱满、充盈。

病禽：食欲减退，少食，吃几口即离开，或食欲废绝。有的大量饮水，有的不吃不喝。嗉囊空虚，充满气体或液体，有的则坚硬。排粪困难，粪便稀，呈黄绿色、白色或红色。

### （二）个体检查

以鸡新城疫、禽流行性感冒、鸡传染性喉气管炎、鸡传染性支气管炎、鸡传染性法氏囊病、鸡马立克病、鸡产蛋下降综合征、禽白血病、禽伤寒、禽霍乱、禽痘、鸭瘟、小鹅瘟、鸡白痢、鸡球虫病等为主要检疫对象。实施检疫时，以精神、外貌、呼吸、姿态步样、皮肤、羽毛、冠髯、眼、口、鼻、咽喉、嗉囊或食道膨大部、泄殖腔以及粪便等为检疫重点。

## 七、马的临床检疫

### （一）群体检查

1. 静态检查　常在圈内或马场内进行检查。

健康马：神态自如，昂头站立，机警敏捷，外界稍有音响便竖耳静听，两眼凝神而视。多站少卧，站时两后肢交替负重，卧时屈肢，平静似睡。被毛整洁光亮，皮肤无肿胀。眼、鼻干净，无分泌物。呼吸正常。

病马：低头垂耳、精神委顿，两眼无神，对外界反应迟钝或无反应，睡卧不安。站时不稳，姿态僵硬，卧时闭眼多横卧。有时表现起卧困难和后肢麻痹。消瘦。被毛粗乱无光。眼、鼻流出黏性或脓性分泌物，肛门周围污秽不清。呼吸困难，发生嗳气。

2. 动态检查　在马群活动或放牧过程中进行。

健康马：行动活泼，步态平稳有力，运动后呼吸变化不大或很快恢复正常。

病马：行动迟缓，步态无力，有时踉跄，常离群掉队。运动后呼吸变化大，气喘、咳嗽。

3. 饮食及排泄状态检查

健康马：食欲旺盛，放牧时争向草场，舍饲给料时两眼凝视饲养员，有时发出“咴咴”叫声，咀嚼音响，饮水有力。粪便球形，中等湿度。

病马：食欲不振，对牧草或饲料均不理睬，对饲养员无反应，有的不吃不喝，有的吃几口就停食，有的咀嚼、吞咽困难，饮水后咳嗽。粪便干硬或拉稀，或混有恶臭、血液等。

### （二）个体检查

以炭疽、马鼻疽、类鼻疽、马传染性贫血、马流行性淋巴管炎、梨形虫病、马鼻腔肺炎等为主要检疫对象。实施检疫时，以体温、姿态步样、可视黏膜、被毛、体表淋巴结、分泌物及排泄物性状、呼吸状态以及饮食等为主要内容。

## 八、兔的临床检疫

群体检查和个体检查结合进行，以感官检查（尤其是视检）为主，抽检体温为辅。重点检疫对象为兔病毒性败血症、产气荚膜梭菌病、螺旋体病、疥癣、球虫病等。实施检疫时，以精神状态、营养、可视黏膜、被毛、呼吸、食欲、四肢、耳、眼、鼻、肛门、粪便等为主要检查内容。

健康兔：精神饱满，性情温顺，活泼好动，在笼中常呈匍匐状，头位正常，躯体呈圆筒形。营养良好，被毛浓密光亮、匀整。当发现有异常声音时，行动敏捷，愣头竖耳，鼻子不断抽动嗅闻。两耳直立呈粉红色，耳壳无污垢。眼睛明亮有神，眼球微突，眼睑湿润，眼角干净清洁。鼻孔周围清洁湿润、无黏液，口唇干净。肛门周围及四爪干净，无粪便污染。呼吸正常。食欲旺盛，抢草抢水，食草时频频发出“沙沙”声，咀嚼动作迅速。排粪畅通，粪球光滑圆形，如豌豆大小，不相连，表面黑而亮，有弹性。

病兔：精神委顿，行动迟缓，不喜活动。反应迟钝，头偏一侧。腹部下垂，体弱消瘦，被毛粗乱或脱落，皮肤特别是趾间、耳朵、鼻端等处有疹块。两耳下垂，树枝状充血或苍白、发绀，耳壳有污垢。眼无神，有分泌物。可视黏膜充血、贫血或黄染。鼻流涕，鼻孔周围污秽不洁，口流涎。后肢及肛门四周有粪污。呼吸异常。食欲不振或厌食、少食、停食，或想吃而咽下困难。有的兴奋不安、急躁乱跳；有的四肢麻痹，伏卧不起，行走踉跄，喜卧或离群独居。粪球不成形，稀便或干硬无弹性。

## 九、鱼的临床检疫

以视诊为生，先观察鱼的群体状况，再捞出可疑病态鱼 3～5 条，检查其体表、眼睛、鳃、鳞片、肛门等部位状态，必要时剖检内脏状态。

健康鱼：群居群游性好，反应灵敏，浮沉自如。食欲正常，发育匀称。体表具有该种鱼特有的色泽与光泽。体表黏液少而分布均匀，无色透明。肌肉坚实富有弹性。眼球饱满，稍突出眼眶，角膜光亮透明，眼色正常。鳃盖清洁紧闭，质地坚硬，鳃丝鲜红并附有少量黏液，不粘连，无异味。鳞片有光泽，纹理清晰，紧贴体表，不易剥落。肛门圆形、凹陷，白色或淡红色。腹部正常。

病鱼：离群独游，反应迟钝，或急躁不安、跳出水面、打转，浮沉困难，或颠倒浮游。食欲不振，发育异常，失去健鱼的正常体表特征，体色发黑或出血变红。眼球突出。鳃盖张开，鳃丝发绀或苍白，或有出血点、末端肿大或腐烂，黏液增多不洁。有的鳍基充血或出血、鳍条裂开。鳞片易剥落。肛门红肿，肚腹膨胀，有的排管状黏液或肛门拖带粪便。有时可在体表或其他部位发现寄生虫。

## 十、蜜蜂的临床检疫

群体检查和个体检查结合进行。蜜蜂群数量很多，多采用抽样检查方法，抽样率一般不少于5%。检疫一般以视检为主，观察其动作、形态、色泽和尸体状态等，并嗅气味，常结合流行病学调查和实验室检查。检查最好在 16～30℃进行。为了细致地视检，可采用振动或触动的刺激方法。检疫人员应穿浅色衣服，动作要稳、轻、快、慢相结合，顺着蜜蜂习性而行。若振动蜂盖时见有蜜蜂骚动，尾部上翘放臭，则需稍停片刻，待安静后检查。

健康蜂：健康蜂群分工严密，各司其职。工蜂颜色鲜艳，出巢飞行敏捷矫健，归来飞行沉稳，浊声明显。工蜂早去晚归，进出巢门直来直去、不绕圈子；傍晚休息时，在巢门附近和上方聚集成片而不呈团状。

病蜂：

(1) 行动异常：患败血病、副伤寒等传染病时表现麻痹，行动呆滞，反应迟钝，不蜇人；患麻痹病时有两翅震颤现象；患寄生虫病或农药中毒时表现为激动和不安，秩序混乱，爱蜇人，后期表现肌肉抽搐、痉挛。

(2) 形态异常：工蜂腹部膨大，可能患痢疾、副伤寒、甘露蜜中毒、饲料中毒等；若两翅错位，形成“K”字形，可疑为壁虱病；巢门口有翅足残缺的幼蜂爬行或有死蛹被工蜂拖去，可能有蜂螨病。

(3) 色泽异常：蜂体腹部末端呈暗黑色，第一和第二腹节背板呈棕黄色，可能是孢子虫病。幼虫由苍白色变成灰色至黑色，可能是白垩病；变成黄色或褐色，可能是美洲幼虫腐臭病；变为黄色乃至棕色，可能是欧洲幼虫腐臭病。

(4) 气味异常：一些疾病有特殊气味，如美洲幼虫腐臭病有腥臭味，欧洲幼虫腐臭病有酸味。

(5) 死亡后的变化：当蜜蜂患病死亡后，尸体常表现某种病害固有的特征。如白垩病幼虫尸体呈现干枯、质地疏松的白垩状物；囊状幼虫病幼虫尸体干枯后扭曲上翘，如"龙船"样；美洲幼虫腐臭病尸体尾尖粘在巢房底；欧洲幼虫腐臭病尸体蜷缩在巢房底。

## 第二节　病理学检疫技术

患各种疫病而死亡的或为了确诊而处死的畜禽尸体，多呈现一定的病理变化，可作为诊断的重要依据之一。对死因不明显的动物尸体或临床上难以诊断的疑似病畜，可进行病理学诊断。病理学诊断分为尸体剖检技术和病理组织学技术两种。

#### (一) 尸体剖检技术

主要是利用病理解剖学知识，对动物尸体进行剖检，察看其病理变化。尸体剖检往往可以发现在临床上无典型症状的特征性病变，以帮助检疫人员做出正确结论。检疫人员应先观察尸体外表、营养状况、皮毛、可视黏膜及天然孔情况。进行尸体剖检时，应按照兽医病理解剖的要求程序，做认真的系统观察，包括皮下组织、各部淋巴结、胸腔和腹腔的各器官、头部和脑、脊髓的病理变化，对病变组织器官进行检查时，主要观察其大小、形状、色泽、质地等，必要时切开检查。根据全面检查的结果，做出初步诊断。剖检时应在严格消毒和隔离情况下进行，避免引起病原扩散，进而造成疫病流行。怀疑患有炭疽、恶性水肿等烈性传染病的动物尸体应严禁解剖。

#### (二) 病理组织学技术

对肉眼看不清楚或疑难疫病，病理剖检难以得出初步结论时，应采取病料组织送到实验室制作各种染色切片，在显微镜下观察细微的组织病理学变化，借以帮助诊断。病畜死亡和急宰后剖检的时间越早越好，以免发生尸体腐败，有碍于正确的观察和诊断。

## 第三节　病原学检疫技术

利用兽医微生物学或寄生虫学方法，查出动物疫病的病原体，是一种可靠的动物检疫方法。但在拟定检验方案和分析检验结果时，必须结合流行病学、临床症状和病理变化等加以全面分析。

### 一、病料的采集与送检

#### (一) 病料的采集

对动物进行病原学检疫，正确采集和保存病料是关键。必须根据动物生前发病情况或对疾病初步诊断结果，有选择地采取病料，原则上要求采取病原含量多、病变明显的脏器和内容物，同时易于采取、保存和运送。如怀疑为猪瘟的可取淋巴结和脾脏，怀疑为口蹄疫的取水疱皮和水疱液。如不明疾病性质和种类的，应全面采取病料，包括各实质器官、淋巴结、血液等，同时要注意采取病变部位。

**（二）病料的保存和送检**

样品采集后，必须详细标明采样部位、时间、送检目的和要求等，及时送往实验室检验。当环境温度不高，运输时间少于1d，用冰块或4℃冰盒包装；当环境温度较高，运输时间超过1d，应用干冰（－70℃）或液氮保存运输。

## 二、病原菌的分离与鉴定

**（一）病料的处理**

病料接种培养前，应观察其性状，是否脓性带血或腐败，有无异味。各种病料在分离培养前均应进行涂片，革兰氏染色后镜检，了解细菌的形态、染色特性，并大致估计其含菌量。

如果病料是无菌采集的病变组织，一般无需做特殊处理，可直接用接种环钓取少许病料划线接种于固体培养基进行培养。有些病料（如乳、尿等）含菌太少，应采用离心法或过滤法进行集菌处理后再进行接种。如果病料是痰、乳、阴道分泌物、粪、尿等材料，杂菌污染严重，需采用一些对病原菌无害、但对杂菌有杀灭或抑制作用的方法事先处理病料后接种培养基，或者在培养基中加入一些可抑制杂菌、但不妨碍病原菌生长的药物，以得到纯的培养物。有些污染杂菌的病料和培养物，可通过易感动物接种法去除杂菌。

**（二）病原菌的分离和培养**

不同种类病原菌对营养要求有显著差别，细菌培养时必须选择相应的培养基，培养基的营养成分必须符合所分离病原菌的要求。培养基的种类很多，目前大多有商品化的产品，按照使用说明进行配制后灭菌分装备用。病原菌分离培养时，将样品或细菌培养物接种于培养基的方法有以下几种：

1. *平板划线接种法*　最常用。可使细菌分散生长形成单个菌落，有利于从含有多种细菌的标本中分离目的菌。常用的方法有分区划线法和连续划线法两种。前者多用于脓汁、粪便等含菌量较多标本；后者多用于含菌量较少的标本。

2. *斜面接种法*　用接种环从平板培养物上挑取单个菌落或者取纯种，移种至斜面培养基上。主要用于纯培养。

3. *倾注培养法*　取原样品或经适当稀释的样品，置于无菌平皿内，倾入溶化并冷至50℃左右的培养基后立即混匀，待凝固后倒置培养。适用于乳汁和尿液等液体样品的细菌计数。

4. *穿刺接种法*　多用于双糖、明胶等具有高层斜面的培养基。

5. *液体接种法*　多用于普通肉汤、蛋白胨、水等液体培养基。

根据培养细菌的目的和培养物的特性，培养方法分为一般培养法、二氧化碳培养法和厌氧培养法三种。一般培养法应用最为广泛，适用于需氧菌和兼性厌氧菌；厌氧培养法适用于厌氧菌。有些病原菌需要在含有10%二氧化碳的空气中才能生长，应采用二氧化碳培养法。

### (三) 病原菌的鉴定

细菌培养后，如果菌落形态一致，任意挑取几个移植于斜面培养基上进行鉴定；如果菌落形态不一致，应在每种菌落中选取1～2个移植于斜面培养基上分别进行鉴定。鉴定方法包括形态学观察、生化特性检验和血清学试验。

1. 形态学观察 不同病原菌在培养基上的生长特点不同，菌体的形态和染色特性也不完全一致。因此，形态学观察是病原菌鉴定非常重要的手段，包括肉眼观察和显微镜检查。

(1) 肉眼观察：在固体培养基上，观察菌落形态、大小、颜色是否均匀一致，隆起、扁平或乳头样，透明、半透明或不透明，表面光滑湿润或干燥无光或呈皱纹状，边缘整齐或不规则。在液体培养基中，观察培养基是否均匀混浊，管底有无沉淀，液面有无菌膜，是否产气等。在半固体培养基上，观察细菌是否沿接种线生长，呈毛刷样生长还是均匀生长，上下生长是否一致。在鉴别培养基上，观察其生长情况是否与预期一致。在血琼脂培养基上，还要观察是否溶血及溶血特点，在某些培养基上还要注意是否有臭味等。

(2) 显微镜检查：取有明显病变的不同组织器官和部位直接涂片，或者取幼嫩的细菌培养物进行涂片，选用相应染色方法进行染色镜检，注意其形态、大小、排列状态、菌端形状、有无两极染色、有无芽胞和荚膜等。做细菌运动性检查时，应取液体培养基的幼嫩培养物。进行炭疽荚膜染色时，应采集接种后死亡小鼠的病料，因为炭疽杆菌在动物体内才可形成荚膜。

2. 生化特性试验 细菌在培养时分解营养物质可产生各种代谢产物，用化学方法检查这些产物的存在，有助于病原菌的鉴别。常用方法包括糖发酵试验、吲哚试验、淀粉水解试验、VP试验、甲基红（MR）试验、柠檬酸盐利用试验、硝酸盐还原试验、产生硫化氢试验、明胶液化试验、尿素酶试验、接触酶试验、溴甲酚紫牛乳试验、凝固血清液化试验等。

3. 血清学试验 同一个属或种的细菌形态和生化特性可能相同，但抗原结构不完全相同。因此可用已知型的免疫血清鉴定细菌的种类及血清型。在血清型鉴定中具有重要意义的细菌抗原结构包括细胞壁的菌体抗原（O抗原）、鞭毛抗原（H抗原），细胞壁外面的荚膜抗原，Vi抗原、K抗原等表面抗原，某些革兰氏阴性杆菌表面还存在菌毛抗原。细菌毒素在细菌分型中也具有一定意义。

## 三、病毒的分离与鉴定

### (一) 病毒分离用临床样品的采集和处理

病毒只有寄生在活细胞内才能进行复制，所以病毒分离的宿主只能是有生命的动物或组织细胞，同时所用的样品、溶液和器皿必须尽可能纯净，以求对动物或组织细胞无毒。

病毒分离用临床样品采集的最佳时机是机体产生抗体前的疾病急性期，也可采集濒死的或死亡不超过6h的动物样品。根据流行病学调查、临床诊断和病理学检验的初步结果，有目的选择样品。样品采集后应尽快送往实验室进行检验。

1. 拭子样品 用灭菌棉拭子采集鼻腔、咽喉、结膜、阴道或直肠内的分泌物，立即放入灭菌试管中，加入保存液，密封低温保存。检验前取出拭子，用无菌镊子将其中的液体挤入保存液中，加入抗生素处理，离心取上清液备用。

2. 粪便样品 直接放入灭菌试管中或按1∶1加入含双抗的保存液中。检验前取粪便于

Hank's平衡盐溶液中制成20%悬液，密闭容器中剧烈振荡后离心取上清液，滤膜过滤后加入双抗处理，直接用于病毒分离或浓缩后再进行分离。

3. *尿或腹水等体液样品* 直接收入灭菌瓶中，检验前一般也不需任何处理。

4. *血液样品* 无菌采血后采用肝素进行抗凝，也可将血液放入装有玻璃珠的灭菌瓶内脱纤维蛋白。取血清作为待检样品时采血后使其自然凝固分离血清，置灭菌瓶中低温保存。检验前一般不需任何处理。

5. *渗出物样品* 病灶破溃前无菌吸取疱液、脓汁或渗出液，加入等量保存液，封闭低温保存；或用灭菌玻璃毛细吸管无菌吸取疱液、脓汁或渗出液，然后用火焰迅速熔封两端开口，置低温保存。检验前加入抗生素处理后离心取上清液备用或再经滤器除菌。

6. *组织器官样品* 濒死或死后的动物应立即无菌采集组织器官病料，放入保存液中，密封后尽快用冷藏瓶（加干冰或水冰）送到实验室检验或置－70℃低温冰箱保存。检验前无菌取一小块样品，充分剪碎，置乳钵中或用组织捣碎器制成匀浆，用Hank's平衡盐溶液配制成10%～20%的悬液；加入抗生素处理后离心取上清液用于病毒分离。

**（二）病毒的分离和培养**

病毒的分离培养技术比细菌复杂得多，常用方法包括以下几种：

1. *实验动物接种法* 该方法是许多病毒分离培养必需的方法，但由于动物的复杂性和个体间敏感性差异，可能影响分离培养结果，因此必须重视实验动物选择。常用实验动物有家兔、小鼠、大鼠、豚鼠等，或者自然易感动物如家畜、家禽等。选择原则是实验动物的种类、年龄、性别，对拟分离的病毒的高度敏感性，同一批实验中应选择日龄和体重均相近的动物。在没有SPF动物的条件下，尽可能选择体质健壮、未免疫的敏感动物。如引用外来动物，必须隔离观察一段时间，确认健康后方可应用。

为了避免散毒，实验动物必须严格隔离饲养。工作人员应注意防护和消毒，粪污和用具应进行无害化处理。放养动物的笼罐要系有明确的标签并每天核对动物数目，死亡和剖检的动物尸体均应焚烧。

动物接种的途径必须根据病毒的性质来定，如分离侵害神经系统的病毒多采用脑内接种。但实验中最常用的方法还是肌肉注射和皮下注射。

2. *鸡胚接种法* 该方法是一种较为原始的方法，但由于其具有经济、方便以及适用范围广等优点，至今仍得到广泛应用。

（1）鸡胚接种的准备：接种用的鸡胚一般来自SPF鸡场或未免疫鸡场，要求新鲜，最好用产后5～10d以内者。孵化前用温水洗刷干净，浸入0.1%新洁尔灭溶液中进行消毒。然后进行孵化，3d后每天观察鸡胚发育情况，未受精卵取出不用，死胚随时淘汰。接种前应仔细观察并用铅笔划出气室范围和胚胎位置。

（2）鸡胚接种技术：接种应严格无菌操作。接种前卵壳应严格消毒。由于各种病毒对鸡胚各部位的亲和力不同，所以应选择最适宜的接种途径。一般呼吸系统感染的病毒材料接种羊膜腔和尿囊腔，皮肤感染的病毒材料接种绒毛尿囊膜，神经系统感染的病毒材料接种脑内或绒毛尿囊膜，病毒血症材料接种静脉，大部分病毒和立克次体、衣原体等接种卵黄囊。接种时应注意尽量减少对鸡胚的损伤。收获的材料应无菌检验后低温保存。废弃的死胎、卵壳、卵内容物以及解剖用具应做无害处理。

样品接种鸡胚后，有些引起病变，如在绒毛尿囊膜上形成痘斑、结节或坏死；引起胚胎损伤、发育滞缓或死亡。有的不引起明显病变，需借助其他手段来检验病毒的存在，如红细胞凝集试验、补体结合反应和病理组织学检验等。

3. *细胞培养法*　病毒学诊断中也常用细胞在体外实行人工培养，即细胞培养技术。常用的细胞培养技术包括以下几种：

（1）单层细胞培养技术：

①细胞来源：细胞培养时，需要根据病毒生物学特性选择敏感细胞。病毒对本动物细胞有很强的亲和力，尤其是胎儿或初生幼畜的组织材料作原代细胞，常用肾脏和睾丸上皮细胞或鸡胚成纤维细胞。例如，分离猪瘟病毒常用仔猪或胎猪肾原代细胞或 PK－15 株传代细胞，分离鸡新城疫病毒常用鸡胚成纤维细胞。

②细胞分装培养：根据不同病毒的要求给予适当的营养液进行培养。原代细胞在适宜的环境下，细胞集聚成较大的细胞团贴壁，经 3～7d 即可长成单层细胞；传代细胞或双倍体细胞培养不久即聚成岛状，24h 后即开始贴壁并逐渐长成单层。当细胞长成单层以后即可接种。

③病毒的接种：倒掉营养液，用 Hank's 液洗一次细胞单层，然后接种一定量病毒液，37℃吸附 10～30min，弃去多余的病毒液，然后加营养液继续孵育。接毒后随时检查细胞形态，当细胞变圆或出现双核或多核，即表示病毒引起细胞病变（cytopathogenic effect，CPE）。大量细胞出现 CPE 时即可经反复冻融或超声波裂解使病毒释放到管内，低速离心吸取上清液。

（2）蚀斑技术：将病毒稀释液接种到单层细胞上，覆盖一层含有中性红的营养琼脂，37℃孵育几天后，即可出现蚀斑。不同病毒成斑能力不同，同一病毒样品成斑大小也不等，因此可以通过蚀斑选毒来纯化病毒或培育病毒的变异株。蚀斑技术主要用于滴定样品的毒价和进行中和试验。

由于培养用的细胞对病毒非常敏感，能获得较高滴度的病毒液，提高样品分离率，且便于掌握和观察，甚至可直接进行血清学检验和病毒定性定量检验。而且可以避免特异性抗体和非特异性因素的影响，操作简便，因素单纯，容易控制，材料方便经济，所以该技术已成为病毒性疾病实验诊断的重要手段之一。

**（三）病毒的鉴定**

1. *初步鉴定*　根据流行特点、临床症状和病理变化综合分析，初步确定为病毒性传染病时，可进行以下检验：

（1）实验感染和病毒的分离：采集病料接种实验动物、鸡胚或细胞，观察宿主的反应和出现的病变。例如，口蹄疫病毒感染乳鼠、乳兔、豚鼠和金黄地鼠等，而水疱病病毒仅感染乳鼠和金黄地鼠；痘病毒接种鸡胚后形成的痘斑凹陷，病灶较大，中心充血坏死，而疱疹病毒所致病灶呈隆起的小白点，数量多，灶径小，不凹陷，中心无坏死。

在细胞培养中，有些病毒要求特殊的培养条件，如鼻病毒只能在 33℃、pH7.0～7.2 的转瓶中培养，故 37℃静止条件下培养出来的病毒不可能是鼻病毒。不同病毒引起细胞病变也不同，如肠道病毒可使细胞回缩变小，细胞并不聚集，完整性也不受到破坏；腺病毒使细胞肿大，颗粒增多，病变细胞聚集成葡萄状；虫媒病毒可使细胞圆缩、聚集、脱落。

（2）初步测定分离的病毒的理化性质：

①核酸型的确定：DNA病毒的寄生和复制能被5-氟脱氧尿苷所抑制，而RNA病毒不能，因此采用5-氟脱氧尿苷抑制试验可区分DNA病毒和RNA病毒。此外，病毒悬液涂片或取细胞片后经吖叮橙染色后置荧光显微镜下观察，DNA病毒表现黄色荧光，RNA病毒呈现红色荧光。

②乙醚敏感试验：有类脂质囊膜的病毒可被乙醚破坏而失其感染性，而无囊膜的病毒对乙醚有抵抗力。通过乙醚敏感试验可以区分病毒有无类脂质囊膜。

③耐酸试验：肠道病毒对酸有抵抗力，通过耐酸试验可区别其与其他病毒。

（3）测定病毒的凝血性质：多种病毒具有吸附于动物红细胞表面的能力，从而产生凝血现象。不同病毒凝集红细胞的种类、凝血的温度和最适pH不同，根据病毒凝血性质，再通过血凝抑制试验有助于病毒的鉴定。

（4）红细胞吸附现象：某些病毒可在细胞培养中复制，但不引起细胞病变，也不产生凝血素或凝血素不易检出，但有吸附红细胞现象，如副流感病毒等。

2. *最后鉴定* 在初步鉴定基础上，最后鉴定主要靠血清学方法。常用方法有中和试验、交叉保护试验、补体结合反应、血凝抑制试验、间接血凝试验、免疫扩散试验、免疫标记技术、免疫层析以及免疫电镜技术等。

## 四、寄生虫检查

寄生虫的检查可采用虫卵和虫体检查法。

### （一）虫卵检查法

虫卵检查法操作简单，结果直观，常用于肠道寄生虫和球虫的检查。虫卵数量较多时可直接涂片镜检，虫卵数量较少时需先集卵后检查。集卵时对于密度较小的虫卵常用饱和盐水漂浮法，密度较大的虫卵多用水洗沉淀法。

### （二）虫体检查法

1. *蠕虫检查* 成虫检查法生前主要用于绦虫病的诊断，死后剖检（或抽样剖检）可用于所有蠕虫病的诊断。幼虫检查法多用于非肠道寄生虫或通过虫卵不易鉴定的寄生虫。例如，幼虫培养法用于检查圆形线虫病，血液压片法和集虫检查法用于检查丝状线虫病，毛蚴孵化法用于诊断血吸虫病等。

2. *螨检查* 皮屑内死虫检查可采用漂浮法或沉淀法，适用于初步诊断；皮屑内活虫检查可采用直接检查法或温水检查法，适用于确诊。

3. *血孢子虫检查* 染虫率较高时采用血液涂片法，染虫率很低时采用浓集检查法。泰勒虫病诊断一般采用淋巴结穿刺涂片检查。

4. *鞭毛虫检查* 伊氏锥虫寄生数量较多时可采用血液压滴标本检查，寄生数量较少时需进行血液集虫检查。检查毛滴虫病时可用泌尿生殖器官刮下物、分泌物涂片检查或压滴标本检查。

# 第四节 免疫学检疫技术

免疫学技术是根据抗原-抗体特异性反应原理建立的各种检测技术，利用已知的抗原检测未知的抗体或利用已知的抗体检测未知的抗原。由于抗原一抗体的结合的特异性和专一性，免疫学技术可以定性、定位和定量检测某一特异性蛋白，从而达到检出动物疫病的目的，因此在动物检疫中得到广泛应用。

## 一、常规血清学技术

血清学技术是免疫学技术中常用的一类诊断方法，用已知抗原来检测被检动物血清中的特异性抗体，或用已知抗体来检测被检材料中的特异抗原。其特异性强、敏感性高、方法简便快速，可为疫病确诊提供依据。常用的技术有凝集试验、沉淀试验、补体结合试验和中和试验等。

### （一）凝集试验

细菌、红细胞等颗粒性抗原，或吸附在红细胞、乳胶颗粒性载体表面的可溶性抗原，在适当电解质条件下，可与相应抗体结合形成肉眼可见的凝集团块，称为凝集试验（agglutination test）。凝集试验既可测定抗原，也可测定抗体，其突出优点在于方法简便、敏感，便于基层应用。凝集试验可根据抗原的性质、反应的方式分为直接凝集试验和间接凝集试验。

1. 直接凝集试验（direct agglutination test）　将细菌或红细胞等颗粒性抗原与相应抗体直接反应，出现凝集现象。直接凝集试验又分为两种：一种是用抗体与相应抗原在玻片上进行反应，用于抗原和抗体的定性检测；另一种是在试管中连续稀释待检血清，加入已知颗粒性抗原，用以检测待测血清中是否存在相应抗体和测定该抗体的效价（滴度），用于临床诊断或流行病学调查。

2. 间接凝集试验（indirect agglutination test）　将可溶性抗原（或抗体）先包被于一种与免疫无关的不溶性载体颗粒（如绵羊红细胞、乳胶颗粒等）表面，然后与相应抗体（或抗原）作用，可出现肉眼可见的凝集反应。将红细胞作为载体的间接凝集试验称为间接血凝试验（indirect hemagglutination test，IHAT），将乳胶作为载体的间接凝集试验称为乳胶凝集试验（latex agglutination test，LAT）。该方法优点是敏感性高，它一般要比直接凝集反应敏感2～8倍，但特异性较差。

### （二）沉淀试验

可溶性抗原（如细菌的外毒素、内毒素、菌体裂解液，病毒的可溶性抗原、血清、组织浸出液等）与相应抗体结合，在比例合适时可形成肉眼可见的不溶性免疫复合物，在反应体系中出现不透明的沉淀物，称为沉淀试验（precipitation test）。沉淀试验可分为液相沉淀试验和固相沉淀试验，液相沉淀试验主要有环状沉淀试验等，固相沉淀试验有琼脂扩散试验和免疫电泳技术。

1. 环状沉淀试验（ring precipitation test）　是最简单、最古老的一种沉淀试验，方法为在小口径试管内加入已知抗血清，然后沿管壁加入待检抗原于血清表面，数分钟后两层液面交界处出现白色环状沉淀，即为阳性反应。诊断炭疽的Ascoli试验就是一种典型的环状沉淀试验。

2. 琼脂扩散试验（agar diffusion test）　利用可溶性抗原和抗体在半固体琼脂凝胶中进行扩散，当抗原抗体分子相遇并达到适当比例时互相结合、凝聚，出现白色沉淀线，以判定相应的抗体和抗原。琼脂扩散试验包括单向单扩散、单向双扩散、双向单扩散、双向双扩散等多种类型。

3. 免疫电泳（immunoelectrophoresis）　将凝胶扩散试验与电泳技术相结合，在抗原抗体凝胶扩散的同时，加入电场作用，使抗体或抗原在凝胶中的扩散移动速度加快，缩短了试验时间；同时限制了扩散移动的方向，使集中朝电泳的方向扩散移动，增加了试验的敏感性，因此比一般的凝胶扩散试验更快速和灵敏。

### （三）补体结合试验

补体结合试验（complement fixation test，CFT）是应用可溶性抗原，如蛋白质、多糖、类脂、病毒等，与相应抗体结合后，抗原-抗体复合物可以结合补体，但这一反应肉眼不能察觉，如再加入致敏红细胞，即可根据是否出现溶血反应，判定反应系统中是否存在相应的抗原和抗体。CFT具有高度特异性和一定的敏感性，不仅可用于疫病的诊断，也可用于病原体鉴定。

### （四）中和试验

病毒可刺激机体产生中和抗体，中和抗体与病毒结合后使病毒失去吸附细胞的能力，从而丧失感染力。中和试验（neutralization test）是检测血清中是否有中和抗体的一种血清学技术，极为特异和敏感，在病毒学研究中非常重要。主要用于病毒感染的血清学诊断、病毒分离株鉴定、不同病毒株抗原关系分析、疫苗免疫效力与免疫血清质量评价等。

## 二、免疫标记技术

抗原与抗体能特异性结合，但抗体、抗原分子小，在含量低时形成的抗原-抗体复合物不可见。有些物质（荧光素、酶、同位素、胶体金等）即使在超微量时也能通过特殊的方法将其检测出，如果将这些物质标记在抗体或抗原分子上，可以通过检测标记分子来显示抗原-抗体复合物的存在，此种技术称为免疫标记技术。其特异性和敏感性远远超过常规血清学方法，被广泛应用于病原微生物鉴定、传染病的诊断等。

### （一）免疫荧光标记技术

免疫荧光标记技术（immunofluorescence labeled technique）是指用荧光素对抗体或抗原进行标记，然后用荧光显微镜观察荧光以分析示踪相应的抗原或抗体的方法。实际工作中常用荧光素标记抗体或抗抗体检测相应的抗原或抗体。用于标记的荧光素有异硫氰酸荧光素（FITC）、四乙基罗丹明（RB 200）和四甲基异硫氰酸罗丹明（TMRITC），其中FITC应用最广。本技术主要优点是敏感性高、速度快，缺点是非特异性荧光反应，结果判定客观性不足，技术程序比较复杂。

### （二）放射免疫分析技术

放射免疫分析（radioimmunoassay，RIA）是将放射性同位素测量的高度敏感性和抗原、抗体反应的高度特异性结合而建立的。常用的标记同位素有$^{3}H$、$^{125}I$、$^{32}P$、$^{35}S$等。RIA具有特异性强、重复性好、准确性和精密度好等优点，且操作简便，便于标准化，灵敏度可达纳克（ng）至皮克（pg）级水平。其最大缺点在于同位素标记抗体由于衰变不能长期保存，而且操作需要有一定防护设备。

### （三）免疫酶标记技术

免疫酶标记技术（immunoenzyme labeled technique）是目前免疫诊断、检测和分子生物学研究中应用最广泛的免疫学方法之一。常用的标记酶有辣根过氧化物酶、碱性磷酸酶、葡萄糖氧化酶等，其中辣根过氧化物酶应用最广。免疫酶标记技术又分为免疫酶组化技术和酶联免疫吸附试验两种。

1. 免疫酶组织化学染色技术　原理和方法与免疫荧光技术类似，只是以酶代替荧光素作为抗体标记物，并以酶分解底物，产生有色产物作为判定指标。其检出率和特异性与免疫荧光技术相近。优点是不需要荧光显微镜，标本可以长期保存。缺点是常出现非特异性反应。

2. 酶联免疫吸附试验（enzyme linked immunosorbent assay，ELISA）　将特异性抗体或抗原包被于聚苯乙烯等固相载体的表面，加入待检的抗原或抗体后，再加酶标抗体，以结合于固相载体上的酶标记抗体分解底物产生有色产物的浓度为判定指标。结果可以目测，也可用酶标仪测定。ELISA 不需要特殊设备，操作也不复杂，且有较好的特异性和敏感性，适于大规模的疫情普查。

3. 斑点-酶联免疫吸附试验（Dot-ELISA）　原理及其步骤与 ELISA 基本相同，不同之处在于：①将固相载体以硝酸纤维素滤膜、硝酸醋酸混合纤维素滤膜、重氮苄氧甲基化纸等固相化基质膜代替，用以吸附抗原或抗体。②显色底物的供氢体为不溶性的。结果以在基质膜上出现有色斑点来判定。

### （四）免疫胶体金标记技术

免疫胶体金标记技术是以胶体金颗粒为标记物和显色剂应用于抗原、抗体反应的一种新型免疫标记技术，已广泛应用于光镜、电镜、流式细胞仪、免疫转印、体外诊断试剂的制备等领域。在动物检疫中常用的是胶体金免疫层析技术。原理是将特异性的抗原或抗体以条带状固定在 NC 膜上，胶体金标记抗体吸附在结合垫上，当待检样本加到试纸条一端的样本垫上后，通过毛细作用向前移动，溶解结合垫上的胶体金标记试剂后相互反应，再移动至固定的抗原或抗体的区域时，待检物与金标试剂的结合物又与之发生特异性结合而被截留，聚集在检测带上，可通过肉眼观察到显色结果。

## 三、免疫电镜技术

免疫电镜技术（immune electron microscopy，IEM）是将抗原、抗体反应的特异性与电镜的高分辨能力相结合，免疫化学技术与电镜技术结合的产物，是在超微结构水平研究和观察抗原、抗体结合定位的一种方法。它主要分为两大类：一类是免疫凝集电镜技术，即采用抗原抗体凝集反应后，再经负染色直接在电镜下观察；另一类则是免疫电镜定位技术，是利用特殊标记的抗体与相应抗原相结合，在电镜下观察，由于标准物形成一定的电子密度而指示相应抗原所在的部位。免疫电镜技术主要应用于抗原定位和病毒检测。

## 四、变态反应

变态反应是由于动物患某些疫病时，将该病病原体或其代谢产物（某种抗原物质）作为变应原，当其再次进入时产生的强烈反应。变态反应具有很高的特异性和敏感性，常用于马鼻疽、结核病、布鲁菌病等慢性传染病和某些寄生虫病的大规模检疫。在动物检疫中，常用皮内反应法和点眼法皮下反应法。接种部位，马采用颈侧和眼睑，牛、羊除颈侧外，还可在尾根及肩胛中央部位，猪大多在耳根后，鸡在肉髯部位。

## 第五节　生物技术在动物检疫中的应用

自从20世纪80年代核酸探针技术在疫病诊断中得到应用以来，生物技术发展突飞猛进，在动物疫病的诊断方面得到了广泛应用。如PCR技术主要用于疫病的早期诊断和不完整病原检疫，单克隆抗体技术应用于疫病的临床诊断和流行病学调查等。

### （一）单克隆抗体技术

1975年Kohler和Milstein创立生产单克隆抗体（简称单抗）的淋巴细胞杂交瘤技术，推动了整个医学领域的迅速发展。单抗作为抗原物质的分子识别工具，除在生物医学基础研究、免疫和治疗方面得到广泛应用外，在检疫中也发挥重要作用。

一个病原体可能存在许多性质不同的抗原，同一抗原上又可能存在许多性质不同的属、种、群、型特异性抗原，采用杂交瘤技术可以获得识别不同抗原或抗原决定簇的单抗，从而可以对疫病进行快速而准确诊断，以及进行疫病的流行病学调查、流行毒株或虫株的分类鉴定，为疾病的防疫和治疗提供资料。

### （二）核酸探针技术

核酸探针技术是目前分子生物学应用最为广泛的技术之一，是利用碱基配对的原理，根据每一种病原体独特的核酸片段，通过分离和标记这些片段制备出特异性探针，用于疫病的诊断。核酸探针可用以检测任何特定病原体，并能鉴别密切相关的毒（菌）株和寄生虫。但该技术操作比较复杂、费用较高，在动物检疫中应用受到很大限制，多在实验室内对病原做深入研究时使用。

### （三）聚合酶链反应技术

聚合酶链反应（polymerase chain reaction，PCR）是由美国Centus公司的Kary Mulis发明，1985年Saiki等首次报道的一种体外快速扩增DNA技术。基本原理在于以欲扩增的DNA作为模板，以和模板正链和负链末端互补的两种寡聚核苷酸作为引物，经过模板DNA变性、模板和引物复性结合、并在DNA聚合酶作用下发生引物链延伸反应来合成新的模板DNA。以此三步构成一个循环反复进行扩增，获得大量特异性核酸序列。扩增产物可通过凝胶电泳或DNA测序检测。PCR可以简便快速地从微量生物材料中扩增到大量特异性核酸，并且具有很高的灵敏度和特异性，可在动物检疫中用于微量样品和不完整病原的检测，尤其适用于个体极小、难于观察且难于人工培养的病毒的检测。并且该技术操作的每一步都不需要活的病毒，不会造成病原对环境的污染，对防疫有重大意义。

## 复习思考题

1. 简述常见动物的临床检疫技术。
2. 简述病原学检疫技术的方法和要求。
3. 简述常用血清学检验技术的原理。

（毕丁仁　栗绍文）

# 第四章 动物产品检验检疫

## 第一节　畜禽屠宰加工的卫生防疫

### 一、屠宰加工场所的卫生防疫

屠宰加工场所是屠宰加工畜禽、为人类提供肉和肉制品及其他副产品的场所，与肉品卫生和环境卫生关系极其密切。如果卫生管理不当，将成为疫病的散播地和自然环境的污染源。随着我国肉品产量的增加和人民生活水平的提高，屠宰加工场所与人民生活的联系越来越密切，在公共卫生的地位也日益重要。为了保障肉食品的食用安全、避免环境污染和有利于控制疫病传播，必须加强屠宰加工场所的卫生防疫工作。

**（一）屠宰加工场所选址的卫生要求**

（1）屠宰场应选址合理，符合城乡建设规划，按照方便群众、有利生产和流通的原则，统一规划，合理布局，符合《动物防疫法》和《生猪屠宰管理条例》规定的动物防疫条件。

（2）屠宰加工场所应远离居民区、医院、学校、食品生产、水源及其他公共场所至少500m，位于水源和居民区的下游和下风向，以免污染居民区的空气、水源和环境。但应考虑交通便利，有利于屠宰动物的运入和动物产品的运出。

（3）地势平坦，且有一定坡度，以便于车辆运输和污水的排出，地下水位离地面的距离不得低于1.5m，以保持场地的干燥和清洁。

（4）厂（场）区通道应铺以柏油或水泥，以减少尘土污染，便于清洗及消毒。厂区周围应围以2m高的围墙，以防其他动物进入。

（5）屠宰加工场所要有充足的水源，水质应符合国家生活饮用水水质标准。下水系统必须畅通，厂（场）区内不得积有污水。

（6）厂（场）内附近应有污水处理场所和粪便、胃肠内容物无害化处理场所。粪便和胃肠内容物必须经发酵处理后方可运出；屠宰污水必须经无害化处理后，方可排放入公共下水道。

**（二）屠宰加工场所内部建设布局及兽医卫生要求**

屠宰加工场所的总体布局应本着科学管理、方便生产、清洁卫生的原则，各车间和建筑物的配置要布局合理，既要相互连贯又要做到病、健隔离，病、健分宰，使原料、成品、副产品及废弃物的转运过程中不致交叉相遇，以免造成污染和疫源扩散。要根据屠宰规模与生产需要，设置相应的宰前饲养管理场、病畜禽隔离圈、屠宰加工车间、急宰处理车间、化制车间、分割车间、供水系统及污水处理系统等。

1. 宰前饲养管理场　是对屠畜实施宰前检验、宰前停饲和休息管理的场所。

(1) 应与生产区、隔离圈相隔离，并保持一定距离，以防疫病传播与扩散。

(2) 应设检疫圈、健畜饲养圈、可疑病畜观察圈和供宰前停饲管理的候宰圈等，在卸车台、地秤附近设置供宰前检验和测温用的分群栏及夹道。

(3) 圈（舍）内地面应以不渗水的材料建成，并保持适当的坡度，以便排水和消毒；地面不宜太光滑，防止人、畜滑倒跌伤；光线充足、通风良好，并有完善的上下水系统；出入口设有消毒池。

2. 病畜隔离圈　是专供收养宰前检验中剔出的病畜，尤其是可疑病畜的场所。容量不应少于待宰量的1%。建筑和使用的动物防疫要求较为严格。

(1) 与宰前检验场和急宰车间保持有限制的联系，而与其他部门严格隔离。

(2) 设置专门饲养和运输工具，病畜专人饲养管理，并实行严格消毒制度。

(3) 应有不透水的地面和墙壁，墙角和柱角呈弧形。设专门的粪便处理池，粪尿必须经消毒后方可排出。出入口应设置消毒槽。

3. 急宰车间　专供对宰前检验后需做急宰处理的病畜进行屠宰的场所，一般位于病畜隔离圈的近邻。其卫生要求除病畜隔离圈要求外，还有：

(1) 设有屠宰工人的更衣室、淋浴室和专门的污水池、粪便处理池。污水未经严格消毒不得排入公共下水道。

(2) 室内设急宰台架、高温处理设备和晾肉台架，有条件的还可设置废弃物的化制室。

(3) 人员和各种器械、设备、用具均应做到专人专具专用，要经常消毒，防止疫源扩散。

4. 屠宰加工车间　是屠宰场所的主体车间，也是宰后检验的主要场所。其卫生状况将最终影响肉品的卫生质量，严格执行屠宰车间的兽医卫生监督是保证肉品原料卫生的重要环节。其卫生管理的基本原则是一致的。

(1) 房屋建筑的卫生要求：屠宰间应设有三个门，分别供人员进出、屠畜进入和肉品运出之用，人员进出口和屠畜的入口处应设消毒池，池内消毒液要经常更换。地面应采用不渗水、防滑、易清洗、耐腐蚀的材料，表面平整无裂缝、无局部积水，并有不小于2%坡度以便排水，排水沟上要盖有滤水铁箅子。墙壁与地面、顶棚相交处呈圆弧形。墙面及墙裙应采用不渗水材料制作，光滑平整。墙裙应贴3m以上的白色瓷砖，以便于洗刷和消毒。门窗应采用密闭性能好、不变形的材料制作。门框与窗框的建筑材料应用易洗刷、耐酸、碱和不易生锈的材料，夏季应安装防蝇防蚊纱窗。顶棚或吊顶的表面应平整、防潮、防尘。天花板高度在猪车间的垂直放血处不低于4.5m（牛车间不低于6m），其他部分不低于3.5m（牛车间不低于4.5m）。室内光照均匀、柔和、充足，以自然采光为主；需要人工照明时，应选择日光灯。各兽医检验点设操作台，并备有冷热水和刀具消毒设备。在放血、开膛、摘除内脏等加工点也应有刀具消毒设备。

(2) 传送装置的卫生要求：屠宰加工车间的传送装置最好用架空轨道，使屠体的整个加工过程在悬挂状态下进行。放血处架空轨道下方的地面上应设表面光滑的接血斜槽；集中检验处应架设与架空轨道相连的预备轨道，以确保对检验发现的病健畜胴体进行隔离。有条件者可在悬挂胴体的架空轨道旁边设置同步运行内脏和头的传送装置，使内脏和胴体同步运行，以便实施同步检验。轨道运行速度以屠宰加工人员和检疫人员能够顺利操作为宜。屠宰加工车间与其他车间的联系，最好采用架空轨道和传送带的方式。在大型多层肉类联合加工厂，产品在上下层之间的传送多采用金属滑筒，应注意不同的产品设置不同的轨道。一般屠宰场产品的转运，可采用手推车，但应使用不渗水和便于消毒的材料制成。

（3）通风：车间内应有良好的通风设备。门窗的开设要适合空气的对流，要有防蝇、防蚊装置。室内空气交换次数和时间根据悬挂胴体的数量和气温而定。

（4）上、下水：为了便于洗手、消毒刀具、去除油污和冲洗场地等，屠宰加工车间应备有多处的冷、热水管系统。消毒用水应在82℃以上。屠宰间还要具备通畅完善的下水道系统，以便及时排除屠宰间内的废水。在车间排水管道的出口处，应设置脂肪清除装置，以尽量减少排出污水的有机物含量。

5. 分割肉车间　是将刚屠宰得到的胴体或冷却后的胴体分割去骨和去掉其他一些不符合食用要求的部分，然后进行分部位、分等级包装冷冻的车间。其建筑设计应符合下列卫生要求：

（1）分割肉车间一端应紧靠屠宰车间，另一端应靠近冷库，以便于原料进入和产品及时冷冻。该车间内应设有分割肉预冷间、加工分割间、成品冷却间、包装间以及结冻间、成品冷藏间。还应设更衣室、磨刀间、洗手间、下脚料储存发货间等，这些部位应与其他车间隔离。

（2）分割肉车间面积以日生产能力和肉冷却时所需面积为计算依据。还要考虑车间生产所要求的原料、成品、运输车辆和人员的进出通道。

（3）分割肉车间为封闭式建筑，空间高度以不影响照明设施的有效使用和空调降温的效能为原则。

（4）分割肉车间的各种卫生设施应具有较高的卫生标准。要有空调设备，室温以10～15℃为宜，并有冷、热水洗手装置。消毒水温应达82℃以上，一般20个工人设置一个消毒器。室内应该有良好的照明设备，日光灯应有防护罩。

## 二、屠宰加工过程的卫生防疫

屠宰加工的卫生状况，不但直接影响肉品的卫生质量及其耐存性，而且与消费者的健康及养殖业的发展有密切关系。因此，必须高度重视屠宰加工过程中各环节的卫生防疫工作。

### （一）肉用牲畜屠宰加工过程中的卫生防疫

肉用牲畜屠宰加工的方法和程序，因屠宰加工企业的规模、建筑、设备和牲畜种类的不同而有差异，但总的来说包括淋浴、致昏、放血、煺毛或剥皮、开膛与净膛、去头蹄、劈半、胴体修整、内脏整理等工序。

1. 淋浴　用自来水或压力适中的水流喷洒、冲洗畜体，一方面使家畜趋于安静，促进血液循环，保证放血良好；另一方面清洁皮毛、去掉污物、减少屠宰加工过程中肉品污染；再者淋浴时浸润体表可以取得良好的电麻效果。一般只适用于猪。注意淋浴水温夏季以20℃为宜，冬季以25℃为宜；水流不宜过快、过猛，时间不宜过长，以达到清洁皮肤为度。

2. 致昏　屠畜放血前采用电击或二氧化碳等方法使屠畜短时间内处于昏迷状态，以减少痛苦和挣扎。电麻致昏法是目前屠宰场广泛使用的一种方法，电麻时应注意掌握电流、电压、频率及作用部位和作用时间。二氧化碳致昏法优点是：①屠畜无紧张感，可减少屠畜体内糖原的消耗。②致昏程度深。③二氧化碳可加剧屠畜的呼吸率，促进血液循环，放血良好。④克服电击法的缺点。⑤效率高（1 000 头/h）。缺点是成本高。牛屠宰时常采用刺昏法。

3. 放血　放血程度是肉品质量的重要指标。常用放血方法有切断颈部血管法、心脏刺杀放血法和真空刀放血法。放血时必须注意掌握放血部位、操作技术和放血时间。

4. 煺毛或剥皮

（1）浸烫煺毛：是加工带皮猪的主要工序，该环节中必须注意掌握水温和浸烫时间。浸烫时应不断翻动猪体，使其受热均匀，防止“烫老”或“烫生”。烫毛池污水应每隔 4h 换一次，或采用连续进水、出水的方式，始终保持烫池水的卫生。应防止泡烫水呛入屠畜肺中，引起肺呛水。泡烫好的屠体要依次出池迅速刮毛，刮毛时力求刮干净。

（2）剥皮：主要用于牛、羊及马属动物。剥皮时前应淋浴以洗净体表，剥皮时应力求仔细，避免损伤皮张和胴体，并防止污物、皮毛、脏手污染胴体。有条件的企业应尽量采用机械剥皮。剥下的皮张经刨皮除去皮下脂肪后，要及时晾晒或盐渍，防止苍蝇叮爬生蛆和皮张腐败。

5. 开膛与净膛　是指剖开屠体胸腹腔并摘除内脏的操作工序，在煺毛或剥皮后立即进行。操作时注意沿腹中线切开腹腔，切忌划破胃肠、膀胱和胆囊，并做到摘除的脏器不落地。万一胴体被胃肠内容物、尿液或胆汁污染，应立即冲洗干净，另行处理。

6. 去头蹄、劈半　屠尸解体的最后一道工序。操作时应注意切口整齐，避免左右弯曲或劈断、劈碎脊椎，避免出现骨屑。

7. 胴体修整　是屠体加工的必要程序，是为了清除胴体表面的各种污物，修割掉胴体上的病变组织、损伤组织和游离物组织，摘除有碍食肉卫生的组织器官（甲状腺、肾上腺和病变淋巴结）。

8. 内脏整理　摘除的内脏经检验后应立即送往整理，不得积压。分离胃时，应将食道和十二指肠留有适当的长度，防止胃内容物流出；分离肠道时，切忌撕破，防止肠内容物污染胴体；翻出的胃肠内容物要集中在一处，不要污染场地；胃和肠要用清水清洗干净，符合食用标准。

### （二）家禽屠宰加工过程中的卫生防疫

家禽的屠宰加工基本程序包括致昏、刺杀放血、烫毛煺毛、净膛、胴体修整、内脏整理和分割包装等。其中在卫生防疫中最重要的环节为刺杀放血、烫毛与煺毛、净膛。

1. 刺杀放血　常用颈动脉颅面分支放血法、口腔放血法和三管切断法。无论哪种放血法，都应有足够的放血时间，以保证放血充分，并使屠禽彻底死亡后，再进入浸烫与煺毛工序。同时必须注意尽可能保持胴体完整，减少放血污染。

2. 烫毛和煺毛　常用的煺毛方法有干拔和湿拔两种，加工企业中一般采用湿拔方法，让屠宰家禽经过浸烫池再进行机械打毛。浸烫水温必须严格控制，水温过高会烫破皮肤，使脂肪熔化；水温过低则羽毛不易脱离。浸烫后一般采用机械煺毛，未脱净的残毛可用手拔干净。

3. 净膛　是指摘取内脏，按除去内脏程度的不同有三种形式：

（1）全净膛：从胸骨正中线至肛门中线切开腹壁或从右胸下肋骨开口，除肺和肾脏保留外，其余脏器全部取出，同时去除嗉囊。

（2）半净膛：由肛门周围分离泄殖腔，于扩大的开口处将全部肠管拉出，其他脏器保留于体腔内。

（3）不净膛：脱毛后的光禽不做任何净膛处理，全部脏器都保留在体腔内。

净膛的卫生要求：

（1）在全净膛和半净膛加工时，拉肠管前应先挤出肛门内粪便，不得拉断肠管和扯破胆囊，以免污染胴体。体腔内不能残留断肠和应除去的脏器、血块、粪污及其他异物等。内脏取出后应与胴体同步进行检验。

（2）加工不净膛光禽时，宰前必须做好停食管理，延长停食时间，停食应在12h以上，尽量减少胃肠内容物，以利于保存。

## 三、屠宰废弃品及污水的无害化处理

### （一）屠宰废弃品的无害化处理

废弃品是指屠宰加工过程中产生的不符合兽医卫生要求的下脚料，包括各种病变组织、器官、腺体、碎肉和因病死亡的动物尸体等。废弃品可能携带各种病原微生物或者有害成分，如果处理不当，将会严重污染环境，危及人类和动物的健康。如果将这些原料经过化制处理后，则可以生产出有一定经济价值的工业副产品，如工业用油脂、皮胶、蛋白胨和骨粉等。

1. *对化制车间（站）的卫生要求*　屠宰场的化制车间应设在远离生产区的隔离区内。车间地面、墙裙及通道等均应用不透水的材料，以便于清洗消毒；进出口设消毒池；室内供水充足，污水排出必须经净化处理；工作人员要严格遵守卫生制度。大城市应在郊区设统一的病死畜化制站，由两部分组成，并以死墙相隔。第一部分设原料接收室、解体室、化验室、消毒室及皮张处理室；第二部分为化制加工室，被处理物只能经过一定通道进入化制器内。

2. *废弃品的搬运*　废弃品尤其是动物尸体，都是些极其危险的原料，在由屠宰车间或病畜死亡地点向化制车间（站）搬运的过程中，以及在化制车间（站）内搬运时，都应严格注意防止造成污染和散布病原菌。必须采用密闭、不漏水、便于消毒的运输工具；将浸有消毒药物的湿布或棉球，塞进尸体所有天然孔，以防止血液或排泄物外流；运输完毕后要及时对运输工具进行彻底清洗和消毒；运输人员也要做好个人的安全防护工作。

3. *废弃品无害化处理时的兽医卫生监督*　废弃品及病死畜禽尸体化制处理必须在检疫人员监督下进行。检疫人员在化制车间（站）主要任务是剖检动物尸体、登记检查结果、监督无害化处理的正确实施和贯彻执行国家的有关法规。

### （二）屠宰污水的无害化处理

屠宰加工中不断排出混有血、尿、肉屑、脂肪、粪便等多种有机物的废水，有的还含有各种病原微生物、寄生虫卵，必须进行严格处理。屠宰污水的处理程序分为机械处理和生物处理两道程序。机械处理是用金属筛板、平行金属栅条筛板或金属丝编织的筛网，作为排水系统的沟盖，来阻留脂肪、组织块、毛屑、肉屑及其他悬浮固体碎屑等较大的物体。生物处理法包括土地灌溉法、沉淀法、污水沉埋法等，可根据屠宰加工场的实际情况进行选择。

## 第二节 屠宰畜禽的宰前检验

宰前检验（ante-mortem inspection），也称宰前健康检验，是屠宰加工前对屠畜实施检验检疫，以评价其是否适于屠宰，其肉品是否适合食用的一个重要环节。

### 一、宰前检验的意义

宰前检验是对屠宰加工过程实行兽医卫生监督的重要环节之一，是控制疫情和保证畜禽肉品质量的重要措施，必须予以高度重视。其意义在于：

（1）能及时发现病畜禽，实行病健隔离、病健分宰，防止疫情扩散，减轻对加工环境和产品的污染，保证产品的卫生质量。

（2）及早检出一些具有特征性症状、而无特殊病变或因解剖部位关系宰后检验时容易被忽略和漏检的疾病，如破伤风、狂犬病及某些中毒病等。

（3）及时发现疫情，并根据商品畜禽的来源，查找到疫病的疫源地，报告当地动物卫生监督机构，可以尽快控制和扑灭疫情，保障畜牧业的发展。

可见加强宰前检验是屠宰检疫的重要一环，一定意义上比宰后检验更重要。

### 二、宰前检验的程序

#### （一）入场（厂）检验

是病畜禽进入屠宰加工场所的首要环节，也是防止病畜禽混在健畜禽群中进入屠宰加工场所的关键步骤，主要包括以下三方面内容：

1. 查证验物、了解疫情　当屠畜禽运到屠宰加工场所卸载之前，检疫人员应查验动物检疫证明及运载工具消毒证明，并询问原产地有无疫情，畜禽出售前的用药、饲喂情况和运输途中畜禽的健康状况。并亲临车、船，仔细察看畜禽群，核对畜禽的种类和数量，如发现数目不符或有途中发病、死亡情况，必须查明原因。若发现疫情或有疫情可疑时，立即转入隔离圈内作进一步观察处理。

2. 视检分群，剔除病畜　经上述查验认可的屠畜群，允许卸载并进行外貌检查。屠畜自卸载台行进至圈舍的途中，检疫人员逐头观察其外貌、精神状态、运动姿势等，发现异常者予以标记。在出口处由专人负责按标记进行分群，健康者转入健畜饲养圈，病畜或可疑病畜赶入隔离圈，待验收结束后再做检查处理。屠畜进入观察圈，4h 后逐头检温，确认健康的转入饲养圈，体温异常的赶入隔离圈，做进一步检验和处理。

3. 个别诊断、按章处理　被隔离的病畜或可疑病畜，经过详细的个体检查，必要时辅以实验室检查。确认为健康屠畜，转入健畜饲养圈；确认为病畜或疑似病畜，按规定进行无害化处理。

#### （二）待宰检验

入场验收合格的屠畜，一般要经 2～3d 的休息管理。在此期间，检疫人员应经常深入圈舍，检查屠畜健康状态及宰前管理情况，发现问题，及时处理。

### （三）送宰检验

是宰前检验最后一个环节。对经过 2d 以上饲养管理的健康屠畜，在送宰之前进行最后一次以群体检查为主的健康检查。确认健康者，由检疫员签发允许屠宰证明送往候宰间。

## 三、宰前检验的方法

宰前检验的三个环节中检验方法基本一致，采取群体检查和个体检查相结合的方法进行，以群体检查为主。具体内容见本书第三章第一节。

## 四、宰前检验后的处理

经过宰前检验的畜禽，根据其健康状况及疾病性质和程度的不同，进行不同处理。

1. *准予屠宰（准宰）*　健康、符合卫生质量和商品规格的畜禽，检疫人员出具准予屠宰的送宰证明书，准予屠宰。

2. *急宰*　确认患有或疑似患有 GB 16548—2006 规定化制处理的适用对象以及确认为患有禁宰的某些传染病屠畜的同群者，送急宰间强制紧急宰杀，胴体和内脏按 GB 16548—2006 的规定处理，并完善现场消毒。

3. *不准屠宰（禁宰）*　确认病畜属于规定销毁处理的适用对象者禁止屠宰，不放血方式扑杀，尸体按 GB 16548—2006 的规定处理，并完善现场消毒。

4. *死畜尸体的处理*　凡在运输途中或宰前饲养管理期间自行死亡或死因不明者，一律销毁。确系因挤压、斗殴等纯物理性致死的，经检验肉质良好，并在死后 2h 内取出全部内脏者，其胴体经无害化处理后可供食用。

## 五、宰前管理的卫生要求

1. *宰前休息管理*　长途运输、过度疲劳等影响动物健康和肉品卫生质量，因此必须进行宰前休息，时间一般为 1～2d。

2. *宰前停饲管理*　经宰前检验合格进入待宰圈的动物都要停饲一段时间，一般猪为 12h，牛、羊为 24h，鸡为 12～24h，直至宰前 2～3h。停饲期间应充分供水。

# 第三节　屠宰畜禽的宰后检验

## 一、宰后检验的目的和意义

宰后检验（post-mortem inspection）是应用兽医病理学和实验诊断学知识，对屠畜禽胴体和内脏等副产品等进行卫生质量鉴定。目的是检出对人有害的各种病畜产品和不宜食用的产品，并进行相应处理，以确保消费者食肉的安全性。

宰前检验只能检出临床症状明显的病畜禽，对于症状不明显、特别是发病初期或潜伏期一般难以检出，当这些病畜禽进入加工车间后将可能造成交叉污染和影响消费者食肉安全，因此必须加强宰后检验。宰后检验是动物防疫与检疫中不可缺少的重要环节，是控制病肉进入流通环节的最后一道关卡，是宰前检验的继续和补充，对于保证肉品卫生质量、保障食用者食肉安全、防止人兽共患病和动物疫病传播具有关键性意义。

## 二、宰后检验的方法和要求

### （一）必检器官

宰后检验是在流水线上进行的，要求在较短的时间内，通过对胴体和脏器的检验，对疾病或病变做出正确的判定和处理。因此，必须对受检的脏器和组织加以选择。应考虑以下几方面：

（1）病原菌侵入的门户和途径：如消化道（扁桃体、胃肠道黏膜、肠系膜淋巴结、肝脏、肝门淋巴结、胆囊等）、呼吸道（肺和肺门淋巴结）、泌尿生殖道等。

（2）病原菌最易滋生的部位：淋巴结、肺、脾、肝脏等。

（3）具有特殊检验意义的部位和器官：如猪囊尾蚴主要检验咬肌、心肌、腰肌、肩胛外侧肌等；猪咽型炭疽主要检验下颌淋巴结。

### （二）宰后检验的基本方法

宰后检验以感官检查为主，必要时进行实验室检验。

1. 感官检查　通过感官检查，初步判断胴体和内脏的质量以及屠宰动物可能患的疫病。具体方法如下：

（1）视检：观察淋巴结、皮肤、肌肉、胸腹膜、脂肪、骨骼、关节、天然孔及各种脏器的外部形态、色泽、大小、组织性状等是否正常。

（2）剖检：切开淋巴结、胴体或内脏，检查有无病理变化、寄生虫和肿瘤。

（3）触检：触摸组织和器官，判定其弹性和软硬度，以发现深部组织器官的硬结性病灶。

（4）嗅检：对某些无明显病变的疾病或肉品开始腐败时，可依靠嗅觉来判断。如生前患有尿毒症的动物肉带有尿味，腐败变质肉散发出腐臭味等。

2. 实验室检验　感官检查怀疑某些疫病时可结合实验室检验进行综合判断。

（1）病原学检查：采取病变的器官、血液、组织用直接涂片法进行镜检，必要时进行细菌分离、培养、动物接种以及生化反应。

（2）理化检验：肉的腐败程度完全依靠细菌学检查是不够的，还需进行理化检验，如氨反应、过氧化物酶反应、硫化氢试验、球蛋白沉淀试验等。

（3）血清学检验：针对某种疫病的特殊需要，采取沉淀反应、补体结合反应、凝集试验和血液检查等方法，来鉴定疫病的性质。

### （三）宰后检验的要求

在宰后检验中，检疫人员除了正确运用上述检验方法外，还需注意下列几点：

（1）必须养成遵循一定检疫程序和方法的习惯，只有将各类肉品的胴体、内脏的应检项目迅速、准确地检验完毕后，才能做出综合判定，不漏检、不错检。

（2）检验时检验刀只能在规定部位顺肌纤维方向切开，深浅要适度，切忌乱划和拉锯式切割，以免造成切口过大、过多，影响商品外观和破坏病变组织的完整性。

（3）切开脏器或组织病变部位时应防止污染人员、产品、地面、设备和器具。

（4）检疫人员应配备两套检验刀具，切实做到交换使用和及时消毒。

## 三、宰后检验的程序和要点

### （一）肉用牲畜的宰后检验

在宰后检验之前，要先将分割开的胴体、内脏、头蹄和皮张编上同一号码，以便在发现问题时进行查对。有条件的屠宰场（厂）可设定两个架空轨道，进行胴体和内脏的同步检验。屠畜的宰后检验一般分为头部检验、内脏检验、胴体检验三个基本环节。在猪还需增加旋毛虫检验。

1. 头部检验

（1）猪：剖检两侧下颌淋巴结（主要检查咽型炭疽、猪链球菌病）和外咬肌（检查囊尾蚴），视检鼻盘、唇、齿龈、咽喉黏膜和扁桃体等有无异常（检查口蹄疫、猪传染性水疱病等）。

（2）牛：视检鼻镜、唇、齿龈、口腔黏膜及舌面，注意有无水疱、溃疡或烂斑（检查有无口蹄疫），并触摸舌体，观察上、下颌骨状态（检查有无放线菌病）。剖检下颌淋巴结和咽后内侧淋巴结，视检咽喉黏膜和扁桃体有无异常（主要检查有无结核病和炭疽）。剖检舌肌和两侧外咬肌（检查有无囊尾蚴寄生）。

（3）羊：一般不剖检淋巴结，主要视检皮肤、唇和口腔黏膜，注意有无口蹄疫、痘疮或溃疡等病变。山羊头部刮毛后看有无皮肤病（如山羊蠕形螨等寄生虫的坏死结节）。

（4）马属动物：与牛的检验基本相同。注意观察鼻中隔和鼻甲骨有无鼻疽结节、溃疡和星状瘢痕，剖检下颌淋巴结。

2. 胴体检验

（1）首先判定放血程度。放血不良的肌肉颜色发暗，切面上可见暗红色区域，挤压有少量血滴流出。

（2）仔细检查皮肤、皮下组织、脂肪、肌肉、胸腹膜、关节、筋腱、骨及骨髓等。注意猪瘟、猪肺疫、猪丹毒时皮肤上特殊的红点或红斑，牛、山羊应注意皮肤的寄生虫结节。

（3）纵向切开代表性淋巴结，观察有无充血、出血、水肿、坏死、化脓等变化，注意区别淋巴结的局部性和全身性变化。猪主要剖检颈浅背侧淋巴结、腹股沟浅淋巴结和髂内淋巴结，必要时增检腹股沟深淋巴结、颈深后淋巴结等。牛、羊主要剖检肩前淋巴结、腹股沟深淋巴结（或髂内淋巴结）和髂下淋巴结，必要时增检颈深淋巴结、乳房淋巴结等。

（4）剖检腰肌、肩胛外侧肌、股内侧肌以检验囊尾蚴病。

3. 内脏检验

（1）胃、肠、脾的检验：

①胃：剖检胃淋巴结有无溃疡、出血。观察浆膜，必要时切开检查胃黏膜上有无出血、充血、水肿、溃疡、寄生虫等。

②肠：剖检肠系膜淋巴结有无肿大、出血、坏死，观察有无肠炭疽、肠结核等病变。猪瘟病猪大肠回盲瓣附近有纽扣状溃疡；猪副伤寒病猪大肠黏膜上有灰黄色糠麸状坏死性病变和溃疡。牛、羊食道有无住肉孢子虫寄生。

③脾：检查其形状、大小、色泽、硬度以及有无结节或楔形梗死等，必要时切开检查脾髓，特别注意脾型炭疽痈呈结节状黑紫病变。

（2）心、肝、肺的检验：

①心：检查心包、心包液及性状，心外膜有无出血和寄生虫寄生。剖检时在与纵沟平行的心脏后缘纵向切开左右房室，观察心肌、心内膜及血液凝固状态，注意心肌有无出血、寄生虫坏死结节或囊虫寄生。特别注意慢性猪丹毒和猪链球菌病时二尖瓣或主动脉瓣上的菜花样赘生物。

②肝：先观察其形状、大小、色泽，触检其弹性。然后剖检肝门淋巴结，必要时将肝脏切开检查。剖检胆管和胆囊检查有无肝片吸虫、华枝睾吸虫等。

③肺：观察其形状、大小、色泽，检查其有无充血、水肿、化脓、纤维素性渗出物、粘连等病变。触检其弹性、质地有无变化。剖检支气管淋巴结和纵隔淋巴结（牛、羊）。必要时剖检肺实质，观察有无丝虫、蛔虫等寄生。

(3) 肾脏检验：一般与胴体一起检查。剥离肾包膜，检查其形态、色泽、大小、弹性及病变。必要时沿肾脏边缘纵向切开，对皮质、髓质、肾盂进行观察。

(4) 乳房检验：可与胴体一道进行或单独进行。触检弹性，剖检乳房淋巴结，必要时剖检乳房实质。注意有无结核病、放线菌病和化脓性乳房炎等。

4. *旋毛虫检验*　在猪横膈膜肌脚剪取一小块肉样。先撕去肌膜，对光仔细观察肌肉纤维表面有无针尖大小发亮的包囊或灰白色钙化小点。首先在可疑部位，然后在其他部位顺着肌纤维剪取 24 个米粒大小的肉样，用两块玻片压展后低倍显微镜下检查，同时检查是否存在住肉孢子虫。

### （二）光禽的宰后检验

(1) 观察体表皮肤色泽与血管充血程度，判定禽体是否有病，放血是否良好。

(2) 检查头部及眼、鼻、口腔和肛门等天然孔的变化。

(3) 检查体腔内壁和内脏有无异常（半净膛胴体须借助开张器撑开泄殖腔后用电筒进行检查）。必要时剪开体腔，重点检查口腔、咽喉、气管、坐骨神经丛、气囊、法氏囊、腺胃、肌胃黏膜、盲肠扁桃体、心、肺、肾、脾及卵巢的变化。

### （三）家兔的宰后检验

(1) 判定胴体的放血程度。

(2) 视检胸腹腔和肌肉的状态。

(3) 检查肝、脾、肾、盲肠末端的蚓突和回盲肠交界处的圆小囊有无异常。

## 四、宰后检验后的处理

宰后检验后处理原则为既要保证消费者食用安全，又要尽可能减少经济损失。根据具体情况通常采取如下处理措施：

1. *合格动物产品的处理*　确认是健康无染疫的动物产品，应在胴体上加盖验讫印章，内脏加封检疫标志，出具动物产品检疫合格证明。

2. *不合格动物产品的处理*　确认患有动物疫病、中毒等的不合格动物产品，根据其危害程度，结合有关规程进行化制和销毁等无害化处理。

# 第四节　集贸市场肉类产品的检验

为了贯彻“预防为主”的方针，认真执行《动物防疫法》，防止动物疫病的传播，保证人畜健康，必须加强进入集贸市场动物、动物产品的动物卫生监督与检验，尤其是肉类的检验。

## 一、集贸市场肉类检验的要求及要点

### （一）上市肉类的动物卫生监督管理

(1) 上市的各种畜禽肉类，必须由检疫部门统一管理、定点屠宰，集中检疫、市场监督，并做好卫生防护工作。

(2) 货主必须出具检疫合格证明。胴体上要有验讫印章。无证、无章的肉类不准上市出售。对来自本县以外的肉类，还需持有县级以上兽医管理部门或委托单位出具的非疫区证明或运输检疫证明。

(3) 检疫人员负责检查有关证件，核对证物，如证物不符或证明过期等不符合规定的，应进行重检、补检或消毒，并按规定进行处罚。

(4) 凡病死、毒死、死因不明、腐败变质、污秽不洁或掺假作伪的畜禽肉及野生禽兽肉类等，一律不准上市出售，并在有关人员的监督下处理。

(5) 上市肉类的包装、容器和运输工具，必须清洁卫生，严禁使用有毒、有害的容器、工具进行包装和运输。

(6) 上市肉类要定点、定位销售，要避开有碍肉类卫生的环境和场所。散市后及时进行全面清扫，坚持定期消毒，粪便、污物要进行无害化处理。

### （二）上市肉类的动物卫生监督检验程序和要点

1. 询问并验证、验章

(1) 检验前应向货主了解有关疫情和屠宰情况，包括屠宰动物的来源、产地有无疫情及流行情况，是否经过产地检疫；动物宰前健康状态，屠宰原因；是否来自定点屠宰场，卫生条件如何；是否经过兽医检验；屠宰时间及运输方式等。

(2) 查验证明：检查由检疫机构出具的检疫证明，并与肉尸核对是否相符，对转让、涂改、伪造检疫证明者，应进行补检或者重检。

(3) 检查运输工具和包装物的卫生状态。

2. 胴体和内脏检查

(1) 观察胴体上验讫印章，对印戳不清或证物不符的应按未经检验肉处理。对未经兽医卫生检验流入市场的肉品，必须进行无害化处理。

(2) 对来自定点屠宰场（站、点）并经过兽医卫生检验的肉品，首先应视检头部、胴体和内脏的应检部位有无检验刀痕及切面状态，并检查甲状腺、肾上腺和病变淋巴结是否被摘除。当发现漏检、误检以及有病、死畜禽肉或某种传染病可疑时，应进行全面检查，并做进一步的理化检验和细菌学检验。当发现污染严重或有腐败变质可疑时，必须做肉新鲜度检验。对牛、羊及马属动物，当发现放血不良并在皮下、肌间有浆液性或出血性胶样浸润时，必须补检炭疽。

## 二、肉新鲜度的检验及处理

### （一）宰后肉的变化

牲畜屠宰以后，由于血液循环和氧气供应停止，代谢中断，正常的生理机能不能维持，肉在组织酶和外界微生物的作用下，会发生一系列的生物化学变化，其感官性状、营养价值和食用价值均会发生相应的改变。正常情况下，宰后肉通常经过僵直和成熟两个阶段，在这两个阶段，肉是新鲜的；当肉品严重污染且长时间放置于不良条件下就会发生不良的变化，轻者发生自溶，重者发生腐败。

1. 肉的僵直（meat rigor） 动物屠宰后，体内发生一系列变化，内环境酸度由中性或弱碱性（pH7.0～7.4）变为酸性（pH5.4～6.7），肌动蛋白和肌球蛋白形成肌动球蛋白复合体，使肌肉产生永久性收缩，逐渐失去弹性、伸展性和保水性能而变得僵硬，此过程称为肉的僵直。僵直肉特征为：肉质坚硬、干燥、缺乏弹性，嫩度降低。在加热炖煮时保持较高的硬度，不易咀嚼和消化，尤其牛肉。肉汤较混浊，缺乏风味，食用价值及滋味都差。处于僵直期的肉不宜烹调食用。

2. 肉的成熟（meat ripening） 当肌肉僵直达到最大程度之后，在适当温度条件下，经过一定时间，肌肉开始变得柔嫩多汁、具有弹性，风味和适口性也大大改观，食用价值提高，这个过程称为肉的成熟。成熟肉特征为：肉表面形成一层很薄的“干膜”，既可以保持肉中水分、减少水分散失，又可防止微生物的侵入和在肉表面繁殖；肉质柔软，嫩化，富有弹性；切面湿润多汁；烹调时容易煮烂；肉汤澄清透明，具有浓郁的肉香味；内环境呈酸性。

3. 肉的自溶（meat autolysis） 是指肉在酸性环境及较高温度条件下储藏，组织蛋白分解酶活性增强，使组织蛋白质发生自家分解的过程。

（1）自溶肉特征：肌肉松软，缺乏弹性，暗淡无光泽，切面灰红色或灰绿色，呈强烈的酸性反应，硫化氢反应阳性，氨反应阴性。

（2）卫生评定及处理：轻度变色、变味，可将肉切成小块，置于通风处，驱散其不良气味，割掉变色部分后可供食用；当肉具有强烈的异味并严重发黑时，则不能食用。

4. 肉的腐败（meat spoilage） 是指在致腐微生物大量繁殖的作用下，肉中蛋白质及其自溶分解产物进一步分解，形成有毒和不良气味等多种分解产物的化学变化过程，同时往往伴有脂类和糖类分解。

（1）腐败肉特征：主要表现为发黏、变色、异味、失去弹性和肉汤混浊等。

（2）腐败肉的危害：①破坏营养物质，失去色、香、味，并使人产生厌恶感。②腐败分解产物多对人体有害，如酪胺是一种强烈的血管收缩剂，能升高血压；组胺能引起血管扩张；有些腐败微生物及其毒素具有病原性或可导致食物中毒，如变形杆菌、腐败梭菌等。

肉在任何腐败阶段，对人都是有危险的。因此禁止食用，应予以废弃！

**（二）肉新鲜度的检验**

1. 感官检查 是借助人的视觉、触觉、嗅觉、味觉等感觉器官对肉的色泽、组织状态、黏度、气味和煮沸后肉汤进行检查。进行感官检查时，检查人员应有足够的实践经验。鲜（冻）畜、禽肉的感官判定标准见表4-1、表4-2。

**表4-1 畜肉感官判定标准**

| 项目 | 鲜畜肉 | 冻畜肉 |
|---|---|---|
| 色泽 | 肌肉有光泽，红色均匀，脂肪乳白色 | 肌肉有光泽，红色或稍暗，脂肪白色 |
| 组织状态 | 纤维清晰，有坚韧性，指压后凹陷立即恢复 | 肉质紧密，有坚韧性，解冻后指压凹陷立即恢复 |
| 黏度 | 外表湿润，不粘手 | 外表湿润，切面有渗出液 |
| 气味 | 具有鲜畜肉固有气味，无异味 | 解冻后具有鲜畜肉固有气味，无异味 |
| 煮沸后肉汤 | 澄清透明，脂肪团聚表面 | 澄清透明或稍浑浊，脂肪团聚表面 |

**表 4-2　禽肉感官判定标准**

<table>
<tr><th colspan="2">项　　目</th><th>鲜　禽　肉</th><th>冻禽肉（解冻后）</th></tr>
<tr><td colspan="2">组织状态</td><td>肌肉富有弹性，经指压后凹陷部位立即恢复原位</td><td>肌肉经指压后凹陷部位恢复较慢，不易完全恢复原状</td></tr>
<tr><td colspan="2">色　　泽</td><td colspan="2">表皮和肌肉切面有光泽，具有禽类品种应有的色泽</td></tr>
<tr><td colspan="2">气　　味</td><td colspan="2">具有禽类品种应有的气味，无异味</td></tr>
<tr><td colspan="2">加热后肉汤</td><td colspan="2">透明澄清，脂肪团聚于液面，具有禽类品种应有的滋味</td></tr>
<tr><td rowspan="3">淤血：以淤血面积（$S$）计（$cm^2$）</td><td>$S > 1$</td><td colspan="2">不得检出</td></tr>
<tr><td>$0.5 < S < 1$</td><td colspan="2">片数不得超过抽样量的 2%</td></tr>
<tr><td>$S \leqslant 0.5$</td><td colspan="2">忽略不计</td></tr>
<tr><td colspan="2">硬杆毛（长度超过 12mm 的羽毛，或直径超过 2mm 的羽毛根）（根/10kg）</td><td colspan="2">$\leqslant 1$</td></tr>
<tr><td colspan="2">异　　物</td><td colspan="2">不得检出</td></tr>
</table>

注：淤血面积指单一整禽或单一分隔禽的一片淤血面积。

2. 理化检验　国家标准中规定的检验项目为挥发性盐基氮，其判定标准为新鲜畜肉、禽肉不得高于 15mg/100g。目前认为其最能反映肉变质过程中的质量变化规律，并与感官变化一致。在基层也常采用 pH 测定、球蛋白沉淀试验、粗氨测定、过氧化物酶反应、硫化氢试验等快速定性检验项目进行综合判定。

3. 细菌学检验　肉的腐败变质是由于肉中细菌的大量生长繁殖所引起的，因此检验肉中细菌污染状况，不仅可以判定肉的新鲜度，而且可以反映肉在生产和流通过程中的卫生状况。通常采用触片镜检的方法进行检验。

## 三、病、死动物肉的检验及处理

病死动物肉是动物产品检验中非常重要的内容之一。其主要危害是导致人兽共患病、动物疫病的发生和引起人的食物中毒，与人类健康和畜牧业发展关系极为密切。必须予以高度重视！检验时，尤其是当胴体与内脏不连同上市的情况下，必须特别注意发现濒死期急宰或病死宰杀的畜（禽）肉。

### （一）病死动物肉的检验

主要通过感官检查，不能确定时则需进行实验室检验。

1. 感官检查

（1）放血部位状态：观察宰杀口切面状态及其周围组织的血液浸润程度。健康动物宰杀口向两侧外翻，切面粗糙不平，切口周围组织有相当大的血液浸染区，深达 0.5～1cm；急宰、病死动物宰杀口一般不外翻，切面比较平整，切口周围组织稍有或无血液浸染现象。

（2）胴体放血程度：观察肌肉的色泽、小血管内血液滞留情况和肌肉新鲜断面状态，如带有内脏，还要观察其色泽和肠系膜血管的充盈状况。必要时可做滤纸条浸润试验。健康动物放血良好，肉呈红色或深红色，脂肪呈白色或黄色，肌肉和血管紧缩，其断面不渗出小血珠，胸膜、腹膜下的小血管不显露，刀切小口放入滤纸条时插入部分轻微浸润。急宰、病死动物肉明显放血不良或未放血，肌肉呈暗红色或黑红色，断面上可见到个别的或多处的暗红色血液浸润区，并有小血珠，脂肪染成淡红色，胸膜、腹膜下小血管中含有余血或充满血液。做滤纸条试验时滤纸条被浸湿并超出插入部分2～5mm。

(3) 血液坠积现象：濒死急宰或死后冷宰的畜禽胴体卧位侧的皮下组织、胸腹膜和成对器官的卧侧呈现暗紫红色树枝状沉积性充血。死后数小时的尸体，卧地侧皮下组织可见明显的血液浸润。

(4) 淋巴结病理变化：重点观察具有剖检意义的淋巴结有无异常，并注意区别其局限性和全身性的变化（家禽不检淋巴结）。健康动物的淋巴结，切面呈灰白色（猪）、黄褐或灰褐色（牛），无异常；病死动物的淋巴结可能出现肿大、充血、出血、坏死等病理变化。

(5) 其他组织器官病理变化：病死畜禽肉有与疾病相应的组织器官病理变化，在检验时应注意寻找那些具有启示性和特征性的病理变化。

2. 细菌学检验　感官检查时，一旦发现有病死动物肉的征象时，应立即无菌采取病料，猪一般应采取下颌淋巴结或胴体上存留的淋巴结；牛、羊一般应采取颈浅淋巴结、腹股沟深淋巴结或其他存留淋巴结，脏器主要采自肝、脾、肾。病料进行触片、染色、镜检观察，如发现具有特征性形态的细菌，即可判定。

3. 理化检验　当感官检查不易判定时，应结合理化检验进行综合评价。常用放血程度检验（滤纸浸润法、愈创木酯酊反应法）、pH测定、过氧化物酶反应、球蛋白沉淀试验、细菌毒素呈色反应等。

**（二）病死动物肉的处理**

在市场检验中一旦发现病死动物肉，应根据具体情况采取相应处理措施。

(1) 凡是检出病死动物肉，不论是何原因，一律不准上市销售，应在检疫人员的监督下就近销毁，对污染的一切场地、车辆、工具、衣物等进行消毒。

(2) 若检出炭疽、口蹄疫等烈性传染病时，应立即报告上一级主管部门，严密监视疫情动态。

## 四、中毒动物肉的检验及处理

中毒动物肉是指因毒物中毒后被宰杀或中毒死亡后冷宰的动物肉。中毒动物肉对人体的危害主要是肉里残留的毒物可使人发生急性或蓄积性中毒。因此对中毒动物肉的检验也是动物产品检验中重要的内容。

**（一）中毒动物肉的检验**

对中毒动物肉的检验是比较困难的，不仅因为引起中毒的原因复杂，而且经私人屠宰进入市场的中毒动物肉，均剔去了内脏和胴体上可见的病变，检验时必须从病因、病史、临床症状、胴体和内脏的病理变化以及毒物检验等方面进行全面分析、综合判定。

1. 调查病史　通过货主详细了解有关资料，为以后的检验提供必要的参考。调查内容包括环境因素和发病情况等。

(1) 环境因素：包括饲料种类和来源、保存方式和时间、调制方法和喂量，使用和接触化肥、农药的数量、程度和持续时间，周围环境“三废”的排放情况，畜舍附近是否放置灭鼠药及消毒情况，野生动物猎捕方式等。

(2) 发病情况：通过仔细询问发病症状，可大致推断中毒种类。如神经症状极为明显的，可能为有毒植物中毒；消化障碍十分重剧的，可能为砷、汞等中毒；呼吸紊乱的，可能为氰化物中毒或亚硝酸盐中毒。

2. 感官检查　中毒动物肉在放血部位状态、放血程度、血液坠积现象等方面与病死动物肉相似。某些毒物中毒可表现出特征性病理变化。如猪急性黄曲霉毒素中毒可见全身皮下脂肪呈不同程度黄染；铅中毒可见皮下组织出血，肌肉苍白、柔软或呈煮肉状，骨关节面呈黄色；氰化物中毒初期血液呈鲜红色，后期血液呈暗红色；亚硝酸中毒血液呈黑红色或咖啡色，凝固不良。

3. 毒物检验　毒物引起的特征症状和病变以及病史等资料必须全面收集后，才能对中毒动物肉具有重要的诊断价值。但集贸市场对中毒动物肉的检验，不可能全部掌握上述资料，必须应用一些简便、准确、快速的方法来进行毒物的检验。检验时按常规方法采取病料先做细菌学检验，以排除某些传染病，然后综合前述检查的结果确定毒物鉴定的分析项目，进行毒物检验。检验中如发现有疑问或拟检项目比较复杂，应送专门检测部门确诊。

**（二）中毒动物肉的处理**

确认为中毒动物肉的，一般销毁处理。

## 五、常见劣质肉的检验及处理

**（一）黄脂与黄疸**

1. 黄脂（yellow fat）　是由于长期饲喂富含脂溶性黄色素的饲料如黄色玉米、南瓜、胡萝卜等，导致色素沉积于脂肪组织中。特征是皮下或腹腔脂肪组织发黄，其他组织不发黄。放置24h后多数可退色，冷藏情况下更易退色。出现黄脂的肉一般可以食用。

2. 黄疸（jaundice）　是由于动物机体发生大量溶血、某些中毒（如黄曲霉毒素中毒）和传染病（如钩端螺旋体病），导致胆红素生成过多或排出障碍，致使大量胆红素进入血液、组织液，引起皮下和腹腔脂肪组织，以及皮肤、黏膜、结膜、关节滑液囊液、组织液、血管内膜、肌腱甚至实质器官（不包括神经和软骨）均呈现不同程度的黄色。放置愈久，黄色愈严重。发现黄疸时，原则上不能食用。如系传染性黄疸，应结合具体疾病进行处理。

3. 黄脂病（yellow fat disease）　多发于猪，由于饲喂含不饱和脂肪酸多的动物性饲料（如鱼粉、鱼肝油下脚料、蚕蛹粕等），在维生素缺乏情况下脂肪组织中形成一种棕色或黄色小滴状或无定形的"蜡脂质"，刺激脂肪组织引起炎症反应。蜡脂质不溶于脂溶性溶剂，染铁试剂不着色，有抗酸染色特征，苏木精-伊红染色呈嗜碱性反应。处理时脂肪组织化制或销毁，胴体和内脏不受限制食用。

**（二）PSE猪肉和DFD猪肉**

1. PSE猪肉（pale soft exudative pork）　也称为"水猪肉"，是宰后检验中常见的一种劣质肉，仅见于猪。世界各国均可发现，检出率为10%～30%，个别地区可达60%～70%。特征为屠猪生前不表现临床症状，宰后检验胴体肌肉色泽苍白，质地柔软，保水性差，切面有较多的肌浆渗出，宰后45min肌肉pH在6.0以下。病变多发生于负重较大部位的肌肉，如背最长肌、半腱肌、半膜肌、股二头肌、腰肌、臂二头肌、臂三头肌等。其发生与宰前受到外界环境的应激有关，如高温运输、过度疲劳、拥挤、电麻或浸烫过久等。另外还与猪的品种及个体差异有关，有遗传性。PSE猪肉对人无害，可以食用，但由于失重大、保水性能差，不宜作为腌腊制品和罐头食品的原料。

2. DFD 猪肉（dark firm dry pork） 也是宰后检验中常见的一种劣质肉。特征为肌肉颜色异常深暗，质地硬实，切面干燥。产生原因是牲畜宰杀前长时间受到轻度刺激。DFD 猪肉对人也无害，无碍于食用，但由于 pH 接近中性，保水力较强，适宜细菌的生长繁殖，胴体不耐保存，宜尽快利用；且质地干硬，难于腌制，不宜做腌腊制品。

### （三）注水肉

注水肉是指少数屠宰户为了牟取非法利益于临宰前向动物活体内或屠宰加工过程中向胴体内注水后的肉。由于注水肉水分含量高，微生物污染严重，加速了营养物质的流失和肉品的腐败变质，不仅侵害了消费者的经济利益，而且还严重地影响了肉品的卫生质量。因此，注水肉的检验已成为市场肉类检验的一项重要任务。注水肉的常用检验方法有感官检查、试纸检验法、实验室检查等。

检疫时一旦发现注水肉，均予以没收，做化制处理；对经营者予以经济处罚，对已造成很大影响的需追究刑事责任。

# 第五节 其他动物产品的检验检疫

## 一、乳的检验

1. 感官检验 主要从色泽、滋味和气味、组织状态三个方面进行检验。新鲜生乳为呈乳白色或稍带微黄色的胶态液体，无沉淀、无凝块、无肉眼可见异物，具有新鲜牛乳固有的香味，无异味。

2. 理化检验 主要检验乳的酸度、乳的相对密度，以及乳中蛋白质、脂肪、非脂乳固体等固有成分和杂质度、铅、汞、无机砷、黄曲霉毒素 $M_1$、六六六、滴滴涕等有害物质的含量。必要时还需检验鲜乳中抗生素的残留量和是否含有掺假掺杂物。检验标准见表 4-3。

表 4-3 鲜乳理化检验标准

| 项目 | | 指标 | 项目 | 指标 |
|---|---|---|---|---|
| 相对密度（20℃/4℃） | | ≥1.028 | 杂质度（mg/kg） | ≤4.0 |
| 蛋白质（g/100g） | | ≥2.95 | 黄曲霉毒素 $M_1$（μg/kg） | ≤0.5 |
| 脂肪（g/100g） | | ≥3.1 | 铅（mg/kg） | ≤0.05 |
| 非脂乳固体（g/100g） | | ≥8.1 | 总汞（mg/kg） | ≤0.01 |
| 酸度（°T） | 牛乳 | ≤18 | 无机砷（mg/kg） | ≤0.05 |
| | 羊乳 | ≤16 | 六六六、滴滴涕（mg/kg） | ≤0.02 |

3. 微生物检验 内容包括菌落总数测定和金黄色葡萄球菌、沙门菌、志贺菌等致病菌的检验。检验标准为菌落总数少于 50 万个/mL，致病菌不得检出。

## 二、鲜蛋的检验

1. 感官检验 通过视觉、嗅觉等感觉器官以及借助灯光透视设备，从色泽、气味、组织状态和有无杂质4个方面进行检验。新鲜蛋蛋壳应清洁、无破裂，具有禽蛋固有的色泽和气味，无异味。灯光透视时整个蛋呈微红色，蛋黄不见或略见阴影。打开后蛋黄凸起、完整、并带有韧性，蛋白澄清透明、稀稠分明，不得有血块及其他组织异物。

2. 理化检验　主要检验无机砷、铅、镉、总汞、六六六、滴滴涕等有害物质的含量。检验标准见表4-4。

**表4-4　鲜蛋理化检验标准**

| 项　目 | 指　标 |
| --- | --- |
| 无机砷（mg/kg） | ≤0.05 |
| 铅（mg/kg） | ≤0.2 |
| 镉（mg/kg） | ≤0.05 |
| 总汞（以Hg计）（mg/kg） | ≤0.05 |
| 六六六、滴滴涕（mg/kg） | ≤0.1 |

## 三、蜂蜜和蜂王浆的检验

蜂蜜和蜂王浆是营养丰富、益寿延年的珍品，同时也是防治疾病的良药。其质量的优劣，与蜜源植物的种类、蜜源被污染程度、含水量的高低、抗生素的使用、人为的掺假掺杂以及加工储藏等条件有关。因此，在收购、出口蜂蜜和王浆时，必须加强卫生质量的检验。

### （一）蜂蜜的检验

1. 样品的采取

（1）采样原则：在同一取样单位中，如果生产批次不同应按生产批号分别取样。

（2）采样数量：以不超过25t为一个抽样单位。100件以内抽取10%，但不得少于5件；101～500件，增加部分抽取5%；501～1 000件，增加部分抽取4%；1 000件以上，增加部分抽取2%。每件抽取样品不得少于100g。

（3）采样方法：按报验单所列的品名、包装、件数、重量等查核批次相符后，按规定的取样件数，逐件开启，将取样管缓缓放入中部或2/3的部位吸取样品，倾入混样器。将所取样品混合均匀，装入清洁干燥的样品瓶中，贴上标签。标签上应注明报验号、报验单位、商品名称、批号、报验数量、取样日期和取样人。如遇蜂蜜结晶时，则用单套杆或取样管插到底，抽取样品，混匀。

2. 感官检查

（1）色泽：依蜜源品种不同，由水白色（几乎无色）、白色、特浅琥珀色、浅琥珀色、琥珀色至深色（暗褐色）。

（2）气味：检验时用清洁的玻璃棒搅拌试样，嗅其气味。单一花种蜂蜜有这种蜜源植物的花的气味。没有酸或酒的挥发性气味和其他异味。

（3）滋味：检验时用玻璃棒挑起蜂蜜，尝其滋味。依蜜源品种不同，甜、甜润或甜腻。某些品种有微苦、涩等刺激味道。应注意因保存不当，蜂蜜吸收某些挥发性物质（如煤油、汽油和农药等）可使气味异常。另外，蜂蜜在含水量过高、温湿度适宜的条件下，产生乙醇、二氧化碳及糠醛等，可使蜂蜜表面形成泡沫并产生发酵的酸味和酒味。

（4）状态：常温下呈黏稠流体状，或部分及全部结晶；不含蜜蜂肢体、幼虫、蜡屑及其他肉眼可见杂物；没有发酵现象。

3. 理化检验　检验项目包括酸度、淀粉酶活性，以及水分、灰分、果糖、葡萄糖、蔗糖、羟甲酸糠醛、铅、锌、四环素类等物质的含量，检验标准见表 4-4。另外，还需检验蜂蜜中是否有淀粉、糖类等掺杂物及任何防腐剂、澄清剂、增稠物等异物存在。

4. 微生物检验　检验项目包括菌落总数、大肠菌群、霉菌含量和致病菌，检验标准见表 4-5。

**表 4-5　蜂蜜理化和微生物标准**

<table>
<tr><th colspan="3">项　　目</th><th>一级品</th><th>二级品</th></tr>
<tr><td rowspan="5">强制性理化要求</td><td rowspan="2">水分（%）</td><td>除下款以外的品种</td><td>≤20</td><td>≤24</td></tr>
<tr><td>荔枝蜂蜜、龙眼蜂蜜、柑橘蜂蜜、鹅掌柴蜂蜜、乌桕蜂蜜</td><td>≤23</td><td>≤26</td></tr>
<tr><td colspan="2">果糖和葡萄糖含量（%）</td><td colspan="2">≥60</td></tr>
<tr><td rowspan="2">蔗糖含量（%）</td><td>除下款以外的品种</td><td colspan="2">≤5</td></tr>
<tr><td>桉树蜂蜜、柑橘蜂蜜、紫苜蓿蜂蜜</td><td colspan="2">≤10</td></tr>
<tr><td rowspan="5">推荐性理化要求</td><td colspan="2">酸度（1mol/L 氢氧化钠）（mL/kg）</td><td colspan="2">≤40</td></tr>
<tr><td colspan="2">羟甲酸糠醛（mg/kg）</td><td colspan="2">≤40</td></tr>
<tr><td rowspan="2">淀粉酶活性（1%淀粉溶液）［mL/(g·h)］</td><td>除下款以外的品种</td><td colspan="2">≥4</td></tr>
<tr><td>荔枝蜂蜜、龙眼蜂蜜、柑橘蜂蜜、鹅掌柴蜂蜜</td><td colspan="2">≥2</td></tr>
<tr><td colspan="2">灰分（%）</td><td colspan="2">≤0.4</td></tr>
<tr><td rowspan="3">安全卫生理化指标</td><td colspan="2">铅（Pb）（mg/kg）</td><td colspan="2">≤1</td></tr>
<tr><td colspan="2">锌（Zn）（mg/kg）</td><td colspan="2">≤25</td></tr>
<tr><td colspan="2">四环素类抗生素残留量（mg/kg）</td><td colspan="2">≤0.05</td></tr>
<tr><td rowspan="4">微生物指标</td><td colspan="2">菌落总数（cfu/g）</td><td colspan="2">≤1 000</td></tr>
<tr><td colspan="2">大肠菌群（MPN/100g）</td><td colspan="2">≤30</td></tr>
<tr><td colspan="2">致病菌（沙门菌、志贺菌、金黄色葡萄球菌）</td><td colspan="2">不得检出</td></tr>
<tr><td colspan="2">霉菌（cfu/g）</td><td colspan="2">≤200</td></tr>
</table>

### （二）蜂王浆的检验

蜂王浆是工蜂舌腺和上颚腺分泌的浆状物质，别名王浆、蜂皇浆和蜂乳。收购部门在蜂王浆交收时应逐瓶进行感官检查，有条件的可做淀粉检查。流通环节中成批购销，感官指标亦应逐瓶检查，理化指标可根据合同规定抽样检测水分、10-羟基-2-癸烯酸（10HDA）等项目。

1. 采样方法

（1）采样原则：以一个出售单位或个人一次出售的蜂王浆数量为一检验批，但每检验批蜂王浆数量不得超过 100kg。

（2）采样方法：抽样比例不得少于总件数的 10%。从每批总件数中随机抽取，然后从所抽取的每件中抽取约 50g，作为原始样品。原始样品总量不得少于 200g，样品混合均匀后分为两等分，然后加封并标明标记，一份留存，另一份供检验用。试样宜及时检验，在不能及时检验的情况下应将试样置于－18℃以下冷冻保存。

2. 感官检查

(1) 颜色：用清洁干燥的用具取适量蜂王浆，在光线充足处，白色背景下观察其颜色。优等品为乳白色，合格品为乳白色、淡黄或黄色。

(2) 状态：白色背景下，在观察颜色的同时观察其状态，并随即用滴管取蜂王浆一小滴，滴于食指上用拇指拈挤，应有微黏的感觉。优等品为乳浆状或浆状朵块形，微黏，光泽明显；无蜡屑等杂质；无气泡。合格品为乳浆状，微黏，有光泽感；无蜡屑等杂质；无气泡。

(3) 气味：打开盛蜂王浆的容器，立即用鼻嗅其气味。优等品蜂王浆香气浓，气味纯正；合格品有蜂王浆香气，气味纯正。蜂王浆香气，即略带花蜜香和辛辣味。

(4) 滋味：取出少量蜂王浆，用舌品尝其滋味。优等品有明显的酸、涩味，带辛辣味，回味略甜；不得有发酵、发臭等异味。合格品有酸、涩味带辛辣味，回味略甜；不得有发酵、发臭等异味。

3. 理化检验　用取样管插入蜂王浆容器的底部，然后将玻璃管用手指压紧提出，将下端口放入塑料样品瓶中，放开手指使浆液流入样品瓶内，充分搅拌使混合均匀，作为待测样品。每件样品应不少于20g。主要检验项目包括酸度及水分、蛋白质、淀粉、灰分、总糖和10-羟基-2-癸烯酸（10HDA）含量，检验标准见表4-6。

表4-6　蜂王浆理化检验标准

| 指　标 | 优等品 | 合格品 |
|---|---|---|
| 水分（%） | ≤67.5 | ≤69.0 |
| 10-羟基-2-癸烯酸（%） | ≥1.6 | ≥1.4 |
| 蛋白质（%） | ≥11 | |
| 酸度（1mol/L，NaOH）（mL/100g） | 30～53 | |
| 灰分（%） | ≤1.5 | |
| 总糖（以葡萄糖计）（%） | ≥15 | |
| 淀粉 | 不得检出 | |

## 四、动物皮、毛的检疫

动物生皮、原毛包括生毛皮、生板皮、鲜皮、盐渍皮、猪鬃、马鬃、马尾、羊毛、驼毛、鸭绒毛、羽毛等。这些原料中可能混有病畜禽产品，容易散布病原，对人畜健康造成危害。因此，必须加强动物皮、毛的检疫工作。

### （一）皮、毛的检疫

1. 询问并检验证明　询问该批产品的来源，当地有无疫情；同时索取检疫证明和消毒证明，并查对证物是否相符。

2. 感官检查

(1) 生皮：

① 健康生鲜皮：生皮肉面呈淡黄色或黄白色，真皮层切面致密、弹性好，背皮厚度适中且均匀一致，无外伤、血管痕、虻眼、癣癞、虫蚀、破损等缺陷。秋季在日光直接照射下干燥的皮张肉面变为黑色。

② 死皮或病皮：是从死亡或因病宰杀的尸体上剥下来的生皮。肉面呈暗红色，常因沉坠性充血而使皮张肉面半部呈蓝紫红色，皮下血管充血呈树枝状，皮板上有较多残留的肉屑和脂肪，有的还出现不同形式的病变。

(2) 鬃毛：

① 猪鬃：颜色纯净而有光泽，毛根粗壮，岔尖不深，无杂毛、霉毛，油毛少，不潮湿，无残留皮肉，无泥沙、灰渣、草棍等杂质。

② 兽毛和羽毛：无杂毛、油毛、毛梗和灰沙，无残留蹄壳、内脏杂物，无潮湿、发霉和特殊气味。无腐烂、生蛆和生虫等现象。

3. 实验室检验　主要进行炭疽沉淀反应。

4. 处理　确诊为蓝舌病、口蹄疫等一类疫病或当地新发生疫病，或某些如炭疽、鼻疽、马传染性贫血等二类疫病的生皮和原毛，一律严格按有关规定进行处理。接触过带病原生皮、原毛的场地、用具、车辆及人员必须进行彻底消毒。原料中有生蛆、生虫、发霉等现象，及时剔出，进行通风、晾晒和消毒。

**(二) 皮毛的消毒**

皮毛的消毒是控制和消灭炭疽的重要措施之一，也是使皮毛安全无害的最有效手段。环氧乙烷气体熏蒸消毒法是目前国内外普遍采用的一种消毒方法，杀菌范围广、穿透力强、方法简便、无副作用，不足之处在于环氧乙烷有易燃、易爆的危险。本法仅限于生干皮消毒，而不适用于盐腌鲜皮和盐腌干皮消毒。

## 五、种蛋的卫生监督与检验

### (一) 种蛋的卫生监督

为了提高种蛋的孵化率并获得优良健康的雏禽，必须加强种蛋的采集、运输、消毒、保存以及种蛋的孵化等各个环节的卫生监督。

1. 种蛋采集的卫生监督

(1) 引进的种蛋必须来自防疫状况良好的健康种禽群，并经过检疫与消毒。

(2) 种禽场的种蛋每天要分数次并及时收集，不能让蛋在禽舍久置。收集前，饲养人员的双手和盛蛋容器要进行彻底消毒。要将未污染和未破损的蛋与被污染的、有裂纹、畸形的蛋分开放置。收蛋后要在 2h 以内对蛋壳表面进行消毒。

2. 种蛋运输的卫生监督

(1) 要选择好装放种蛋的用具，装蛋时尽量使蛋的大头端朝上或平放，并排列整齐。

(2) 运载工具要选用装备有防雨、防止日光曝晒的设施。

(3) 装运时要做到轻装轻放，多铺垫料，运输途中防止强烈震动。

(4) 到达目的地后，应尽快开箱检查，除去破损蛋和被污染的蛋。

3. 种蛋保存的卫生监督

(1) 种蛋保存的温度、湿度和时间：种蛋保存的最适宜温度为 10～15℃，最适相对湿度为 60%～70%，保存时间一般不超过 3d。

(2) 保存种蛋要注意通风换气：种蛋在保存时，最好采取自然通风，特别是在潮湿多雨季节。为了防止霉菌繁殖，每天要翻蛋一次。有条件者，将种蛋放在隔温条件较好、并设置有半自动化翻蛋架的蛋库内，能大大提高翻蛋的工效。

4. *种蛋消毒的卫生监督*　在蛋形成过程中，卵巢和输卵管内的病原微生物可能进入蛋内；蛋从母体产出时，蛋壳表面也可能附着病原微生物；蛋落在垫料、地面上或盛放在容器中或通过拣蛋人员的手，也容易被污染而带菌。如果不进行消毒，这些污染于蛋内或蛋壳上的病原微生物会很快繁殖并侵入蛋内，影响孵化效果，并能将疾病传播给雏禽，给养禽业造成很大损失。因此，必须做好种蛋的消毒和加强对种蛋消毒的卫生监督。

常用的消毒方法有福尔马林熏蒸法、紫外线照射法、高锰酸钾消毒法、新洁尔灭消毒法、漂白粉消毒法等。应选择适宜的消毒方法和消毒时间。消毒后应检查消毒效果是否彻底。消毒和消毒后送入孵化室（器）过程中应防止二次污染。

**（二）种蛋的检验和处理**

检验种蛋时，主要进行感官检查和灯光透视检查，必要时进行沙门菌检验。良质种蛋呈标准椭圆形；蛋壳表面有一层霜状粉末，具有禽蛋固有光泽；蛋壳表面清洁，无粪便、垫料等污物；蛋壳完好无损、无裂纹、无凹凸不平的现象；大小适中，符合品种标准，一般重量为55～60g。灯光透视时可见气室较小，整个蛋呈微红色，蛋黄呈现暗影浮映于蛋内，转动蛋时蛋黄也随之转动，蛋黄上胚盘看不见，蛋黄表面无血丝、血管，无异常形态特征。

种蛋检验后的处理原则：

（1）经感官检查、灯光透视检查均合格，应签发检疫证书（如必须做沙门菌和志贺菌检验应为阴性）。

（2）沙门菌和志贺菌检验阳性者，不能作为种用蛋。

（3）外形过大、过小、过圆，存放时间超过2周，灯光透视检查的无黄蛋、多黄蛋、三黄蛋、热伤蛋、孵化蛋、裂纹蛋、陈旧蛋等不能作为种用蛋。

## 六、精液、胚胎的检疫与处理

根据《动物防疫法》规定，国内异地引进种用动物及其精液、胚胎的，应当先到当地动物卫生监督机构办理检疫审批手续并必须检疫合格。这里仅介绍对从国外引进的牛、羊、猪或其他动物的精液、胚胎的检疫。对入境精液、胚胎依照《进出境动植物检疫法》、《进出境动植物检疫法实施条例》及其他相关规定进行检疫。对每批进口的精液、胚胎应按照我国与输出国所签订的双边精液、胚胎检疫议定书的要求执行。

**（一）境外产地检疫**

为了确保引进的动物精液或胚胎符合卫生条件，国家质量监督检验检疫总局依照我国与输出国签署的输入动物精液或胚胎的检疫和卫生条件议定书，派兽医到输出国的养殖场、人工授精中心及有关实验室配合输出国官方兽医机构执行检疫任务。

会同输出国官方兽医商定检疫工作计划，了解整个输出国动物疫情，特别是本次拟出口动物精液或胚胎所在地区的疫情；确认输出动物精液或胚胎的人工授精中心符合议定书要求，在指定的时间和范围内无议定书中所规定的疫病或临床症状，查阅有关的疫病监测记录档案，询问地方兽医有关动物疫情、疫病诊治情况；对中心内所有动物进行临床检查，保证供精动物是临床健康的；到官方认可的实验室了解对供精动物的检疫工作。

精液样品应采自符合双边动物检疫协定或中国有关兽医卫生要求的合格供体公畜。采精前用生理盐水将包皮、包皮周围及阴囊冲洗干净。采精场所及试情畜应清洁卫生，每次采精前应仔细清洗；每次采精前应对人工阴道、精液收集管等器具彻底清洗消毒，人工阴道使用的润滑剂及涂抹润滑剂的器具亦应消毒。

精液稀释液应新鲜无菌。用牛奶、蛋黄配制精液稀释液时，这些成分必须无病原体或经过消毒。稀释液中可加入青霉素、链霉素和多黏菌素。采精结束后送实验室稀释分装成支（粒），液氮中保存和运送。

采样标准：一般按一头公畜（动物）作为一个计算单位，100 支（粒）以下采样 4%～5%，101～500 支（粒）采样 3%～4%，501～1 000 支（粒）采样 2%～3%，1 000 支（粒）以上采样 1%～2 %。

胚胎样品应采自符合双边动物检疫协定或中国有关兽医卫生要求的全合格供胚动物。保证胚胎没有病原微生物，主要以检疫供胚动物、受胚动物、胚胎采集或冲洗液及胚胎透明带是否完整，原则上不以胚胎作为检测样品。

**（二）报检**

货主或其代理人应在货物进境前到当地检验检疫机构报检。报检时提供报检员证、进境动物精液或胚胎审批单、贸易合同、协议、发票、检疫证书。

**（三）入境现场检疫**

在货物到达入境口岸时，现场检疫人员审核检疫证书、核对货证。

**（四）受体动物的隔离检疫**

对引进动物精液或胚胎的养殖场在进行人工授精或胚胎移植之前，应将受体动物放置在检验检疫机构指定的或认可的临时隔离场内，对受体动物进行隔离检疫。隔离检疫期应严格按照《进境动物临时隔离检疫场管理办法》进行操作。

将动物保定好后对动物逐头进行采血、采样，用于实验室检验。采血同时可进行结核病、副结核病等皮内变态反应试验。检验检疫人员必须定期对动物进行临床检查和观察。

**（五）实验室检验与处理**

对入境的精液和受体动物进行实验室检验，检验项目依照中国与输出国动物检疫部门签订的检疫协议、议定书或国家质量监督检验检疫总局的审批意见执行。检疫结果为阳性的动物不得作为人工授精的受体或胚胎移植的对象。

## 复习思考题

1. 屠宰加工场所选址的原则是什么？
2. 屠宰加工场所各部门的卫生要求有哪些？
3. 屠宰加工工艺各环节的卫生要求有哪些？
4. 宰前检验的意义、程序及检验后处理措施是什么？
5. 宰后检验的意义、程序、方法及检验后处理措施是什么？
6. 集贸市场肉类检验的要点有哪些？
7. 肉新鲜度检验的方法有哪些？

8. 病死动物肉的检验方法和处理措施是什么?
9. 中毒动物肉的检验方法和处理措施有哪些?
10. 何谓黄脂和黄疸? 如何对二者进行鉴别检验?
11. 何谓 PSE 猪肉和 DFD 猪肉?
12. 简述鲜乳的检验方法。
13. 简述鲜蛋的检验方法。
14. 简述种蛋采集、运输、保存和消毒的卫生监督措施。
15. 简述蜂蜜和蜂王浆的检验措施。
16. 简述动物皮、毛的检验方法和处理原则。
17. 简述精液和胚胎的检疫程序。

(栗绍文　毕丁仁)

# 第五章

# 多种动物共患疫病的检疫

## 第一节 口 蹄 疫

口蹄疫（foot and mouth disease，FMD）是由口蹄疫病毒引起偶蹄动物的一种急性、接触性传染病。临床特征为口腔黏膜和蹄部、鼻、乳头等部位皮肤出现水疱和溃烂。传染性强，传播速度快，发病率近100%，往往造成大流行，不易控制和消灭。本病遍布世界各地，是危害和经济损失最大的动物疫病之一。部分发达国家和岛国已消灭或控制本病，但在发展中国家，特别是接壤较多的大陆国家仍严重流行。我国部分省市也有本病的发生和流行。

**【病原体】**口蹄疫病毒（*Foot and mouth disease virus*，FMDV）属于微RNA病毒科（*Picornaviridae*）口蹄疫病毒属（*Aphthovirus*）。病毒粒子呈球形，直径21～25nm，由衣壳蛋白包裹单股RNA形成，无囊膜。衣壳蛋白由4种多肽（VP1、VP2、VP3、VP4）组成，与病毒的抗原性和血清型密切相关。

本病毒有7个血清型：A、O、C、SAT1、SAT2、SAT3及亚洲1型，其中O型最常见，占83.3%，亚型有70多个。各型间抗原性不同，无交叉免疫，亚型及毒株间抗原性也有明显差异。

病毒对外界环境抵抗力较强，耐干燥。自然情况下在组织和污染物中可存活数周至数月，但对高温、紫外线、甲醛和酸碱类消毒剂敏感。

**【流行特点】**偶蹄动物易感性最高，其中黄牛和奶牛最易感，其次是牦牛、水牛和猪，再次为绵羊、山羊、骆驼等，人和多种野生动物也可感染发病。

患病及带毒动物是主要传染源。前驱期和明显期排毒量大，恢复期排毒量减少。病毒随病畜分泌物和排泄物排出，水疱液、水疱皮、唾液、乳汁、粪便、尿液和呼出气体均含有大量病毒，传染性很强。

主要经消化道和呼吸道感染，也可经损伤的皮肤和黏膜感染。

本病流行无严格季节性，但一般以冬、春季发病严重。常呈流行性或大流行性，有跳跃式或远距离传播的特性。幼畜发病率和死亡率高。

**【临床症状】**以发热和口、蹄部出现水疱为共同特征，表现程度与动物种类、品种、年龄、免疫状态和病毒毒力有关。

1. 黄牛和奶牛　潜伏期2～7d。病牛体温升高达40～41℃，精神不振，食欲减退，闭口流涎。继之在唇内、齿龈、舌面和颊部黏膜上出现蚕豆大至核桃大的水疱，流涎增多，采食和反刍停止，饮欲增加。水疱破裂后形成浅表性红色烂斑，体温下降。烂斑逐渐愈合，全身症状好转。鼻镜干燥龟裂，有时可见水疱或烂斑。趾间和蹄冠皮肤也出现水疱或烂斑，若继发细菌感染则化脓坏死，甚至造成蹄匣脱落。有的母畜乳头皮肤上也出现水疱。本病一般呈良性经过，但侵害心肌后病死率高达20%～50%。犊牛患病时水疱常不明显，主要表现为出血性肠炎和心肌麻痹，病死率更高。孕牛发生流产或早产。

2. 水牛　潜伏期3～5d。病牛口腔、唇部黏膜发生的水疱或烂斑比黄牛小，且修复较快。但舌根部水疱破溃后常因继发感染形成较深的溃疡，修复较慢。水牛蹄部发生的水疱或烂斑和黄牛相似，修复较慢，有的发生跛行。病死率很低。

3. 绵羊　潜伏期2～7d，发病率较低，症状也较轻。多以蹄部症状为主，表现跛行，严重病例的蹄叉、蹄冠糜烂，常继发化脓感染。口腔内水疱和烂斑较小，一般10d左右痊愈。

4. 山羊　症状较绵羊明显。口腔黏膜出现水疱、烂斑，但烂斑较浅，不流涎，修复较快。多数有蹄部病变，表现跛行或卧地不起。羔羊常发生出血性胃肠炎和心肌炎，死亡率很高。孕羊可发生流产。

5. 猪　潜伏期1～5d。病猪体温升高，精神不振，食欲减退或拒食，以蹄部水疱为主要症状，可见跛行或跪行，严重者引起蹄匣脱落。有的病猪鼻盘、鼻孔、唇部和乳头皮肤上也可见水疱或烂斑。哺乳仔猪最敏感，常因发生急性胃肠炎和心肌炎而突然死亡，病死率可达60%～80%。

6. 骆驼　症状与牛大致相同，但发病率较低。

【病理变化】牛的特征性水疱和烂斑除见于口腔黏膜、蹄部、乳房和外阴皮肤外，也常见于瘤胃黏膜。水疱从黄豆大、蚕豆大至枣粒大不等，水疱破溃后形成烂斑，边缘不整，四周隆起，中央凹陷，呈暗红色或红黄色。心肌病变明显，色泽较淡，质地松软，心外膜与心内膜有弥散性及斑点状出血。恶性病例心肌切面可见灰白色或淡黄色、针头大小的斑点或条纹，称为"虎斑心"。

其他偶蹄动物的剖检病变与牛相似。主要区别是：猪的水疱只见于蹄部与鼻镜，口腔很少见。骆驼蹄部水疱多见于蹄叉及蹄底边缘，病灶较深。

病理组织学检查可见水疱表皮棘细胞层的细胞肿大呈球状，严重者完全溶解。细胞间隙出现炎性渗出物，可见多型核白细胞，大乳头层出血，血管周围细胞浸润，白细胞游出。淋巴管中有血栓形成，淋巴液淤滞并大量渗出而形成水疱，逐渐融合成肉眼可见的较大水疱。心肌组织呈较明显的灶性病变，细胞发生颗粒性变、脂肪性变。

【检疫和诊断】结合流行特点、临床症状、病理变化可做出初步诊断，但确诊必须做病毒分离和血清学试验，诊断时需进行病毒定型。

1. 病毒分离鉴定　采取病畜水疱皮、水疱液，康复期或早期动物的喉头和食道刮取物，无菌制备浸出液或稀释液，接种BHK细胞、$IBRS_2$细胞或猪甲状腺细胞，培养分离病毒，做细胞蚀斑试验。病毒鉴定可用CFT或ELISA等。

2. 血清学诊断　常用CFT、AGP、ELISA、乳鼠血清保护试验、细胞中和试验、反向间接血凝试验等。既可用于定型诊断和病毒分型鉴定，也可用于康复动物血清抗体的检查。

3. 分子生物学检测　PCR技术已成功地用于口蹄疫的检疫和诊断，利用RT-PCR技术可以检测到样品中极微量的病毒核酸。

4. 动物试验　用水疱皮、水疱液制成悬浮浸出液，蹠部皮内接种豚鼠，1～3d内注射部位出现水疱。

**【检疫处理】** 确检为口蹄疫时，应遵照“早、快、严、小”的原则，迅速上报疫情，尽快划定疫区和疫点，严格封锁疫区、封死疫点，隔离病畜。疫区的动物、动物产品和用品不得移出，人员、车辆进出疫区要经过严格检疫和消毒。疫点内全部发病动物和同群动物一律扑杀处理，焚烧病死动物及宰杀动物的尸体、病畜分泌物、排泄物以及被污染的饲料、垫草等。被病畜污染的场所、用具，用2%烧碱溶液或1%～2%福尔马林溶液进行彻底消毒。对疫区和受威胁地区的健康易感动物用同型疫苗或多价疫苗进行紧急预防注射，建立免疫带。

**【防疫措施】** 坚持预防为主的方针，杜绝和消灭传染源、切断传播途径是防控本病的关键。

1. 防疫管理　禁止从有疫情的国家或地区引进偶蹄动物及其产品等。对出入国境或本地区的偶蹄动物及其产品，应该进行严格检疫和检验。对检出的发病动物、隐性感染动物或被污染的产品，要按规定宰杀和无害化处理，防止病原传播和扩散。工作人员应注意个人防护，避免与病畜接触，注意随时消毒。

2. 免疫预防　FMDV各型之间无交叉免疫，同一型的各亚型之间存在不等的交叉免疫力。所以，选用疫苗接种时，要注意疫苗毒株的血清型应与当地流行毒株一致。常用的疫苗有O型鼠化弱毒疫苗，A、O型兔化弱毒疫苗及细胞弱毒疫苗，A型Ⅲ系鼠化弱毒疫苗，A型鸡胚化弱毒疫苗，亚洲Ⅰ型兔化及鼠化弱毒疫苗，甲醛灭活疫苗及乙烯亚胺（AEI）灭活疫苗等。

3. 扑灭措施　一旦发生口蹄疫，要采取迅速而严格的扑灭措施。

## 第二节　小反刍兽疫

小反刍兽疫（peste des petits ruminants，PPR）又称羊瘟，是由小反刍兽疫病毒引起的小反刍动物共患的急性、接触性传染病。以发热、口腔黏膜糜烂、流泪、流鼻液和腹泻为主要特征。山羊病死率可达95%，绵羊略低。本病对流行地区的养羊业造成了严重危害。目前本病主要发生于西非、东南亚以及中东和阿拉伯半岛的一些国家。我国还没有本病的发生和流行。

**【病原体】** 小反刍兽疫病毒（*Peste des petits ruminants virus*，PPRV）属于副黏病毒科（*Paramyxoviridae*）麻疹病毒属（*Morbillivirus*）。病毒颗粒呈多形性，直径130～390nm，由单股RNA、衣壳和囊膜组成。形态和理化特性与牛瘟病毒相似，二者有相同抗原和密切亲缘关系，有交叉免疫作用，但本病毒对牛无感染性。

病毒对乙醚和氯仿敏感，pH 6.7～9.5最稳定，pH 3.0时3 h可被灭活。对外界环境、热和一般消毒剂抵抗力很弱，50℃ 30 min即被杀灭。

**【流行特点】** 山羊最易感，绵羊次之。小型品种和5～8月龄山羊特别易感。病羊和隐性感染羊是主要传染源。病毒广泛分布于各种组织，并可随各种分泌物和排泄物排出体外。本病通过直接或间接接触传播，经呼吸道和消化道感染。

本病全年均可发生，但雨季和干冷季节多发，呈地方性流行。疫点内易感动物发病率和死亡率可高达100%。本病还具有明显周期性，在暴发流行之后，一般有5～6年的间歇期。

**【临床症状】**

1. *最急性型*　常见于山羊。潜伏期约2d，发热（40～41℃）、精神沉郁、不食，流浆液性鼻液。常见齿龈出血，偶见口腔黏膜溃烂。病初便秘，继之严重腹泻，衰竭而死亡。病程5～6d。

2. *急性型*　潜伏期3～4d。病初发热、厌食，眼、鼻出现浆液性、黏液脓性分泌物。继之口腔黏膜多处出现溃疡，并表现严重的腹泻和呼吸道症状。母羊常发生外阴及阴道炎症，伴有黏液脓性分泌物，有的孕羊发生流产。病程8～10d。

3. *亚急性或慢性型*　常见于急性型之后。特征症状是病畜口腔和鼻孔周围以及下颌部出现结节和脓疱。

**【病理变化】**口腔黏膜多处烂斑，咽喉、食道、瘤胃和严重病例的肠道黏膜也可见条状出血、糜烂和溃疡。气管、支气管和肺部可见出血斑或炎性病灶。脾和淋巴结肿大。慢性晚期病例可见口鼻周围及下颌有结节和脓疱。

病理组织学可见口腔及消化道前段黏膜上皮细胞空泡化、核浓缩和崩解。呼吸道黏膜坏死和增厚，细支气管周围出现细胞浸润，肺泡内有多核巨细胞。合胞体内可见到核内及胞质包涵体。

**【检疫和诊断】**根据流行特点、临床症状和病理变化可做出初步诊断，确诊需做实验室检查。

1. *病毒分离鉴定*　取病羊血液、眼鼻分泌物、口腔及直肠黏膜，病死羊取淋巴结或脾脏。病料用PBS液处理，制备无菌浸出液或稀释液，接种Vero细胞或原代羔羊肾细胞，一般5d后细胞产生病变，细胞变圆、收缩，7～11d形成合胞体细胞，合胞体细胞核以环状排列，呈“钟表面”样外观，即可确检。病毒鉴定可采用对流免疫电泳（CIEOP）、间接荧光抗体法或病毒形态电镜观察等。

2. *血清学诊断*　采集病死羊或濒死羊肠系膜淋巴结、脾脏制备处理液或细胞培养病毒液作为待检抗原。与标准阳性血清进行AGP、ELISA、CFT、间接荧光抗体检测、中和试验等均可确检。也可用AGP或对流免疫电泳检测病初、病后期的血清抗体。

另外，还可用病理组织学检测病毒在扁桃体上皮细胞胞质内形成的包涵体以及扁桃体、咽喉和包皮的上皮细胞中的合胞体，作为诊断依据。

**【检疫处理】**确检为本病时，应迅速上报疫情，划定疫区和疫点，严格封锁疫区、封死疫点，隔离病畜。疫区的动物、动物产品和用品不得移出，人员、车辆进出疫区要经过严格检疫和消毒。疫区内发病动物及同群动物一律扑杀，焚烧病尸和宰杀的动物尸体、病畜分泌物、排泄物以及被污染的饲料、垫草等。对疫区和受威胁地区的健康易感家畜进行紧急预防接种。对被病畜污染的场地、用具等，用2%烧碱溶液或1%～2%福尔马林溶液进行全面彻底消毒。

**【防疫措施】**

1. *防疫管理*　禁止从有疫情的国家和地区引进绵羊、山羊等小反刍动物及其产品。对出入国境或本地区的小反刍动物及其产品进行严格检疫和检验。对检出的感染动物或被病毒污染的产品，按规定宰杀和销毁，防止病原传播和扩散。

2. *免疫预防*　在本病流行地区，用异源牛瘟弱毒疫苗或同源灭活疫苗对易感动物进行预防接种。

3. *扑灭措施*　确诊为小反刍兽疫时，应立即采取严格检疫处理措施。

## 第三节　伪狂犬病

伪狂犬病（pseudorabies）是由伪狂犬病毒引起的多种动物共患的一种急性传染病。特征是发热、奇痒和神经系统障碍。病猪无奇痒症状。成猪一般呈隐性感染，病死率很低，妊娠母猪发生流产、死胎。新生仔猪除发热和神经症状外，还表现呕吐、腹泻等症状，病死率很高。其他患病动物症状典型、病死率高。牛和哺乳仔猪病死率可高达80%～90%。本病1813年发现于美国，现遍布于欧洲、美洲、非洲及东南亚的40多个国家和地区。我国自1947年在家猫中发现本病以来，陆续有牛、猪发病的报道，近年来有流行扩大的趋势。

**【病原体】**伪狂犬病毒（*Pseudorabies virus*，PRV）属于疱疹病毒科（*Herpesviridae*）水痘病毒属（*Varicellovirus*）。病毒颗粒呈球形，直径120～200nm，由双股DNA、衣壳和囊膜组成。多数毒株抗原性相关，但存在多个抗原型，分别侵害神经系统、肺脏或生殖系统。病毒对外界环境抵抗力很强，8℃存活46d，24℃存活30d。但对乙醚敏感，57℃经30min，0.5%石灰乳、0.5%$NaHCO_3$、3%来苏儿、5.25%次氯酸钠等可将其杀死。

**【流行特点】**易感宿主广泛，牛、山羊、绵羊、猪、猫、犬、鹿、兔、狐、貂、鼠等多种家畜、经济动物和野生动物都有易感性。实验动物中家兔最敏感，小鼠、大鼠、豚鼠等均能感染。

感染猪和其他带毒动物是主要传染源，带毒猪可长期排毒。病毒从感染动物的鼻分泌物、唾液、乳汁和尿液排出，被污染的圈舍、饲料、饮水、垫料和带毒鼠类在本病传播中起重要作用。主要经消化道感染，也可经黏膜、创伤和配种感染。病毒可经妊娠母猪胎盘感染胎儿，或经泌乳母猪哺乳感染乳猪。牛、羊常因接触病毒而感染发病。

多发于冬、春季。呈散发或地方性流行。

**【临床症状】**

1. 猪　潜伏期3～6d。新生仔猪表现为发热（41～41.5℃）、精神沉郁，流涎、厌食、呕吐、腹泻，局部肌肉颤抖，随后运动失调，眼球震颤，狂奔和间歇性抽搐，昏迷死亡，病程2～3d。断奶猪和肥育猪表现为体温升高，咳嗽、便秘、厌食、呕吐、尾巴和腹胁微微震颤，继而出现运动失调，肌肉强直，阵发性抽搐，伏卧，严重病例昏迷死亡。成年猪一般为隐性感染，病死率不超过2%，有的只表现发热、精神沉郁、呕吐、咳嗽，1周内恢复。妊娠母猪流产，产木乃伊胎和死胎。各年龄猪均不出现瘙痒症状。

2. 牛　精神沉郁，食欲减退，前胃弛缓，泌乳减少。体温升高达41℃后不久降至常温。头颈肌肉痉挛，头颈、肩、后腿、乳房等部皮肤剧痒。病牛无休止舔发痒处，或在四周物体上摩擦或啃咬，用力制止无效，导致局部被毛脱落，皮肤肿胀出血。侵害延髓时病牛表现为咽麻痹、流涎，呼吸、心律异常。后期发生臌胀，虚弱倒地，强直性痉挛，神志不清，终至完全麻痹而死，病程一般2～3d。

3. 羊　精神沉郁，食欲减退。体温升高达41.5℃，鼻腔流出浆液或黏液性鼻液，流涎。头部发生剧痒，唇及头部皮肤常因擦破而出血。运动时常做跳跃姿态。最后病羊衰竭，卧地不起，呼吸困难。多以死亡告终。病程2～3d。

**【病理变化】**猪病变呈多样性，有诊断价值的变化是鼻腔卡他性、化脓性或出血性炎症，扁桃体水肿并伴有咽炎和喉头水肿，喉黏膜和浆膜可见点状和斑状出血。淋巴结特别是肠系膜淋巴结和下颌淋巴结肿大、充血、出血。心内膜、肾乳头和皮质有出血斑或出血点。严重神经症状的病猪脑膜充血及脑脊液增多。其他动物还可见皮肤擦伤及皮下浆液性、出血性损伤。

病理组织学上脑部病变参考意义较大。所有病例都有大脑病变，尤其是额部和颞部，神经元广泛性坏死并伴有噬神经现象，神经元周围见胶质细胞增生和血管套。血管套最厚的达 8 层细胞，成分主要是小单核细胞和少量嗜中性粒细胞、嗜酸性粒细胞及巨噬细胞。脑膜也发生血管套现象、小脑脑膜炎。坏死性支气管炎、细支气管炎和肺泡炎，可见大量纤维素渗出。舌、肌肉、肾上腺和扁桃体坏死区可见包涵体。

**【检疫和诊断】**结合流行特点、典型临床症状和病理变化可做出初步诊断。确诊需在动物出现昏迷时捕杀，或从死亡不超过 1h 的动物体内采集脑组织等进行实验室检查。常用荧光抗体试验、细胞中和试验、动物接种试验（家兔或小鼠）等，也可采用包涵体检查、病毒分离鉴定、CFT、AQP、IHAT、ELISA 和 PCR 等技术。

**【检疫处理】**确检为伪狂犬病时，隔离病畜，轻症病畜进行治疗，重症病畜淘汰或宰杀。对病尸以及病畜分泌物、排泄物和流产物进行消毒或无害化处理。被污染的环境、畜舍、用具等，用 2%烧碱溶液或 10%石灰乳消毒。在最后一次消毒后，间隔至少 30d，方可转入健康动物。

**【防疫措施】**主要措施是加强兽医卫生管理，搞好环境消毒，检疫净化畜群和定期预防接种。

1. 防疫管理　引进动物时，必须注意隔离检疫。引进前或动物到场后隔离观察，2 周内采血，做血清学检查，确定为阴性时再混群。消灭畜场鼠类，防止野生动物与猪直接接触。严格将猪与牛及其他动物分开饲养。

2. 建立无伪狂犬病猪群　通过检疫和排除阳性反应猪，免疫接种与隔离饲养相结合，逐渐净化本病。

3. 免疫预防　国外曾采用安全稳定的弱毒 k 株组织培养疫苗，我国研制出适合各种动物的弱毒鸡胚细胞冻干疫苗，应用效果很好。对清净猪群建议使用灭活苗，对牛、羊主要是应用氢氧化铝甲醛灭活疫苗。

## 第四节　狂犬病

狂犬病（rabies）又称为疯狗病，是由狂犬病病毒引起的一种人兽共患的急性、接触性传染病。临床特征为兴奋、恐水、咽肌痉挛、进行性麻痹。人和多种动物均可感染发病，病死率可高达 100%。目前多数国家仍有本病发生，其中东南亚国家最为多见，全世界每年死于本病的人数超过 1.5 万。我国各地均有不同程度的发生，个别地区有上升趋势。

**【病原体】**狂犬病毒（*Rabies virus*，RV）属于弹状病毒科（*Rhabdoviridae*）狂犬病毒属（*Lyssavirus*）。病毒粒子呈弹状或杆状，长 140～180nm，宽 75～80nm。单股 RNA，有囊膜。

从自然病例分离出的病毒称为街毒，对人和动物致病力强。街毒通过兔脑连续传代后成为固定毒，固定毒对兔致病力强，对人和犬几乎无致病力，抗原性良好，可用来制备弱毒疫苗。

病毒能抵抗尸体的腐败作用，在自溶脑组织中可存活 7～10d。对紫外线和一般消毒剂敏感，56℃经 15min 可被灭活。但在 50%甘油中可保存数月至 1 年，在冷冻状态下可长期存活。

**【流行特点】** 易感动物广泛，包括哺乳动物、鸟类和人。自然界中最易感的是犬科和猫科动物。家畜中牛、羊、马、猪等均易感。人普遍易感，患者多为养犬、养猫者。

病犬和带毒犬是主要传染源。但自然界中带毒的野生动物狐、狼和蝙蝠、野鼠等是重要的传染源和病毒储存宿主，家畜和人是偶发宿主。病毒分布于患病动物的中枢神经组织、唾液、血液、尿及乳汁中。

主要以直接接触方式传播，健康动物被患病动物咬伤而感染最为常见，也常由损伤皮肤、黏膜接触病畜唾液而感染，也可经呼吸道、消化道和胎盘感染。

全年均可发生，但夏、秋季发病较多，冬季发病较少。常呈散发。

**【临床症状】** 潜伏期长短不一，一般20～60d，最短的8d，最长的可达数月至1年以上。潜伏期的长短与咬伤的部位、深度、病毒的数量与毒力有关。各种动物的临床症状相似，均可分为狂暴型和麻痹型两种类型。犬的症状最典型。

1. 犬　狂暴型可分为三期。前驱期：1～2d，精神沉郁，常躲在暗处，不听呼唤，喜食异物，对外界刺激反应异常，易兴奋。喉头麻痹，吞咽困难，唾液增多。兴奋期：2～4d，表现狂暴，长时间在野外奔跑，行为凶猛，攻击人畜或自咬四肢。此时狂暴和沉郁交替，表现肌肉痉挛，下颌麻痹，吠声嘶哑，口流涎液，见水极度恐惧。麻痹期：1～2d，下颌下垂，舌脱出口外，流涎。不久后躯及四肢麻痹，卧地不起。终因呼吸麻痹、全身衰竭而死亡。

麻痹型以麻痹症状为主，兴奋期极短。病犬从头部肌肉开始麻痹，表现吞咽困难、流涎、张口，卧地不起和恐水等，多经2～4d死亡。

2. 马　初期受伤部位多有痒感，摩擦或啃咬伤部。兴奋时往往乱咬马槽，以致口唇、牙齿受伤。攻击人畜。后期咽喉麻痹，不能吞咽，不断流涎，卧地不起，极度衰竭死亡。

3. 牛、羊　初期精神不振，反刍和食欲减少。随后出现兴奋不安，冲击墙壁、攀登饲槽，咬牙、流涎、嘶叫，攻击人畜。病牛多呈间歇性兴奋，最后出现麻痹症状，衰竭死亡。

4. 猪　表现间歇性兴奋，声音嘶哑、流涎。伤口发痒、不断摩擦，有攻击性。后期麻痹，倒地死亡。

5. 猫　症状与犬极为相似，多为狂暴型。兴奋时不断咪叫，攻击人和其他动物。2～7d死亡。

**【病理变化】** 尸体无特异性变化。体表有外伤或擦伤。口腔和咽喉黏膜充血、出血或糜烂，胃内空虚或有异物，胃肠黏膜充血、出血。骨骼肌变性。脑及脑膜肿胀、充血和出血。病理组织学检查可见非化脓性脑炎和神经炎。在大脑海马角、小脑和延脑的神经细胞胞质内和唾液腺的神经节细胞的核内见有嗜酸性包涵体（Negri小体）。神经细胞变性、坏死，神经胶质细胞增生，血管周围有明显血管套。

**【检疫和诊断】** 根据咬伤病史、特征性症状及病理变化可做出初步诊断，确诊必须进行实验室检查。

1. 包涵体检查　取病死动物大脑海马角，制印压标本，干燥后进行塞莱氏染色后镜检。阳性病例可见樱桃红色包涵体，呈梭形、圆形或椭圆形。也可用脑组织病理切片HE染色，镜检可见红褐色包涵体。

2. 荧光抗体检查　WHO推荐的方法，快速、特异、检出率非常高。生前可采取病畜或患者的皮肤切片或舌乳头、肺细胞、肾细胞触片等，死后可取脑组织或唾液腺制成触片或冰冻切片，用荧光抗体染色。荧光显微镜下观察，胞质内出现黄绿色荧光颗粒即可判为阳性。

3. 酶标抗体检查　特异、快速、简便，敏感性高。可用酶标抗体检测病料中的病毒，也可用间接ELISA检测人和动物的血清抗体。

此外，还可采用AGP、CFT、PCR、核酸探针技术、中和试验等方法。

**【检疫处理】**确检为狂犬病时，迅速隔离病畜，上报疫情。不放血扑杀病畜和被病畜咬伤的动物，焚烧或深埋病尸和扑杀动物尸体。可疑患病动物隔离观察14d，可疑感染动物的观察期至少持续3个月。被污染的环境、畜舍、用具等，用2%烧碱溶液或10%石灰乳消毒。

**【防疫措施】**预防本病的关键是杜绝和消灭传染源。

1. 防疫管理　捕杀野犬、野猫。对军犬、警犬、牧羊犬、护卫犬、实验犬、家犬及伴侣动物等，一律进行登记、加强管理，定期注射狂犬病疫苗。同时应加强进出境或本地区各类动物的检疫。

2. 免疫预防　对犬、猫和特殊职业者（兽医和犬、猫饲养者等）进行定期狂犬病疫苗接种，是防控本病的重要措施。常用仓鼠肾细胞（HKTC）灭活疫苗、TLURY病毒LEP株的BHK-21细胞培养弱毒疫苗、犬五联活疫苗等。

3. 扑灭措施　发现狂犬病时，应迅速隔离病畜、上报疫情。扑杀狂犬病病畜及被病畜咬伤的动物，深埋或焚烧病畜尸体。对被病畜污染的场地进行彻底消毒。被患病动物咬伤的人员，应尽快就医，及时消毒处理伤口、接种疫苗。

## 第五节　炭　疽

炭疽（anthrax）是由炭疽杆菌引起的人兽共患的一种急性、热性、败血性传染病。主要特征为天然孔出血，血液凝固不良，呈煤焦油样，脾脏显著肿大，皮下组织浆液性出血性浸润。本病分布于世界各地，尤其以南美洲、亚洲及非洲的牧区较多见，为一种自然疫源性疾病，多散发或地方性流行。在历史上曾给人类和畜牧业造成严重危害，但近年来已明显减少。我国已基本控制本病。

**【病原体】**炭疽杆菌（*Bacillus anthracis*）属于芽胞杆菌属（*Bacillus*），是一种粗大的革兰氏阳性需氧性芽胞杆菌。长5～6μm，宽1.0～1.5μm，无鞭毛，不运动。在病料中呈短链或散在，有明显的荚膜，菌体两端平截呈竹节状；而在培养基中形成长链，一般不产生荚膜。该菌在动物体内或未解剖尸体内不形成芽胞，但在有充足氧气和适当温度（25～30℃）时，可形成芽胞。本菌对营养要求不严，在普通营养琼脂平板上可形成灰白色、表面粗糙的大菌落，呈卷发状。

本菌繁殖体对理化因素抵抗力不强。但其芽胞抵抗力极强，干燥状态可存活32～50年，煮沸经15～30min、高压蒸汽121℃经5～10min、干热150℃经60min才可被杀死。常用消毒剂为20%漂白粉、2%～4%甲醛、0.1%升汞和0.5%过氧乙酸溶液。

**【流行特点】**自然情况下草食动物最易感，绵羊、山羊、马和牛易感性最强，骆驼、水牛及野生草食动物次之，猪有一定的抵抗力。犬、猫、狐狸等肉食动物很少感染。人对炭疽普遍易感。

病畜是主要传染源。当病畜处于菌血症时，炭疽杆菌可随粪、尿、唾液以及天然孔出血排出体外。尸体处理不当，可使大量病菌散播于周围环境。若不及时处理可形成芽胞，当芽胞污染土壤、饲料、水源等时，常常成为长期性疫源地，致使该地区畜群连年不断发病。

主要通过污染的饲料和饮水经消化道而感染，也可经损伤的皮肤黏膜、吸血昆虫叮咬和呼吸道感染。人炭疽主要发生于接触感染动物或带菌畜产品机会较多者，感染途径为损伤皮肤、呼吸道及消化道等。

无严格季节性，但多发于多雨洪涝季节，冬季少发。常呈地方性流行。

**【临床症状】**潜伏期一般1～3d，最长的可达14d。临床症状可分为4种类型。

1. 最急性型　多见于绵羊、山羊和流行开始时的牛和马。外表健康的动物突然倒地，全身战栗、呼吸极度困难、可视黏膜发绀，口鼻、肛门等天然孔流出带泡沫的暗红色血液，常于数分钟内死亡。

2. 急性型　多见于牛、马。病牛体温升高至40.0～42.5℃，表现兴奋不安，吼叫或顶撞人畜、物体，以后变为虚弱，食欲、反刍、泌乳减少或停止，呼吸困难。初期排粪迟滞，后期出现腹泻带血，有的排出大量血块。尿暗红，有时混有血液。常有中度臌气，孕牛多迅速流产。一般1～2d死亡。马常伴有剧烈腹痛。

3. 亚急性型　多见于牛、马。与急性型相似，但常在颈部、咽部、胸部、腹下、乳房等处皮肤和直肠或口腔等处黏膜发生炭疽痈，硬固有热痛，可发生坏死或溃疡。病程可长达1周。

4. 慢性型　主要发生于猪，多不表现临床症状，呈慢性经过。

**【病理变化】**多数动物表现尸僵不全，天然孔出血，可视黏膜发绀，直肠脱出，黏膜出血。血液呈暗红色，凝固不良，黏稠如煤焦油样。皮下、肌间、浆膜下、肾周围及咽喉等处有黄色胶样浸润，伴有出血点或出血斑。脾肿胀可达正常的2～5倍，脾髓呈暗红色，泥状或糊状，脾小梁和脾小体模糊不清。肝和肾充血肿胀、松软易碎。心肌灰红色、松软。呼吸道黏膜炎性肿胀、小点状出血，肺充血、水肿。消化道出血、坏死。淋巴结高度肿胀、黑红色，有出血点。淋巴集结和淋巴孤结高度肿胀，形成球状突起和长形突起（肠痈）。

猪的咽炭疽，除有咽、喉周围结缔组织胶样出血性浸润外，还可见扁桃体上牢固地覆盖一层淡黄色痂块，痂块下有较深的坏死组织，下颌淋巴结出血、坏死等。

**【检疫和诊断】**根据流行特点和典型症状可怀疑为本病。但因动物种类不同，其经过和表现多样，最急性病例往往缺乏临床症状。因此，对炭疽必须采取综合诊断。

1. 细菌镜检　生前可采取静脉血、水肿液或血便。死后采取末梢血、脾脏、淋巴结等抹片，用碱性美蓝或姬姆萨染色，镜检发现带有荚膜、单个或短链排列的大杆菌，即可确诊。

2. 分离培养　取新鲜病料，陈旧或污染的病料制成悬液，接种普通琼脂或肉汤培养基，37℃培养24h，观察菌落和菌体的形态特征。

3. 动物试验　将病料或培养物用生理盐水10倍稀释，腹部皮下注射实验动物小鼠、豚鼠或家兔。如12h后注射部位水肿，经36～72h死亡，并可由血液或脏器中检出炭疽杆菌，即可确诊。

4. Ascoli反应　常用于腐败病料及皮张的检验。

**【检疫处理】**确检为炭疽时，迅速上报疫情，立即封锁疫区和疫点、隔离病畜。采取不放血的方法处死病畜，严禁解剖和剥皮食用。焚烧或深埋病尸、病畜粪便及被污染的垫草等。对可疑病畜和同群动物进行治疗和预防。对封锁地区及周围的易感动物进行紧急预防接种。污染的场地、用具等用20%漂白粉或10%热烧碱溶液消毒，连续进行3次。疫点内最后一头病畜清除后14d，经彻底消毒，方可解除封锁。

**【防疫措施】**

1. 防疫管理　加强对出入国境或本地区的动物及其产品（特别是来自牧区的动物皮毛）的检疫。对检出的发病动物或带菌产品，要按有关规定宰杀、消毒或无害化处理。对炭疽常发地区的草食动物，应定期进行炭疽疫苗预防接种。

2. 免疫预防　我国常用无毒炭疽芽胞苗，但不适用于山羊和马、骡。

3. 扑灭措施　在发现炭疽患畜时，应严格按规定进行不放血扑杀处理。

## 第六节　产气荚膜梭菌病

产气荚膜梭菌病（clostridium perfringens infection）又称为魏氏梭菌病，是一类由产气荚膜梭菌的特定菌型所致的多种动物共患的急性传染病，包括牛产气荚膜梭菌肠毒血症、羊肠毒血症、羊猝狙、羔羊痢疾、猪梭菌性肠炎、兔梭菌性腹泻、鹿肠毒血症等。以发病急、病程短和病死率高为特征，临床上多表现为肠毒血症。本病广泛分布于世界各地，我国也常有发病报道，给畜牧业造成很大损失。

**【病原体】**产气荚膜梭菌（*Clostridium perfringens*）旧称魏氏梭菌（*Cl. welchii*），属梭菌属（*Clostridium*），是一种两端钝圆的粗短杆菌，长1.3～9.0μm，宽0.6～2.4μm，单在或成双，革兰氏阳性。无鞭毛，不运动。在动物体内能产生卵圆形芽胞，位于菌体中央或近端，使菌体膨胀为梭形。多数菌株可形成荚膜。本菌对厌氧条件要求不严，多数菌株在普通培养基上可以生长。在葡萄糖血液琼脂上培养，可形成2～5mm、圆形、凸起、半透明的光滑菌落，菌落周围形成溶血环。

本菌至少可产生12种强烈的外毒素，其中主要致死毒素是α、β、ε和ι。依据主要致死性毒素与其抗毒素的中和试验可将此菌分为A、B、C、D和E 5个毒素型。另外，A型和C、D型的某些菌株还可产生肠毒素。

本菌芽胞抵抗力较强，90℃经30min或100℃经5min才能将其杀死，而食物中毒型菌株的芽胞可耐煮沸1～3h。芽胞对一般消毒剂有抵抗力，繁殖体抵抗力较弱。有效的消毒剂有0.2%升汞、6%～10%漂白粉、3%福尔马林、5%克辽林等。

**【主要疾病】**易感动物广泛，其中以草食动物最为多见。各年龄动物均有易感性，但主要侵害幼龄动物。常见的疾病及主要致病菌型为：牛产气荚膜梭菌肠毒血症（A～E型）、羊肠毒血症（D型）、羊猝狙（C型）、羔羊痢疾（B型）、猪梭菌性肠炎（C型）、兔梭菌性腹泻（A型）等。

**（一）牛产气荚膜梭菌肠毒血症**（clostridium perfringens enterotoxemia of cattle）

牛产气荚膜梭菌肠毒血症以急性发病，病程短，以发生肠炎、组织出血和水肿为特征。发病急、病死率高，给养牛业造成很大损失。

【流行特点】犊牛和幼龄牛最易感。传染源是病牛和带菌者，通过污染的饲料、垫草、饮水，经消化道感染。多发于春、秋两季。多由于饲料突然更换、在露水地和低洼地放牧引起发病。多呈散发或地方流行。

【临床症状】患牛常突然死亡。多数体温正常。病畜表现定向力障碍，间歇性跳跃，转圈运动，高声吼叫及口流泡沫，多由D型菌引起。C或B型菌病畜有进行性抑郁，食欲减退、离群，后期可视黏膜发绀，腹绞痛，灰绿色腹泻，之后转为水样腹泻并带血，病畜卧地死亡。A型多数病例可见黄疸和血红蛋白尿。

【病理变化】严重的小肠炎。肠黏膜坏死，部分覆盖伪膜，肠内容物呈带血稀液状。肠系膜淋巴结肿胀出血，实质器官变性。C型菌病牛尸体体腔含有大量液体，黏膜呈黑红色，肠腔出血含有带血食物，浆膜有大量出血点，肺充血水肿。D型菌病畜肠、心、肺的浆膜面和胸腺散布不规则出血点，肺充血水肿，心包囊含有大量液体。C型和D型菌还引起中枢神经系统水肿和肾病变。

### （二）羊肠毒血症（enterotoxaemia）

羊肠毒血症又称为软肾病或类快疫，是由D型产气荚膜梭菌引起绵羊的急性毒血症，以发病急、病程短、肾组织软化为特征。对养羊业危害较大。本病遍及世界各养羊国，目前我国已得到有效控制。

【流行特点】不同品种、年龄羊都可感染。主要发生于绵羊，山羊较少，尤以2～12月龄膘情好的羊最易发病。病羊及带菌羊是传染源，而且病原菌为土壤常在菌，也存在于动物肠道及污水中。羊常因采食污染的饲料与饮水而感染发病。流行有明显季节性，多发于春初至秋末。多呈散发，但在新疫群内病势猛烈。

【临床症状】潜伏期较短，突然发病，很少见到症状。多表现为急性型，病羊突然离群呆立，或独自奔跑或卧下，体温一般正常，步态不稳，肌肉震颤，咬牙、甩耳，最后倒地，四肢抽搐、痉挛，角弓反张，呼吸促迫，口鼻流出白沫。心动快速，眼结膜苍白，濒死期发生肠鸣或腹痛，排出黄色水样或带黏液粪便。最后昏迷死亡。病死率很高，很少自愈。

【病理变化】主要见于消化道、呼吸道和心血管系统，以肾肿胀柔软呈泥状病变最具特征。胸腹腔、心包积液。口鼻流出泡沫性液体，肛门周围有稀便或黏液。胃内充满食物和气体，真胃和肠黏膜出血。重病例整个肠壁呈红色，黏膜脱落或有溃疡，小肠最严重。肝脏肿大、质脆，胆囊肿大。肺脏出血和水肿，呈紫红色，气管有泡沫性黏液。淋巴结肿大。脑和脑膜血管周围水肿，脑膜出血，脑组织液化性坏死。

### （三）羊猝狙（struck）

羊猝狙是由C型产气荚膜梭菌所致的羊的一种传染病，以急性死亡、腹膜炎和溃疡性肠炎为特征。曾在我国内蒙古等地有发生。

【流行特点】主要侵害绵羊，也感染山羊。不分年龄、品种、性别均可感染，但6个月至2岁多发。病羊和带菌羊是传染源，污染的牧草、饲料和饮水是重要传播媒介。病菌随动物采食和饮水经口进入消化道，在肠道中生长繁殖并产生毒素，导致病羊发病死亡。天气骤变、吃带雪水的牧草以及寄生虫感染等都可诱发。

【临床症状】病程很短，一般为3～6h，往往不见早期症状而死亡。有时可见突然无神，剧烈痉挛，侧身卧地，咬牙、眼球突出，惊厥死亡。

**【病理变化】**主要见于消化道和循环系统。真胃和肠道有炎症，小肠溃疡，大肠壁皱缩，黏膜坏死，白细胞浸润，腹腔积水，浆膜充血出血。肾变性，心包积液，心内外膜有出血点，淋巴结肿大。

**（四）羔羊痢疾**（lamb dysentery）

羔羊痢疾是由B型产气荚膜梭菌所致的初生羔羊的急性毒血症。以剧烈腹泻和小肠溃疡为特征。本病可造成羔羊的大批死亡。

**【流行特点】**多发于生后1周龄的羔羊。主要通过消化道感染，也可能通过脐带或创伤感染。其诱发因素主要是母羊孕期营养不良，羔羊体质瘦弱；气候寒冷，特别遇到大风雪后，羔羊受冻；哺乳不当，饥饱不均。

**【临床症状】**潜伏期很短，几小时到数十小时。多为急性型和亚急性型。急性型病羔拒食、喜卧，排黄色液体粪便或带血色，随后昏迷死亡。有的突然发病不见症状而死亡。发病率约36%，病死率可达100%。在发生过本病的地区，可出现亚急性型，症状与急性型相似，但病程稍长。

**【病理变化】**尸体脱水严重，肛门周围被稀粪污染。真胃有未消化凝乳块，小肠呈出血性炎症，肠黏膜出血、坏死及溃疡，肠道中充满血样物。肠系膜淋巴结肿胀、充血、出血。心包积液，心内膜有出血。

**（五）猪梭菌性肠炎**（clostridial enteritis of piglets）

猪梭菌性肠炎又称为仔猪红痢，是由C型产气荚膜梭菌引起新生仔猪的高度致死性肠毒血症，特征是血便、肠坏死、病程短、病死率高。

**【流行特点】**1～3日龄仔猪最易感，1周龄以上仔猪很少发病。病猪和带菌人畜是传染源，特别是肠道带菌的母猪。病菌随粪便排出体外，污染土壤、垫草、猪圈和母猪乳头。仔猪生后很快即从被污染的母猪乳头或周围环境吃到病菌芽胞而感染。同群不同窝发病率不同，最高可达100%，病死率20%～70%。

**【临床症状】**病程长短不一。临床上可分为4型。

（1）最急性型：感染仔猪在生后几小时至1d发病，当天或次日死亡。多突然发生血痢，衰弱、不愿走动，迅速处于濒死状态。有的未见血痢即突然衰竭死亡。

（2）急性型：一般第3天死亡。病仔猪排出含灰色坏死组织碎片和气泡的红褐色水样粪便，气味腥臭，逐渐消瘦、衰弱死亡。有的呕吐、尖叫、不自主动作。

（3）亚急性型：通常5～7d内死亡。表现为非出血性持续腹泻。病初排出黄软粪便，继之排水样稀便，最后极度消瘦，脱水死亡。

（4）慢性型：病程1周以上。呈间歇性或持续性腹泻，粪便呈黄灰色糊状。病猪逐渐消瘦、生长停滞。最后死亡或被淘汰。

**【病理变化】**特征性变化在空肠，有的波及回肠。空肠呈暗红色，肠腔内充满含血内容物，病变部绒毛坏死。病程稍长，空肠呈出血性坏死。肠壁变厚，黏膜覆有黄色或灰色坏死性假膜，易剥离。肠腔内有坏死组织碎片。脾边缘有小点状出血。肾皮质有很多细小的暗红色出血点。膀胱黏膜有小点出血。

**（六）兔梭菌性腹泻**（clostridial diarrhea of rabbit）

兔梭菌性腹泻是由A型产气荚膜梭菌引起兔的一种急性肠道传染病，以急剧腹泻、排泄物腥臭和迅速死亡为特征。目前在我国普遍流行，对养兔业危害严重。

**【流行特点】**不同年龄、品种、性别均易感，1～3周龄仔兔发病率最高。病兔和带菌动物是主要传染源。动物通过污染的饲料、饮水经消化道或损伤的黏膜感染。本病发生与饲养管理不当、青饲料短缺、饲料粗纤维含量低或长途运输、气候骤变等诱发因素有关。一年四季均可发生，但以冬、春两季最为常见。

**【临床症状】** 潜伏期一般为2～3d。精神沉郁、不食，其显著特征为急剧腹泻、死前水泻、粪便腥臭，臀部及后腿被粪便污染。绝大多数病例在出现水泻当天或次日即死亡，少数可拖延至1周或更长时间死亡。发病率约90%，病死率近100%。

**【病理变化】** 腹腔有特殊腥臭味。胃底部分黏膜脱落，有大小不一的溃疡。小肠多充满气体、肠壁薄而透明，盲肠和结肠充满气体和黑绿色稀薄内容物，气味腐嗅。肠壁有弥漫性充血或出血。脾呈深褐色。

**【检疫和诊断】** 结合流行特点、临床症状和病理变化可做出初诊。但由于发病急、病程短，多无明显症状而突然死亡，病理变化复杂，所以确诊应依据实验室细菌学检查及毒素检查。

(1) 细菌镜检：取肠内容物或病变部黏膜刮取物涂片染色镜检，阳性病例可见大量产气荚膜梭菌。本菌为革兰氏阳性大杆菌，多单在，菌端钝圆，部分菌体有中央或近端芽胞，呈梭形。

(2) 细菌分离培养：将病变部肠内容物接种厌氧肉肝汤，80℃水浴15～30min后置37℃培养24h，再用培养液接种葡萄糖血液琼脂平板分离细菌。选取有溶血环的可疑菌落，进行细菌鉴定。同时取纯菌厌氧肉肝汤培养物做毒素检查。

(3) 毒素检查与鉴定：取新鲜病变部肠内容物，以生理盐水制成2倍稀释液，或取纯菌厌氧肉肝汤培养物，离心取上清液。过滤除菌后取滤液腹腔注射小鼠，每只0.2～0.5ml，小鼠在24h内死亡，即证明有毒素存在。用标准产气荚膜梭菌定型血清做中和试验，进行毒素型或菌型鉴定。

**【检疫处理】** 确检为产气荚膜梭菌病时，迅速隔离病畜。贵重的轻症病畜可用同型高免抗毒素血清静脉注射治疗，宰杀重症病畜和羊肠毒血症、羊猝狙、兔梭菌性腹泻的所有病畜。销毁病死和宰杀动物的内脏、病畜粪便和其他污染物，高温处理病畜肉尸。对被污染的圈舍、场地和用具等，用0.2%升汞、6%～10%漂白粉或3%福尔马林液进行消毒。对疫区健康易感动物用同型类毒素、同型疫苗或多价疫苗进行预防注射。

**【防疫措施】** 本类疾病发病急、病程短，死亡率高，往往来不及救治。应采取加强饲养管理，严格圈舍和环境消毒，定期预防注射等综合措施。

(1) 对牛的预防：应注意避免低洼潮湿地放牧，提高日粮粗饲料比例。有病史的牛群用C型和D型的双价疫苗或多价疫苗进行定期免疫注射。

(2) 对羊的预防：应注意防止低洼潮湿地和露地放牧，不要让羊过食菜根、菜叶和谷物。冬季注意保暖，避免采食冰冻饲料。常发地区应定期注射疫苗。

(3) 对猪的预防：应给怀孕母猪注射疫苗。同时加强猪舍和周围环境的卫生和消毒工作，特别注意对产床和母猪乳头的消毒。

(4) 对兔的预防：应避免寒冷季节产仔，兔舍要严格消毒，兔群不要过于拥挤。对繁殖母兔春、秋两季注射组织灭活疫苗各1次，断奶仔兔也应注射灭活疫苗。

## 第七节　副结核病

副结核病（paratuberculosis）又称为副结核性肠炎，是由禽分枝杆菌副结核亚种引起的，反刍动物的慢性消耗性传染病。以顽固性腹泻、进行性消瘦、肠黏膜增厚形成皱襞为特征。1895 年首次发现，1961 年分离获得本菌。目前流行于世界各国，特别是奶牛饲养规模较大，数量较多的一些国家。我国也有流行，严重危害养牛业发展。

**【病原体】**禽分枝杆菌副结核亚种（*Mycobaterium avium* ssp. *paratuberculosis*）旧称副结核分枝杆菌（*Mycobaterium paratuberculosis*），属于分枝杆菌属（*Mycobacterium*），革兰氏阳性短杆菌，长 0.5～1.5μm，宽 0.2～0.5μm。在病料和培养基上成丛排列，萋-尼氏抗酸染色阳性（红色）。需氧，最适生长温度 37℃，最适 pH 值 6.8～7.2。在培养基中加入灭活的同源分枝杆菌悬液，可促进其生长，缩短培养时间。实验动物中仓鼠、豚鼠易感。

对热和消毒剂抵抗力较强。在厩肥和泥土中可存活 11 个月，在牛乳和甘油盐水中可存活 10 个月。对青霉素有高度抵抗力。在 3%～5%石炭酸溶液中，5min 灭活，3%甲醛经 20min、5%苛性钠经 2h、10%～30%漂白粉经 20min 均可杀死本菌。对湿热抵抗力不强，63℃经 30min、80℃经 5min 均可将其杀死。

**【流行特点】**反刍动物均易感，其中牛最易感，4～6 月龄以内的幼畜比青老年畜易感。但病牛年龄多在 2～8 岁。公牛和阉牛比母牛少发。

病畜或带菌畜是主要传染源。本菌主要存在于病畜的肠黏膜和肠系膜淋巴结，从粪便大量排出。部分细菌可经乳汁、尿液或精液排出。在粪便或污染物中可存活数月。通过污染的饮水、饲料，经消化道感染健畜，也可通过母牛子宫传染给胎牛。

呈地方流行性，高产牛症状较严重。饲料中缺少矿物盐类可促进本病发展。

**【临床症状】**潜伏期较长，一般为 6 个月或 1 年以上，多在 2～5 岁出现症状。

早期症状有间断性腹泻，以后为经常性的顽固拉稀。排泄物稀薄、恶臭、有气泡，混有黏液和血液凝块。病畜体温正常，食欲不振、消瘦，被毛粗乱。下腭及垂皮水肿。一般经 3～4 个月衰竭而死。

绵羊和山羊症状相似。潜伏期较长，数月到数年。病羊体温正常或略高，呈间歇性腹泻，粪便稀软。数月后病羊消瘦、衰弱、卧地不起，最终死亡。

**【病理变化】**尸体消瘦。肠系膜水肿和淋巴管肿大，小肠有弥漫性、增生性炎症，肠壁增厚，肠黏膜增厚、苍白，可见脑回样隆起的皱褶。绵羊和山羊肠黏膜增厚，但多光滑，少见轻微皱襞。

病理组织学可见小肠和大肠黏膜中巨噬细胞高度增生，绒毛胀大而展平，巨噬细胞中可见大量耐酸杆菌。固有层中腺体的数目减少。其他器官特别是肝脏，常有由巨噬细胞构成的小肉芽肿。

**【检疫和诊断】**根据本病流行特点、临床症状和病理变化可以做出初步诊断，确诊需进行实验室检验。

1. 细菌学检查

（1）细菌形态检查：用病变部黏膜和淋巴结切面做涂片，萋-尼氏染色，观察副结核分枝杆菌的形态和抗酸性检查。

（2）粪便细菌检查：一般采用盐水沉淀法。取带有黏膜及血凝块的粪便，加入 4～5 倍量的生理盐水混匀，经纱布滤过，滤液 3 000～4 000r/min 离心 30min，取沉淀物做涂片，抗酸染色镜检。可见到成丛、成团的抗酸菌。也可用PCR、DNA探针进行细菌鉴定。

2. 变态反应检查　用提纯结核菌素（PPD）或禽型结核菌素，皮内注射做变态反应检查。

3. 血清学检查

(1) CFT：用标准抗原检查被检血清抗体，敏感性和特异性可达90%左右。但对于亚临床感染动物（尤其1～2岁青年动物）的诊断价值有限。其特异性差异在于本菌与其他分枝杆菌和其他微生物有共同抗原，可能诱导共同抗体产生。

(2) ELISA：为目前测定血清抗体最敏感、最特异的方法。检测亚临床感染动物时敏感性高于CFT。

此外，还可用IHAT、荧光抗体检查、AGP及对流免疫电泳等方法。

**【检疫处理】**确检为副结核病时，迅速隔离病畜。本病尚无特效治疗药物和方法，对病畜采取淘汰或宰杀。高温处理病畜肉尸，焚烧或深埋病畜内脏、粪便、垫草及其他污染物。对污染的圈舍、场地和用具等用3%～5%石炭酸、3%甲醛或10%～30%漂白粉溶液进行消毒。

**【防疫措施】**

1. 防疫管理　加强饲养卫生管理，增强家畜的抵抗力。不从疫区引进牛羊。对进出境或本地区的易感动物必须实行严格检疫，确认健康的方可引进。对畜群采取检疫、淘汰的方法逐渐净化，凡曾经检疫出病牛、病羊的群体，应定为假定健康畜群，每年进行4次检疫，凡3次以上无阳性畜的，可视为健康畜群。在检疫中发现有明显症状、细菌学检查阳性的牛、羊应及时扑杀。对变态反应阳性的牛、羊，要集中隔离，分批淘汰。对变态反应疑似的牛、羊，在隔离15～30d再检疫一次，连续3次以上呈疑似反应的家畜，做淘汰处理。

被病畜污染的畜舍、场地、用具等要用生石灰、来苏儿、苛性钠、漂白粉、石炭酸等进行消毒。对污染粪便应做无害化处理。

2. 免疫预防　对有病史的牛、羊群采用副结核弱毒疫苗接种免疫。健康群体不提倡接种疫苗，以避免变态反应阳转。

## 第八节　布鲁菌病

布鲁菌病（brucellosis）又称为布氏杆菌病，是由布鲁菌引起的人兽共患传染病。以生殖器官和胎膜发炎，引起流产、不孕和关节炎、睾丸炎等为特征。患病动物长期带菌。本病历史悠久，世界性分布，给畜牧业和人类健康带来严重危害。在我国也分布较广，在某些地区（特别是牧区）的流行还相当严重，在羊布鲁菌病流行的地区，人布鲁菌病患者也较多。近年来，在城郊奶牛场也常有牛布鲁菌病的发生，牧区的有些牛、羊群感染率很高。猪的布鲁菌病流行于南方，主要发生于种猪场。

**【病原体】**布鲁菌又称为布氏杆菌，为布鲁菌属（*Brucella*）成员，有6个生物种、20个生物型，即流产布鲁菌（*Br. abortus*）9个生物型；马尔他布鲁菌（*Br. melitensis*）3个生物型；猪布鲁菌（*Br. suis*）5个生物型；绵羊布鲁菌（*Br. ovis*）；犬布鲁菌（*Br. canis*）和沙林鼠布鲁菌（*Br. neotomae*）。最近又报道海洋哺乳动物的海豚布鲁菌（*Br. cetacease*）和海豹布鲁菌（*Br. pinnipediae*）。本菌呈球形、卵圆形或短杆状。长0.6～1.5μm，宽0.5～0.7μm。革兰氏阴性，姬姆萨染色呈紫色。

本菌为需氧菌，初代分离时需提供含10%二氧化碳的空气。最适生长温度37℃，最适pH6.6～7.4。普通培养基上生长较差，通常用肝汤琼脂、马铃薯浸汁琼脂培养本菌，在加入葡萄糖和马血清的培养基中生长良好。接种琼脂平板培养48～72h，出现细小、圆形、隆起的菌落，几乎无色。

对自然条件抵抗力较强，在日光直射下4h、污染的土壤和水中1～4个月、皮毛上2～4个月、食品中约2个月、粪便和子宫分泌物中200d仍可存活。但对湿热和消毒剂敏感，50～55℃经60min、60℃经30min即可将其杀死。2%石炭酸、烧碱、甲醛溶液，3%有效氯的漂白粉溶液或3%石灰乳，1～3h可杀死本菌。

**【流行特点】**易感动物广泛，其中羊、牛、猪最易感，牦牛、水牛、鹿、骆驼、马、犬、猫、兔、鸡、鸭和一些啮齿类动物以及人也有易感性。

传染源是病畜和病人。病畜从乳汁、粪便和尿液中排菌，污染草场、畜舍、饮水、饲料。当病母畜流产时，病菌随着流产胎儿、胎衣和子宫分泌物一起大量排出成为最危险的传染源。

经口感染是主要传播途径，健畜摄取被病畜污染的饲料、饮水等，通过消化道感染。另外，也可经阴道、皮肤、结膜感染，还有通过自然配种和呼吸道感染。

人布鲁菌病多发于常与病畜、污染畜产品接触的特殊职业者。绵羊布鲁氏菌对人有较强的侵袭力和致病性。

常为地方性流行，无明显季节性，但多发生于动物产仔季节。

**【临床症状】**

1. 牛　潜伏期长短不一，一般在14～120d。母牛主要症状是流产，多发于妊娠后期，流产前数日母畜表现流产预兆，阴唇、乳房肿大，荐部和胁部下陷。流产时，胎水多清朗，有时混浊，含有脓样絮状物。常见胎衣滞留，特别晚期流产的。流产后常继续排出污浊的恶臭分泌物，持续1～2周后消失。早期流产胎儿，一般在产前死亡。但有的流产胎儿在产出后不久死亡。公牛有时可见阴茎潮红肿胀，并有睾丸炎及附睾炎。急性病例可见睾丸肿大疼痛，触之坚硬。部分病牛还可见关节炎，关节肿胀疼痛，滑液囊炎，轻度乳房炎等症状。

2. 羊　主要症状是流产，一般呈隐性经过。流产多发于妊娠第4个月。流产前2～3d，体温升高，精神不振，食欲减退，有的卧地不起。由阴道排出黏液或黏液带血分泌物。流产的胎儿多死亡或极度衰弱发育不良。产后阴道持续排出黏液或脓液，发生慢性子宫炎。有的病羊发生慢性关节炎及滑液囊炎、跛行。公羊有时发生睾丸炎、附睾炎。睾丸肿大，触诊局部发热，有疼感。

3. 猪　母猪多在妊娠第3个月发生流产。流产前精神不振，食欲不佳，乳房、阴唇肿胀，排出黏脓性分泌物。流产后很少出现胎衣滞留。正常分娩或早产时，可产弱仔或死胎、木乃伊胎。病猪如发生脊椎炎时，可致后躯麻痹；发生关节炎、滑液囊炎时，则出现跛行。公猪出现一侧或两侧睾丸炎、附睾炎、睾丸萎缩。

4. 鹿　多呈慢性经过。母鹿发生流产，多在妊娠第6～8个月。在产前、产后，从子宫内流出污褐色或乳白色的脓性分泌物，有时带恶臭。流产胎儿多为死胎。产后常发生乳腺炎、胎衣不下、不孕等。公鹿多发生睾丸炎和附睾炎，一侧或两侧肿大。部分病鹿出现关节炎、黏液囊肿或脓肿。

**【病理变化】**各种动物的病理变化相似。

牛、羊母畜的病理变化主要在子宫。子宫绒毛膜间隙中有灰色或黄色胶样渗出物，绒毛有坏死病灶，表面覆盖黄色的坏死物。胎膜水肿肥厚，表面有纤维蛋白和脓液。镜检可见胎膜上皮炎性水肿、充血、出血。绒毛上皮营养不良、肿胀或崩解。部分坏死组织机化形成肉芽组织，胎儿胎盘和母体胎盘紧密粘连。输卵管炎性肿大，常潴留多量黄色液体。卵巢组织硬化，有时形成卵巢囊肿。淋巴结多呈增生性肿大。肝脏有时出现脓肿。肾脏可见到多发性血斑。脾呈轻度肿大，网状内皮组织弥漫性增生。流产胎儿的病变多呈败血症变化。浆膜和黏膜有出血点和出血斑，皮下结缔组织发生浆液性、出血性炎症。脾和淋巴结肿大。

公畜可见睾丸显著肿大、被膜与外层的浆膜相粘连，并可见坏死灶和化脓灶。阴茎红肿，黏膜上出现小的硬结节。

有的病例可见到关节炎、腱鞘炎和滑液囊炎。后期关节结缔组织广泛增生，关节变形。

猪的病理变化与牛、羊相似。但子宫黏膜少见化脓病变，可见许多1～3mm的小结节，结节含有脓液或干酪样物质。公猪除睾丸和附睾外，也见精囊炎。

**【检疫和诊断】**本病流行特点、临床症状、病理变化均缺乏明显特征，而且多数病畜呈隐性感染，因此诊断主要依靠实验室检验。

1. 细菌形态检查　采取流产胎儿、胎盘、阴道分泌物或母畜子宫绒毛膜抹片，革兰氏或姬姆萨染色后显微镜观察细菌形态。阳性病例可见大量革兰氏阴性或姬姆萨紫色，球杆状短小杆菌。

2. 血清学检查　常用凝集试验（包括试管试验、平板试验和全乳环状反应及乳清凝集试验）和CFT结合。既可迅速诊断，又可进行畜群检疫。

3. 变态反应检查　病畜变态反应出现较晚，但其持续时间较长，对羊布鲁菌病检出率较高。

另外，IHAT、ELISA、荧光抗体检查等也可用于本病的检疫或诊断。

**【检疫处理】**确检为布鲁菌病时，迅速隔离病畜。淘汰或宰杀病畜，焚烧或深埋病尸、流产死胎、胎盘及病畜分泌物、排泄物等。对污染的圈舍、场地和用具等，用2%石炭酸、烧碱、甲醛溶液、3%有效氯的漂白粉溶液或3%石灰乳，进行彻底消毒。

**【防疫措施】**

1. 防疫管理　严禁从疫区引进动物。对进出境或本地区的易感动物加强隔离检疫。对常发病的畜群应采取定期检疫淘汰的方法，逐渐建立清净畜群。每2～3个月进行1次检疫，随时清除阳性动物，直至全群连续2次检疫阴性为止。之后实行预防管制6个月，期间再做2次检疫，在全群阴性的情况下，可认为本病已清除。

畜场应建立产房，产前、产后严格消毒。对流产胎儿、胎衣等必须深埋或无害化处理。注意畜舍和环境卫生，经常消毒。

2. 免疫预防　对常发病的城市奶牛场和牧区无条件的畜群，可在检疫淘汰的基础上，选用活菌苗进行免疫预防。

## 第九节　弓形虫病

弓形虫病（toxoplasmosis）是一种由刚地弓形虫引起的人和多种动物共患的原虫病。在家畜和人群中广泛传播。本病呈世界性分布，我国多数地区也有本病的发生和流行。本病不但影响畜牧业发展，也对人类健康带来严重威胁。

**【病原体】**刚地弓形虫（*Toxoplasma gondii*）属肉孢子虫科（Sarcocystidae）弓形虫属（*Toxoplasma*）。其发育过程有滋养体、速殖子、缓殖子、裂殖子、配子体和卵囊等多种形态。滋养体呈弓形、新月形或香蕉形，一端稍尖，一端钝圆，大小为4～7$\mu$m×1.5～5$\mu$m。姬氏或瑞氏染色后滋养体的细胞质呈蓝色，胞核呈紫红色，位于虫体中央，在核与尖端之间有染成浅红色的颗粒。包囊呈圆形或卵圆形，直径为5～100$\mu$m，内含缓殖子，可寄生于动物任何器官，其中以脑、心脏和骨骼肌多见。卵囊呈圆形或椭圆形，大小为11～14$\mu$m×7～11$\mu$m，孢子化后，含2个孢子囊，每个孢子囊内含4个子孢子。

不同发育期抵抗力不同。滋养体对高温和消毒剂较敏感，但对低温有一定抵抗力，在－2～－8℃可存活56d。包囊抵抗力较强，在冰冻状态下可存活35d，4℃存活68d，胃液内存活3h，但不耐干燥和高温，56℃经10～15min即可被杀死。卵囊对外界环境、酸、碱和常用消毒剂的抵抗力很强，在室温下可存活3个月，但对热的抵抗力较弱，80℃经1min即失活。

**【流行特点】**弓形虫易感宿主广泛，约有45种哺乳动物、70多种鸟类及5种冷血动物对本病易感，包括猫、猪、牛、羊、马、犬、兔、骆驼、鸡等畜禽和狐狸、野猪等野生动物。家畜中猪、牛、羊和犬最易感。人普遍易感。

人普遍易感。当人和动物等中间宿主摄食含有包囊、滋养体的肉食或被孢子化卵囊污染的食物、饮水后造成感染，也可经皮肤、黏膜及胎盘等途径感染。子孢子在肠内逸出滋养体，并侵入肠壁血管或淋巴管扩散至全身有核细胞繁殖，由滋养体形成众多的速殖子，簇集成团，形成假包囊。速殖子（即假包囊中的滋养体）世代繁殖后转入脑和肌肉等组织寄生发育为缓殖子，并形成包囊。

猫科动物为弓形虫的终末宿主和本病的重要传染源。含滋养体、包囊或孢子化卵囊的动物脑和肌肉等被猫食入后造成感染，在胃液和胆汁的作用下，包囊和卵囊壁溶解，释放出滋养体和子孢子，侵入肠上皮细胞发育和繁殖，形成卵囊，卵囊随宿主粪便排出体外，在外界适宜环境发育为孢子化卵囊。患病期动物的唾液、鼻液、粪尿、眼分泌物等及脏器和血液，都可能含有速殖子而具有传染性。含包囊或滋养体的动物肉更具有传染性。猫也可成为中间宿主。

**【临床症状】**

1. 猪　以仔猪症状最为严重。急性发作时可见高热稽留（40.5～42℃）、精神沉郁，食欲减退或废绝、呕吐，便秘或腹泻，呼吸困难、咳嗽，肌肉强直，体表淋巴结肿大，耳部和腹下有淤血斑或较大面积发绀。孕猪发生流产或死产。慢性感染的猪生长缓慢。

2. 牛　体温升高，呼吸困难、咳嗽，初便秘后腹泻，淋巴结肿大，体表有紫斑。

3. 羊　多呈隐性感染。发病时常有神经症状，发热、鼻漏，转圈运动，后期出现昏迷、呼吸困难。孕羊流产。

4. 犬　幼犬发热、精神萎靡、厌食，咳嗽、呼吸困难，重者便血、麻痹。孕犬流产或早产。

**【病理变化】**剖检以各器官广泛的点状出血和坏死灶最为常见。肝肿大质硬，表面可见针尖大至黄豆大的灰白色坏死灶，并有点状出血。胆囊黏膜表面有轻度出血和坏死灶。肺肿大呈暗红色，间质增宽，表面有出血点和灰白色病灶。全身淋巴结肿大，尤其是肺门、肝门、下颌和胃淋巴结，切面外翻，多数有粟粒大灰白色和灰黄色坏死灶及大小不等的出血点。脾不肿大，被膜下有丘状出血点及灰白色坏死灶。肾黄褐色，表面有点状出血和灰白色坏死灶。胃黏膜稍肿胀、充血，肠黏膜充血，并有出血斑点。膀胱黏膜有小出血点。胸腔、腹腔及心包有积液。

病理组织学检查可见局灶性坏死性肝炎和淋巴结炎，非化脓性脑炎和脑膜炎，肺水肿和间质性肺炎等。在肝坏死灶周围、肺泡上皮细胞和单核细胞的细胞质内，淋巴结窦内皮细胞和单核细胞的细胞质内，常可见有单个、成双或3～6个不等数量的弓形虫，呈圆形、卵圆形或新月形等。

**【检疫和诊断】**弓形虫病没有特征性临床症状、病理变化和流行特点，必须经实验室诊断查出病原体或特异性抗体进行确诊。

1. 直接检查虫体　取可疑病畜或死后病畜的脏器、组织和体液，制备涂片、压片或切片，姬氏染色后镜检弓形虫滋养体。也可用病畜脏器切片经免疫酶染色或荧光抗体染色，观察虫体。

2. 集虫法检查虫体　取可疑病畜组织液或血液、死畜脏器等病料研碎，加10倍生理盐水后纱布滤过，滤液500r/min离心3min，取上清液再1 500r/min离心10min，取沉淀物涂片，姬氏染色镜检，观察弓形虫滋养体。

3. 动物接种检查虫体　取可疑病畜肺、肝、淋巴结等病料研碎，加10倍生理盐水腹腔接种小鼠。接种后观察20d，若小鼠出现被毛粗乱、呼吸促迫等症状或死亡，剖检取其脏器、组织和体液制成涂片、压片或切片，姬氏染色后镜检。

4. 血清学诊断　可采用IHAT、CFT、ELISA、间接荧光抗体法等方法。

5. 分子生物学诊断　可采用PCR、DNA探针技术，特异性强、灵敏度高。

**【检疫处理】**确检为弓形虫病时，隔离病畜。对早期或轻症病畜用磺胺类药物治疗，淘汰或宰杀重症病畜。高温处理病畜肉尸和内脏，深埋或消毒病畜粪便、垫草及其他污染物。对污染的圈舍、场地和用具等用1%氨水冲洗消毒。

**【防疫措施】**由于人和多种动物都能感染，感染来源广泛，而且滋养体、包囊和卵囊都具有感染性，可以通过多种途径感染，因此应采取多方面严格措施，才能有效预防本病的发生和流行。具体措施如下：

(1) 加强对家畜、家禽、实验动物、伴侣动物、经济动物和野生动物的弓形虫病检疫。发现阳性或可疑动物应及时隔离处理。严格处理流产胎儿及排泄物，严格消毒流产场地。还应注意畜场卫生，及时清理动物粪便，定期进行圈舍消毒。

(2) 禁止猫进入畜场，防止猫粪便污染饲料和饮水。为消灭土壤和各种物体上的卵囊可用55℃以上的热水或0.5%氨水冲洗。消灭畜场内的甲虫、蚯蚓和苍蝇，以防传播卵囊。

(3) 禁止用屠宰废物和厨房垃圾、洗肉水喂猪，以防猪吃到患病和带虫动物体内的滋养体和包囊而感染。做好防鼠灭鼠工作。

目前尚无成功疫苗。减毒活疫苗、亚单位疫苗等处于试验研究之中。

## 第十节　棘球蚴病

棘球蚴病（echinococcosis）又称为包虫病，是由寄生于犬、猫、狼、狐等肉食动物小肠内的棘球绦虫的幼虫，寄生于牛、羊、猪、马、骆驼和人等哺乳动物的肝脏、肺脏和其他组织中所致的一种寄生虫病。在我国有细粒棘球蚴病和多房棘球蚴病两种。

细粒棘球蚴病呈世界性分布，主要流行于牧区和半牧区的羊、牛，尤其是与犬等肉食兽接触密切的地区。绵羊感染率很高，可达50%以上。国外以地中海周围、东北非洲、南北美洲及大洋洲各国常见。我国的22个省区有本病流行，主要集中在西北、西南和华北等牧区或半农半牧区。多房棘球蚴病主要流行于北美、欧洲和亚洲北部等寒冷地区或冻土地带，国内分布于新疆、甘肃、宁夏、青海、西藏和四川。感染的动物或人若未及时治疗，病死率很高。本病不仅危害畜牧业的发展，使肉、乳、毛等畜产品产量和质量下降，而且对人类健康也造成严重危害。

**【病原体】**棘球绦虫包括细粒棘球绦虫（*Echinococcus granulosus*）、多房棘球绦虫（*E. multilocularis*）、少节棘球绦虫（*E. oligarthrus*）和福氏棘球绦虫（*E. vogeli*）。

细粒棘球绦虫较小，2～6mm×0.5～0.6mm，头节呈梨形，有顶突和4个吸盘。虫卵对外界抵抗力较强，煮沸、50℃经1h或直射阳光可将其杀死。幼虫为细粒棘球蚴，呈球形，包囊状，乳白色，不透明，囊内充满透明液体。囊壁分为角质层和生发层。生发层可向囊内直接长出许多原头蚴（头节），呈白色圆形小颗粒。原头蚴生成空泡，长大形成生发囊，生发囊壁也长出原头蚴。棘球蚴的生发层和生发囊还可转化为子囊，子囊可在母囊内，也可到母囊外。子囊和母囊结构一样。

多房棘球绦虫形态与细粒棘球绦虫相似，但虫体较小，幼虫为多房棘球蚴、泡型棘球蚴，呈球形，为聚集成群的小包囊。

**【流行特点】**多种家畜（牛、羊、猪、牦牛、骆驼等）以及啮齿动物，均是细粒棘球蚴的易感动物和自然中间宿主，以绵羊感染率最高，黄牛和牦牛次之，再次为山羊和猪。中间宿主因食入被棘球绦虫虫卵污染的皮毛、食品、饮水、牧场或饲料而感染。六钩蚴在消化道内孵出，钻入肠壁血管，随血液循环移行至肝、肺、脑及其他器官，发育为棘球蚴。棘球蚴可在动物和人体内生长发育，寄生长达10～30年。

犬、猫、狐、狼和豺等食肉动物（特别是犬）是终末宿主和传染源，因吞食含棘球蚴的动物肝、肺、脑等内脏而感染，其粪便中的虫卵污染食品、牧草、饲料和饮水等而造成中间宿主感染。犬是细粒棘球蚴病的重要传染源，在重流行区，犬的感染率为30%～50%。

狐和野狗是多房棘球蚴病的主要传染源，犬和猫也可成为传染源。中间宿主还有40多种啮齿动物，尤其是田鼠、黄鼠、仓鼠和沙鼠，感染率高达25%。

**【临床症状】**棘球蚴对寄生脏器和组织形成压迫、毒害等破坏作用，引起组织器官萎缩、坏死和功能障碍，严重者可造成宿主死亡。牛、羊轻度或初期感染常无明显临床症状，严重时表现营养不良，被毛逆立、易脱毛。肺受侵害则发生咳嗽、呼吸困难，卧地不起，病死率较高。猪、骆驼等症状不太明显，可表现体温升高、下痢、咳嗽、呼吸困难，甚至死亡，也有带虫免疫现象。

犬、猫等动物感染后一般无明显症状，严重时有腹泻、消化不良、消瘦、贫血、肛门瘙痒等症状。

**【病理变化】**主要见于肝和肺，可见表面凹凸不平，有时棘球蚴显露于表面，切开液体流出，将液体沉淀后镜检可见许多生发囊和原头蚴，有时肉眼也能见到液体中的子囊，或者钙化的棘球蚴或化脓灶。

**【检疫和诊断】**根据流行特点、临床症状和病理变化可做出初步诊断，确检需做免疫学试验或剖检棘球蚴检查。

1. 免疫学诊断　可采用变态反应进行诊断。取新鲜棘球蚴囊液无菌过滤后，给被检动物颈部皮下注射，5～10min 后观察。如注射部皮肤有 0.5～2cm 的肿胀红斑为阳性。也可用 ELISA、IHAT、CFT、荧光抗体法、对流免疫电泳等方法。

2. 棘球蚴检查　尸体剖检或屠宰时，检查动物肝、肺等脏器和组织中的棘球蚴、生发囊、原头蚴和子囊。

对犬、猫棘球绦虫病，可用粪便漂浮法检出虫卵而确诊，也可用粪便镜检，或用连续冲洗法和筛滤法的沉渣镜检，发现棘球绦虫虫体、孕节或虫卵即可确诊。

**【检疫处理】**确检为棘球蚴病或棘球绦虫病时，隔离病畜。驱虫治疗棘球绦虫病畜和轻症棘球蚴病畜，淘汰或宰杀棘球蚴病重症病畜。将病畜的内脏、粪便及其他污染物焚烧或深埋。禁止将患病动物脏器任意丢弃或喂犬、猫。

**【防疫措施】**加强家畜饲养管理和放牧管理，搞好畜场、草场、水源的卫生保护。将犬舍与畜舍分开。防止饲料和饮水被犬、猫粪便污染。在流行区做好犬、猫的驱虫工作和环境消毒工作。对牧羊犬、警犬和宠物犬、猫等应予以登记，定期检疫与驱虫。加强肉品卫生检验与监督，病畜内脏应予以销毁，禁止用病畜内脏喂犬、猫。

## 第十一节　钩端螺旋体病

钩端螺旋体病（leptospirosis）又称为细螺旋体病、钩体病，是由致病性钩端螺旋体引起的一种人兽共患、自然疫源性传染病。在家畜中多呈隐性感染，急性病例表现为发热、黄疸、贫血、水肿、血红蛋白尿、出血性素质、流产及皮肤和黏膜坏死等。本病历史悠久，呈世界性分布，尤其是热带、亚热带地区。我国许多地区都有发生和流行，以长江流域及以南省区发病最多。家畜中以猪、牛、犬的带菌率和发病率较高。本病不仅危害畜牧业发展，而且对人类健康也带来严重危害。

**【病原体】**钩端螺旋体为钩端螺旋体属（*Leptospira*）成员。呈细长丝状，圆柱形，螺旋细密而规则，菌体两端弯曲成钩状，呈“C”或“S”形，能活泼运动并沿长轴旋转。革兰氏阴性，常用姬姆萨染色和镀银法染色。

根据菌体抗原可将其分为若干血清群，各群内包括若干血清型，已发现 19 个致病血清群，180 个血清型。我国已发现 18 个血清群和 70 个血清型。

钩端螺旋体为需氧菌，最适生长温度 28～30℃，最适 pH 7.2～7.5。对营养要求不严，常用柯索夫培养基和希夫纳培养基培养。

本菌对环境因素的抵抗力较强。在水田、池塘、沼泽及淤泥中可生存数日。对干燥、加热、胆盐和消毒剂等敏感。60～70℃经 1min、50℃经 10min、45℃经 20～30min 可被灭活。对低温抵抗力较强，−20℃经 14d 仍存活。消毒可采用漂白粉溶液、来苏儿、石炭酸、升汞、酒精、甲醛等溶液。

**【流行特点】**几乎所有温血动物都易感，啮齿动物是最常见的储存宿主，其次是肉食动物。

家畜中猪、牛、水牛、犬、羊、马、骆驼、兔、猫、家禽和许多野生动物均可感染，爬行动物、两栖动物、节肢动物、软体动物和蠕虫等也可感染，其中以蛙类最易感。人也易感。实验动物中仓鼠及幼豚鼠比较敏感，幼兔也有感受性，小鼠易感性有差异，大鼠不敏感。

病畜和带菌动物是主要传染源，而且鼠类、家畜和人的钩端螺旋体病常相互传染，构成复杂的传染锁链。传染源经过多种途径向外排菌，污染土壤、植物、水及食物等，在热带、亚热带地区的江河、湖泊、沼泽、池塘和水田中广泛存在着致病性钩端螺旋体。健康动物接触这些传播媒介（特别是染菌水）即可感染。本病主要通过皮肤、黏膜和消化道感染，也可通过交配感染。吸血昆虫如蜱、虻和蝇等在本病的传播过程中也起作用。

本病无明显的季节性，但7～10月多发。多呈散发，偶见暴发。动物感染率高，发病率低，幼龄比成年多发。

【临床症状】

1. 猪　急性型多发于仔猪，潜伏期1～2周。体温升高至40℃，厌食、沉郁、腹泻、黄疸以及神经性后肢无力、震颤与脑膜炎。几天内，有时数小时内突然惊厥死亡，病死率可达50%以上。亚急性与慢性型常见于怀孕母猪，以损害生殖系统为特征。母猪表现为发热、无乳，怀孕不足4～5周的母猪发生流产、死产，流产率达70%以上。怀孕后期母猪感染后产出弱仔，仔猪不能站立，移动时呈游泳状，不会哺乳，1～2d即死亡。

2. 牛　急性型多见于犊牛，潜伏期2～10d。体温突然高达40℃以上，高热稽留，精神沉郁、黄疸、血尿、厌食，红细胞数骤减，常于1d内窒息死亡。有的出现呼吸困难、腹泻，结膜炎以及脑膜炎，后期表现为嗜睡和尿毒症。病程3～5d，多以死亡结束。亚急性型常发于哺乳母牛与其他成年牛，病程持续2周以上。病牛体温有一过性发热，达40.5～41℃，精神沉郁，饮食和反刍停止，黄疸、血尿。孕牛有的流产。有的病牛口腔黏膜、乳房和外生殖器的皮肤发生坏死。多呈散在发生，死亡率低。慢性型主要见于怀孕母牛，呈间歇热，贫血、黄疸和血尿，时隐时现，反复发作，病牛逐渐消瘦。怀孕母牛发生流产、死产，新生犊牛虚弱死亡，胎盘滞留，愈后不孕。

3. 马　急性型多突然发病，体温高达39.8～41.1℃，稽留数日，食欲废绝，可视黏膜轻度黄染，皮肤干裂和坏死。病程数天至2周，病死率40%～60%。亚急性型出现发热、沉郁、消瘦、黄疸等症状，病程2～4周，病死率较低。

绵羊、山羊和鹿临床症状与牛相似。犬多呈隐性感染，少数表现急性、亚急性，主要症状为发热、嗜睡、呕吐、便血、黄疸及血红蛋白尿等，严重者可发生死亡。

【病理变化】

1. 急性型　以败血症、全身性黄疸与各器官、组织广泛性出血以及肝细胞、肾小管弥漫性坏死为特征。可见鼻部、乳房部皮肤发生溃疡、坏死。可视黏膜、皮肤、皮下脂肪、浆膜、肝、肾以及膀胱等黄染、出血。肝肿大，呈土黄色，被膜下可见粟粒大到黄豆大小的出血灶，切面可见散在性点状或粟粒大胆栓。脾肿大、淤血。肾肿大、淤血、黄染。膀胱黏膜点状出血。淋巴结肿大、出血。肝肿大、黄棕色。肾肿大，皮质散在灰白色病灶。此外，有的皮肤坏死和皮下水肿。组织学检查可见肝细胞索排列紊乱，肝细胞出现颗粒变性与脂肪变性，部分肝细胞发生坏死，肝毛细胆管扩张并有胆汁淤滞。肾小管上皮细胞颗粒变性和脂肪变性。淋巴结出血炎症，淋巴组织增生。

2. 亚急性与慢性型　全身组织水肿，尤以头颈部、腹壁、胸壁、四肢最为明显。肾、肺、肝肿大出血，心外膜出血，肝脏边缘出现 2～5mm 的棕褐色坏死灶。组织学检查时，仔猪肝脏高度淤血，汇管区和肝实质的凝固性坏死区周围有嗜中性粒细胞与淋巴细胞浸润。心外膜、心内膜常见单核细胞浸润。肾脏有出血性间质性肾炎的散发性病灶外，肾盂周围的肾实质内有许多单核细胞浸润。

**【检疫和诊断】**综合流行特点、临床症状和病理变化可做出初诊，确诊需结合实验室检查。

1. 直接检查病原　发热期病畜取血液，其他病畜取尿液，死后 1h 内取肾、肝等组织。将病料用少许生理盐水做成悬液，直接滴片或压片，置暗视野显微镜下观察。病理组织用姬姆萨染色或镀银染色后检查，阳性病例可见病原。也可用病畜脏器切片经免疫酶染色或荧光抗体染色，检查病原。

2. 集菌法检查病原　取血液、尿液或研磨脏器生理盐水滤过悬液，1 500r/min 离心 5min，上清液再以 4 000r/min 离心 1～2h，取沉淀物涂片，姬氏染色镜检。

3. 分离培养　常用柯索夫培养基或 8%兔血清磷酸盐培养基，也可用鸡胚或牛胚肾细胞培养，用病料处理液接种后 30℃培养，每隔一定时间观察有无病原生长。

4. 动物接种　用血液、尿或肾等病料处理液，腹腔接种实验动物幼龄豚鼠和仓鼠，每天进行检查体温。发现症状者，取肝、肾等检查病原。

5. 血清学试验　可用玻片凝集试验、凝集溶解试验、微量凝集试验、间接荧光抗体法、CFT、ELISA 等方法。其中 ELISA 最特异敏感。

**【检疫处理】**确检为钩端螺旋体病时，隔离病畜。对早期或轻症病畜进行治疗，淘汰或宰杀重症病畜。病畜肉尸和内脏无害化处理。病畜粪尿、垫草及其他污染物消毒、深埋或焚烧。对钩体污染的水源按 1mg/L 有效氯用漂白粉进行消毒，对污染的圈舍、场地和用具等，用含有效氯 10mg/L 的漂白粉溶液或 1%～2%的甲醛溶液等进行消毒。

**【防疫措施】**病原血清群和血清型又十分复杂，传染源动物种类繁多，传染途径多样，广泛的污染水源都可成为其传递媒介，所以预防本病非常困难。应采取及时隔离病畜和可疑病畜，捕鼠灭鼠，保护水源，定期环境消毒和加强疫区动物免疫接种等综合性预防措施。具体如下：

1. 防止水污染和水传染　疫区动物及人的粪尿未经发酵或消毒处理，不得排放进入水流和农田使用。不得采集可疑疫水中青草饲喂动物。牲畜和人在水田作业时要注意防护。人、畜饮用水源和可疑水域要经常消毒。

2. 控制和消灭传染源　严格隔离病畜和可疑病畜，严禁流动。开展群众性捕鼠、灭鼠工作。消灭蚊蝇，定期进行环境消毒。

3. 预防接种和药物预防　在疫区可定期用单价或多价疫苗对动物预防接种。在疫病流行初期，可用青霉素或其他抗生素进行药物预防。

## 第十二节　黑腿病

黑腿病（blackleg）又称气肿疽，是由气肿疽梭菌引起反刍动物的急性败血性传染病。以组织坏死、产气和水肿为特征。对养牛业危害较为严重。本病于1875年首次发现，现遍布世界各地。我国也曾广泛发生和流行，目前已基本控制。

**【病原体】**气肿疽梭菌（*Clostridium chauvaei*）属于梭菌属（*Clostridium*）。为长大杆菌，两端钝圆，长1.6～9.7μm，宽0.5～1.7μm。单在或成短链。有中央或偏端芽胞，使菌体成梭形。有周身鞭毛，能运动，无荚膜。革兰氏染色阳性。

专性厌氧，在普通培养基中生长不良，在液体培养基中加入0.001%的胱氨酸、0.1%的巯基乙酸钠能促进生长，若加入脑片和肝块生长更好。在血液琼脂表面形成灰白色圆形菌落，纽扣状，周围常有β溶血环。在适宜的液体培养基内产生外毒素（α、β、γ、δ等4种），外毒素不耐热，在52℃经30min可被破坏。

繁殖体对热和消毒剂抵抗力不强，芽胞抵抗力很强，湿热90℃经60min和干热100℃经2h不能将其致死。在泥土中可存活5年，在风干皮张中可存活18年。0.5%甲醛、0.2%升汞可杀死。

**【流行特点】**黄牛最易感，水牛和绵羊次之，山羊、鹿和骆驼极少感染，猪更少感染。多见于6个月至3岁的黄牛。新疫区发病率可达40%～50%，病死率近100%。

病畜为传染源，间接接触传播。主要经消化道感染，病畜排出的病原体进入土壤，形成芽胞，污染的饲草、饲料、饮水被健康动物采食后导致动物发病。

多散发或地方性流行，低洼潮湿地放牧的牛群多发。有一定的季节性，春、秋季多发。

**【临床症状】**潜伏期一般3～5d。黄牛多为急性发病，老龄牛、水牛、绵羊多呈亚急性。病初体温升高至41～42℃，精神沉郁，拒食、反刍停止，跛行。眼结膜潮红、充血。股、肩、腰、背或胸前肌肉出现气性炎性肿胀，肿胀部触诊敏感，指压有捻发音或水泡破裂音，切开患部流出污红色带泡沫酸臭液体。随病情发展，病畜垂头呆立或倒地不起，四肢伸直，腹部臌胀，呼吸促迫，脉搏细速，心音不整。此时如气性肿胀蔓延较广，肿胀局部较凉而无知觉，皮肤干燥呈紫黑色，患部触诊硬固，叩诊鼓音。局部捻发音更明显。最后病畜体温下降，呼吸困难，心力衰竭而死亡。

绵羊多创伤感染，感染部位肿胀。非创伤感染病例多与病牛症状相似，骆驼患病后，病程短促，常在37～63h死亡。

**【病理变化】**尸体易发生腐败，因瘤胃胀气致使四肢开张伸直。从鼻孔、口或肛门流出带泡沫的暗红色液体。肿胀部皮下组织有出血性或黄色胶样浸润，淋巴结肿大。病变部肌肉中心黑色，组织干燥呈海绵状，周围色泽变淡，有奶酪臭味，这种变化呈间隔存在，以致形成斑驳色彩特征病变。局部淋巴结发生出血、肿胀，切面呈红色，内有浆液浸润。胸腔有多量黄色液体，心包液呈黄色，心脏扩张充满血液，外膜和内膜有出血斑。肺有出血性炎症。腹腔有积液，呈黄色。胃、肠有轻微的出血性炎症。肝稍肿大，切开时有大量血液和气泡流出，肝实质有坏死灶。肾和膀胱均有出血。脾不肿大，但边缘少有肥厚。

**【检疫和诊断】**根据流行特点、特征性临床症状和病理变化等可做出初诊，确诊需做实验室检查。病牛发生败血症时，经过甚急，有的还未出现明显症状即已死亡。为了防止散菌，对可疑尸体不做解剖。可在腹部切开小孔，取出小块肝或脾送检。也可以采取濒死期病牛的血液、脏器进行检查。

1. 细菌分离培养　将病料悬液接种厌氧肉肝汤和血液琼脂平板，37℃培养24～48h，挑选典型菌落，移植到厌氧肉肝汤中纯化培养。培养物做毒力测定。

2. 动物试验　用纯化培养物给豚鼠肌肉注射，如6～60h死亡，对病原菌做生化特性检查，如为阳性反应可做出确诊。

**【检疫处理】**确检为黑腿病时，应立即隔离病畜。对轻症病畜可用气肿疽血清和青霉素等治疗，重症病畜采取不放血方法致死。尸体严禁解剖和剥皮吃肉，焚烧或深埋病尸、病畜粪便及其他污染物。对病畜污染的环境用3%福尔马林、0.2%升汞彻底消毒。对假定健康动物和邻近地区易感动物，进行紧急预防注射，建立免疫带。

**【防疫措施】**

1. 防疫管理　加强出入境及产地动物检疫。对检出的病畜立即隔离，按有关规定处理。对本病常发地区的反刍动物，定期预防接种。

2. 免疫预防　气肿疽甲醛明矾灭活疫苗皮下注射，每年2次注射；气肿疽、牛巴氏杆菌病二联疫苗皮下注射，免疫期为1年。另有7种梭菌疫苗已经应用，效果良好，使用方便。

3. 扑灭措施　在气肿疽疫区，发现病畜及时上报，迅速组织确诊。检查畜群，划分病健畜群，隔离病畜和病群。对假定健康动物和受威胁畜群做气肿疽疫苗注射，对疑似病畜和有价值病畜用抗气肿疽高免血清注射治疗。病死畜焚烧或深埋，对污染的场地、水源等进行消毒。

## 第十三节　李氏杆菌病

李氏杆菌病（listeriosis）又称为李斯特菌病，是由产单核细胞李氏杆菌引起的一种人兽共患传染病。家畜和人主要表现脑膜脑炎、败血症和流产，家禽和啮齿动物表现坏死性肝炎和心肌炎，有的还表现单核细胞增多症。本病广泛分布于世界各地，给畜牧业和人类健康带来严重危害。

**【病原体】**产单核细胞李氏杆菌（*Listeria monocytogenes*）又名单核细胞增生性李斯特菌，属于李氏杆菌属（*Listeria*）。革兰氏阳性小杆菌，菌端钝圆。在感染组织或液体培养物中常呈类球形，较老龄或粗糙型培养物可成丝状。多单在，有的排列成V型或短链。无芽胞，不形成荚膜。20～35℃培养形成鞭毛能运动，37℃培养几乎无鞭毛。有13个血清型。

本菌为微嗜氧性，在含5%～10%二氧化碳的低氧环境内生长较好。最适生长温度30～37℃。在血液琼脂上长出光滑型或粗糙型小菌落，透明或颗粒状圆形，粗糙型菌落有狭窄的β型溶血环。在含10%食盐的培养基中能生长，在20%的食盐溶液中经久不死。

本菌在饲料、干草和干粪中能长期存活，在饲料中6周、泥土中11个月、湿粪中16个月、干粪中2年以上仍可存活。对热的耐受性较大，65℃经30～40min才死亡。对一般消毒剂敏感，3%石炭酸、70%酒精可杀死本菌。

**【流行特点】**易感动物极其广泛，42种哺乳动物和22种鸟类有易感性。家畜以绵羊、猪、家兔多见，牛、山羊次之，马、犬、猫少见；家禽以鸡、火鸡和鹅感染较多，鸭较少。许多野生动物和啮齿动物都有易感性，鼠类易感性最高，且常为本菌的储存宿主。实验动物中家兔、豚鼠和小鼠均易感。

患病和带菌动物是本病的传染源。病原菌从粪、尿、乳汁、精液以及眼、鼻和生殖道的分泌物排出。家畜因采食带菌鼠类所污染的青贮饲料或其他病原污染物而感染。主要经消化道、呼吸道、眼结膜或皮肤损伤感染。饲料和饮水是主要传递媒介。

散发，偶见地方性流行。发病率极低，而病死率却较高。各种年龄都可感染发病，幼龄更易感。多发生于土壤肥沃、富含腐殖质的地区，全年都可发生。

**【临床症状】**潜伏期多在2～3周，有的只有数天，有的长达2个月。

1. 反刍动物　病初体温升高1～2℃，不久降至正常。精神沉郁、淡漠呆滞，一侧或两侧耳麻痹下垂。有的意识障碍，无目的地乱跑乱碰。舌麻痹，采食、咀嚼、吞咽困难。流鼻液、眼泪，斜视甚至失明。头颈偏于一侧，转圈运动，头抵障碍物不动。颈项强硬，角弓反张。后期卧地不起、昏迷，四肢划动，作游泳状。一般3～7d死亡，有的病程为1～3周。成年动物多为亚临床感染，妊娠母畜常发生流产，少数胎衣滞留，伴发子宫炎。幼畜常发生急性败血症而很快死亡，病死率很高。

2. 猪　一般体温不高，病初常出现运动失常，转圈运动，无目的行走或后退，或头抵地而不动。有的头颈强直后仰，四肢张开，类似破伤风症状。有的呈阵发性痉挛，口吐白沫，两前肢或四肢麻痹，侧卧不起，四肢作游泳状运动。一般经1～4d死亡。妊娠母猪发生流产。仔猪感染以败血症为主，体温显著上升，精神高度沉郁，食欲减少或废绝，口渴，有的表现咳嗽、腹泻、皮疹、呼吸困难，有的发生神经症状。病程1～3d，病死率高。

3. 马　体温升高，感觉过敏，兴奋不安。四肢、下颌和喉部不全麻痹。病程约1个月，多能自愈。幼驹表现轻度腹痛、不安、黄疸和血尿等症状。

4. 兔　常无明显症状而迅速死亡。有的精神委顿，不愿走动。口流白沫，有间歇性神经症状，发作时无目的地向前冲撞，或转圈运动。最后倒地，头后仰、抽搐，终于衰竭死亡。

5. 禽　精神沉郁、停食、下痢，多在短时间内死于败血症。病程较长可能出现痉挛、斜颈等神经症状。

**【病理变化】**剖检一般无特殊的肉眼病变。败血性病例可见脾肿大，心外膜出血和肝脏有灰白色粟粒大坏死灶。家兔和其他啮齿类肝有坏死灶，血液和组织中单核细胞增多。但反刍兽和马不见单核细胞增多，而常见多形核白细胞增多。家禽主要表现心包炎，心肌和肝脏肿大坏死。流产的母畜可见子宫内膜充血性坏死。有神经症状病畜的脑膜和脑，可见充血、炎症或水肿。脑脊液增加、稍浑浊、细胞含量增多，脑干血管周围单核细胞浸润。脑实质中有由增生的神经胶质细胞和组织细胞或白细胞构成的粟粒大或大片的浸润灶。有的肝有小坏死灶。

**【检疫和诊断】**根据流行特点、症状和病理变化可做出初步诊断，确诊需进行实验室检查。

1. 细菌学诊断　采取血液、肝、脾、肾、脑脊髓液和脑等病变组织做触片或涂片，革兰氏染色镜检，如见单在、成双或V形排列的革兰氏阳性小杆菌，可提示诊断。将检样划线接种于1.0%葡萄糖琼脂平板或0.05%亚碲酸钠胰蛋白胨琼脂平板，37℃培养后，挑取中央黑色而周围绿色的典型菌落进行细菌鉴定。

2. 动物接种试验　取病料悬液，给家兔、小鼠、幼豚鼠或幼鸽进行脑内、腹腔或静脉注射，可引起败血症死亡。或用病料悬液滴入实验动物眼内，1d后发生结膜炎，之后发生败血症死亡，妊娠2周的动物常发生流产。但仍需采取病料进行细菌分离培养和鉴定。

3. 血清学诊断　本菌与葡萄球菌、肠球菌、化脓放线菌及大肠杆菌等有共同抗原，一般血清学试验检测可疑动物血清抗体或病原鉴定，对本病诊断意义不大。但可用酶标或荧光标记的特异性单抗进行病原检测或鉴定。

4. 荧光抗体检查　制作病料切片、涂片或分离物涂片，应用荧光单抗染色，荧光显微镜检查，可见具有荧光的球杆状。

**【检疫处理】**确检为李氏杆菌病时，迅速隔离病畜。治疗轻症病畜和可疑病畜，淘汰或宰杀重症病畜，无害化处理病畜肉尸和内脏。流产死胎、胎盘及病畜分泌物、排泄物等深埋或焚烧。污染的圈舍、场地和用具等用2%石炭酸、烧碱、甲醛溶液，3%有效氯的漂白粉溶液消毒。对假定健康动物和邻近动物，进行紧急预防注射，建立免疫带。

**【防疫措施】**

1. 防疫管理　不从疫区引入畜禽，严格动物检疫制度。做好兽医卫生防疫和饲养管理。消灭畜场鼠类和其他啮齿类动物，防止饲料和饮水被病原体污染。

2. 免疫预防　对常发病地区的家畜，应定期预防接种。李氏杆菌弱毒AUF菌株疫苗接种绵羊，在10个月内100%保护，该疫苗现也用于牛、兔和貂等动物，效果良好。

3. 扑灭措施　发现可疑病畜应立即隔离治疗，多种抗生素对李氏杆菌病均有治疗作用，但必须早期大剂量应用才能奏效。对羔羊败血型病例，应用青霉素与庆大霉素联合疗法的效果甚佳。将未受感染的动物及早隔离至清净场舍，如怀疑青贮饲料存在问题时，则改用其他饲料。给未发病动物和其他受威胁动物紧急接种弱毒疫苗。对被污染的畜舍、用具等进行彻底消毒。

## 第十四节　类鼻疽

类鼻疽（melioidosis）又称为伪鼻疽，是由伪鼻疽伯氏菌引起的一种人兽共患传染病。其特征性病变是被侵害器官发生化脓性炎症及特征性肉芽肿结节。本病主要发生于热带和亚热带地区，东南亚及澳大利亚北部、美洲和非洲等地区均有发生，呈地方性流行。我国南方地区，马、骡类鼻疽阳性率很高，有些马群达50%，海南和广西等地的猪和山羊也曾有本病发生。

**【病原体】**伪鼻疽伯氏菌（*Burkholderia pseudomllei*）又称为伪鼻疽杆菌，属伯氏菌属（*Burkholderia*）。革兰氏阴性、两极浓染的小杆菌，长1.5μm，宽0.8μm，单个、成双、短链或栅状排列。有4～6根鞭毛，能运动，不形成芽胞和荚膜。

本菌可分为两个血清型：Ⅰ型具有耐热和不耐热两种抗原，主要存在于包括中国在内的亚洲；Ⅱ型只有耐热抗原，主要存在于大洋洲和非洲。

本菌在25～27℃生长良好，42℃仍可生长，适宜pH为6.8～7.0。在甘油琼脂平板上培养24h形成光滑型菌落，48～72h形成粗糙型有同心圆的菌落，表面有明显皱纹。在血液琼脂上缓慢溶血。在肉汤培养基表面可形成带皱纹的厚菌膜。

本菌对自然条件抵抗力较强，在水中28～44d、粪便中27d、尿中17d、尸体中8d仍可存活，暗室土壤样本中可存活1年以上。但对湿热和消毒剂敏感，50℃经30min即死亡，常用消毒药剂均可杀死本菌。

**【流行特点】**马属动物、山羊、绵羊、猪、牛等均有易感性，其中马属动物、猪和绵羊最易感。人也可以感染。犬、猫、兔、鼠类和鸟类也有感染的报道。实验动物中仓鼠和豚鼠较易感。

伪鼻疽杆菌是热带地区土壤和死水中的一种常在菌，高温高湿有利于本菌的生长。动物和人接触被污染泥水即可感染，感染动物可将病原菌带至新疫区，形成新的疫源地。主要经皮肤外伤、结膜或消化道感染，也可因吸入含菌气溶胶经呼吸道感染。流行呈明显的地区性和季节性，热带地区及高温多雨季节发生较多。

**【临床症状】**

1. 猪　常呈地方性流行，间或可暴发流行。表现厌食、发热，呼吸加快，咳嗽，运动失调，鼻、眼流出脓性分泌物，关节肿胀，睾丸肿大。成年猪多取慢性经过，屠宰后方被发现，幼猪常有急性经过，一般在1～2周死亡。流行期猪群感染率可高达35%。

2. 绵羊　呈地方性流行，表现为发热，咳嗽，呼吸困难，眼和鼻有黏稠分泌物，有的病例四肢关节肿胀、跛行，有的出现神经症状，后躯麻痹。

3. 山羊　多为慢性经过。急性者表现为咳嗽，跛行，眼、鼻有分泌物，有的出现神经症状，母羊发生乳房炎，公羊睾丸有硬结。

4. 马属动物　多呈慢性或隐性感染。急性、亚急性病例为肠炎型，主要呈现高热败血症、腹泻、疝痛和水肿；慢性型表现虚弱、运动障碍、咳嗽、水肿，死亡率4%；脑炎型出现步样蹒跚、横卧倒地、肌肉强直痉挛、角弓反张、眼球震颤等神经症状，病马迅速死亡；肺炎型表现咳嗽，听诊发现浊音、啰音症状，最后可出现肺部感染症状。

5. 牛　多无明显症状，偶尔可出现偏瘫及截瘫症状。患牛常见有睾丸炎、附睾炎，一肢或多肢发生水肿、跛行。

6. 犬　常表现高热、阴囊肿、睾丸炎、附睾炎、跛行，伴有腹泻和黄疸症状。

7. 猫　表现呕吐和下痢。

**【病理变化】**

1. 猪　肺脏出现炎症和结节，肝、脾、淋巴结及睾丸有结节，有的出现化脓性关节炎。

2. 绵羊　常见关节受损和脏器、淋巴结发生脓肿或结节，以肺和纵隔淋巴结多见；出现神经症状的见脑膜脑炎，后躯麻痹的羔羊多在腰椎、荐椎发现脓肿。

3. 山羊　病变分布广泛，多半为体积较小的脓肿或结节，肺脏最为多见，鼻中隔、淋巴结及其他脏器也不少见。

4. 马　肺脏结节、脓肿、急性肺炎为特征，少数病例可在鼻腔、脾脏出现结节和脓肿。

5. 牛　脾、肾等处形成脓肿，在延髓和脊髓部形成化脓性坏死灶。

**【检疫和诊断】**根据临床症状和病理变化可做出提示性诊断，依据细菌学和免疫学方法方能确诊。

1. 细菌形态检查　采取可疑动物病变组织抹片或切片，革兰氏染色，显微镜观察。见革兰氏阴性、两极浓染的小杆菌可提示诊断；酶或荧光标记抗体检测阳性，可做出初步诊断。

2. 细菌分离和鉴定　取病料接种含4%甘油、40μg/ml头孢霉素和100μg/ml多黏菌素的琼脂平板，培养后菌落初呈S型，不久表面形成皱纹。挑选可疑菌落，与阳性血清做凝集试验，或用单克隆抗体做间接ELISA或免疫荧光抗体检查，鉴定细菌。

3. 动物接种　病料直接接种地鼠或豚鼠腹腔，严重污染的检样以适量青、链霉素处理后接种皮下。感染动物于48h后开始死亡，剖检肝、脾、睾丸见典型病变，进一步做分离培养鉴定。

4. 免疫学诊断

(1) IHAT：美国CDC推荐的血清学检查方法。取多糖抗原致敏鸡或绵羊红细胞进行检测，有较好的特异性和敏感性，适宜于人畜血清学调查或大量被检血清样品的筛选。对山羊是检测过去感染的最佳指标。

(2) CFT：以甘油琼脂48h培养物65℃经40min杀菌，超声波裂解菌体蛋白，高速离心的上清为抗原。骡、马血清检样应在1∶8稀释后分别于63℃和58℃经30min灭活。本法应用于山羊类鼻疽的特异性亦佳。

(3) 变态反应：适用于马属动物鼻疽与类鼻疽感染的鉴别诊断。应用亲和层析提纯的抗原点眼，3h、6h、9h、24h观察反应，若出现结膜潮红、流脓性眼眵、眼睑肿胀可判为阳性。类鼻疽感染马可100%出现反应，而鼻疽马仅个别有反应。如用盐析提纯的类鼻疽菌素或鼻疽菌素做皮内试验，皮厚差为4mm以上，注射部有红肿热痛等炎性症状者，判为阳性。皮厚差为2.1～3.9mm，有轻度炎性肿胀者，判为可疑，对可疑者于30d后再做1次试验，若为阳性或仍为可疑，即判为阳性。皮厚差为2.0mm以下，无炎性肿胀者，判为阴性。类鼻疽马的皮肤增厚以24h最高，72h最低；而鼻疽马则是24h最低，72h最高。

**【检疫处理】**确检为类鼻疽时，应立即隔离病畜。对珍贵动物和可疑家畜隔离治疗，淘汰或宰杀病畜，无害化处理病畜肉尸和内脏。病畜分泌物、排泄物等深埋或焚烧。污染的圈舍、场地和用具，用2%石炭酸、烧碱、甲醛溶液、3%有效氯的漂白粉溶液消毒。进口动物一旦检出本病，阳性动物做退回或扑杀、销毁处理，同群动物隔离观察。

**【防疫措施】**加强检疫，对检出的阳性动物、可疑动物及同群假定健康动物，严格隔离管理或按规定处理。加强饲料及水源的管理，做好畜舍及环境的卫生消毒工作，消灭啮齿动物，特别是鼠类。本病目前尚无可应用的疫苗。

## 第十五节　放线菌病

放线菌病（actinomycosis）又称为大颌病，是由各种放线菌所致的牛、猪及其他动物和人的一种非接触性慢性传染病。以牛最为常见。特征为头、颈、颌下和舌部形成放线菌肿。本病广泛分布于世界各国。我国多数地区有散发。对畜牧业有一定危害，并危害人体健康。

**【病原体】**病原菌属于放线菌属（*Actinomyces*），主要有牛放线菌（*A. bovis*）、猪放线菌（*A. suis*）和伊氏放线菌（*A. isaelii*）。牛放线菌是牛、猪放线菌病的主要病原菌；猪放线菌主要感染猪、马、牛；伊氏放线菌是人放线菌病的主要病原菌。

放线菌多呈短杆状，少数呈棒状、长丝状，菌丝无中隔，直径为0.6～0.7μm。革兰氏阳性，无鞭毛，不运动。在动物病变组织中呈辐射状菌丝颗粒，即别针头大、黄色小菌块，似硫磺颗粒。将颗粒压片镜检可见本菌。

兼性厌氧菌，在二氧化碳环境中生长良好。最适生长温度37℃，最适pH7.2～7.4。在脑心浸液血液琼脂上形成小米粒状菌落。

各种放线菌对干燥、热、低温和一般消毒剂敏感。80℃经5min或0.1%升汞经55min可将其杀死。对青霉素、四环素和磺胺类药物敏感，但药物不易渗透到脓灶中，不能达到杀菌目的。

**【流行特点】**本病主要侵害牛，多见于青壮年牛，2～5岁的牛最易感，常发生于换牙的时候。猪、绵羊、山羊和马较少感染。人也可感染，家兔、豚鼠可人工感染发病。

各种放线菌广泛存在于哺乳动物上消化道或被污染的饲料和土壤中。因此，常因皮肤、黏膜损伤而内源性或外源性感染发病。牛也因食入带刺的饲草刺破口腔黏膜而感染。羊常在头部、面部和口腔的创伤处发生放线菌感染。母猪因乳头损伤而引起感染发病。多为散发。

**【临床症状】**由于动物不同，潜伏期长短不一，多为数周。

1. 牛　多在颌骨、唇、舌、咽、齿龈、头部的皮肤和皮下组织形成肿块，以颌骨最多见，肿块坚硬，界限明显。肿部初期疼痛，晚期无痛觉。破溃后流出脓汁，形成瘘管，不易愈合。有的病例头、颈、颌下、乳房等部的软组织也常发生硬结，逐渐增大，突出于皮肤表面，有时破溃流脓。舌和咽部感染放线菌后，组织发硬，称“木舌症”，舌背面隆，舌肿大，往往垂于口外，病牛吃草和反刍困难，逐渐消瘦。

2. 绵羊和山羊　常在舌、唇、下颌骨、乳房出现肿块。也可见下腹部或面部等皮下组织中发生坚硬结节。破溃后形成瘘管，排出脓液。病羊采食困难，消瘦，常并发肺炎死亡。

3. 猪　多见乳房肿大，形成结节、化脓，引起乳房畸形，多系仔猪牙齿咬伤感染所致。

4. 马　多发生鬐甲肿或鬐甲瘘等。

**【病理变化】**主要见于患病部位的增生性、渗出性、化脓性肿块。

牛主要是颌骨放线菌感染具有特征性，表现为慢性增生性骨炎、骨膜炎和骨髓炎。病变颌骨骨质疏松、畸形隆起。骨质呈蜂窝状或脓性融化，空腔中可见多量含微黄色干酪状的颗粒脓汁。当病原菌感染上额窦、鼻窦和额窦时，也形成积脓及鼻甲和鼻中隔的脓性融化。

病变部的主要变化是肉芽肿，其中含有许多直径20μm至1cm的圆形、卵圆形等多形菌核。菌核中含有浓密丛集的革兰氏阳性细杆菌和分支的菌丝。常见钙化菌核包埋于蛋白质和硫化物混合基质中，被许多菌丝包围，形成花瓣状。

**【检疫和诊断】**散发，多见于牛。根据临床症状和病理变化可做出初诊，确诊需做实验室检查。

细菌学检查：采取未破溃肿块脓汁，或刮取瘘管组织，做压片或涂片镜检。也可取少量脓汁放入试管中，加入适量生理盐水稀释，弃去上清液，沉渣加入少量生理盐水，倒入清洁平皿中，查找“硫磺样颗粒”。将“硫磺样颗粒”放在载玻片上，滴加5%～10%氢氧化钾溶液，用低倍镜检查，可见到圆形或杆形颗粒，排列成放射状，边缘透明发亮。将硫磺颗粒在玻片上压碎，固定，革兰氏染色镜检，可见革兰氏阳性分支菌丝。

**【检疫处理】**确检为放线菌病时，应隔离病畜。治疗轻症和可疑病畜，淘汰或宰杀重症病畜，无害化处理病畜肉尸和内脏。对病畜分泌物排泄物及污染的圈舍、场地等，用2%甲醛或含3%有效氯的漂白粉溶液消毒。

**【防疫措施】**加强饲养管理，防止动物皮肤、黏膜损伤。应避免在低湿地放牧，防止动物采食带硬刺的牧草。发现动物皮肤或黏膜损伤时，应及时治疗。

## 第十六节　肝片吸虫病

肝片吸虫病（fascioliasis hepatica）又称为肝蛭病，是由肝片吸虫寄生于牛、羊及其他哺乳动物和人胆管内引起的一种人兽共患病。本病呈世界性分布，遍及欧洲、亚洲、非洲和美洲等的40多个国家和地区。常呈地方性流行，能引起急性或慢性肝炎和胆管炎，并伴发全身性中毒和营养障碍，牛、羊的感染率可达20%～60%，常造成羊和幼畜大批死亡，危害相当严重。在我国分布于15个省区，感染人数约12万，以甘肃省流行最为严重。

**【病原体】**肝片吸虫（*Fasciola hepatica*）属片形科（Fasciolidae）片形属（*Fasciola*）。虫体扁平，呈叶片状，新鲜虫体呈棕红色，雌雄同体。长20～35mm，宽5～13mm。虫卵呈长卵圆形，黄褐色，大小为116～150μm×63～90μm，卵盖略大。

**【生活史】**成虫寄生于终末宿主（牛、羊、人等）胆管内，产出大量虫卵随宿主胆汁进入肠道排出体外，在水中孵出毛蚴。毛蚴侵入中间宿主（20多种椎实螺）体内无性繁殖，经胞蚴、母雷蚴、子雷蚴发育为许多尾蚴。尾蚴从螺体内逸出，附着在水生植物或其他物体上形成囊蚴。囊蚴随水、草被终末宿主摄食后，在小肠破囊而出，童虫穿过肠壁进入腹腔，钻入肝实质，移入胆管，发育为成虫。成虫在动物体内可生存3～5年，在人体可寄生12年。

**【流行特点】**反刍动物最易感，尤其是牛和羊，感染率可达50%。猪、马、兔、犬、骆驼和野生动物均可感染。人群普遍易感。

感染的牛、羊和人等是主要终末宿主和传染源。动物感染多因采食含囊蚴的饲草所致，少数因饮用被污染的生水而引起。人体感染多因生食含囊蚴的水芹等水生植物所致，也有因喝生水、吃半生含童虫的牛肝或羊肝而感染的。囊蚴在小肠破囊而出，童虫穿过肠壁进入腹腔，钻入肝实质，移入胆管，发育为成虫。成虫在动物体内可生存3～5年，在人体可寄生12年。成虫产出大量虫卵随宿主胆汁进入肠道排出体外，在水中孵出毛蚴。毛蚴侵入中间宿主（20多种椎实螺）体内无性繁殖，经胞蚴、母雷蚴、子雷蚴发育为许多尾蚴，尾蚴从螺体内逸出，附着在水生植物或其他物体上形成囊蚴。

本病多发于温暖潮湿的夏秋季节。

**【临床症状】**轻度感染往往无明显症状，感染虫体数量多时出现症状。急性型多见于羊，表现为发热，精神沉郁，食欲减退，偶有腹痛、腹泻、腹水，有时突然死亡。

慢性型最多见，表现为贫血和水肿，食欲不振，营养不良，局部水肿，消瘦衰竭，行动缓慢，产奶量显著减少，孕畜流产，严重时极度消瘦而死亡。有的有肺炎症状。

**【病理变化】**急性病例可见肠壁和肝组织的严重损伤、出血。可见肝脏肿大、质软，包膜有纤维素沉积，有2～5mm长的暗红色虫道，虫道有凝固的血液和童虫。黏膜苍白，血液稀薄，血中嗜酸性粒细胞增多。腹腔有血色液体，有腹膜炎病变。

慢性病例可见慢性胆管炎、慢性肝炎和贫血现象。肝实质萎缩，退色、变硬，小叶间结缔组织增生。胆管管壁肥厚、扩张，胆管呈绳索样突出于肝表面，胆管内含大量血性黏液和虫体及黑褐色或黄褐色磷酸盐结石。

**【检疫和诊断】**根据流行特点、临床表现和病理变化特点，可提示诊断。结合病原和免疫学检查等确诊。

粪便虫卵检查：取病畜粪便加清水搅匀，用40～60目铜筛过滤，滤液再通过260目锦纶筛兜过滤，并在锦纶筛兜中继续加水冲洗，直到洗出液清亮为止。取兜内粪渣涂片，显微镜检查虫卵。

急性感染期的动物，也可用皮内试验、IHAT、免疫荧光检查和ELISA等方法进行诊断。

**【检疫处理】**确检为肝片吸虫病时，隔离病畜。对轻症和可疑病畜进行治疗，淘汰或宰杀重症病畜，病畜肝、肠等内脏器官高温无害化处理，病畜粪便利用生物热发酵消毒。

**【防疫措施】**预防本病的主要措施是加强饲养管理，定期驱虫和消灭椎实螺。

1. 加强饲养管理　不在低洼、潮湿、多囊蚴的地方放牧，低洼潮湿地的牧草应割后晒干再喂牛、羊。禁止动物采食可疑水草。实行划地轮牧，轮牧间隔以3个月为宜。加强环境卫生管理，防止人、畜粪污染水源，保持牛、羊饮水清洁。

2. 定期驱虫　流行地区应加强检疫和清除病畜，对畜群进行定期驱虫。驱虫的时间和次数可根据流行区的具体情况而定。急性病例可在夏、秋季用肝蛭净等对童虫进行驱杀。慢性病例，北方地区每年可在冬末初春和秋末冬初进行两次驱虫。南方终年放牧，每年可进行3次驱虫。驱虫后的粪便应堆积发酵杀死虫卵。

3. 消灭椎实螺　兴修水利，改造低洼地。大量养殖水禽，用以消灭螺类。可定期用硫酸铜或氨水、血防67进行低洼地和水域灭螺。

## 第十七节　丝 虫 病

丝虫病（filariasis）是由丝虫目的多种线虫寄生于脊椎动物的肌肉、结缔组织、循环系统、淋巴系统和体腔等组织中所致的一类寄生虫病。寄生性丝虫种类多、分布广，不同种类的丝虫可引起多种动物和人的各种丝虫病，广泛分布于热带、亚热带和温带的许多国家和地区。

**【病原体】**主要病原包括丝虫目（Filariata）丝状科（Setariidae）丝状属（*Setaria*）；丝虫科（Filariidae）副丝虫属（*Parafilaria*）；盘尾科（Onchocercidae）盘尾属（*Onchocerca*）；双瓣科（Dipetalonematidae）双瓣属（*Dipetalonema*）、恶丝虫属（*Dirofilaria*）的多种线虫。不同种类的丝虫可引起多种动物和人的各种丝虫病。吸血昆虫是该病病原的中间宿主和传播媒介。动物丝虫病危害较大的有脑脊髓丝虫病（马和羊）、马盘尾丝虫病、副丝虫病（马和牛）和犬心丝虫病（犬和猫等）。

**【主要的动物丝虫病】**

1. 脑脊髓丝虫病　由指形丝状线虫（*S. digitata*）的幼虫寄生于马、羊脑或脊髓的硬膜下或实质中而引起，马比骡多发，山羊、绵羊也常发生，多发于秉性温顺的马、新到疫区的马和幼龄马。日本、印度和美国等许多国家都有发生。我国多发于长江流域和华东沿海地区，东北和华北等地亦有发生。中间宿主为中华按蚊、雷氏按蚊、骚扰阿蚊、东乡伊蚊和淡色库蚊。多发于7～9月份，8月发病率最高。流行地区一般牛多、蚊虫多。

（1）马：早期主要表现为后躯运动神经障碍，后肢提举不充分，后躯无力，后肢强拘。久立后牵引时后肢出现伸腿样动作。从腰荐部开始，出现知觉迟钝或消失。中晚期表现为精神沉郁，有的患马意识障碍，出现痴呆、磨牙、凝视、易惊。腰、臀、内股部针刺反应迟钝或消失。弓腰、腰硬，突然高度跛行。运步中两后肢外张、斜行，或后肢出现木脚步样。急退易坐倒，起立困难。随着病情加重，阴茎脱出下垂，尿淋漓或尿频，尿色呈乳状，重症者甚至尿闭、粪闭。体温、呼吸、脉搏和食欲均无明显变化。患马逐渐丧失使役能力，重者长期卧地不起，发生褥疮，继发败血症而死亡。

（2）羊：病初表现行动缓慢、掉队，精神不振，神态异常。继之出现腰部强直、跛行，行走无力，步态踉跄，一侧或两侧后肢拖地，不能站立。有的靠墙而立，或呈犬坐姿势，头弯向一侧。病程后期，由于长期卧地，食欲下降，逐渐消瘦死亡。尸体剖检见脑脊液增多、浑浊，脑脊髓硬膜有大小不等的斑点状黄褐色病灶和液化坏死。膀胱内充满乳黄或乳白色混有絮状物的尿液，膀胱黏膜增厚。肾有间质性炎症。

2. 马盘尾丝虫病　由颈盘尾丝虫（*O. cervicalis*）和网状盘尾丝虫（*O. reticulata*）寄生于马肌腱、韧带和肌间引起，寄生部位常形成硬结。中间宿主为云斑库蠓、五斑按蚊和陈旧库蠓等。症状因虫体寄生部位不同有所差异，可出现夏季过敏性皮炎、周期性屈腱炎、骨瘤、腱鞘炎、滑液囊炎及周期性眼炎、鬐甲瘘等。虫体盘曲在结缔组织中形成“虫巢”，外部有纤维组织形成的包膜。虫体周围有大量细胞浸润，主要是嗜酸性粒细胞，伴有巨细胞、浆细胞和淋巴细胞。后期局部发生玻璃样至干酪样变性，最后坏死或钙化。患部及周围血管、淋巴管常受到侵害，如继发细菌感染，则患部变为化脓性坏死性炎症，出现脓肿或形成瘘管。

3. 副丝虫病　马副丝虫病是由多乳突副丝虫（*P. multipapillosa*）寄生于马的皮下和肌肉结缔组织间引起。蝇类为中间宿主。特点是常在夏季形成皮下结节，结节多于短时间内出现，迅速破裂，并于出血后自愈。虫伤皮肤出血呈汗珠状，故又称“血汗症”。在印度、南美、北非、东欧特别是前苏联草原地区马群多发。我国云贵、青藏高原以及东北、新疆地区亦有此病。

牛副丝虫病是由牛副丝虫（*P. bovicola*）寄生于牛的皮下组织和肌间结缔组织引起。蝇类是中间宿主。症状与马副丝虫病基本相似。多见于4岁以上的成年牛，犊牛很少发生。可根据发生的季节，突然出现的出血性结节和在出血性结节中检查到虫卵或幼虫来确诊。

4. 马来丝虫病　由马来丝虫（*D. malayi*）寄生于人和叶猴、长尾猴以及犬、猫等多种脊椎动物淋巴管及淋巴结引起，其中叶猴感染率可达70%。中间宿主为中华按蚊和窄卵按蚊。发病和带虫的人和动物是本病的传染源。呈地方性流行，以乡村和市郊多见，6～10月份蚊虫旺盛时多发，8月份为高峰期。犬、猫、猴等动物感染马来丝虫后，主要表现为淋巴管曲张和淋巴结炎。

5. 犬心丝虫病　由犬恶丝虫（*D. immtis*）寄生于犬的右心室及肺动脉，引起循环障碍、呼吸困难及贫血等症状。猫和其他野生肉食动物亦可感染，人偶被感染。中间宿主是蚤、按蚊或库蚊。发病与蚊子的活动季节相一致。早期症状是慢性咳嗽、易疲劳。随着病情发展，病犬出现心悸，腹围增大，呼吸困难，运动后加重，末期贫血明显，逐渐消瘦衰竭至死。常伴发结节性皮肤病，以瘙痒和倾向破溃的多发性灶状结节为特征，皮肤结节为以血管为中心的化脓性肉芽肿，在其周围的血管内常见有微丝蚴。

**【检疫和诊断】**根据流行特点和症状可做出初步诊断，确诊需进行实验室检查。

1. 病原检查　微丝蚴可见于发病动物的各种体液和尿液，可于外周血液、鞘膜积液、淋巴液、腹水和尿液等查到微丝蚴。取体液或尿液，直接涂片或离心浓集、薄膜过滤浓集后检查微丝蚴。有淋巴结肿大或可疑结节时，可做组织内成虫、虫卵或幼虫检查。死后剖检可在患部发现虫体和相应病变。

2. 免疫学试验　目前用荧光抗体检查、免疫金银染色法（IGSS）和ELISA等方法检测血清抗体或病料中的抗原，检出率较高。脑脊髓丝虫病的早期诊断尤为重要。可用牛腹腔指形丝状线虫提纯抗原，进行变态反应检查。

此外，也可用PCR、PCR-ELISA和DNA探针技术等进行检疫和诊断。

**【检疫处理】**确检为丝虫病时，隔离病畜。治疗轻症病畜和可疑病畜，淘汰或宰杀重症病畜，无害化处理病畜肉尸和内脏。消灭畜场蚊蝇，进行环境消毒。

**【防疫措施】**在流行区，定期开展检疫，及时治疗病人和病畜，以控制传染源。加强驱蚊、灭蚊、灭蚤、灭蠓，切断传播途径。

预防脑脊髓丝虫病应注意将马厩和羊舍设置在干燥、通风、远离牛舍1～1.5km以外的地方，在蚊虫猖獗季节尽量避免马、羊与牛接触。普查治疗病牛。对新马及幼龄马在发病季节应用海群生进行预防注射。

犬心丝虫病最有效的预防措施为乙胺嗪药物预防，在蚊虫活动开始到结束后2个月内连续用药。对感染后血中检出微丝蚴的犬禁用，避免发生过敏反应引起死亡。也可用伊维菌素预防。

## 第十八节　莱姆病

莱姆病（Lyme disease）是由伯氏疏螺旋体引起的人兽共患性传染病。以发热、关节肿胀、跛行和运动障碍为特征。1974年在美国康涅狄格州莱姆镇首次发现本病。近年来本病的分布不断扩大，美洲、欧洲、大洋洲、非洲南部和亚洲的一些国家均有发生。我国19个省区先后发生。本病不仅危害人类健康，而且也给畜牧业造成一定的经济损失。

**【病原体】**伯氏疏螺旋体（*Borrelia burgdorferi*）属于疏螺旋体属（*Borrelia*），呈螺旋状，有7个螺旋，菌端尖锐。长约30μm，直径0.2～0.4μm。暗视野镜下可见菌体扭曲、翻转运动。革兰氏阴性，姬姆萨染色良好。

本菌微需氧，最适生长温度33℃。在BSK-Ⅱ液体培养基中生长良好，于含1.3%琼脂糖BSK固体培养基上形成集落。可用鸡胚培养，能在卵黄囊、尿囊腔或尿囊膜上生长。

本菌对各种理化因素的抵抗力不强，一般消毒剂可将其杀死。对青霉素、四环素、红霉素等敏感，而对庆大霉素、新霉素、丁胺卡那霉素有抵抗力，在8～16μg/ml浓度时仍能生长。

**【流行特点】**多种动物（牛、马、羊、鹿、犬、猫、兔、鼠类等）和人都易感。30多种野生动物、49种鸟类及多种家畜可作为本病的宿主。

自然界中感染的白尾鹿和鼠类是重要传染源，蜱类（达敏硬蜱、鼠籽硬蜱、金沟硬蜱、长角血蜱、三棘血蜱和嗜群血蜱等）既为传播媒介也是贮存宿主，病菌可在蜱类、某些野生动物和一些家畜间循环存在。其他感染动物也可成为传染源，通过分泌物、排泄物向外界排菌。主要通过带菌蜱类的叮咬而传播，也可通过直接或间接接触病原体而感染。

发生有一定季节性，多在6～9月份发生。发生的季节和高峰，与当地的蜱类活动时间、数量及活动高峰相一致。

【临床症状】

1. 奶牛 体温升高（38～39℃），精神沉郁、无力，口腔黏膜苍白。病初轻度腹泻，继之严重水样腹泻、消瘦。腹下和腿部皮肤出现肿胀。关节肿胀疼痛、敏感，跛行。产乳量下降。有些病牛出现心肌炎、血管炎、肾炎和肺炎等症状。怀孕母牛常发生流产。

2. 马 嗜睡，发热（38.6～39℃）。四肢被叮咬部位脱毛、高度敏感。前肢或后肢出现疼痛和轻度肿胀，跛行或四肢僵直不愿运动。孕马可发生流产。

3. 犬 发热、厌食、嗜睡。关节肿胀，跛行和四肢僵硬，患部关节柔软，运动时疼痛。有的病犬出现神经症状和眼病。病猫主要表现厌食、疲劳、跛行或关节异常等。

【病理变化】患病动物通常在的四肢蜱叮咬部位出现脱毛和皮损。

1. 奶牛 可见消瘦。心脏和肾脏表面可见苍白斑点。病变关节囊显著变厚，滑液增多，呈淡红色，出现绒毛增生性滑膜炎。全身淋巴结肿胀。组织学变化可见严重的增生性肾小球炎及上皮变性。肺出现大单核细胞、中性粒细胞及嗜酸性粒细胞形成的混合性、间质性肺炎。病变关节可见广泛的肉芽组织增生及坏死碎片，关节囊腔变小，滑膜出现大量绒毛增生、广泛的淋巴细胞浸润和中性粒细胞及嗜酸性粒细胞灶。

2. 马 眼观病变与牛基本相同。组织学变化则为关节出现淋巴细胞增生性骨膜炎，腕关节的滑膜绒毛性增生，由许多淋巴细胞和浆细胞形成滑液炎，弥漫性、增生性肾小球肾炎和间质性肾炎。

3. 犬 主要是心肌炎、肾小球肾炎及间质性肾炎等。

【检疫和诊断】根据流行特点、症状特征、病理变化以及病原检查、血清学检查等综合判定。

1. 病原检查 病料可选择患病动物的病变部位、血液、尿液、滑液、脑脊髓液等。将病料处理后接种于BSK-Ⅱ培养基，33～35℃封闭悬浮培养，2周后取少许培养液滴片，在暗视野镜下观察。每周观察并更换培养基。一般3～4周，镜检可见到菌体，在8周左右时呈现大量繁殖，菌体密度增加。

2. 病原鉴定 用间接荧光抗体法鉴定分离菌，也可用酶免疫组化法及病理切片检查确定病料中的病原体。另外，用PCR技术检测本菌，特异、敏感。

3. 血清学试验 用间接荧光抗体法和ELISA检查血清抗体，可进行早期诊断，但敏感性较差，常有非特异交叉反应。免疫印迹法用于本病早期诊断，效果良好。对出现关节炎和神经症状的慢性病例，用间接免疫荧光抗体法，可从关节液及脑脊髓液检出很高滴度的抗体。

【检疫处理】确检为莱姆病时，隔离病畜。对轻症病畜和可疑病畜进行治疗，淘汰或宰杀重症病畜，无害化处理病畜肉尸和内脏。对病畜分泌物、排泄物等深埋或消毒处理。污染的圈舍、场地和用具等，用2%烧碱溶液或甲醛溶液消毒。消灭蜱、蚊等媒介昆虫。

【防疫措施】目前还没有预防本病的有效疫苗，预防本病应采取综合措施。

避免到有蜱的灌木丛地放牧，防止蜱及其他吸血昆虫叮咬家畜和人。对疫区家畜实行定期检疫，隔离治疗阳性动物。做好灭鼠、灭蜱工作。

## 第十九节 尼帕病毒病

尼帕病毒病（Nipah virus disease，NVD）是由尼帕病毒引起的一种新的急性、高度致死性人兽共患传染病。本病以高热、神经系统症状（震颤、惊厥、昏迷等）和呼吸道症状，并突然死亡为特征。本病在自然界的宿主是食果蝙蝠，主要发生于猪群。本病1997年在马来西亚的Nipah村首次发现。1997—1999年及2000年2月，马来西亚、澳大利亚、新加坡均暴发了此病。本病严重危害养猪业和人类健康，已造成许多人员死亡和重大的经济损失。尼帕病毒病是继英国疯牛病、欧洲口蹄疫、香港禽流感后，又一引起世界各国广泛关注和恐慌的人兽共患病。该病引起东南亚乃至世界兽医界和卫生界的高度重视。而且该病有扩散到其他国家的可能性，已成为重要的全球性公共卫生问题。我国南方各省与东南亚毗邻，检疫部门应严密注视，严防尼帕病毒人侵我国。

**【病原体】** 尼帕病毒（*Nipah virus*，NV）属于副黏病毒科（*Paramyxoviridae*）亨尼病毒属（*Henipavirus*），呈多形性或球形，由核衣壳和囊膜组成，大小120～300 nm，是一种RNA病毒。核衣壳结构呈螺旋形。囊膜有纤突（含血凝素），可凝集某些动物红细胞。本病毒与亨德拉病毒有密切的亲缘关系。该病毒在Vero、BHK、PS等细胞系中生长良好。

本病毒在体外不稳定，对热和消毒剂敏感。56℃经30min可被灭活，用肥皂等清洁剂和一般消毒剂很容易灭活。

**【流行特点】** 自然宿主和易感动物比较广泛，包括猪、人、马、山羊、犬、猫、蝙蝠和鼠类等，其中猪的易感性最高，牛和鸡等也有易感性。

主要传染源是带毒的蝙蝠、病猪和鼠类等。NV在猪与猪之间的传播主要由直接接触引起，包括接触病猪的呼吸道和口咽分泌物或排泄物，如尿、唾液、气管分泌物等，也可能因使用同一污染的针头、人工授精等方式感染。犬、猫、马及鼠类等自然感染NV后死亡很快，造成NV传播的可能性很少。人感染NV的最危险因素是直接接触病猪，NV可引起无症状感染。感染NV的犬、猫等其他动物也可造成人的感染。人主要通过伤口感染。带NV的蚊、蜱及吸血昆虫可通过叮咬而使人畜感染。

**【临床症状】** 主要为阶段性肌阵挛、反射消失、发热、心动过速、呼吸困难、脑炎等。

猪的潜伏期为7～14d，多为温和型或亚临床感染，自然感染的症状与年龄有关。乳猪表现为呼吸困难、四肢无力、肌肉震颤、抽搐，死亡率约为40%。断奶仔猪和育肥猪，多见于4～6周龄，常表现为急性发热（39.9℃），伴有呼吸困难、咳嗽等呼吸症状，同时出现肌阵挛、抽搐，以致影响行走，感染率可高达100%，病死率低（1%～5%）。成年猪表现为突然死亡或急性发热（39.9℃），同样有呼吸症状和神经症状。怀孕母猪可能发生早产、死胎。

**【病理变化】** 大部分病例表现为不同程度的肺部病变，肺气肿、实变、点状到斑状出血，肺叶出现硬变，小叶间结缔组织增生。气管和支气管充满泡沫性液体。脑组织充血水肿，非化脓性脑膜炎和神经胶质增生。肾组织表面和皮质充血。

淋巴细胞减少，血小板减少、血清钠降低、天冬氨酸转氨酶升高。脑脊液中蛋白升高，白细胞数增加。胸X片见间质性薄阴影，核磁共振（NMR）检查见脑部皮层下白质局灶区信号增加。

组织学变化可见大脑皮质和脑干有明显的弥漫性脉管炎和广泛性坏死。脑组织有出血和点状病变。在被感染的神经元和其他实质细胞中可见到嗜酸性包涵体，并伴有脑膜炎性浸润。肺组织中，出现多核合胞体细胞为特征的巨细胞肺炎，呼吸道上皮细胞和肾小管上皮细胞都有坏死性病灶。

**【检疫和诊断】**根据流行特点、临床症状和病理变化可做出初步诊断，确诊依靠实验室诊断。

1. *病毒分离* NV能在Vero细胞中良好生长。采取可疑动物喉、鼻、尿、血清、脑脊液、肺、脾、淋巴结、肾等病料，制备无菌病料上清液，接种细胞培养，3d内观察细胞病变(CPE)，最好经过两次5d传代。Vero单层细胞中NV形成的合胞体明显比HV合胞体大，而且两种病毒形成的合胞体细胞核的分布存在较大区别。NV的合胞体含20多个细胞核，通过合胞体形成可判断NV的细胞病变。

2. *免疫组化法* 该方法被证实最有用，用福尔马林固定病料组织检测病毒十分安全，病料范围较广，甚至在妊娠动物的子宫、胎盘、胎儿都可取样。多采用酶标兔抗NV抗体，对病料涂片或切片进行染色观察。

3. *PCR和序列分析* 现有两种常规RT-PCR方法：一种是采用巢式引物扩增编码病毒基质蛋白的M基因检测组织、脑脊液中的病毒序列。另一种是扩增编码核蛋白的N基因，但首先要对P基因进行PCR扩增和鉴定。两种方法鉴定结果完全一致。

4. *中和试验* 用于检测可疑动物血清NV抗体，对隐性NV感染动物也有重要意义。在96孔微量板中加入Vero细胞，加入的待检血清浓度为1∶2，接种病毒并孵化培养3d，完全阻断CPE形成的血清表明是阳性血清。

5. *ELISA试验* 在美国，CDC使用间接ELISA检测待检血清IgG，也使用捕获ELISA检测早期感染动物血清IgM。这些ELISA方法被马来西亚引进检测NV感染抗体，具有敏感性强、特异性高等特点，被医学和兽医相继使用，并作为国家猪病检疫计划的有效方法。

**【检疫处理】**确检为尼帕病毒病时，迅速隔离病畜，上报疫情。对病畜和同群家畜进行扑杀后无害化处理。焚烧或深埋病畜流产胎儿、胎盘及其分泌物、排泄物等。对污染的圈舍、场地和用具，用1%石炭酸、烧碱、甲醛溶液，2%有效氯的漂白粉溶液彻底消毒。

**【防疫措施】**目前，本病尚无有效的治疗药物和方法，相关疫苗尚处于研究阶段。

1. *防疫管理* 严禁从有本病发生和流行的国家和地区引进猪、猪精液和其他猪产品。加强进出境动物检疫，严防本病传入我国。加强饲养管理，搞好畜场卫生和消毒工作，灭鼠及消灭蚊蝇。

2. *扑灭措施* 发现本病立即上报，隔离病畜、封锁疫区。严禁动物、人员、车辆等进出疫区。扑杀病畜及同群畜，对病尸及病畜分泌物、排泄物等进行焚毁或深埋处理。对被污染的场地、用具等进行彻底消毒。

## ◆ 复习思考题

1. 试述口蹄疫的检疫和诊断要点。

2. 简述口蹄疫的主要防疫措施。

3. 小反刍兽疫的主要易感动物是什么？其主要特征是什么？
4. 预防猪伪狂犬病的主要措施是什么？
5. 预防狂犬病的主要管理措施是什么？
6. 检疫发现炭疽病畜时应如何处理？
7. 家畜产气荚膜梭菌病主要有哪些？如何预防？
8. 牛副结核的症状和病变特征是什么？如何处理检出的病畜？
9. 试述布鲁菌病的检疫诊断要点和主要防疫措施。
10. 弓形虫病的主要预防措施是什么？
11. 牛羊棘球蚴病的防疫要点是什么？
12. 钩端螺旋体病的主要防疫措施有哪些？
13. 牛黑腿病的临床特征是什么？
14. 李氏杆菌病的主要防疫措施是什么？
15. 动物类鼻疽的检疫和诊断方法有哪些？
16. 肝片吸虫病的防疫要点是什么？
17. 莱姆病的主要传播媒介是什么？如何预防？

（张安国）

# 第六章 猪主要疫病检疫

## 第一节 猪　　瘟

猪瘟（classic swine fever，hog cholera）是由猪瘟病毒引起的猪的一种高度接触性传染性、致死性传染病，其特征为高热稽留，小血管变性引起广泛出血、梗塞和坏死。传染性强，病死率高，造成的损失极为严重。我国是猪瘟疫情较多的国家之一，自从20世纪50年代后期广泛应用了猪瘟兔化弱毒疫苗，采取有效措施基本控制了流行，许多地区已无本病发生。但80年代以来又有抬头趋势，可表现为急性、亚急性、慢性、不典型或不显症状的病程。欧洲一些国家也有散发，如英国、比利时、意大利、荷兰、德国等。

**【病原体】**猪瘟病毒（*Classical swine fever virus*，CSFV；*Hog cholera virus*，HCV）属于黄病毒科（*Flaviviridae*）瘟病毒属（*Pestivirus*）。病毒粒子40～50nm，呈球形，有囊膜，电镜照片上观察，表面具有脆弱的纤突结构。HCV在多种细胞内增殖，但以猪肾细胞最敏感。无论何种细胞增殖，均不产生CPE。

HCV只有一个血清型，但存在不同毒力的毒株。强毒株致急性型猪瘟，发病及死亡率均高；中等毒力株引起慢性型、亚急性型猪瘟，受宿主许多因素影响，如年龄、免疫力、营养条件等；低毒株则引起迟发性猪瘟，其症状轻微或呈亚临床形式，导致胎儿和新生仔猪的死亡。还有无毒株及疫苗株（如C株）。

HCV对环境的抵抗力不强，60℃经10min可使细胞培养液失去传染性，但脱纤血中的病毒在68℃经30min尚不能被灭活。含毒的猪肉和猪肉制品几个月后仍有传染性。乙醚、氯仿和去氧胆酸盐等脂溶剂可很快使病毒失活。在pH5～10范围内稳定，但不耐受pH3。2%氢氧化钠仍是现场理想的消毒药。

**【流行特点】**仅猪易感。病猪和带毒动物均是传染源，在整个病程中，尿、粪及多种分泌物（口、鼻、泪液）均可排毒。主要由消化道、口鼻黏膜、眼结膜、生殖道黏膜及擦伤皮肤感染，也可经呼吸道黏膜或垂直途径进行传播。通过废水、废料直接喂猪以及器械、用具、人、动物、吸血昆虫等间接方式均可造成感染。

新疫区发病率、死亡率均很高，可达90%以上，老疫区因猪群有一定的免疫性，多为散发，发病或死亡率也较低。

当前猪瘟流行有以下特点：①多呈散发性，近年未见有大规模的流行。②以非典型病例或温和性感染为主。③发病多为3月龄以下的猪，尤以断奶前后和10日龄内的多见。④繁殖母猪主要表现为持续性（隐性）感染。

**【临床症状】** 潜伏期2～21d，一般为5d。根据病程长短和症状不同可分为以下类型：

1. 最急性型　突然发病和死亡，高热稽留，皮肤、黏膜发绀、有出血点，病程1～8d。

2. 急性型　最常见。体温41～42℃或更高，稽留热、畏寒、白细胞数减少。眼有多量黏、脓性分泌物。先便秘，后腹泻，时有呕吐。病初皮肤充血，后为紫绀或出血，以鼻端、耳尖、四肢、腹下、会阴等处较为明显。公猪包皮积尿。有些仔猪可见磨牙、运动障碍、痉挛等神经症状。病程10～20d。

3. 亚急性　症状与急性型类似，但稍缓和，其体温变化不规则，常见脓性结膜炎、咽炎，口腔黏膜形成伪膜，扁桃体溃疡或明显肿胀，皮肤因出血形成淤斑，死亡率低于50%～60%，病程可达30d。

4. 慢性型　主要见于幼龄猪，病猪消瘦、贫血、衰弱，常伏卧，行走无力，时有轻热、咳嗽，食欲时好时差，便秘与腹泻交替。有时皮肤出现紫斑、结痂或坏死。病程100d以上。

5. 温和型　一般临床表现不明显，皮肤无出血，发病率和死亡率均较低，幼猪感染后死亡较多，大猪一般能耐过。

6. 繁殖障碍型　临床上可见流产以及产死胎、木乃伊胎、畸形胎或弱仔，出生后表现震颤、皮肤发绀等症状，多在1周内死亡，有些弱仔可存活半年。先天感染的仔猪，外观与正常无异，但往往形成免疫耐受，可出现终生的病毒血症。

**【病理变化】** 急性、亚急性猪瘟呈现多发性出血为特征的败血症变化，主要表现为淋巴结水肿，周边出血，呈大理石样或血瘤；脾脏不肿大，边缘梗死，稍突出，紫黑色；肾脏有针尖大小出血点，皮质严重，整个肾脏呈"麻雀蛋"样，色稍淡；体表皮肤、喉头、胆囊、膀胱黏膜有出血斑点；肺部出血、梗塞，支气管肺炎；扁桃体发生坏死、溃疡。

慢性猪瘟出血、梗死变化不明显，主要表现为坏死性肠炎，一般见于回肠末端、盲肠、结肠。炎症从淋巴滤泡开始，向外发展，形成纽扣状肿（坏死），色褐色或黑色，中央低陷，突出黏膜面，呈同心轮层状。

温和型猪瘟肾脏、膀胱、淋巴结等脏器的出血很少见，突出表现为扁桃体充血、水肿、化脓性坏死或溃疡。有时可见轻度的脾梗死和脑膜脑炎；胃底有片状充、出血。慢性病例的盲肠纽扣状肿少见。

病理组织学检查以非化脓性脑炎为特征，表现为血管周边袖套现象，小胶质细胞增生和局灶坏死。

**【检疫和诊断】** 根据临床症状和病理变化只能提供诊断的初步证据，需经实验室检验才可确诊。

1. 病毒抗原检查　荧光抗体检查法快速可靠，首选样品为扁桃体、脾、肾，慢性病例可采取回肠远端组织。将样品制成冰冻切片后用荧光抗体染色、荧光显微镜检查。但要注意接种猪瘟兔化疫苗的猪2周内局部淋巴结或扁桃体也有阳性反应。

免疫酶组化法可以区分野毒和疫苗毒及其他瘟病毒（如BVDV）。

RT-PCR：敏感性可达$10^4$ $TCID_{50}$。

2. 血清学检验　特别适用于低毒株的感染检查，也常用于猪瘟最终消灭进程中。国际贸易中指定的方法有：荧光抗体病毒中和试验和过氧化物酶联中和试验及 ELISA（包括间接 ELISA、竞争 ELISA 和阻断 ELISA）。国内还常用 IHAT、AGP、对流免疫电泳、兔体交互免疫试验等方法。

**【检疫处理】**对检出并确诊的病猪，均做扑杀销毁处理。发现疫情后要迅速上报，封锁疫点及疫区。封锁期间禁止任何猪只和其他动物调入疫区，对疫区内的猪只要进行隔离。污染的场地可用 2%的热 NaOH 液、2%漂白粉或 10%～20%的石灰乳进行严格消毒，经空置 3～6 月后，才可重新使用。对周围受威胁区的猪进行紧急接种。

**【防疫措施】**有猪瘟流行的国家和地区，常采用疫苗接种，或疫苗接种辅之以扑灭政策，以控制本病。但必须根据各场实际，制定科学的免疫程序。同时要采取免疫监测并和淘汰阳性病猪相结合。

## 第二节　猪传染性水疱病

猪传染性水疱病（swine vesicular disease，SVD）是由猪水疱病病毒引起的一种急性传染病，症状与口蹄疫难于区分。特点是在蹄部、口部、鼻端、腹部、乳头周围皮肤和黏膜发生水疱，但牛、羊等家畜不发生感染。该病在亚洲和欧洲一些国家曾有散发。

**【病原体】**猪水疱病病毒（*Swine vesicular disease virus*，SVDV）属微 RNA 病毒科（*Picornaviridae*）肠病毒属（*Enterovirus*）。病毒粒子直径为 22～23nm，在细胞质内呈晶格状排列。病毒无囊膜，对乙醚有抵抗力，能耐 pH3～5，在 4℃时能存活 160d，滴度也不下降。

**【流行特点】**本病仅发生猪，且不分年龄、性别和品种。流行多发生于密集储存猪的仓库、中转站。受伤蹄部、鼻端皮肤或消化道黏膜为主要侵入门户。接触感染的猪出现症状 2 周后，不再排毒。但污染环境中的病毒可存活 8 周以上。

**【临床症状】**蹄叉、蹄冠、蹄踵出现 1 个或数个黄豆大的水疱，并相互融合、扩大，可能维持数天，继而水疱破裂，形成溃疡，露出鲜红色的真皮，有时蹄壳脱落，部分溃疡部形成化脓性病变。猪不愿站立，驱赶时跛行，严重者用膝部爬行。水疱也见于鼻镜、乳房及口唇等处。发生水疱时，体温升高，当水疱破裂后体温降至正常，继发感染则导致体温升高甚至死亡。

温和型表现为少数猪只出现水疱，且传播缓慢、症状轻微。有时出现隐性感染，但这些猪仍可排毒。

**【病理变化】**蹄冠、蹄叉出现水疱，有时也见于舌唇、口鼻、乳头等处。

**【检疫和诊断】**根据典型症状可做出疑似诊断，与口蹄疫鉴别必须进行实验室检查。

1. 病原学检查　采集水疱皮或水疱液经处理后接种 IBRS-2 细胞或其他细胞。当细胞出现 CPE 时，收获上清，用夹心 ELISA 或 CFT 等方法进行病原鉴定。

2. 免疫学方法　OIE 推荐的方法主要有两种：

（1）中和试验：用标准对照病毒液（$100TCID_{50}$）与 2 倍连续稀释的灭活猪待检血清 37℃温育 1h 后，加入到细胞单层，37℃培育 2～3d，48h 后判定结果。

（2）ELISA：用于病毒抗原和血清抗体的检测。

也可采用PCR和间接ELISA对本病和口蹄疫进行鉴别诊断。

**【检疫处理】** 发现疫情必须申报。全群动物做扑杀或销毁，尸体深埋。屠宰场发生时，要立即停止生产，对病猪进行急宰，对尸体、组织及副产品均做销毁处理。车辆、场地、用具、猪舍等用1% NaOH溶液、0.5%过氧乙酸溶液、5%氨水溶液进行消毒。粪便集中后密封发酵。

**【防疫措施】** 国内外应用豚鼠化弱毒苗和细胞培养弱毒苗免疫猪，达到80%以上保护率，免疫期可达半年以上。用水疱皮和仓鼠传代毒制成的灭活苗免疫效果也达75%～100%。对商品猪可用高免血清或康复猪血清进行紧急预防，被广泛应用。

## 第三节　非洲猪瘟

非洲猪瘟（African swine fever）是非洲猪瘟病毒引起的猪的一种急性、高度致死性传染病，病程短促、死亡率很高，临床症状和病变与猪瘟非常相似。我国目前尚无此病。

**【病原体】** 非洲猪瘟病毒（*African swine fever virus*，ASFV）属于非洲猪瘟病毒科（*Asfarviridae*）、非洲猪瘟病毒属（*Asfivirus*）。有囊膜，直径175～215nm，核衣壳二十面体对称。基因组由单分子线状双股DNA组成。ASFV对温度及脂溶剂敏感，但能耐受各种酸碱度，甚至pH为4或13时也能存活数小时，在冻肉中可存活数年乃至数十年。

**【流行特点】** 仅猪和野猪易感，在非洲，蜱是传染的媒介。感染猪体液和组织中含有大量病毒，食用未煮沸的含毒肉品是主要传播方式。也能经其他直接或间接接触方式传播。国际上的传播暴发多出现在机场或港口处。临床症状消失的康复猪能较长时间带毒，仍可再次感染并传播病毒。

**【临床症状】** 潜伏期一般4～19d。最急性型不见症状而突然死亡。急性型表现发热、食欲不振，精神沉郁、不愿活动。皮肤充血、出血。呼吸困难、结膜炎、腹泻、鼻腔或直肠出血、妊娠母猪发生流产。死亡率很高，流行期间可高达100%。

亚急性病例表现为肺炎、关节肿、消瘦等，病程3～4周。死亡率取决于感染猪的年龄和整体状况。地方性流行地区，该病可以转化为慢性或恢复。

**【病理变化】** 急性严重病例可见全身出血。脾淤血、出血和肿大，胃、肝、肾和肠系膜淋巴结肿胀出血。肺和喉头水肿出血。慢性病例主要病变为纤维性心外膜炎、关节炎，淋巴结肿大，皮肤溃疡和肺炎。

**【检疫和诊断】** 本病在症状和病变上与猪瘟难于区分，必须进行实验室检验。常用病原学方法有血细胞吸附（HAD）试验、荧光抗体试验、PCR、猪接种试验等。当猪感染无致病力或低致病力的毒株时，常用血清学试验，具体方法有ELISA、间接荧光抗体试验、免疫印迹试验及对流免疫电泳。

**【检疫处理】** 发现病猪或可疑猪时，应立即上报并组织封锁。无论怀疑或已确诊感染的猪场，必须全群扑杀、销毁，并对污染环境、场所进行严格消毒，谨防疫情扩散。我国禁止从有非洲猪瘟疫情的国家或地区进口猪及其产品。

**【防疫措施】** 我国是无该病的国家，防疫重点是防止非洲猪瘟的传入，在国际机场和港口，从飞机或船舶来的食料废物均应焚毁。此外，要建立应付此类外来病的快速诊断方法并制订相应的扑灭计划。

## 第四节　猪乙型脑炎

猪乙型脑炎（Japanese encephalitis）又称为流行性乙型脑炎，是由日本脑炎病毒引起的一种急性人兽共患传染病。除猪、人、马外，其他动物通常不呈现临床症状。人、马发病后出现脑炎症状，猪表现流产、死胎。传播媒介为蚊，有明显季节性，主要发生于东南亚。

**【病原体】** 日本脑炎病毒（*Japanese encephalitis virus*，JEV）属于黄病毒科（*Flaviviridae*）、黄病毒属（*Flavivirus*），直径40～60nm，有囊膜和囊膜突起。病毒易在7～9日龄鸡胚内增殖，可在多种传代细胞内生长，但通常只在猪肾、地鼠肾、猴肾及鸡胚细胞上引起CPE。脑内接种1～5日龄小鼠，4～14d后出现中枢神经症状。病毒对外界抵抗力不强，56℃经30min即被灭活，但在－70℃或冻干状态下保存可存活数年。在50％甘油生理盐水中于4℃存活6个月以上。病毒在pH7以下或pH10以上，活性迅速下降。病毒对胰酶、乙醚、氯仿敏感，对化学药品亦较敏感，常用消毒药均具有良好的灭活作用。

**【流行病学】** 患病动物与带毒动物是其传染源。主要通过蚊子叮咬而传播，库蚊、伊蚊和按蚊均可作为传播媒介。人、畜、禽（尤其是水禽）是病毒的天然宿主，禽类可能成为病毒的扩大宿主，病毒可能在成蚊、猪、野生啮齿类和鸟类、蝙蝠带毒越冬，故能成为次年感染人和动物的传染源。病毒感染猪后，可在猪体内大量增殖，并且病毒血症持续时间较长。

流行有明显的季节性，多发生于7～9月，但我国南方一些省区可全年发病。

**【临床症状】** 猪常突然发病，高热稽留（体温40～41℃），沉郁，嗜眠，减食，饮欲增加，粪便干燥，尿色深黄，有些猪呈现磨牙、空嚼、口吐白沫、向前冲撞、转圈运动等神经症状，最后麻痹死亡。个别后肢呈轻度麻痹或关节肿胀而引发跛行。

妊娠母猪流产，产死胎或木乃伊胎，初产母猪发生率高。公猪常在发热后出现一侧性或两侧性的睾丸肿胀，触之热痛。可从肿胀的睾丸和流产胎儿的脑组织中分离到病毒。

**【病理变化】** 主要病变在脑、脊髓、睾丸和子宫。脑脊髓液增多，软脑膜及实质充血、出血、水肿、有坏死灶。睾丸不同程度肿大，睾丸实质有充血、出血和坏死灶。子宫内膜显著充血，黏膜上有出血点并覆有黏稠的分泌物。流产、早产胎儿常见脑水肿，弃去水后脑形成空洞。胎儿常呈木乃伊化，流产母猪胎盘炎性浸润，多见子宫内膜炎。病理组织学检查可见非化脓性脑炎变化。

**【检疫和诊断】** 根据明显的季节性、地区性及其临床特征，流行期中不难做出诊断。确诊有赖于病毒分离、血清学诊断或变态反应。

1. 病毒分离　多用被感染动物的脑、脊髓或血样，处理后脑内接种2～4日龄的乳鼠，当小鼠痉挛、濒临死亡时进行传代。也可用鸡胚成纤维细胞或多种动物的原代肾细胞、白纹伊蚊C6/36克隆细胞系进行病毒分离。用血凝试验初步定性后，再用HI、免疫荧光抗体试验来鉴定病毒。

2. 血清学检验　OIE推荐的方法有以下几种：

（1）中和试验：可在小鼠、鸡胚或组织细胞上进行。OIE推荐用BHK或Vero细胞。该法较繁琐，一般只用于流行病学调查和新分离病毒的鉴定。

(2) CFT：高度敏感和特异。由于CFT抗体出现较晚，故本法只作为回顾性诊断和流行病学调查。因CFT抗体持续时间为1年，故阳性可认为是1年内感染。

(3) HI试验：比CFT抗体出现要早。一般病后第4～5天开始出现，2周达高峰，抗体维持1年以上，因此测定HI抗体可以做出早期诊断。本法操作简便，适于基层使用，也可用于当年流行区的感染率调查。

此外，还可用IgM早期抗体检查的方法及荧光抗体法检测病毒。

**【检疫处理】**病猪屠宰后，可经高温加工食用，对病死猪要掩埋，对猪舍内喷药杀灭蚊蝇。

**【防疫措施】**搞好环境卫生和灭蚊工作，是预防和控制日本乙型脑炎的根本措施。在疫区所在的猪场，应在每年流行前1个月进行日本乙型脑炎弱毒疫苗预防接种，4月龄以上至2岁的后备公母猪都可接种，尤其是要将后备公母猪的预防接种作为重点。免疫后1个月产生坚强的免疫力，可防止妊娠母猪的流产或公猪睾丸炎的发生。

## 第五节　猪细小病毒病

猪细小病毒病（porcine parvovirus infection，PPI）是由猪细小病毒引起的一种母猪繁殖障碍性疾病。特征是怀孕母猪发生流产，产死胎、畸形胎、木乃伊胎，而母猪本身并不表现临床症状。其他猪无明显的临床症状。地方流行性或散发，但初次感染后多呈现暴发。自1966年首次发现本病以来，世界上37个国家相继报告发现此病。我国也有本病发生。

**【病原体】**猪细小病毒（*Porcine parvovirus*，PPV）属细小病毒科（*Parvoviridae*）细小病毒属（*Parvovirus*）。PPV外观呈圆形或六角形，无囊膜，直径18～26nm。病毒只有一个血清型。PPV能在猪原代或次代肾、睾丸细胞及PK15、CPK、IBRS-2、MVPK、ST等传代细胞上生长，在细胞培养物上能产生细胞病变。

PPV对热、酸、碱具有很强的抵抗力，在pH3.0～9.0范围内稳定，能耐56℃ 48h、70℃ 2h。在pH9.0的甘油缓冲盐水中或在－20℃以下能保存1年以上。能抗乙醚、氯仿等脂溶剂。对消毒药的抵抗力亦很强，甲醛蒸汽和紫外线需要长时间才能将其杀死，但用0.5%漂白粉、0.06%二氯异氰尿酸钾等消毒剂作用5min均能杀灭。

**【流行特点】**PPV能感染各种猪，包括胚胎、胎猪、仔猪、母猪、公猪和野公猪，尤其是初产母猪。感染母猪是主要传染源。PPV能通过胎盘垂直传播。感染母猪所产的死胎、仔猪及子宫内的排泄物中均含有很高滴度的病毒。感染母猪的粪、尿及其分泌物也能排毒。感染种公猪也是危险的传染源，往往在配种时传染给易感母猪。

传播途径随猪的种类和年龄不同而异。公猪、肥育猪和母猪主要通过污染的饲料、环境，经呼吸道、消化道感染；仔猪、胚胎、胎猪通过感染的母猪发生垂直感染；初产母猪的感染多是由带毒公猪配种所引起；鼠类也参与PPV的传播。

主要发生于春、夏季或母猪产仔和交配季节。呈散发或地方流行性。

**【临床症状】**怀孕母猪出现繁殖障碍，发生流产，产死胎、木乃伊胎，产后久配不孕等。妊娠30d内感染（早期感染），胚胎死亡或胚胎被吸收使产仔数减少，胎猪、胚胎死亡率高达80%～100%；妊娠30～70d感染（中期感染），主要是木乃伊化，有时出现大小不一的软死胎，产畸形胎、弱仔、死胎，少见有流产症状；妊娠70d以上感染（中后期感染），产出胎儿外观正常，有些为先天免疫耐受，可长期或终生带毒并排毒。发生繁殖障碍的母猪出现不规律的发情周期或久配不孕，但对公猪的性欲、受精率均无明显影响。其他猪感染后无任何明显的临床症状。

**【病理变化】** 发生繁殖障碍的母猪有轻度的子宫内膜炎，胎盘有部分钙化现象。胎儿在子宫胎盘内有被溶解、吸收的现象，感染胎儿有充血、水肿、出血、体腔积液、木乃伊化及坏死等病变。怀孕70d后感染的母猪病变不明显甚至缺乏。

**【检疫和诊断】** 母猪仅有流产、死产、木乃伊、胎儿发育异常等情况，而没有其他临床症状，结合流行特点，可做出初步诊断，但确诊还需进行实验室检查。

1. 病原学检查

（1）病毒分离：取可疑流产、死产、木乃伊及同窝产的活仔猪肾、肺、肝、脾、脑、睾丸、胎盘等病料制备成乳剂，也可取母猪子宫排泄物或公猪的精液，接种于单层原代、次代或猪源传代细胞中。当细胞瓶中大部分细胞出现圆缩、拉网、聚集脱落等CPE时，收获培养液做血凝试验，发现有血凝现象并用标准阳性血清做HI特异性检查，出现阳性反应即可确诊。48h后将细胞飞片取出，用荧光抗体或酶标抗体染色镜检，如发现有特异性的核着染也可确诊。

（2）病毒抗原的检查：用荧光抗体或酶标抗体染色法对胎儿脏器组织切片进行特异性染色，以确定病毒抗原的存在。用HA对脏器组织混悬液进行血凝试验，再用HI验证血凝反应的特异性。这两种方法是检查PPV抗原最常用、最可靠的方法。

2. 血清学检查

（1）HA和HI：猪感染PPV后，7d左右就能查出HI抗体，该抗体可保持4年甚至终身。因此，可以用HI检查PPV感染情况和流行病学调查，这也是国际上检疫使用的常规方法。

（2）其他方法：常用血清中和试验，也可用AGP、ELISA、免疫电泳试验等。

另外，PCR、核酸探针、内切酶分析等方法也可用于本病诊断。

**【检疫处理】** 进口猪检出本病，对阳性动物做扑杀、销毁或退回处理，同群动物隔离观察。

**【防疫措施】** 引种时必须选择无本病的阴性猪群，血清HI抗体效价在1∶256以下。引进后要隔离观察2周，对复检符合要求的猪准予合群。对发生母猪繁殖障碍的同窝幸存者不予留种。在阳性场，新进入的后备母猪可与原场的经产母猪混养，使之在妊娠前产生主动感染和免疫力，并适当推迟配种日龄。灭活油乳剂苗和弱毒疫苗均有良好的预防效果。仔猪母源抗体效价大于1∶80时可抵抗PPV感染，因而可以在仔猪断奶时从污染猪群转移到没有本病污染的地区饲养，培育出血清阴性猪群。

## 第六节　猪繁殖与呼吸综合征

猪繁殖与呼吸综合征（porcine reproductive and respiratory syndrome，PRRS），又称为“猪蓝耳病”，是由猪繁殖与呼吸道综合征病毒引起的猪的一种接触性传染病，以母猪繁殖障碍、仔猪的呼吸道症状和高死亡率为特征，特别是感染后可损害机体的免疫防御机能，导致免疫抑制而继发其他感染，对种猪和繁殖母猪及其仔猪危害很大。本病1987年最早发现于美国，随后很快扩展到北美和欧洲。目前，包括大多数亚洲国家等很多国家均有此病报道，我国也有本病发生。

**【病原体】**猪繁殖和呼吸道综合征病毒（*Porcine reproductive and respiratory syndrome* virus，PRRSV）属于动脉炎病毒科（*Arteriviridae*）动脉炎病毒属（*Arterivirus*），呈球形，直径45～83nm，有囊膜。PRRSV包括美洲型和欧洲型。日本和我国分离的毒株均为美洲型，但亚洲、北美均分离到欧洲型。同一型内毒力与抗原也有差异。

病毒在低温下能保持其稳定的感染性，4℃时存活一个月，但不耐热，37℃经48h、56℃经45min均可将病毒彻底灭活。病毒对乙醚、氯仿等脂溶剂敏感，在pH偏离中性的环境中，感染性损失90%以上。

**【流行特点】**猪不分年龄、品种、性别均可感染。病猪和隐性感染的猪是主要传染源。病猪可通过尿、粪、鼻液、精液等排毒，病猪排毒达60～99d之久，主要通过呼吸道感染，也可经精液、胎盘传播，易感猪可经口、鼻、肌肉、腹腔、子宫接种等多种途径感染。人工授精或自然交配均可传播。怀孕早期，病毒可通过胎盘感染胎儿。高湿、低温、低风速等可造成气源传播。引入带毒感染猪至易感猪群是引起该病流行的主要原因。

**【临床症状】**潜伏期3～37d。不同年龄和性别的猪感染后临床症状差别很大。

1. 母猪　昏睡，精神不振、食欲废绝，少数猪发热（40～40.5℃），耳部等处发绀。可见不同程度呼吸困难，或有咳嗽，常有结膜炎、鼻炎等症状。妊娠母猪感染后在妊娠后期时发生流产、早产，产死胎、木乃伊胎等繁殖障碍，产弱仔，产后间情期延长或不孕，产后无乳，胎衣不下等。

2. 仔猪　新生仔猪体温升高（40～41℃），呼吸困难，腹式呼吸，被毛粗糙，挤集一堆，结膜炎及眼睑水肿，部分猪耳部等处发绀，也可见顽固性腹泻，新生弱仔死亡率特别高。但保育阶段猪最易感染和最为严重，易继发多种疾病，整个育成期发育不良，易于死亡，断奶仔猪死亡率可达30%。

3. 育肥猪　临床症状不明显，仅出现一过性厌食和轻度呼吸困难，部分猪出现发绀，易继发感染，生长缓慢，比同龄健康猪低15%。

4. 公猪　精神倦怠、厌食，精液质量下降，精子运动力下降，畸形率上升。

**【病理变化】**单纯感染，肺有出血斑，或有暗红色肝变病灶，腹股沟及肺门等淋巴结肿大、出血，胸腔、腹腔及脑积液。组织学病变以弥漫性间质性肺炎为主。

**【检疫和诊断】**因临床症状不典型，且差异性甚大，故确诊需依靠实验室诊断。

1. 病毒分离　取猪血清和腹水或肺、脾、淋巴结、扁桃体等病料接种6～8周龄的SPF猪原代肺巨噬细胞（PAM）或猴肾CL2621、Marc145细胞，但以PAM最为敏感。1～4d后出现细胞圆缩、聚集、脱落等细胞病变。盲传1、2代，再用荧光抗体法或RT-PCR鉴定。

2. 抗原和基因检查　可用免疫电镜、荧光抗体、RT-PCR等方法。

3. 血清学方法　常用间接荧光抗体法、免疫过氧化物酶单层细胞试验、血清中和试验、ELISA。其中前两种方法敏感性相当，血清中和抗体出现较迟，其敏感性稍弱，ELISA适于大批检测。

**【检疫处理】**屠宰检疫时，对病变明显的，胴体及内脏做化制处理或销毁；无病变或病变轻微的，胴体及内脏可高温处理后出厂。进口检疫时，检出阳性动物做扑杀和销毁处理，同群其他动物放行。

**【防疫措施】**

1. *阳性场控制措施* 在场内实施早期隔离断奶及分地饲养技术，配种、妊娠、分娩在一处，保育与育肥在另一处或两处，各处间距 0.5～1km；在阳性场实行半年封场，不从外地引进新种猪，所有生产环节均全进全出，有利于该病的控制。

2. *保育舍空栏法* 所有猪只清出猪舍，用盐水和消毒剂（甲醛和苯酚）彻底清洗和消毒，封闭空闲 14d，再接收仔猪。每批猪清出后均应进行此项工作。

3. *免疫接种* 国内外已有弱毒苗和灭活苗问世，要根据具体情况慎用。在阴性场，不主张使用疫苗。在阳性场，只能有限度地使用。弱毒苗效果要强于灭活苗。在阳性稳定场用灭活苗，而不稳定场用弱毒苗。在阳性场也可用分娩母猪的胎盘、粪便混饲给配种前或产前 4 周的母猪；母猪产前至产后 4d，仔猪断奶后第 1～2 周里，在饲料中添加药物，可起到控制继发性细菌感染的作用。

## 第七节 猪丹毒

猪丹毒（swine erysipelas）是由红斑丹毒丝菌引起的猪的一种急性或慢性传染病。特征为急性型呈败血症症状，亚急性型在皮肤上出现紫红色疹块，慢性型常发生心内膜炎和关节炎。1882 年首次报道，流行于欧洲、亚洲、美洲各国。目前我国已经基本控制。

**【病原体】**红斑丹毒丝菌（*Erysipelothrix rhusiopathiac*）又称为猪丹毒杆菌，属丹毒丝菌属（*Erysipelothrix*）。革兰氏阳性、纤细小杆菌，无荚膜、无鞭毛，不形成芽胞。在病料内细菌常单在、成对或呈丛排列，在陈旧的肉汤培养物或在慢性病猪的心内膜疣状物上多呈长丝状。在血液或血清琼脂培养基上可有光滑（S）、粗糙（R）和中间型（I）3 型：从急性病猪分离的菌落为 S 型，微蓝色、细小、表面光滑、边缘整齐，呈 α 溶血，为强毒株；从慢性病猪或带菌猪分离的菌落为 R 型，土黄色、较大，表面粗糙，边缘不整齐，细菌呈长丝状，为低毒株；中间型毒力的菌落为金黄色，其性状介于 S、R 型之间。

菌株依据菌体可溶性的耐热肽聚糖的抗原性，分为 25 个血清型（1a、1b、2～23 及 N)。1 型毒力较强，常用于攻毒，多分离自急性败血型病例（病死猪中 80%～90%以上分离株为 1a)。2 型毒力较弱，常用于制疫苗，多分离自疹块型或心内膜炎、关节炎型病例。

本菌对外界抵抗力很强。如肌肉内细菌经盐腌或熏制后能存活 3～4 个月，暴露于日光下可存活 10d，掩埋尸体内可存活 9 个月，干燥状态下可存活 3 周。该菌抗胃酸，但对消毒药和温度抵抗力不强。富含腐殖质、沙质和石灰质的土壤特别适宜于本菌的存活。

**【流行特点】**各种年龄猪均可感染，但以架子猪发病率最高。其他动物如牛、羊、马、犬、鼠、家禽及鸟类也能感染发病。人亦可感染，称为类丹毒。实验动物中以鸽、小鼠最敏感。

病猪、带菌猪是主要传染源，病猪内脏（肾、脾、肝）、分泌物及排泄物都含有较多量的细菌。此外，35%～50%健康猪的扁桃体和回盲口淋巴组织也可发现本菌。已知从 50 多种哺乳动物、近半数的啮齿动物和 30 种野鸟中分离到本菌。病猪、带菌猪以及各种带菌动物（如哺乳动物、啮齿动物、鱼类、两栖类、爬行类、吸血昆虫等）排出菌体污染饲料、饮水、土壤、用具和场舍等。

传播途径以消化道感染为主，也可通过皮肤创伤（特别是屠宰工人等）及蚊、虱、蜱等吸血昆虫传播。带菌猪在不良条件下抵抗力降低，也可引起内源性感染，引起发病。用屠宰场、加工场的废料、废水，食堂的残羹，动物性蛋白质饲料（如鱼粉、肉粉等）喂猪常常引起发病。

多发生于炎热多雨的夏季，尤其是5～8月。常为散发性或地方性流行。

**【临床症状】**潜伏期1～7d，平均3～5d。

1. 急性型　较多见。初期个别猪无症状突然死亡。发热（42～43℃）稽留，食欲下降，结膜充血。粪便干硬，栗状（后期可能下痢）。呼吸迫促，黏膜发绀。耳尖、鼻端、腹、腿内侧皮肤出现大小、形状不一的红斑，指压退色，病程2～4日，病死率可达80%～90%。

2. 亚急性型（也称疹块型）　症状轻微，特征是皮肤出现疹块，俗称“打火印”。疹块大小、形状不一、数量不等，菱形的多见，可出现于胸、腹、肩、背、四肢等处，色紫红，稍突起，可于数日内消退，自行恢复。

3. 慢性型　常见的有慢性关节炎、慢性心内膜炎和皮肤坏死。关节的损害最常见于肘、髋、跗、膝、腕等部位，受害关节肿胀，跛行；病猪生长缓慢，消瘦。慢性心内膜炎型很少表现出临床症状，常突然倒地死亡或宰后检查时才被发现；有的呈进行性消瘦，喜卧厌走，强行运动时见心率加快，呼吸迫促，听诊有心杂音。皮肤坏死常发生于背、肩、耳、蹄、尾等部位，局部皮肤变黑，干硬如革，最后脱落遗留瘢痕。

**【病理变化】**

1. 急性型　主要为败血症变化，全身淋巴结肿胀充血，切面多汁，常见小点状出血。脾脏充血性肿大，呈樱桃红色，被膜紧张，边缘钝圆，质地柔软，脾髓易于刮下。肾常发生出血性肾小球肾炎变化，称为“大红肾”，可见肾肿大，色暗红，皮质部有小红点。胃肠道有卡他性或出血性炎症，以胃或十二指肠较明显。肺淤血、水肿。

2. 亚急性型　以皮肤出现疹块为特征。

3. 慢性型　关节炎病例可见关节肿大，关节囊内充满多量浆液、纤维素性渗出物，滑膜充血、水肿，病程较长者肉芽组织增生，关节囊肥厚。心内膜炎病例可见房室瓣（主要是二尖瓣和三尖瓣）形成灰白色花椰菜样疣状物，使瓣口狭窄、变形，闭锁不全。

**【检疫和诊断】**根据皮肤上出现特征性疹块可对亚急性型猪丹毒做出诊断。慢性心内膜炎型或慢性关节炎病例不易与链球菌病区别，往往需要死后剖检，进行微生物检查确诊。急性败血型与猪瘟、猪肺疫和急性型猪副伤寒的区分，需借助于实验室方法。

1. 微生物学检查　无菌采集病猪耳静脉血或心血、肝、脾、肾、淋巴组织，疹块部的渗出液，心内膜组织，关节液等病料，涂片镜检，革兰氏染色，发现少量革兰氏阳性、短发样纤细小杆菌，可初步确诊。慢性病例中菌体呈长丝状。

可将病料接种鲜血琼脂或血清琼脂培养基，37℃培养24～48h，如鲜血琼脂板上长出α溶血的小菌落，血清琼脂板上露滴状透明小菌落，乃符合本菌的生长特性。也可将病料直接接种于实验动物（小鼠或鸽子），进行分离。

2. 血清学诊断　主要用于慢性病例的诊断。如SPA协同凝集试验，可用于菌株分型和鉴别；免疫荧光抗体法，快速且与李氏杆菌无交叉反应；微量补体结合反应可以区别自然感染与免疫接种猪；琼脂扩散试验用于菌株血清型鉴定；全血或血清平板凝集反应、间接血凝试验快速、实用，可用于免疫效果的评价。

**【检疫处理】**发生疫情后及时对病猪隔离治疗，严格消毒饲槽、猪圈及用具，粪便、垫草最好烧毁或堆积发酵，病尸要深埋或化制，受威胁猪进行紧急预防注射。屠宰时发现，对肉尸和内脏有显著病变的（包括血液），化制或销毁，病变轻微的做高温处理后出场。脂肪炼制、皮毛消毒后出场。随后对急宰场地和可能污染处及用具，必须进行彻底的消毒。

**【防疫措施】**平时要防止带菌猪的引入，定期预防注射疫苗，以提高猪群抗病力。我国目前使用的疫苗有：猪丹毒氢氧化铝甲醛灭活苗、GT（10）及 GC42 弱毒苗、猪瘟-猪丹毒二联弱毒苗及猪瘟-猪丹毒-猪肺疫三联弱毒苗。仔猪的免疫一般在断奶后，以后每半年免疫一次。对患病猪早期治疗一般能取得良好疗效，如配合高免血清使用则效果更好。对慢性病猪应及早淘汰。

## 第八节 猪肺疫

猪肺疫（swine plague）即猪巴氏杆菌病，是由多杀性巴氏杆菌引起的猪的一种常见传染病，对养猪业有严重危害。

**【病原体】**多杀性巴氏杆菌（*Pasteurella multocida*）又称为多杀性巴斯德菌，属于巴氏杆菌属（*Pasteurella*），菌体呈球杆状或短杆状，两端钝圆，革兰氏染色阴性，病料涂片做碱性美蓝或瑞氏染色，可见明显两极着色。新分离强毒菌株通常有荚膜。该菌在普通培养基上生长不良，加有血液或血清的培养基上生长良好，菌落呈露珠样，不溶血。按荚膜抗原可分为A～F 6个型，按菌体抗原可分为 1～16 型，猪的血清型以 5：A 和 6：B 为主，其次为 8：A 和 2：D。

巴氏杆菌对外界抵抗力不强，在普通冰箱冷藏室（2～8℃）仅能保存 2 周左右；在水中迅速死亡；常用消毒药很快可以将其杀死。

**【流行特点】**病猪及带菌动物是本病的传染源，细菌存在于病畜全身各组织、体液、分泌物及排泄物里，少数慢性病例中存在于肺脏的病灶。巴氏杆菌广泛分布于自然界，常作为条件性病原菌定居于呼吸道或肠道，当某些致病因素存在，宿主与寄主平衡关系破坏，可引起内源性感染。本病主要经消化道、呼吸道传播，也可经损伤的皮肤、黏膜传播。猪与其他哺乳动物之间易于相互传播。通风不良、拥挤、寒冷潮湿、长途运输、饥饿、营养不良、其他疾病感染等均可作为诱发因素。流行形式可由散发、慢性、亚急性发展为地方流行性或流行性。

**【临床症状】**

1. 最急性型　有“锁喉风”之称，常不见症状而突然发病死亡。病程稍长者，可表现体温升高（41～42℃），心跳加快，呼吸极度困难（常作犬坐式或伸长头颈），全身衰弱，卧地不起，食欲废绝，可视黏膜发绀，有时发出喘鸣音，口、鼻流出泡沫，颈部、咽喉部发热、红肿、坚硬，严重者向上延及耳根，向后可达胸前。腹侧和四肢内侧皮肤出现红斑。一旦出现呼吸症状即迅速恶化，很快死亡。病死率 100％。

2. 急性型　除具有败血症的一般症状外，以纤维素性胸膜肺炎为特征，高热（体温升高达41℃）、短咳，鼻流黏性-脓性鼻液，并伴有脓性结膜炎。呼吸困难，触诊疼痛，听诊有啰音、摩擦音。初期便秘，后期腹泻，皮肤可能有小点出血。病程 5～8d，不死的转为慢性。

3. 慢性　表现为慢性肺炎、慢性胃肠炎、关节炎，持续性咳嗽、呼吸困难，常食欲不振、腹泻、生长发育不良，间有关节炎。如治疗不及时，经过 2 周多衰竭而死，病死率达 60%～70%。

【病理变化】

1. 最急性型　主要呈现败血症变化，全身黏膜、浆膜、皮下组织、心包、心外膜、胃肠黏膜、全身淋巴结均可见出血，肺急性水肿，脾脏出血但不肿大。咽喉部及周围结缔组织出现炎性水肿，切开颈部皮肤流出淡黄色胶冻状水肿液，皮肤有红斑。

2. 急性型　呈现败血症及由纤维素性胸膜肺炎、坏死性肺炎，表现为肺有不同程度的肝变区或坏死区，周围水肿和气肿，切面呈大理石花斑。心包、胸腔积液，有时胸膜上有纤维素附着，甚至与肺粘连。胸腔淋巴结肿胀。支气管、气管内含有多量泡沫状黏液。

3. 慢性型　以纤维素性坏死性胸膜肺炎为主，除可见急性型纤维素性胸膜肺炎外，有的肺叶上有较大局限性化脓灶，并形成空洞。心包与胸腔积液，胸腔有纤维素性沉着，肋膜肥厚，常与病肺粘连。

【检疫和诊断】根据流行病学、临床症状和剖检变化，结合疗效，可做出诊断。

从心、肝、脾、淋巴结或其他病变部位、渗出物、脓汁取材，抹片，进行染色镜检，如发现两极浓染细菌可以确诊。必要时进行细菌分离培养及生化、血清型的鉴定。利用分离菌进行动物接种试验以确定其分离物的致病性。

【检疫处理】发现病猪要进行隔离和消毒，并用抗血清和抗生素治疗。同群猪用高免血清或疫苗做紧急预防接种。屠宰时发现病猪，对肉尸和内脏，病变明显的（包括血液）宜化制或销毁，病变轻微的经割除后，胴体及内脏高温处理后出厂。皮毛做消毒后出场。进口的活猪或动物产品应退回或做销毁处理。同群猪进行隔离观察。

【防疫措施】平时加强饲养管理，做好菌苗的定期预防注射工作，增强猪只对应激的抵抗力。病死猪做无害化处理，防止传染扩散。病猪发病初期可用高免血清治疗，效果良好。将抗生素和高免血清联合应用，疗效更佳。

## 第九节　猪链球菌病

猪链球菌病（swine streptococcosis）是由多种链球菌引起猪的疾病，其中以颌下、咽部、颈部淋巴结的化脓性炎症最为常见，以链球菌性败血症和链球菌性脑膜炎病死率最高，也可引起多发关节炎、心内膜炎、乳腺炎、皮下脓肿等。

【病原体】链球菌（*Streptococcus*）为革兰氏阳性球菌，呈链状排列，菌链长短不一，在血液、腹水、组织涂片中可见荚膜。培养需用血液培养基。在菌落周围形成β型（完全溶血）或α型（草绿色溶血环）溶血。人工感染家兔最敏感，其次为仓鼠、小鼠、鸽和鸡。

根据存在于细胞壁中的群特异性多糖类抗原（“C”抗原），可将本菌分为 A～V（缺 I、J）20 个血清群；根据 C 抗原之外的特异性蛋白质抗原（表面抗原），可将群内菌分为若干型，如 C 群分为 20 多个型，D 群有 10 个型，L 群有 11 个型，E 群有 6 个血清型。对猪致病的多为 C、D、E、L 群。我国流行菌株多为 C 群β型，也有 R 群 2 型。

**【流行特点】**各种年龄、性别和品种的猪均易感，但以仔猪、架子猪和怀孕母猪的发病率高。病猪及带菌猪是传染源，病猪的分泌物及尿、血液、肌肉、内脏和关节内均可检出病原菌。本病在猪可经多种途径传播，但以直接接触及损伤的皮肤黏膜为主。处理不当的病死猪肉、内脏及废弃物是散播本病的重要原因。仔猪感染多由母猪传染所致。链球菌在自然界分布非常广泛，在动物及人呼吸道、肠道、生殖道等处常在。其病的发生与多种诱因有关，如气候炎热、环境卫生条件恶劣。

一年四季均可发生，但以5～11月份气候炎热的夏、秋发生较多。常为地方流行性，多呈败血型，短期波及全群。慢性型常呈地方性散发。

**【临床症状】**

1. 败血型　常为暴发性流行。成年猪较多见。最急性的突然发病，高热（41～42℃以上），腹下有紫红斑，突然死亡。急性的病程2～4d，体温41～42℃，稽留热型，眼结膜充血、流泪，常有浆液性鼻漏。呼吸迫促，便秘。后期少数病例在耳尖、颈、四肢末端、腹下等处皮肤可见出血性紫斑，呼吸困难。病死率高达80%～90%，死前天然孔流出暗红色血液。

2. 慢性型　中、后期表现为一肢或多肢关节肿痛，跛行。

3. 脑膜脑炎型　多见于4～8周龄断奶猪或哺乳仔猪，常因断乳、去势、转群、拥挤和气候骤变等诱发。哺乳仔猪发病常与母猪带菌有关。病初病猪体温升高（40.5～42.5℃），不食，便秘，有浆性或黏性鼻漏。共济失调，后肢摇摆不稳，盲目运动或转圈运动，全身痉挛，空嚼，眼凝视。最后衰竭，四肢作游泳状，经30～36h死亡。有的可转为慢性，生长不良，关节肿胀。

4. 淋巴结脓肿　以淋巴结化脓性炎症、形成脓肿为特征。多见于架子猪，传播较缓慢，发病率低。以下颌淋巴结最常见，其次为咽和颈部淋巴结。局部肿胀，触诊硬固，有热、痛，影响猪只采食、咀嚼、吞咽及呼吸，直至脓肿成熟后自行破溃而自愈。病程3～5周。

**【病理变化】**

1. 急性败血型　以出血性败血症病变和浆膜炎为主，血凝不良，皮肤有紫斑，黏膜、浆膜皮下、心内膜有出血斑点。鼻黏膜充血、出血。喉头、气管充血，常见大量泡沫。肺充血肿胀。全身淋巴结肿大、充血和出血。心包、胸腹腔积液，含有纤维素。病程较长可见纤维素性胸膜炎及腹膜炎。脾肿大，色泽暗红或蓝紫色；肾脏轻度肿大、充血和出血。脑膜充血、出血。胃和小肠黏膜充血和出血。

2. 脑膜脑炎型　脑膜充血、出血，白质、灰质均有小点出血，脑脊髓液浑浊，增量。心包、胸腹腔纤维素性炎症，肺、胆囊、胃及肠系膜水肿。关节腔内常有黄色胶冻样液体或纤维素脓性物质。

**【检疫和诊断】**败血型症状、病变无特征性，易与其他败血型传染病相混淆；脑膜脑炎型在临床上也难与其他神经系统性疾病区别。要做微生物学检查才能确诊。可采取内脏、血液、脑脊髓液、关节液、脓汁进行镜检，分离培养，实验动物接种等。

**【检疫处理】**发生本病时，对病猪应采取隔离措施。用10%生石灰乳或2%烧碱等进行全场消毒。对病猪或可疑者应采用药物防治。注意宰前和宰后检查。凡宰前检出的病猪应隔离治疗，恢复后两周方能宰杀。屠宰时发现病猪，对肉尸和内脏，病变明显的宜化制或销毁，病变轻微的可高温处理后出厂。血液应销毁。

**【防疫措施】**平时做好兽医卫生防疫工作，防止外伤，新生仔猪要注意脐带无菌结扎和碘酒消毒。残菜剩羹要煮沸后喂猪，污染环境随时消毒。

一般来说，早期采用青霉素、链霉素、四环素族抗生素及磺胺均有较好疗效。如上述抗生素与磺胺嘧啶、磺胺甲基嘧啶配伍应用效果更佳。

脓肿防治：四环素拌料，喂4～6周后，隔离饲养，可减少脓肿的发生。脓肿成熟时，可以切开排脓，以3%$H_2O_2$或0.1%$KMnO_4$溶液冲洗，涂以碘酊或撒上消炎粉，并内服抗菌药物。

菌苗接种：需应用多价苗才可能获得较好效果。目前国内生产的活疫苗为猪链球菌病活疫苗（冻干苗），在疫区于发病季节前1～2个月定期免疫接种，有良好的预防效果。

## 第十节　猪传染性萎缩性鼻炎

猪传染性萎缩性鼻炎（infectious atrophic rhinitis）是由产毒素性多杀性巴氏杆菌和支气管败血波氏菌引起猪的一种慢性传染病。特征是鼻甲骨（尤以鼻甲骨的下卷曲部分）发生萎缩。临床主要表现为慢性鼻炎和颜面部变形，生长迟缓。世界各地都有本病，我国在20世纪70年代自国外传入，现仍有散发病例。

**【病原体】**包括支气管败血波氏菌（*Bordetella bronchiseptica*，Bb）和产毒素性多杀性巴氏杆菌（Toxigenic *Pasteurella multocida*，$T^+$Pm）。Bb是一种细小球杆菌，革兰氏染色阴性，具有周鞭毛而能运动；需氧，能在麦康凯琼脂上生长，不分解碳水化合物；在波-姜氏血液琼脂培养基上，菌落光滑、隆起、呈球状、有透明溶血环。此菌单独作用仅能引起轻度的病例，是本病原发因子。有3个菌相，其中有荚膜的Ⅰ相菌具有K抗原和强坏死毒素，病原性强，Ⅱ相和Ⅲ相菌毒力弱。Ⅰ相菌在一定条件下，可以向Ⅱ相或Ⅲ相菌变异。本菌的抵抗力不强，一般消毒药均可使其致死。

产毒素性D型或A型多杀性巴氏杆菌，是本病的主要病因，所产生的皮肤坏死毒素能致豚鼠皮肤坏死，小鼠死亡，接种猪可复制渐进性AR病例。

**【流行特点】**各种年龄的猪都可感染，但主要侵害幼龄猪。病猪和带菌猪是传染源，通过直接接触经呼吸道飞沫传染，多数是由带菌母猪传染给仔猪，也能经污染环境而感染。猫、大鼠和兔等带菌动物也可传染至猪。发病率随年龄增长而下降。

不同品种的猪易感性有所差异，国外纯种猪较敏感。在猪群内传播比较缓慢，多为散发或地方流行性。饲养环境潮湿污秽、拥挤、通风不良，蛋白质、矿物质（特别是钙、磷）、维生素缺乏时，均可促进本病发生。

**【临床症状】**多见于6～8周龄仔猪。最初呈现鼻炎症状，表现喷嚏、摇头、拱地，搔抓或在墙壁、栅栏上摩擦鼻部。鼻腔流出少量浆液性或黏性、脓性鼻液；流泪，在眼内角下形成的弯月形的湿润区，稍久则形成黄、黑色斑痕（泪斑），严重时出现鼻衄、吸气困难或张口呼吸。经数周这些症状消失，但部分猪出现鼻甲骨萎缩，表现为颜面部变形，出现短鼻、翘鼻，鼻背部皮肤粗厚，有深的皱褶，两眼间宽度变小和头部轮廓变形。当一侧损害较重时成为歪鼻猪。病程缓慢，生长缓慢。

**【病理变化】**病变一般局限于鼻腔和邻近组织，鼻黏膜常有黏性、脓性或干酪样渗出物。沿两侧第一、二对臼齿间或第一臼齿与犬齿间的连线锯成横断面，可观察鼻甲骨的形态和变化。特征性病变是鼻腔的软骨、鼻甲骨软化、萎缩而钝直，特别是鼻甲骨的下卷曲萎缩最常见。严重病例鼻中隔弯曲完全消失，使鼻腔变为一个鼻道。

**【检疫和诊断】**从临床上注意泪斑病猪的细菌分离率、凝集反应阳性率、鼻甲骨萎缩出现率均高；发生萎缩时，卷曲变小，甚至消失。

1. X线检查　有一定早期诊断价值，对症状可疑的病猪，做鼻面部的X线摄影，能查出鼻甲骨有无萎缩。

2. 细菌学检查　对有急性症状的患病仔猪有较高的检出率。采集鼻拭子放入无菌PBS中，或直接接种于波-姜氏培养基或含1%葡萄糖的麦康凯琼脂培养基，而多杀性巴氏菌的分离可采用加有新霉素、杆菌肽和放线菌酮的5%马血琼脂培养基。37℃培养48h后观察，如果典型菌落形态及细菌染色特性相符，用高免血清进行玻板凝集反应为阳性，则移植于肉汤、琼脂进一步做生化鉴定。也可接种小鼠后再进行分离培养。用抗K和抗O血清做凝集试验来确认Ⅰ相菌。确定Pm A和D型株则对分离菌用荚膜A、D型血清做IHAT、透明质酸酶试验及吖啶黄试验。

3. 血清学反应　可用凝集试验、CFT、ELISA等方法对Bb隐性感染猪检查，有较高特异性和灵敏度。但是许多感染产毒性Pm不产生抗体，检测非产毒性Pm抗体的试剂无实用价值。

**【检疫处理】**有明显症状和可疑症状的猪应淘汰，屠宰后的头和肺脏高温处理，其胴体可以不受限制出场。

**【防疫措施】**严格卫生防疫制度，生产全过程采用全进全出饲养制度，控制猪群饲养密度，改善通风条件，减少空气中病原体、尘埃与有害气体，保持猪舍清洁、干燥、温暖，减少各种应激。

控制传染来源，切断感染途径：新购入猪，必须隔离检疫，避免引进带菌猪。可疑猪应隔离饲养观察3～6个月。对于已有本病存在猪场，则应做到就地控制和消灭，不留后患，禁止出售种猪和苗猪，在严格封锁的情况下，全部肥育后屠宰加工利用。种猪感染后，除良种母猪可考虑采取母仔隔离育成，施行人工哺乳或健猪寄养，培养健康猪群的方法，而一般群体上可实施隔离或淘汰感染母猪的措施，以净化猪群。

药物预防：用土霉素等抗生素及磺胺类药物防治本病有效。为了控制母猪和仔猪之间的传染，应在母猪生产前1月或产后1～3月投入，有预防效果。乳猪在出生3周内，注射敏感的抗生素，或鼻内喷雾直到断乳。育成猪也可用磺胺或抗生素防治，育肥猪宰前应停药。

菌苗预防：我国现有Bb（Ⅰ相菌）灭活油剂苗和Bb-Pm灭活油剂二联苗，主要用于妊娠母猪接种。非免疫母猪所产仔猪，在7～10日龄和3～4周龄各免疫一次。

## 第十一节　猪支原体肺炎

猪支原体肺炎（mycoplasmal pneumonia of swine）又称为猪气喘病，是由猪肺炎支原体引起的一种猪慢性呼吸道传染病。主要症状为咳嗽和气喘，生长缓慢成为僵猪。本病分布于世界各地，我国许多地区都有发生，患猪增重缓慢，饲料利用率降低。如果饲养管理不好，继发性感染或在流行暴发初期也会造成严重死亡，因而严重危害养猪业发展。

**【病原体】**猪肺炎支原体（*Mycoplasma hyopneumoniae*）属于支原体属（*Mycoplasma*）。呈多形性，一般用瑞氏或姬姆萨染色。能在人工培养基上生长，但对培养基要求较为严格。在液体培养基生长时，着重观察pH的改变，但产酸的快慢与接种量、培养基新鲜度及菌株毒力和数量有关。在固体培养基上生长较慢，经7～10d湿润环境培养，长成肉眼可见针尖和露珠状菌落。本菌对温热、日光、腐败和消毒剂的抵抗力不强，在外界环境中2～3d即失去活力。常用消毒剂可在数分钟内将其灭活。

**【流行特点】**不同年龄、性别、品种的猪均易感，土种猪比外来猪更易感，其中以哺乳仔猪、断奶猪死亡率高，而初发地区以妊娠后期母猪及哺乳母猪较为严重。

病猪、隐性感染猪、康复带菌猪为传染源。很多地区暴发多因为引种时混入病猪。哺乳母猪常从患病母猪受到感染。多窝仔猪合群饲养时也有助于暴发。病原体存在于病猪的呼吸道，通过咳嗽、喷嚏等排出至外界，病猪即使症状消失，仍长达半年至一年向外排菌。主要通过呼出的飞沫经呼吸道传染，因此直接接触（同槽、同栏饲养），尤其猪舍通风不良、猪群拥挤时最易流行。本病无明显季节性，但以冬春寒冷多雨、潮湿季节或气候骤变时多发。

**【临床症状】**潜伏期一般11～16d。按病的经过不同可分为以下3型：

1. 急性型　常见于新发病的猪群，尤以仔猪和妊娠、哺乳母猪多见。突出症状是喘气（有时张口、伸舌），口鼻流泡沫，呼吸增数，偶尔咳嗽，病死率较高。

2. 慢性型　老疫区常见，架子猪、肥育猪、后备猪多发生。咳嗽是主要表现，以反复干咳、频咳为特征，在清晨进食或活动时最为明显。猪群常大小不均，发育缓慢。病程可达数月之久。

3. 隐性型　猪只偶尔有上述症状，但发育良好，用X线检查或剖检时，可见有肺炎病灶。老疫区猪群中较多。

**【病理变化】**病变特点是融合性支气管肺炎、肺气肿和支气管淋巴结髓样肿胀。急性病例肺严重水肿、充血、气肿。肺的心叶、尖叶、中间叶及膈叶前下缘呈现融合性支气管炎变化。其病健部界限分明，左右对称，硬度增加，呈暗红色，俗称“肉变”，切开常流出带泡沫的液体。肺门、纵隔淋巴结水肿。

慢性病例在急性病变基础上，肺的实变炎灶区扩大，质度坚实，颜色呈灰黄色，类似胰腺的外观，称为“胰样变”。肺门淋巴结和纵隔淋巴结肿大，质地坚实。灰黄色，呈增生性淋巴结炎。

**【检疫和诊断】**由于本病隐性感染较多，诊断时应以猪群为单位，如发现一头病猪，即可认为该群是病猪群。

X线诊断：对隐性猪，早期病猪均可确诊，病猪的肺叶心侧区和心膈角区呈现不规则云絮状的阴影，密度中等，边缘模糊，肺叶的外周区无明显的变化。但对阴性猪应隔2～3周后再复检。

免疫荧光、微量IHAT、微量凝集、微量CFT、AGP、ELISA等血清学方法仍需在生产实践中应用并得以验证。

**【检疫处理】**屠宰检疫发现病变时，将肺和呼吸道做高温处理或销毁，胴体高温处理后出厂。

**【防疫措施】**彻底清除病猪、带菌猪，配合消毒，自繁自养，可以控制或消灭本病。

无病地区预防措施：坚持自繁自养原则，尽量不从外地购进猪只；必须引种时应隔离观察3

个月，期间选择健仔猪 3～4 头混养，观察症状。有条件还应进行 X 线检查，确定无本病方可以混养。

有病猪场的防疫措施：①早期发现，及时隔离和清除病猪及可疑病猪。②假定健康猪隔离饲养、观察和治疗，改为肉用催肥出栏。③康复种母猪，单个隔离，人工授精，同时固定饲养员，使母猪自然分娩或剖腹取胎，以人工哺乳或健康母猪带仔法培育健康仔猪。仔猪互不串圈，至小猪断奶时，如未发现症状，X 线检查也未见病变，则继续培育；如果多次 X 线检查均为阴性或经过 1 年临床观察，未见病猪，也未见到屠宰猪病变，就可以定为健康猪群。

猪气喘病疫苗免疫：采用弱毒苗对无症状种猪和后备猪，每年春秋各胸腔注射免疫；仔猪可在 15 日龄后首免一次，如做种用需 3～4 月龄时再免一次。灭活苗 1～2 周龄首免，隔 2 周再免疫一次，多限于种猪场应用。

## 第十二节　猪旋毛虫病

猪旋毛虫病（swine trichinosis）是由旋毛形线虫（又称为旋毛虫）在人体及动物的肠或肌肉内寄生所致的人兽共患寄生虫病，本病呈世界性分布，我国各地也均发现动物感染，但以猪的感染较为普遍。在肉品卫生检验中旋毛虫是重要检验项目。

**【病原体】** 旋毛形线虫（*Trichinella spiralis*）属毛形科（Trichinellidae）毛形属（*Trichinella*），虫体细小，肉眼辨认非常困难。前部略细为食道部，后部较粗。包囊内的幼虫有很强的抵抗力，如包囊被多种昆虫吞食后，6～8d 内仍保持有感染力；在－20℃可存活 57d；在腐败肌肉中能存活 100d 以上，盐渍和烟熏均不能杀死肌肉深部的幼虫。

**【流行特点】** 易感宿主十分广泛，除猪外，人、犬、猫、鼠类、狐狸、熊、狼、貂等 50 余种动物可以感染。感染动物是传染源，猪感染的主要途径是吃了未经煮沸的泔水及其废物，但放养猪如食入其他动物中排出的活幼虫或包囊，也可感染。人体感染主要是摄食了生的或未煮熟的含旋毛虫包囊的猪肉。

成虫与幼虫同寄生于一个宿主，成虫寄生于人体或动物的肠道，称为肠旋毛虫。幼虫寄生于肌肉，特别是在活动量大的肌肉，如膈肌、舌肌、咬肌、肋间肌等处，称为肌旋毛虫。肌旋毛虫约经 2 个月形成包囊，以后形成钙化。

**【临床症状和病理变化】** 自然感染猪一般无明显的症状，宰杀后仅见寄生部位肌纤维消失、萎缩，肌纤维膜增厚等。

**【检疫和诊断】** 旋毛虫的直接诊断一般是宰后进行，常用压片镜检法和集样消化法。前者是我国目前旋毛虫病肉检验的法定方法，采样部位为猪的左右膈肌角。生前检验可采用皮内试验、皂土絮状试验、玻片沉淀试验等。IFA、IHAT 等也可用于本病的快速诊断。OIE 推荐的方法为 ELISA，其具有灵敏、特异、快速、简便等优点。

**【检疫处理】** 确认为旋毛虫病的胴体和内脏化制或销毁；皮张不受限制出厂（场）。

**【防疫措施】** 人旋毛虫病的预防，关键是做好肉品卫生检验工作，改变吃生肉的习惯。加强饲养管理，猪只不在外放养，注意灭鼠。治疗旋毛虫病多用噻苯唑、丙硫咪唑、甲苯咪唑等药物。近年来已开始进行免疫预防。

# 第十三节 猪囊尾蚴病

猪囊尾蚴病（swine cysticercosis ）又称为猪囊虫病，是猪带绦虫的幼虫寄生于人、猪横纹肌及心脏、脑、眼等器官所引起的一种人兽共患寄生虫病。本病在以猪肉作为主要肉食的国家和地区较为流行。我国大多数省、区也有发生，尤其以北方较为严重，被列为肉品检验的重点项目。

**【病原体】**猪带绦虫（*Taenia solium*）又称为猪肉绦虫、有钩绦虫、链状带绦虫，属于带科（Taeniidae）带属（*Taenia*）。虫体长2～5m，背腹扁平腰带状，有700～1 000个节片，由头节、颈节和体节三部分组成。头节近似球形，有4个发达的吸盘和1个向外突出的顶突，顶突上有分两圈排列的角质小钩25～50个。颈节细长。体节由数百个节片组成，成熟体节的每个节片近似四方形。子宫有7～16对侧支，其内充满虫卵，每一孕卵节片含有3万～5万个虫卵。虫卵近圆形。在粪检中所见的虫卵卵壳多已脱落，仅有很厚的胚膜，具有辐射状条纹，内含一个六钩蚴。

猪囊尾蚴（*Cysticercus cellulosae*）俗称为猪囊虫，是猪带绦虫的幼虫。成熟的猪囊尾蚴，外形椭圆，约黄豆大，为半透明的包囊，囊内充满液体，囊壁是一层薄膜，壁上有一个圆形米粒大的乳白色小结，其内有一个内翻的头节，头节上有4个圆形的吸盘，最前端的顶突上有许多角质小钩，分两圈排列。

**【流行特点】**人是猪带绦虫的终末宿主，成虫寄生于人的小肠前段，可由粪便排出孕卵节片或虫卵。中间宿主（主要是猪）摄食后而发生感染，部位主要在咬肌、腰肌、舌肌、股内侧肌、心肌、膈肌和颈部肌肉，也可在脑、眼、肺、淋巴结等处。

猪的感染与不合理的饲养管理方式和不良的卫生习惯有密切关系。有些地方养猪采用放养，同时在一些偏僻农村有野外大便的情况，粪便不经发酵直接施肥或使用连茅圈，这为本病传播创造了极为有利的条件。人的感染则是由于不良的饮食习惯及兽医卫生检验不力，有些地区有吃生猪肉的习俗，或吃“生片火锅”，温度未能杀死肉中的囊尾蚴。多为散发或呈地方性流行。偶尔人也可发生内源性感染。此外人还可作为中间宿主，发生致命性感染。

**【临床症状】**通常情况少见症状，有些生前是膘肥体壮的猪，宰后发现寄生大量虫体。严重感染时表现营养不良、生长迟缓、贫血消瘦和肌肉水肿等。有些猪因猪囊尾蚴寄生部位不同而表现呼吸迫促、视力障碍、声音嘶哑或神经症状等。

**【病理变化】**在骨骼肌、心、肝、脾、肺、脑、眼、淋巴结、脂肪等处可见黄豆粒大乳白色虫体包囊，严重感染者肌肉苍白、水肿。囊尾蚴外周细胞浸润、纤维变性，或者发生钙化。

**【检疫和诊断】**生前不易做出诊断，根据其临床特点如触诊舌肌摸到猪囊虫结节，可以做出诊断。肉品检验时，常在咬肌、腰肌、股内侧肌和舌肌等处发现囊尾蚴，尤以肩胛外侧肌检出率最高。免疫学诊断方法有多种，如IHAT、LAT、CFT和ELISA、变态反应、对流免疫电泳、环状沉淀反应、间接荧光抗体试验等。

**【检疫处理】**确认为囊尾蚴病的胴体和内脏必须进行销毁；皮张不受限制出厂（场）。

**【防疫措施】**取消连圈厕所，驱除人体有钩绦虫，加强肉品卫生检验，防止囊虫病猪肉进入市场销售，是控制该病的重要措施。国内外均有人开始用虫苗进行免疫预防。治疗病猪可用吡喹酮或丙硫咪唑。

## 第十四节　猪传染性胃肠炎

猪传染性胃肠炎（transmissible gastroenteritis of swine，TGE）又称为幼猪胃肠炎，是由传染性胃肠炎病毒引起的猪的一种高度接触传染性疾病，以呕吐、严重腹泻、脱水，致2周龄内仔猪高死亡率为特征。TGE对首次感染的猪群造成的危害尤为明显，短期内能引起各种年龄的猪100%发病，日龄愈小病情愈重，死亡率也愈高，2周龄内仔猪死亡率达90%～100%。疫区断奶仔猪有时死亡率达50%。康复仔猪发育不良，生长迟缓。1933年，美国伊利诺伊州首次报道本病。目前除少数国家或地区外，在北半球，特别是北纬30°以北的温带至寒带地区，均有TGE发生。我国也有本病的发生。

**【病原体】**传染性胃肠炎病毒（*Transmissible gastroenteritis virus*，TGEV）属于冠状病毒科（*Coronaviridae*）冠状病毒属（*Coronavirus*）。病毒粒子呈圆形、椭圆形或多边形，直径为90～100nm，有双层膜，外膜覆有花瓣样突起，突起长12～25m，突起以极小的柄连接于囊膜的表层，其末端呈球状。TGEV能凝集鸡、豚鼠和牛的红细胞，不凝集人、小鼠和鹅的红细胞。TGEV只有一个血清型，各毒株之间有密切的抗原关系。

本病毒不耐热，56℃经45min、65℃经10min死亡，37℃经4d丧失毒力，但在低温下可长期保存。不耐光照，粪便中的病毒在阳光下很快失去活性。本病毒耐酸，在pH4～8稳定；在经过乳酸发酵的肉制品里病毒仍能存活；pH2.5则被灭活；紫外线照射30min即可被灭活。病毒对胆汁有抵抗力，不能在腐败的组织中存活。

**【流行特点】**猪最为易感。各种年龄的猪都可感染，而犬、猫、狐狸等其他动物不致病，但能带毒、排毒。病猪和带毒猪是主要传染源，病毒经粪便、呕吐物、乳汁、鼻分泌物以及呼出气体排出后，污染饲料、饮水、空气、用具及周围环境，通过消化道和呼吸道传播。有50%康复猪带毒、排毒达2～8周。TGEV能长期存在于那些地方流行性的猪场。

TGE通常呈两种流行形式：①流行性多见于新疫区，常常迅速导致各种年龄的猪发病，尤其在冬季。大多数猪表现不同程度厌食、呕吐、腹泻，哺乳猪严重脱水，10日龄内猪死亡率很高，断奶猪、生长育肥猪或成年猪多呈良性经过。②地方流行性主要为老疫区，见于经常有仔猪出生的猪场，不断增加易感猪的猪场，猪群免疫力不够坚强但易受感染的猪场。

**【临床症状】**潜伏期很短，多为12h至3d。2周龄以内的仔猪出现呕吐，严重的水样或糊状腹泻，粪便呈黄色，恶臭，常夹有未消化的凝乳块，仔猪明显脱水，体重迅速下降，发病2～7d死亡，死亡率达100%。断乳猪表现水泻，呈喷射状，粪便呈灰色或褐色，个别猪呕吐，在5～8d后腹泻停止，极少死亡，但体重下降，常表现发育不良，成为僵猪。肥猪和母猪通常只有一至数天出现食欲不振或废绝，有些母猪与患病仔猪密切接触反复感染，症状较重，体温升高，泌乳停止，呕吐、食欲不振和腹泻。

**【病理变化】**主要为急性肠炎，整个胃肠可见程度不一的卡他性炎症。胃、肠充满凝乳块，胃底黏膜充血；小肠充满白色至黄绿色液体；肠壁菲薄而缺乏弹性，呈半透明状；肠内容物呈泡沫状、黄色、透明；肠系膜充血，淋巴结肿胀。心、肺、肾未见明显的肉眼病变。

病理组织学检查可见小肠绒毛萎缩变短，甚至坏死。肠上皮细胞变性。黏膜固有层内可见浆液性渗出和细胞浸润。肾浊肿、脂肪变性，并含有白色尿酸盐类。

**【检疫和诊断】**根据流行特点、临床症状和病理变化可以做出初步诊断。但与猪流行性腹泻、轮状病毒感染等鉴别必须采用病原学和血清学方法进行。

1. *病毒分离和鉴定*　取病猪的肛拭、粪便、小肠内容物为病料，经口感染 5 日龄仔猪或将病料处理后接种原代猪肾细胞培养，盲传 2 代以上，分离病毒。根据接种仔猪产生 TGE 典型症状和病变，观察细胞培养上产生的细胞病变，并用免疫荧光抗体试验或抗 TGEV 的血清做中和试验进行鉴定。

2. *荧光抗体检查病毒抗原*　选取出现临床症状不久、且日龄在 4 周内的刚死小猪的小肠后段样品进行荧光抗体染色，在荧光显微镜下检查，见上皮细胞的细胞质呈现荧光者为阳性。

3. *双抗体夹心 ELISA*　检测粪便中的病毒抗原，通常先采用单克隆捕获抗体包被微量反应板，再加入待检的粪便样品，最后加入猪抗 TGEV 的酶标抗体进行反应，通过测定酶促底物反应后光吸收值进行判定。

4. *血清中和试验*　取急性期和康复期双份血清样品检查。中和 50%以上病毒生长的最高血清稀释度为该血清的中和抗体效价。康复期血清效价超过急性期 4 倍以上者为阳性。

其他方法还有固定细胞阻断 ELISA、间接 ELISA、RT-PCR 等。

**【检疫处理】**发现本病时，应即隔离病猪，以消毒药对猪舍、环境、用具、运输工具等进行消毒，尚未发病的猪应立即隔离到安全地方饲养。屠宰检疫发现病猪时，病猪胃、肠做高温处理，肉尸不受限制出厂。进口检出患病猪和血清学阳性的反应猪，应做扑杀、销毁或退回处理，同群动物隔离观察。

**【防疫措施】**平时引进猪只注意来自无 TGE 或血清学阴性的猪场，防止犬、猫等其他动物窜入猪场，严格控制外来人员出入猪场，以免将其传入。

预防主要是局部和细胞免疫发挥作用。采用弱毒疫苗给妊娠母猪在临产前进行接种，能通过仔猪出生后吸吮初乳而获得被动保护。用康复母猪抗凝全血每天给仔猪注射也可获得一定的防治作用。

本病目前尚无特效治疗药物，对症疗法可以减轻失水、酸中毒和防止并发细菌感染。对失水过多的病猪，静脉输液。加强护理，做好防寒保温工作。

## 第十五节　猪副伤寒

猪副伤寒（paratyphus）是由沙门菌引起仔猪的一种传染病。临床上急性者为败血症，慢性者为坏死性肠炎，也有的表现为卡他性肺炎。本病在世界各地均有发生，因病猪生长不良，增重减缓，故而带来很大的经济损失。此外，屠宰过程中沙门菌污染胴体及其副产品也给食品安全带来一定威胁，因而具有重要的公共卫生意义。

**【病原体】**主要有沙门菌属（*Salmonella*）的猪霍乱沙门菌、鼠伤寒沙门菌、猪霍乱沙门菌 Kunzendorf 变种、猪伤寒沙门菌或肠炎沙门菌等。形态为两端钝圆、中等大小的直杆菌。革兰氏染色阴性，无芽胞、荚膜，有 7～12 根周鞭毛，可以活泼运动（可与鸡白痢沙门菌、鸡伤寒沙门菌鉴别），都具有菌毛。需氧或兼性厌氧，营养要求不高。具有O、H、K及菌毛4种抗原等，其中O抗原是血清学分型的基础，K抗原与毒力相关，故称为Vi抗原。用O、H（有时还用Vi）单因子血清做玻板凝集试验，可确定血清型。目前已鉴定的血清型超过2 500个。

本菌对干燥、腐败、日光等因素的抵抗力较强，但常规消毒药均可被有效杀灭。

**【流行特点】**人、多种家畜和家禽均易感，带菌者分布相当广泛，可通过多种途径传入猪群。病猪及带菌猪是传染源，可通过粪、尿、乳汁、精液排菌，主要经消化道传播，也可经交配传播。健康猪带菌现象也很普遍，病菌潜藏于消化道、淋巴结、胆囊，当抵抗力降低时病菌活化发生内源性传染。一年四季均可发生，以多雨潮湿季节发生较多。在猪群内多呈散发性或地方流行性，主要发生于2～4月龄仔猪。

**【临床症状】**潜伏期由2d到数周不等。临床上分为以下几种类型：

1. 急性败血型　多见于断奶前后的仔猪，发病后体温升高达41～42℃，精神不振，拒食，后期见下痢、呼吸困难、咳嗽，跛行，耳根、胸前、腹下等处皮肤出现紫斑，经1～4d死亡。发病率低于10%，病死率可达20%～40%。

2. 亚急性型和慢性型　多见。表现为体温升高（40.5～41.5℃），畏寒，喜钻垫草，堆叠一起，眼有黏性或脓性分泌物，上下眼睑粘连，严重时角膜发生混浊、溃疡；食欲不振，病初便秘，随后粪便呈水样、黄绿色、暗棕色，恶臭，病情时好时坏，反复发作，持续数周，消瘦、脱水而死。部分病猪在病中、后期皮肤出现弥漫性痂状湿疹，特别在腹部皮肤，有时可见绿豆大、干涸的浆性覆盖物，剥去覆盖物露出浅表溃疡，病程较长。有的猪群发生潜伏性"副伤寒"，仔猪生长发育不良，被毛粗乱，污秽，体质较弱，偶尔下痢。部分患猪在一定时期突然恶化而死亡。

**【病理变化】**

1. 急性型　主要为败血症变化。脾肿大，暗蓝色，硬度似橡皮，切开脾髓质不软化。肠系膜淋巴结索状肿大，软而红，类似大理石状。肝、肾肿大，充血和出血。有时肝实质呈糠麸状，有灰黄色细小坏死点。全身黏膜、浆膜有不同程度的出血斑点，肠、胃黏膜可见急性卡他性炎症。

2. 亚急性型和慢性型　特征性病变是纤维素性-坏死性肠炎，主要在盲肠、结肠，有时在回肠后段，肠壁增厚，黏膜潮红，上覆盖一层腐乳状弥漫性坏死物质，剥离见基底潮红，边缘留下不规则堤状溃疡面，少数病例出现扣状样坏死。脾、肠系膜淋巴结肿大，肝可见针尖大、灰白或灰黄色坏死点。

**【检疫和诊断】**根据流行特点、临床症状和病理变化可以做出初步诊断，如确诊需从病猪的血液、回肠壁或肠系膜淋巴结、粪便取材进行沙门菌的分离培养，并做生化和血清学鉴定。单克隆抗体技术已用来进行本病的快速诊断。

**【检疫处理】**进口检疫时发现病猪，要求进行除害、退回或销毁处理。屠宰检疫时，对内脏有明显病变的，进行化制处理，病变轻微的可高温处理后出厂。

**【防疫措施】**加强饲养管理，消除发病诱因，保持饲料和饮水的清洁、卫生是预防本病的重要措施。采用添加抗生素的饲料添加剂有预防作用，但如发现耐药菌株对某种药物产生抗药性时，应换用他药。目前，国内已研制出用于猪的副伤寒弱毒疫苗，常发地区可接种使用。

针对病情，最好选用经药敏试验有效的抗生素，并辅以对症治疗、止泻补液等，一般可减少死亡。无论何种抗生素或药物都不能长期使用，以交替使用为好。

## 第十六节　猪痢疾

猪痢疾（swine dysentery）俗称血痢，由猪痢疾短螺旋体引起的猪的一种严重危害肠道传染病，特征为大肠黏膜发生卡他性、出血性、纤维素性、坏死性炎症。临床表现黏液性或出血性下痢。本病呈世界性分布，我国也有发生。本病能导致猪生长率降低，增加饲料消耗和药物防治费用，特别是病情反复发作、不易根除，给养猪业带来较大的损失。

**【病原体】**猪痢疾短螺旋体（*Brachyspira hyodysenteriae*，Bh）曾先后被称为猪痢疾密螺旋体、猪痢疾蛇样螺旋体，属于短螺旋体属（*Brachyspira*）。为革兰氏阴性的厌氧螺旋体。长6～9μm，直径0.3～0.5μm，多为2～4个弯曲，多则有5～6个弯曲，两端尖锐，呈疏松卷曲的螺旋状。在暗视野显微镜下，可见其活泼的蛇样运动。该菌严格厌氧，培养要求较为苛刻，常用胰酶消化酪蛋白胨血液琼脂（TSA）或胰酶酪蛋白胨汤（TSB）培养基。

**【流行特点】**仅猪自然发病，不分年龄、品种的猪均可感染，以生长发育期（断奶后到50kg重）的猪最为多见，而哺乳仔猪受母源抗体保护，较少发病，成年猪有较强抵抗力，但可带菌。病猪、带菌猪是传染源，急性病猪从粪便中大量排菌。康复猪带菌率很高，带菌时间可长达数月，部分康复猪可复发。主要传播途径为消化道，但犬、猫、鼠、苍蝇及鸟类均参与本病传播。

本病多由引种不慎引起暴发。新疫区多呈暴发性流行，各种猪皆可发病；老疫区散发，且多为断奶后中、小猪。流行缓慢，季节性不明显，但冬季较为少见。

**【临床症状】**自然感染时，潜伏期多为1～2周，长的可达2～3个月。

1. 最急性型　见于流行初期，往往是突然死亡。多数病例表现废食、剧烈下痢。粪便开始为灰色软便或水样，随即变为水泻，内有黏液和血液。随着病程的发展，粪便中混有脱落的黏膜或纤维素渗出物，味腥臭，此时病猪精神沉郁，体重减轻，肛门失禁，弓腰缩腹，眼球下陷，呈高度脱水状态，全身寒战，最后因极度衰竭而死亡。病程7～10d。

2. 亚急性和慢性型　病情较轻，下痢时轻时重，反复发生，食欲变化不大，呈进行性消瘦，生长受阻。有些病例可在康复后再次或多次复发。病程长达2～3周，慢性病例达1月以上。

**【病理变化】**大肠黏膜充血、水肿，覆有一层血液黏液性渗出物，呈胶冻状。大肠内容物稀软，除血液、黏液外还混有坏死组织碎片。后期肠黏膜出现坏死，形成纤维素性伪膜。剥去伪膜显露出浅表的糜烂面。肠系膜淋巴结可能水肿、出血。

**【检疫和诊断】**根据临床症状和病变，结合病史可做出初步诊断。实验室诊断可采取急性病例的新鲜血便或大肠黏膜制片、染色镜检，也可直接采取暗视野检查，如每个视野发现大量（3条或以上）猪痢疾短螺旋体，可以作为诊断依据。必要时可进行分离培养。由于Bh培养条件较为苛刻，且生长缓慢，因而不适宜将分离培养作为常规诊断法。血清学诊断的方法很多，以微量凝集较为常用。PCR是具有发展前景的实用检疫方法，核酸探针、脉冲凝胶电泳等技术可用于流行病学分析。

**【检疫处理】** 屠宰时发现本病时，肠道应销毁。其他脏器和肉尸不受限制出场。进口时检出的有病动物，做退回或扑杀、销毁处理，同群动物进行隔离观察。

**【防疫措施】** 目前尚未见有实用价值的疫苗上市。控制和预防仍侧重于药物。猪场采用全进全出饲养，从外引种时应隔离检疫。发现病猪应淘汰病猪或淘汰全群，彻底清洁和消毒，空舍2～3月后，再重新引入健康猪生产，同时配合全场的消毒、杀虫及灭鼠。可采用痢菌净、泰乐霉素、异丙硝达唑等药物进行净化。

## 第十七节　猪附红细胞体病

猪附红细胞体病（swine eperythrozoonosis ）是由猪附红细胞体引起猪的一种疾病。临床特征为贫血、黄疸和发热；多呈隐性感染或慢性消耗性经过，但可引起肠道和呼吸系统感染，母猪繁殖力下降，育肥猪上市推迟等。1932 年，Dolye 在印度首次报道了本病。目前我国各地均有本病报道。

**【病原体】** 猪附红细胞体（*Eperythrozoon suis*，Es）属于支原体属（*Mycoplasma*）嗜血性支原体（*Mycoplasma haemotrophic*）。形态呈多形性，一般多为球形、圆形和卵圆形，少数为短杆状、半月状或逗点形等，大小为 0.2～2μm。单独或成链状附着于红细胞表面，或围绕在整个红细胞上，使红细胞呈菠萝形、锯齿形、菜花状、星状、花环状。旋动显微镜微调，可见附红体折光性很强。在血浆中也可见自由的附红细胞体。姬姆萨染色呈紫红色，瑞氏染色为蓝紫色，革兰氏染色阴性。

Es 对干燥和化学药品较敏感，消毒药数分钟就可将其杀死，但对低温抵抗力较强。4℃条件下可保存 30d；在加有 10%～15%甘油的血液中，于－70℃能保持 80d 的感染力。对青霉素不敏感，而对强力霉素敏感。

**【流行特点】** 猪附红细胞体有相对宿主特异性和互感性（也可感染小鼠和兔）。传播主要为接触性、血源性、垂直性、媒介昆虫 4 种方式，包括直接接触传播、交配传播、胎盘垂直传播。污染的注射针头、手术器械，互相斗殴，仔猪剪尾、断牙、打耳号等可促进传播，吸血昆虫如蚊、虱、蠓等是重要的传播媒介，故该病多发于高热、多雨且吸血昆虫繁殖滋生的夏秋季节。猪的某些免疫抑制病、营养不良、毒素或药物中毒、环境应激、其他病原感染等导致猪的抵抗力下降因素，均可使猪易于感染。隐性感染率高，且易于复发。

**【临床症状】**

1. 急性型　病初出现高热稽留，体温 40～42℃，流涕、咳嗽、呼吸困难，皮肤、黏膜苍白，四肢特别是耳廓边缘发绀、坏死，有时可见黄疸、腹泻。以断奶仔猪特别是阉割后几周多见。育肥猪日增重下降，易发生急性溶血性贫血，后期常下痢。母猪感染后常见少乳或无乳，以产后多见。

2. 慢性型　表现渐进性贫血、消瘦，常常成为僵猪，有时出现皮肤变态反应，有些猪可长期带菌，受到应激时引发疾病。病愈猪也可能终生带菌。母猪还可出现繁殖障碍，如受孕率降低、发情推迟、流产、死产、弱仔等，但少有或无木乃伊胎。

**【病理变化】** 较有特征性的病变是黄疸和贫血。全身皮肤、黏膜苍白，脂肪和脏器显著黄染。血液呈水样，体腔及心包积液，肺水肿，全身淋巴结、肝、脾和胆囊肿大，胆汁充盈。

**【检疫和诊断】** 本病带菌率高，临床症状不明显，需实验室检查方可确诊。具体方法有以下几种：

1. 镜检　急性发热期间进行病原的显微镜检查效果最好。采取猪外周末梢血液制成抹片，姬姆萨染色后油镜下观察；或将1滴血液与等量的生理盐水混合，压上盖玻片后油镜下观察。如发现红细胞表面见到卵圆形或圆形，或完全将红细胞包围的链状附红细胞体为阳性。该方法要防止色素沉着而造成假阳性和误诊。

2. 血清学实验　包括免疫荧光试验（IFA）、IHAT、CFT、ELISA等，适于群体诊断。需要注意血清学阴性的猪可能是病原携带者。

3. PCR　是一种操作简便、快速的方法。将PCR与DNA杂交技术相结合，更特异敏感。

血液学检查时，猪红细胞压积从39.6%降至24%，Hb从10～15g/100ml降至3～7g/100ml，可作为辅助诊断的依据。

**【检疫处理】** 屠宰时发现病猪，对有明显病变的肉尸和内脏，宜化制或销毁，病变轻微的可高温处理后出厂。血液应销毁。进口时检出的有病动物，做退回或扑杀、销毁处理，同群动物进行隔离观察。

**【防疫措施】** 平时加强饲养管理，减少应激因素发生。在进行外科手术时加强消毒，注射时要勤换针头，定期驱杀蚊虫、虱子，防止猪只斗殴、咬架。在疾病流行期间，在做好消毒工作同时，可在饲料中添加金霉素、土霉素和阿散酸进行预防。

治疗原则上要早期用药，同时要进行辅助性对症治疗。常用的药物有血虫净、黄色素、阿散酸、四环素、土霉素、卡那霉素、庆大霉素。

## 复习思考题

1. 典型猪瘟的特征性病变有哪些？
2. 试述猪传染性水疱病的实验室诊断方法及与口蹄疫的鉴别方法。
3. 发现疑似非洲猪瘟病例时，应如何处置？
4. 猪乙型脑炎的流行病学特点有哪些？根据其流行特点如何做好防疫工作？
5. 猪细小病毒病的特征是什么？
6. 试述猪繁殖与呼吸道综合征的实验室诊断方法。
7. 试比较猪丹毒、猪肺疫、猪链球菌病的病理变化。
8. 试述猪传染性萎缩性鼻炎和猪支原体肺炎的主要症状和病变特点。
9. 猪旋毛虫病宰后检验的组织压片法如何操作？怎样进行检疫处理？
10. 试述猪囊尾蚴病的肉品卫生检验方法。
11. 根据哪些特点，可对猪传染性胃肠炎做出诊断？
12. 如何区分猪副伤寒与肠型猪瘟？
13. 怎样进行猪痢疾的检疫？
14. 猪附红细胞体病的主要症状有哪些？如何进行防治？

（罗满林）

# 第七章 禽类主要疫病检疫

## 第一节 禽流行性感冒

禽流行性感冒（简称禽流感）（avian influenza，AI）是由禽流感病毒的某些亚型引起的急性高度接触性传染病，有急性败血症、呼吸道感染以及隐性经过等多种临诊表现。近几十年来在世界范围内暴发了多次高致病性禽流感（HPAI），而且感染到人并造成死亡，危害极大。

**【病原体】**禽流感病毒（*Avian influenza virus*，AIV）属于正黏病毒科（*Orthomyxoviridae*）A 型流感病毒属（*Influenzavirus* A）。病毒粒子呈多形性，直径 80～120nm。核衣壳呈螺旋对称，外有囊膜，囊膜上有呈辐射状密集排列的两种穗状突起物（纤突）：血凝素（HA）和神经氨酸酶（NA）。A 型流感病毒是人和动物流感的主要病原，它的 HA 和 NA 容易变异，已知 HA 有 16 个亚类（H1～H16），NA 有 9 个亚类（N1～N9），它们之间的不同组成，使 A 型流感病毒有许多亚型，各亚型之间无交互免疫力。HA 能凝集马、驴、猪、羊、牛、鸡、鸽、豚鼠和人的红细胞。引起高致病性禽流感的主要是 H5 和 H7 亚型的流感病毒，H9 亚型为低致病性毒株。病毒对干燥和低温抵抗力强，在−70℃稳定，冻干可保存数年。60℃经 20min 可使病毒灭活。一般消毒剂对病毒均有作用，对碘蒸气和碘溶液特别敏感。

**【流行特点】**家禽中鸡、火鸡最易感，鸭、鹅和其他水禽易感性较低，某些野禽也能感染，猪和人也可自然感染。传染源主要为病禽（野鸟）和带毒禽（野鸟）。病毒可在污染的粪便、水等环境中长期存活。病毒传播主要通过接触感染禽（野鸟）及其分泌物和排泄物，污染的饲料、水、蛋托（箱）、垫草、种蛋、鸡胚和精液等媒介，经呼吸道、消化道感染，也可通过气源性媒介传播。一年四季均可发生，晚秋和冬春寒冷季节多发。

**【临床症状】**潜伏期短，从几小时到数天，最长可达 21d。

1. 高致病性禽流感（highly pathogenic avian influenza，HPAI）　又称为“真性鸡瘟”。常表现为急性发病死亡或不明原因死亡，潜伏期从几小时到数天，最长可达 21d；突然发病，体温升高，精神极度沉郁，食欲废绝，流泪及呼吸困难，头及颜面水肿，脚鳞出血，产蛋量突然下降，神经紊乱及下痢，常于症状出现后数小时内死亡，发病率和死亡率可达 100%。鸭、鹅等水禽有神经症状或腹泻症状，可出现角膜炎，甚至失明。

2. 低致病性禽流感（lowly pathoyenic avian influenza，LPAI）　一般无特征性症状，常表

现不同程度呼吸道症状和眼睑肿胀，有时腹泻，蛋鸡产软壳蛋，产蛋量下降，若无继发感染，死亡率较低。

**【病理变化】**

1. 高致病性禽流感　表现为消化道、呼吸道黏膜广泛充血、出血；腺胃黏液增多，可见腺胃乳头出血，腺胃和肌胃之间交界处黏膜可见带状出血；心冠及腹部脂肪出血；输卵管的中部可见乳白色分泌物或凝块；卵泡充血、出血、萎缩、破裂，有的可见“卵黄性腹膜炎”；脑部出现坏死灶、血管周围淋巴细胞管套、神经胶质灶、血管增生等病变；胰腺和心肌组织局灶性坏死。

2. 低致病性禽流感　表现为呼吸道有黏液或干酪样物，卵巢退化、出血、萎缩、破裂，输卵管发炎，有乳白色分泌物和凝块。

**【检疫和诊断】**根据流行特点、临床症状及剖检病变可做出疑似诊断。确诊必须实验室诊断。对疑似禽流感的活禽采气管和泄殖腔拭子。死禽采集气管、脾、肺、肝、肾和脑等组织样品，在加有抗生素的组织培养液或pH7.0～7.4磷酸盐缓冲液中4℃保存或运输。病料需派专人送国家禽流感参考实验室做进一步鉴定。实验室诊断包括病原的分离鉴定、血清学诊断和分子生物学技术鉴别。其中病原分离、鉴定和毒力测定是确诊的重要手段。琼脂免疫扩散（AGID）和血凝抑制试验（HI）是OIE规定的国际贸易中本病诊断和检疫的代用方法。其他方法还有神经氨酸酶抑制试验（NI）、间接ELISA等血清学技术和RT-PCR等分子诊断技术。

**【检疫处理】**进口检疫时检出禽流感，全群动物做扑杀、销毁处理。

国内检出禽流感疫情时，应迅速予以确诊并上报当地人民政府和国务院兽医行政管理部门。所在地县级以上兽医行政管理部门划定疫点、疫区、受威胁区，对疫区实行封锁。扑杀疫点和疫区内所有的禽只，销毁所有病死禽、被扑杀禽及其产品；对禽类排泄物及被污染饲料、垫料、污水等进行无害化处理；对所有与禽类接触过的物品、交通工具、用具、禽舍、场地进行彻底消毒。对受威胁区内所有易感禽类进行紧急强制免疫，建立完整的免疫档案；对所有禽类实行疫情监测，掌握疫情动态。关闭疫点及周边13km内所有家禽及其产品交易市场。

**【防疫措施】**国家对高致病性禽流感实行强制免疫制度，所有易感禽类饲养者必须按国家制定的免疫程序做好免疫接种，当地动物卫生监督机构负责监督指导。定期对免疫禽群进行免疫水平监测，根据群体抗体水平及时加强免疫。

加强动物检疫，包括产地检疫、屠宰检疫、引种检疫、市场检疫监督和运输检疫监督。加强禽鸟交易市场检疫，严防病禽上市交易。

平时定期预防消毒，对禽舍、所用器具（水槽、饲槽等）经常清水冲洗晒干，保持清洁。粪便要堆积发酵，垫草和垫料每周更换一次。笼具用火焰消毒。屠宰加工、贮藏等场所以及区域内池塘等水域的消毒要采用低毒、高效药品。

加强消毒，消灭传染源，防止病毒传播；禁止鸡和水禽混养；严防禽与鸟类接触；加强饲养管理，提高禽的抵抗力；按时通风换气保持空气新鲜，光照强度和温、湿度适宜。

## 第二节　新城疫

新城疫（Newcastle disease，ND）是新城疫病毒引起禽类的一种急性、高度接触性传染病。

以呼吸困难、下痢、神经机能紊乱、黏膜和浆膜出血为主要特征。本病发病急、致死率高，是我国家禽最主要的病毒病之一。

**【病原体】**新城疫病毒（*Newcastle disease virus*，NDV）为副黏病毒科（*Paramyxoviridae*）腮腺炎病毒属（*Rubulavirus*）的成员。病毒粒子一般呈圆形，有囊膜，直径100～250nm，病毒核酸为单链负股RNA，囊膜表面的血凝素-神经氨酸酶（HN蛋白）和融合蛋白（F蛋白）构成纤突。这两种蛋白与NDV的致病性密切相关，并且有良好的免疫原性。HN蛋白能凝集多种动物红细胞，常用红细胞凝集（HA）试验来测定疫苗或分离物中的病毒，用血凝抑制（HI）试验来鉴定分离物、诊断ND的发生和监测免疫状况。本病毒对消毒剂、日光及高温的抵抗力不强，一般消毒剂及其常用浓度即可很快将其杀灭。

**【流行特点】**鸡、火鸡、鹌鹑、鸽子、鸭、鹅等多种家禽及野禽均易感，各种日龄的禽类均可感染。非免疫易感禽群感染时，发病率、死亡率可高达90%以上；免疫效果不好的禽群感染时症状不典型，发病率、死亡率较低。人也能感染，引起急性结膜炎、头痛、发热等症状。

传染源主要为感染禽及其粪便和口、鼻、眼的分泌物。主要通过消化道和呼吸道传播。被污染的水、饲料、器械、器具和带毒的野生飞禽、昆虫及有关人员等均可成为主要的传播媒介。

本病发生无季节性，但以冬春季发生较多。

**【临床症状】**潜伏期为3～5d。临床症状差异较大，严重程度主要取决于感染毒株的毒力、免疫状态、感染途径、品种、日龄、其他病原混合感染情况及环境因素等。根据病毒感染禽所表现临床症状不同，可将新城疫病毒分为5种致病型，即速发嗜内脏型、速发嗜脑肺型、中发型、缓发型以及缓发嗜肠型。我国根据临床发病的特点将新城疫分为典型和非典型两种病型。

典型新城疫主要是指在非免疫或免疫力较低的鸡群中感染强毒株所引起的速发嗜内脏型和速发嗜脑肺型新城疫，发病急、死亡率高。感染鸡群可能突然出现个别鸡只死亡而无任何先兆，随后常见典型症状，体温升高、极度精神沉郁、呼吸困难、食欲下降；嗉囊积液，有波动感，倒提病鸡时有大量酸臭液体从口中流出；粪便稀薄，呈黄绿色或黄白色；发病后期可出现各种神经症状，多表现为扭颈、翅膀麻痹等。产蛋鸡表现产蛋量急剧下降，蛋壳退色，软壳蛋增多等症状。

非典型新城疫主要发生于免疫鸡群、有母源抗体的雏鸡群和本病常在的鸡场，其特点是发病率不高、临床表现不明显、病变不典型、死亡率低，缺乏典型新城疫的特征。

**【病理变化】**典型新城疫病鸡剖检可见全身黏膜和浆膜出血，以呼吸道和消化道最为严重；腺胃黏膜水肿，食道与腺胃的交界处以及乳头和乳头之间有出血点；盲肠扁桃体肿大、出血、坏死；十二指肠和直肠黏膜有多处枣核形的出血或纤维素性坏死区，略突出于黏膜表面；脑膜充血和出血；鼻道、喉、气管黏膜充血，偶有出血，肺可见淤血和水肿。成年鸡还可见卵巢充血、出血。

非典型新城疫眼观病变不明显，综合观察才能做出判断。雏鸡一般仅见喉头及气管充血、出血、水肿，并有多量黏液。中鸡病变主要在喉头、气管黏膜有明显充血、出血；小肠有轻度卡他性炎症，有时肠黏膜出血。成鸡喉头、气管黏膜出血、黏液增多，常见卵黄性腹膜炎，个别病鸡腺胃有少量出血点。

**【检疫和诊断】**典型新城疫根据鸡群免疫接种情况、发病经过、临床症状和病理变化特征可以做出初步诊断。非典型新城疫通常需要通过病毒分离鉴定和血清学试验等才能确诊。

1. *病毒分离鉴定*　主要通过采集病变明显的肺、脾、脑等组织器官，也可用棉拭子从气管和泄殖腔取样，经常规无菌处理后通过尿囊腔途径接种9～11日龄的SPF或非免疫鸡胚。收获的尿囊液可以用血凝（HA）和血凝抑制（HI）试验进行鉴定。再通过最小致死量、鸡胚平均死亡时间（MDT）、1日龄鸡脑内接种致病指数（ICPI）以及6周龄鸡静脉接种致病指数（IVPI）等指标的测定确定分离毒株的毒力。

2. *血清学方法*　常用HA试验和HI试验，以及病毒中和试验（VN）、酶联免疫吸附试验（ELISA）、免疫双向扩散试验（IDD）等。

利用聚合酶链式反应（PCR）技术进行本病辅助诊断，可以检测出样品中含量极少（1pg）的病毒，并可与其他疾病进行鉴别诊断。

**【检疫处理】**一旦发生新城疫疫情，应当立即向当地动物卫生监督机构报告。当地县级以上人民政府兽医主管部门应当立即划定疫点、疫区、受威胁区，同时及时报请同级人民政府对疫区实行封锁，逐级上报至国务院兽医主管部门，并通报毗邻地区。扑杀疫点内所有的病禽和同群禽只，并对所有病死禽、被扑杀禽及其禽类产品进行销毁；对疫区进行封锁，对易感禽只实施紧急强制免疫。关闭活禽及禽类产品交易市场。对禽类排泄物，被污染的或可能污染的饲料和垫料、污水等均需进行无害化处理；对被污染的物品、交通工具、用具、禽舍、场地进行严格彻底消毒。对受威胁区内易感禽只实施紧急强制免疫，确保达到免疫保护水平；对禽类实行疫情监测和免疫效果监测。

**【防疫措施】**以免疫为主，采取“扑杀与免疫相结合”的综合性防控措施。

1. *饲养管理与环境控制*　饲养、生产、经营等场所必须符合规定的动物防疫条件，并加强种禽调运检疫管理。饲养场实行全进全出饲养方式，控制人员、车辆和相关物品出入，严格执行清洁和消毒程序。加强禽群的饲养管理工作，落实兽医卫生综合性防控措施，增强机体抵抗力。养禽场要设有防止外来禽鸟进入的设施，并有健全的灭鼠设施和措施。

2. *消毒*　各饲养场、屠宰厂（场）、动物卫生监督检查站等要建立严格的卫生（消毒）管理制度。禽舍、禽场环境、用具、饮水等应进行定期严格消毒；养禽场出入口处应设置消毒池，内置有效消毒剂。

3. *免疫*　国家对新城疫实施全面免疫政策。弱毒疫苗包括Ⅰ系、Ⅱ系、Ⅲ系（F系）、Ⅳ系（La Sota）和一些克隆化疫苗。其中Ⅰ系苗毒力最强，不适宜在未做基础免疫的禽群中使用。弱毒疫苗与灭活疫苗常配合使用。免疫程序的制定要根据雏禽母源抗体水平确定首免时间，根据抗体滴度和禽群生产特点确定加强免疫的时间。同时要严格控制其他疫病的发生，防止继发感染。

4. *检疫*　国内异地引入种禽及精液、种蛋时，应取得原产地动物卫生监督机构的检疫合格证明。到达引入地后，种禽必须隔离饲养21d以上，并经当地动物卫生监督机构检疫合格后方可混群饲养。从国外引入种禽及精液、种蛋时，按国家有关规定执行。

## 第三节　传染性喉气管炎

传染性喉气管炎（infectious larygotracheitis，ILT）是由传染性喉气管炎病毒（ILTV）引起鸡的急性接触性呼吸道传染病，其特征是呼吸困难、气喘、咳嗽，并咳出血样的分泌物，喉头和气管黏膜上皮水肿、坏死和出血，甚至形成栓子。本病是严重威胁养鸡业的重要呼吸道传染病之一。

**【病原体】**传染性喉气管炎病毒（*Infectious larygotracheitis virus*，ILTV）学名为禽疱疹病毒1型（*Gallid herpesvirus* 1）病毒，属于疱疹病毒科（*Herpesviridae*）疱疹病毒甲亚科（*Alphaherpesvirinae*）。病毒粒子呈球形，直径80～100nm，二十面体立体对称，有囊膜，病毒核酸为DNA。本病毒可用鸡胚、鸡肾细胞和鸡胚肝细胞增殖培养。ILTV对外界抵抗力不强，对乙醚、氯仿等脂溶剂，热及各种消毒剂均敏感。

**【流行特点】**本病多感染鸡，偶尔也见野鸡及孔雀发病。病鸡和康复后的带毒鸡是主要的传染源。病鸡可通过分泌物、排泄物向外界排出病毒，污染鸡舍内空气、设备、垫料、饲料、饮用水及工作人员衣着，使所有被污染物成为传染媒介。自然感染的途径主要是上呼吸道和眼结膜，亦可经消化道感染。本病发生无季节性，但于秋、冬和春季流行较多。

**【临床症状】**潜伏期为6～12d，发病初期，常有鸡只突然死亡，其他患鸡流泪，流鼻液。本病特有症状为呼吸困难，颜面部发绀，气喘，伸长颈部张口呼吸并伴有啰音和喘鸣声，咳嗽，甩头并咳出血痰和带有血液的黏性分泌物，有时还能咳出干酪样的分泌物。发病期间病鸡还可能出现结膜炎、流泪、羞明、眼睑部肿胀，重者失明。病鸡体温达43℃，间有下痢。最后病鸡往往因窒息而死亡。温和型病例多表现为黏液性气管炎、窦炎、结膜炎，死亡率较低。

**【病理变化】**特征性的病变为喉头和气管黏膜肿胀、充血、出血，甚至坏死，气管腔内有血凝块、黏液、淡黄色干酪样渗出物或气管栓塞。病情较轻者，只出现眼结膜炎和眶下窦上皮水肿和充血。

病理组织学检查主要可见喉头、气管部位黏膜上皮细胞肿大，出现由病毒融合而形成的多核巨细胞（即合胞体）；黏膜上皮细胞变性、崩解、脱落，黏膜固有层出现异嗜性白细胞和淋巴细胞的浸润。特征性的病理组织学变化是呼吸道黏膜的纤维上皮细胞、杯状细胞及基底细胞等上皮细胞出现核内包涵体。

**【检疫和诊断】**根据其流行病学特点如传播迅速、发病率高、典型的呼吸系统病症及出血性喉气管炎的病理变化做出初步诊断。确诊必须进行病毒分离、血清学试验或用分子生物学方法检测。

病毒分离　分离传染性喉气管炎病毒最适的病料是急性期病鸡或病死鸡的气管、肺组织及气管的分泌物。病料经无菌处理后接种鸡肾细胞、鸡胚肝细胞、鸡胚肾细胞或经绒毛尿囊膜途径接种敏感鸡胚。分离物可通过中和试验、荧光抗体染色法、PCR和核酸探针等进行鉴定。也可取病料直接通过这几种方法检测病毒抗原或核酸。

常用的血清学方法包括琼脂扩散试验、酶联免疫吸附试验、免疫荧光试验等，但对于免疫鸡群通常需要取发病初期和恢复期的血清各一份以进行抗体滴度的比较试验。

**【检疫处理】**检疫时发现本病，应立即对病鸡进行隔离治疗或扑杀，病死鸡或扑杀鸡进行无害化处理，其他易感鸡进行紧急预防接种。对鸡舍、环境、用具、运输工具等进行消毒。进口检疫时检出病鸡和血清学阳性反应鸡，应做扑杀、化制或销毁处理，同群鸡应隔离观察。

**【防疫措施】**该病的防控应坚持以疫苗免疫接种为主的综合性措施。平时加强饲养管理，坚持全进全出的饲养制度，改善鸡舍通风，注意环境卫生，定期进行严格消毒，防止该病侵入鸡群。疫苗接种通常用弱毒疫苗进行点眼或滴鼻免疫，但应注意某些疫苗毒株的毒力较强，接种后容易出现较为严重的反应。

无论疫苗的毒力强弱，都只能在疫区或发生过该病的地区使用，因为接种上述疫苗的鸡群仍可向外界排出病毒。发生本病后，可用消毒剂每日进行1～2次消毒，以杀死鸡舍中的病毒，同时辅以氯霉素、红霉素、庆大霉素、泰乐菌素等药物治疗，防止继发细菌感染。

## 第四节　传染性支气管炎

鸡传染性支气管炎（infectious bronchitis，IB）是传染性支气管炎病毒引起鸡的急性、高度接触性的呼吸道和泌尿生殖道疾病。其特征是呼吸型以气管啰音、咳嗽、呼吸困难等呼吸道症状为主；肾型主要特征为排淀粉糊样粪便，肾脏肿大、肾小管和输尿管内有尿酸盐沉积。

**【病原体】**传染性支气管炎病毒（*Infectious bronchitis virus*，IBV）属于冠状病毒科（*Coronaviridae*）冠状病毒属（*Coronavirus*），单股正链RNA。IBV有3种主要结构蛋白：纤突（S）蛋白、膜（M）蛋白和核衣壳（N）蛋白。IBV的血清型有30多种。IBV经过磷脂酶等处理后可凝集红细胞，凝集活性能被特异性抗血清所抑制，利用此特性可鉴定毒株或监测抗体水平。IBV对乙醚敏感。在56℃经15min及45℃经90min可被灭活，在－30℃以下可存活2～4年。IBV可在鸡胚上增殖，在鸡胚肾细胞（CEK）和鸡肾细胞上生长，并引起细胞病变。

**【流行特点】**各种日龄的鸡均易感，以雏鸡和产蛋鸡多发，肾型多发生于20～50日龄的幼鸡。病鸡主要通过呼吸道和消化道等排毒，污染的飞沫、尘埃、饮水、饲料、垫料等是最常见的传播媒介，通过直接或间接接触传播。本病四季均可流行，但以寒冷季节多发。

**【临床症状】**本病通常分为呼吸型、肾型、腺胃型以及肠型等多种，其中还有一些变异的中间型。呼吸型病例雏鸡主要呈现呼吸器官功能障碍，表现为突然甩头、咳嗽、喷嚏、流泪、喘息、气管啰音、鼻分泌物增多，偶尔出现面部轻度水肿。产蛋鸡呼吸道症状较温和，产蛋量明显下降，持续4～8周，产畸形蛋、软壳蛋、粗壳蛋，蛋清变稀呈水样，蛋黄与蛋清分开。肾型病例主要发生于2～6周龄雏鸡，发病初期可有短期的呼吸道症状，临床表现主要为病雏羽毛松乱、减食、渴欲增加，排白色稀粪，严重脱水。发病率高，死亡率常较低。

**【病理变化】**剖检呼吸型病鸡主要可见鼻腔、气管、支气管内有浆液性和卡他性或干酪样（后期）渗出液，气管黏膜粗糙、肥厚和轻度红肿，环绕支气管的肺组织局灶性实变，气囊混浊，有黄白色干酪样渗出物。病理组织学检查可见鼻腔、气管和支气管黏膜上皮局灶和融合性纤毛脱落。肾型病例主要病变表现为幼鸡肾肿大、苍白、小叶突出，肾表面弥漫性尿酸盐分布或实质内局灶性尿酸盐沉着，俗称“花斑肾”。有的输尿管内因液化的尿酸盐沉积而高度扩张。腺胃型病例则主要表现为腺胃肿大，胃壁增厚。

**【检疫和诊断】**根据呼吸道特征性症状及呼吸、泌尿和生殖系统病变等可做出初步诊断，确诊需要进行实验室检查，要通过鸡胚培养病毒、病毒分离鉴定、病毒干扰试验、对鸡胚致畸性检验、病毒中和试验、基因型鉴定、血凝试验以及最新的RNA检测技术；琼脂凝胶免疫扩散试验、ELISA和血凝抑制试验可用于检疫和疫苗免疫血清抗体的检测。

**【检疫处理】**检疫时发现本病，处理原则与传染性喉气管炎相同。

【防疫措施】本病目前尚无特异的治疗方法。平时必须采取严格的饲养管理措施，搞好环境卫生，加强消毒，减少各种应激因素，做好免疫接种工作，才能防止本病的发生与流行。在免疫预防方面，针对IBV致病性复杂、血清型多样，且不同血清型之间交叉保护性弱等特点，必须选用合适的血清型疫苗株或研制多价疫苗，最好是分离当地毒株制备多价灭活苗。

## 第五节　传染性法氏囊病

传染性法氏囊病（infectious bursal disease，IBD）是由传染性法氏囊病病毒引起雏鸡的一种急性、热性、高度接触性传染病。特征病变是胸肌、腿肌出血，法氏囊水肿、出血、肿大或明显萎缩，肾脏肿大并有尿酸盐沉积，是危害我国养鸡业最严重的传染病之一。

【病原体】传染性法氏囊病病毒（*Infectious bursal disease*，IBDV）属于双RNA病毒科（*Birnaviridae*）禽双RNA病毒属（*Avibirnavirus*）。病毒粒子为球形，无囊膜，二十面体立体对称，直径为55～65nm。IBDV抵抗力较强，在鸡舍中可存活2～4个月。对乙醚、氯仿不敏感，耐酸不耐碱，对甲醛、氯胺、复合碘胺类消毒药敏感。70℃经30min可使其灭活。

【流行特点】鸡和火鸡是IBDV的自然宿主，但只有鸡感染后发病。4～6周龄的鸡最易感。成年鸡因法氏囊已退化，故多呈隐性感染。病鸡和带毒鸡是主要传染源，通过粪便持续排毒1～2周。本病可经直接接触传播，也可经污染的饲料、饮水、空气、用具等间接传播。感染途径包括消化道、呼吸道和眼结膜等。本病传播快，感染率和发病率高，发病急，病程短，死亡曲线呈尖峰式。饲养管理不当，卫生条件差，可促使和加重本病的流行。本病可造成雏鸡免疫抑制，使鸡对新城疫、禽流感、传染性支气管炎、鸡支原体病、大肠杆菌病等疾病的敏感性增加。本病无明显的季节性和周期性。

【临床症状】潜伏期一般为1～2d。典型性感染多见于新疫区或高度易感鸡群，常呈急性暴发，病初个别鸡突然发病，精神不振，1d左右波及全群。病鸡表现沉郁，不食，羽毛蓬松，翅下垂，有些病鸡自啄泄殖腔。病鸡腹泻，排出白色稀粪或蛋清样稀粪，内含石灰渣样物，干涸后呈石灰状。病鸡畏寒、挤堆，严重脱水，极度虚弱，病鸡群4～5d为死亡高峰期，6～7d死亡率迅速下降，少数病鸡的病程可拖延2～3周，但耐过鸡往往发育不良。

非典型感染多见于老疫区或有一定免疫力的鸡群，鸡群感染率高，发病率低，症状不典型。死亡率一般在3%以下。该病型主要造成免疫抑制。

【病理变化】典型IBD剖检可见尸体脱水，胸肌、腿肌有不同程度的条状或斑点状出血。特征病变为法氏囊肿大、水肿、出血。输尿管变粗，管腔内充满石灰乳样物质。腺胃和肌胃交界处常有横向出血斑点或溃疡。盲肠扁桃体出血、肿胀。特征性组织学病变是法氏囊充血、出血，髓质大量淋巴细胞变性、坏死，有多量细胞碎片、异染颗粒。

【检疫和诊断】根据流行病学特点、特征症状和病变可做出初步诊断。确诊或对亚临床型感染病例诊断需进行病毒分离鉴定、琼脂免疫扩散试验、动物接种等实验室检查。

病毒分离鉴定应无菌采取病死鸡的法氏囊，研磨、稀释、离心后取上清接种9～11日龄鸡胚的绒毛尿囊膜，37℃培养5～7d后观察结果，注意鸡胚死亡及病变。必要时可盲传2～3代。也可用 BGM-70 细胞、鸡胚法氏囊细胞、鸡胚成纤维细胞等分离培养病毒。

琼脂扩散沉淀（AGP）试验是最常用的血清学诊断方法，但不能区分病毒的血清型或亚型。ELISA 也是常用的实验室诊断方法之一，它比 AGP 更灵敏、快速，且适合于大批样品的检测。若使用型特异性单抗通过 ELISA 检测，还可对病毒进行分型。AGP 和 ELISA 都可用于抗原和抗体的检测。反转录-聚合酶链反应（RT-PCR）是近年来对 IBD 做实验室病原学诊断的最常用分子生物学方法，其特点是高度灵敏、特异、快速，易于标准化、自动化。在本病的抗体检测中，各种方法都不能区分人工免疫抗体和自然感染抗体，因此应根据具体情况对所测结果进行分析，最后做出正确诊断。

**【检疫处理】**检疫发现本病，处理原则与传染性喉气管炎相同。

**【防疫措施】**为预防本病，平时应加强饲养管理，搞好卫生，严格消毒，注意切断各种传播途径。不同年龄的鸡应尽可能分开饲养，最好采取全进全出的饲养方式。发现病鸡应及时隔离，死鸡要焚烧或深埋。

免疫接种是预防本病的最重要的措施，特别应做好种鸡的免疫，以保障有高效价的母源抗体保护雏鸡。疫苗种类包括弱毒株和中等毒力毒株活苗及油佐剂灭活苗，以及感染病鸡法氏囊组织灭活苗。生产鸡场应根据具体情况制定出适合各自鸡群特点的免疫程序。对用疫苗难以控制发病的鸡场，可在发病日龄前 3～5d 肌肉注射传染性法氏囊病高免卵黄抗体，有一定的预防效果。发病早期紧急注射高免卵黄抗体可减少死亡，降低损失，但要注意防止卵黄抗体带入鸡的传染源，引起新的传染病。

## 第六节 马立克病

马立克病（Marek's disease，MD）是由马立克病病毒（MDV）引起鸡的一种高度接触传染的淋巴组织增生性肿瘤疾病，以内脏器官、外周神经、性腺、虹膜和皮肤单独或多发的淋巴细胞浸润为特征。

**【病原体】**鸡马立克病病毒（*Marek's disease virus*，MDV）又名禽疱疹病毒 2 型（*Gallid herpesvirus* 2），属于疱疹病毒科（*Herpesviridae*）疱疹病毒甲亚科（*Alphaherpesivirinae*）。病毒粒子或核衣壳直径为 85～100nm，具有囊膜的病毒粒子直径一般为 130～170nm。基因组核酸为线性双链 DNA。有囊膜的完全病毒抵抗力较强。皮屑内或羽毛囊上皮排出的脱离细胞的病毒可在鸡粪或垫草中于室温下生存 4～8 个月；4℃时至少 10 年内仍有感染性。

**【流行特点】**除鸡外，鹌鹑、火鸡也可以自然感染。自然感染的蛋鸡，多在 2～5 月龄之间发病。肉仔鸡多在 40 日龄之后发病。病鸡和隐性感染鸡是主要的传染源。呼吸道是最主要的传播途径。病鸡羽囊上皮细胞中具有高度传染性的病毒可以随羽毛和皮屑脱落到周围环境中，通过孵化箱、育雏室和空气进行传播。昆虫（甲虫）和鼠类也可成为传播媒介。

本病的发生与饲养管理条件有密切关系，饲养密度越大，感染机会越多，发病率和死亡率也越高。

**【临床症状】**本病根据病变发生的主要部位和症状，可分为 4 种类型。

1. 内脏型 病程初期，因肿瘤体积小，患鸡常无明显症状。随肿瘤的生长，表现精神萎靡，食欲下降，羽毛松乱无光泽，排绿色稀便。多在发病半个月左右死亡。

2. 神经型　当坐骨神经受到侵害时，病鸡走路不稳，出现一侧或两侧腿麻痹，严重时瘫痪。典型症状是一腿向前伸，一腿向后伸的“大劈叉”姿势。当臂神经受侵害时，病侧翅膀松弛无力，有时下垂。当颈部神经受侵害时，病鸡的脖子常斜向一侧，有时见大嗉囊及病鸡蹲在一处呈无声张口喘气的症状。

3. 皮肤型　病鸡煺毛后可见体表的毛囊腔形成结节大或较小的肿瘤状物。在颈部、翅膀、大腿外侧较为多见。肿瘤结节呈灰黄色，突出于皮肤表面，有时破溃。

4. 眼型　病鸡眼睛失明，瞳孔边缘不整齐呈锯齿状，虹彩消失，眼球如鱼眼，呈灰白色。

**【病理变化】** 内脏型病鸡以众多的内脏出现肿瘤为特征。肿瘤病灶广泛见于肝脏、腺胃、心脏、卵巢、肺脏、肌肉、脾脏、肾脏等器官组织。肝脏表现为肿大、质脆，有时为弥漫性的肿瘤，有时见粟粒大至黄豆大的灰白色瘤，几个至几十个不等。腺胃肿大、增厚、质地坚实，浆膜苍白，切开后可见黏膜出血或溃疡。心脏的肿瘤常突出于心肌表面，米粒大至黄豆大。脾脏肿大，表面可见针尖大小或米粒大的肿瘤结节。神经型病变多见坐骨神经、臂神经、迷走神经肿大，粗细不均，银白色纹理和光泽消失，有时发生水肿。

**【检疫和诊断】** 对本病的诊断可根据流行病学特点、临床症状、病理变化、病毒分离鉴定和血清学检查等进行。其中病理组织学检查对该病诊断具有特别的指征意义，可用于确诊。本病的确诊要注意与禽白血病鉴别。

病毒分离鉴定可取病鸡的肿瘤组织、血淋巴细胞或单核细胞悬液接种鸭胚成纤维细胞或鸡胚肾细胞，待细胞出现蚀斑后采用荧光抗体染色或特异性的单克隆抗体做鉴定。血清学检查常用的方法是琼脂扩散试验。还可用荧光抗体法、酶标抗体法、聚合酶链式反应（PCR）、DNA 探针和电镜技术对本病进行诊断。

**【检疫处理】** 检疫时发现本病，处理原则与传染性喉气管炎相同。

**【防疫措施】** 接种疫苗是预防本病最主要的措施，但必须结合综合卫生防疫措施，防止出雏和育雏阶段早期感染，以保证和提高疫苗的保护效果。

预防本病的疫苗主要利用 3 个血清型的疫苗株制备的单价和多价疫苗。种蛋在入孵前必须对外壳、孵化箱、孵化室、育雏室、笼具等进行严格消毒；雏鸡应在严格的隔离条件下饲养，不同日龄的鸡不能混养。雏鸡在 1 日龄时接种疫苗，以防止早期感染。

## 第七节　产蛋下降综合征

产蛋下降综合征（egg drop syndrome，EDS）又称为减蛋综合征（EDS-76），是由Ⅲ群禽腺病毒引起鸡的一种以产蛋下降为主要特征的传染病，主要临床症状为鸡群产蛋量急剧下降，蛋壳颜色变浅，软壳蛋、无壳蛋、粗壳蛋数量增加。

**【病原体】** 产蛋下降综合征病毒（*Egg drop syndrome virus*，EDSV）又称为鸭腺病毒甲型（*Duck adenovirus* A），属于腺病毒科（*Adenoviridae*）腺病毒属（*Adenovirus*）。该病毒粒子为球型，无囊膜，直径 80～100nm，表面有纤突，纤突上有与细胞结合的位点和血凝素，能凝集鸡、鸭、鹅、火鸡和鸽红细胞。核酸为双链 DNA。只有一个血清型。EDSV 对外界环境的抵抗力比较强，对乙醚、氯仿不敏感，对甲醛、强碱敏感，对热有一定耐受性。

**【流行特点】**鸡、鸭、鹅均可感染，鸭、鹅为其天然宿主，一般感染后不发病，只对产蛋鸡有致病性。其发生与鸡品种、年龄和性别有一定关系，一般褐壳蛋鸡最易感，26～32周龄的产蛋鸡感染后症状最明显。本病毒在各种禽类和鸟类中感染普遍。EDSV可经卵垂直传播和水平方式传播，其发生无明显的季节性。

**【临床症状】**表现为产蛋率突然下降，或停止上升。发病后2～3周产蛋率降至最低点，并持续3～10周，以后逐渐恢复，但大多很难恢复到正常水平。蛋壳颜色变浅或带有色素斑点，蛋壳变薄，出现破壳蛋、软壳蛋、无壳蛋和小型蛋，还有畸形蛋及沙粒壳蛋等。

**【病理变化】**本病一般不发生死亡，故无眼观病变，剖检时个别鸡可见卵巢萎缩，子宫及输卵管有卡他性炎症，有时有出血。病理组织学变化主要是输卵管腺体水肿，单核细胞浸润，黏膜上皮细胞变性坏死，受感染细胞有核内包涵体。

**【检疫和诊断】**根据流行特征和症状可初步诊断，确诊依靠病毒分离鉴定。病毒的分离最好取发病15d以内的软壳蛋或薄壳蛋，也可取可疑病鸡的输卵管、泄殖腔内容物或粪便经常规无菌处理后接种10～12日龄鸭胚尿囊腔或鸭源和鹅源细胞。收获鸭胚尿囊液或细胞培养液进行HA和HI试验进行鉴定。

在进行血清学检疫检验时，HI试验最为常用，鸡群感染后21d，HI抗体可达高峰。对非免疫鸡群，当血清HI抗体滴度在1∶8以上时，可证明鸡群已感染。此外，还可用中和试验、酶联免疫吸附试验、荧光抗体技术及琼脂扩散试验等血清学方法。

**【检疫处理】**检疫时发现本病，处理原则同传染性喉气管炎。

**【防疫措施】**本病目前尚无有效的治疗方法，发病后应加强环境消毒和带鸡消毒。控制本病的主要方法是通过对种鸡群和产蛋鸡群实行免疫接种。免疫后在整个产蛋期内可获得较好的保护，这些抗体也可以通过卵黄囊传递给雏鸡。另外，应注意不要在同一场内同时饲养鸡和鸭。做到不从疫区引种，防止病原的传入。同时搞好环境卫生和消毒，切断各种传播途径。

## 第八节 禽白血病

禽白血病（avian leukosis，AL）是由禽白血病/肉瘤病毒引起家禽的各种可传播的良性和恶性肿瘤，自然条件下最常见的是淋巴白血病。本病是造成养鸡业最严重经济损失的主要疫病之一。

**【病原体】**禽白血病/肉瘤病毒（*Avian leukosis/sarcoma viruses*）属于反转录病毒科（*Retrovirdae*）甲型反转录病毒属（*Alpharetrovirus*）。病毒粒子近似球形，直径为80～120nm。从鸡分离的病毒可分为A、B、C、D、E和J六个亚群。同一亚群的病毒具有不同程度的交叉中和反应。但除了B亚群和D亚群外，不同亚群之间没有交叉反应。E亚群是内源性病毒，通常不致病。A、B、C、D和J亚群为外源性病毒，有传染性。本病毒对脂溶剂和去污剂敏感，乙醚、氯仿和十二烷基硫酸钠可将其杀死。对热不稳定，56℃经30min可使之灭活。

**【流行特点】**鸡是该群病毒中所有病毒的自然宿主，尤其以肉鸡最易感，鹧鸪、鹌鹑也可感染。经卵垂直传播是病毒的主要传播方式。首先公鸡是病毒的携带者，它通过接触及交配成为感染其他禽的传染源。母鸡可从鸡胚和卵白蛋白传播病毒给新生雏鸡。水平传播也是本病的重要传播方式，污染的粪便、飞沫、脱落的皮肤等都可通过消化道使易感鸡感染。先天性感染的鸡可形成免疫耐受，这种病鸡是该病净化的主要对象。

**【临床症状】**禽白血病的种类很多，对养禽业危害较大、流行较广的白血病类型包括淋巴细胞性白血病（LL）、成红细胞性白血病、成骨髓细胞性白血病、骨髓细胞瘤病、血管瘤、肾瘤和肾胚细胞瘤、肝癌、骨石化（硬化）病、结缔组织瘤等。病鸡无特异的临床症状，有的病鸡甚至可能完全没有症状。部分鸡表现消瘦，头部苍白，并由于肝部肿大而导致患鸡腹部增大。禽白血病感染率高的鸡群产蛋量很低。

**【病理变化】**病理变化常见于肝、脾和法氏囊，其次是肾、肺、性腺（卵巢）、骨髓、胸腺和肠系膜。病鸡肝脏比正常增大几倍，这是本病的主要特征。

**【检疫和诊断】**病理解剖学和病理组织学检查在白血病的诊断上有重要的价值，因为各型的白血病都出现特殊的肿瘤细胞及性质不同的肿瘤，它们之间无相同之处，也不见于其他疾病。另外，外周血在某些类型白血病的诊断上也特别有价值，如成红细胞性白血病可于外周血中发现大量的成红细胞（占全部红细胞的90%～95%）。白血病与马立克病也可通过病理组织切片区分开，因为白血病病毒引起的是全身性骨髓细胞瘤，而马立克病病毒引起的是淋巴样细胞增生性肿瘤。

可通过血清学方法检测特异性蛋白或糖蛋白，或通过聚合酶链式反应（PCR）或反转录PCR（RT-PCR）方法检测病毒特异性的前病毒DNA或RNA片段来检测外源性和内源性病毒。ELISA已成为目前大规模临床样本检测和白血病净化的最常用方法。

**【检疫处理】**检疫时发现本病，处理原则与传染性喉气管炎相同。

**【防疫措施】**药物治疗及免疫接种的效果不佳。该病的防控策略和方法是加强定期检疫，执行全进全出的饲养模式，通过对种鸡持续不断的检疫，淘汰阳性鸡，使假定健康的非带毒鸡严格隔离饲养，防止垂直传播，最终达到净化种群的目的。也可通过选育对禽白血病有抵抗力的鸡种，结合其他综合性疫病控制措施来实现。

为了减少或排除水平传播，所有的饲养设备如孵卵器、育雏舍等都应在每次使用前彻底消毒，不同年龄的鸡不应混群。对于某些污染严重的原种场，应及时更换品系。

## 第九节 禽 痘

禽痘（fowl pox）是由禽痘病毒引起的禽类的一种接触性传染性疾病，分为皮肤型和黏膜型，前者多为皮肤（尤以头部皮肤）的痘疹，继而结痂，脱落为特征，后者可引起口腔和咽喉黏膜的纤维素性坏死性炎症，常形成伪膜，故又名禽白喉。本病广泛分布于世界各国，特别是大型鸡场中，更易流行。

**【病原体】**禽痘病毒（*Fowlpox virus*）为痘病毒科（*Poxviridae*）禽痘病毒属（*Avipoxvirus*）的病毒。各种动物的痘病毒分属于各个属，但形态结构、化学组成和抗原性方面均大同小异。病毒呈砖形或椭圆形，大小为200～390nm×100～260nm，基因组为单一分子的双股DNA。

多数痘病毒能在鸡胚绒毛尿囊膜上生长，产生痘疹病灶。病毒对温度有高度抵抗力，在干燥的痂块中可以存活几年，但对乙醚、氯化剂或对巯基有作用的物质敏感。

【流行特点】家禽中以鸡的易感性最高，火鸡，鸭、鹅等家禽也能发生，但不严重。鸟类如金丝雀、麻雀、燕雀、鸽、掠鸟等也常发痘疹。鸡以雏鸡和中鸡最常发病，雏鸡死亡率高。病禽为主要传染源，传染常由健禽与病禽接触引起，脱落和碎散的痘痂是病毒散布的主要形式。蚊子及体表寄生虫可传播本病。本病无明显季节性，但以春、秋两季和蚊子活跃的季节最易流行。拥挤、通风不良、阴暗、潮湿、体表寄生虫、维生素缺乏和饲养管理恶劣，可诱发本病。

【临床症状】潜伏期 4～8d。本病分为皮肤型和黏膜型，偶有败血型。

1. 皮肤型　主要以头部皮肤，有时见于腿、脚、泄殖腔和翅内侧形成一种特殊的痘疹为特征。无明显的全身症状。

2. 黏膜型　多发于小鸡，病死率可达 50%，病初呈鼻炎症状。病禽委顿、厌食，流鼻液。如蔓延至眶下窦和眼结膜，则眼睑肿胀，结膜充满脓性或纤维蛋白渗出物，严重者失明。鼻炎出现后 2～3d，口腔、咽喉等处黏膜发生痘疹，初呈圆形黄色斑点，逐渐扩散为大片的沉着物（伪膜），随后变厚而成棕色痂块。痂块不易剥落，强行撕脱，则出血。如伪膜伸入喉部，引起呼吸和吞咽困难，甚至窒息而死。

临床上也常见皮肤、黏膜均被侵害的混合型。败血型少见，以严重的全身症状开始，继而发生肠炎，病禽有时迅速死亡。

【病理变化】口腔黏膜的病变有时可蔓延到气管、食道和肠。肠黏膜可能有小点状出血。肝、脾和肾常肿大。心肌有时呈现实质变性。病理组织学检查，见病变部位的上皮细胞内有胞质包涵体。剖检时见浆膜下出血、肺水肿和心包炎。

【检疫和诊断】本病根据特征性临床症状不难诊断，尤其是皮肤型和混合型的痘诊。对单纯的黏膜型易与传染性鼻炎混淆。可采用病料接种鸡胚或人工感染健康易感鸡。方法是：取病料（一般用痘疹或其内容物或口腔中的伪膜）做成 1∶5～10 的悬浮液，涂抹到划破的冠、肉髯或皮肤上以及拔去羽毛的毛囊内，如有痘病毒存在，被接种鸡在 5～7d 内出现典型的皮肤痘疹症状。此外，也可采用琼脂扩散沉淀试验、免疫荧光抗体试验、酶联免疫吸附试验、被动血凝试验、血清中和试验及免疫转印技术等方法进行诊断和批量检疫。

【检疫处理】检疫时发现本病，处理原则与传染性喉气管炎相同。

【防疫措施】本病的预防要把防疫管理和免疫预防接种相结合。平时要搞好禽场及周围环境的清洁卫生，做好定期消毒，尽量减少或避免蚊虫叮咬，避免各种原因引起的啄癖或机械性外伤。有计划地进行预防接种，这是防控本病的有效方法。

我国目前常用的疫苗主要是鸡痘鹌鹑化弱毒疫苗，经皮肤刺种免疫。一般 6 日龄以上雏鸡用 200 倍稀释，于鸡翅内侧无血管处皮下刺种 1 针；10 日龄以上鸡用 100 倍稀释疫苗刺种 1 针；1 月龄以上鸡可用 100 倍稀释液刺针 2 针，免疫期 4 个月。

## 第十节　鸭　　瘟

鸭瘟（duck plague）又称为鸭病毒性肠炎（duck virus enteritis），是鸭瘟病毒引起鸭、鹅、天鹅等雁形目禽类的一种急性、败血性及高度致死性的传染病。本病以发病快、传播迅速、发病率和病死率高，病鸭流泪、肿头、下痢，食道黏膜、肝脏出血或坏死等为主要特征。

**【病原体】**鸭瘟病毒（*Duck plague virus*）又称为鸭疱疹病毒1型（*Anatid herpesvirus* 1），属疱疹病毒科（*Herpesviridae*）。有囊膜，病毒粒子呈球形或椭圆形，直径为80～160nm，有的成熟病毒粒子可达300nm。鸭瘟病毒适于10～12日龄鸭胚及鸭胚成纤维细胞单层（DEF）增殖传代，在成纤维细胞单层中可引起细胞病变。鸭瘟病毒均为同一个血清型，但不同毒株的毒力有所不同。鸭瘟病毒对乙醚、氯仿敏感，对外界环境抵抗力较强。

**【流行特点】**不同品种、日龄的鸭均可感染该病，以番鸭、麻鸭、绵鸭、绍兴鸭等易感性较高。在自然感染病例中，以1月龄以上成年鸭多见。自然条件下，野生的雁形目鸭科成员（野鸭、野鹅等）常成为带毒者。鸭瘟的传染源主要是病鸭、病愈不久的带毒鸭及潜伏期的感染鸭。污染的饮水、饲料、场地、水域、用具、运输工具以及某些带毒的野生水禽（如野鸭）和飞鸟等也是本病的传染源。本病可通过消化道、眼、鼻、皮肤外伤及泄殖腔途径传播，主要通过水平传播，吸血昆虫可能是本病潜在的传播媒介。

**【临床症状】**自然感染的潜伏期一般为2～5d。患病鸭特征性的临床病状为高热稽留，眼周围羽毛沾湿，流泪，部分鸭头颈部肿胀（俗称“大头瘟”），严重下痢，排青绿色或灰白色粪便。病鸭精神委顿、多蹲伏，不愿下水，食欲减退或废绝，渴欲增强，口流黄色液体，鼻腔流出分泌物，呼吸困难。

**【病理变化】**主要为血管损伤、组织器官出血、消化道黏膜有疹性损害、淋巴器官有特征性病变和实质器官出现退行性变化。剖检可见喉头、食道及泄殖腔黏膜出血，出现灰黄色或黄绿色伪膜性溃疡，尤其是食道常可见纵行排列的灰黄色伪膜覆盖或出血斑点。肝脏除出血外还有多量大小不一的不规则的灰白色或灰黄色坏死点或坏死灶；肠道，以十二指肠和直肠出血最为严重，肠道淋巴集结处肿胀，呈环状出血。产蛋母鸭还可见卵巢充血、出血，卵泡膜出血，有时卵泡破裂而引起腹膜炎，输卵管黏膜充血、出血。感染雏鸭除上述病变外，法氏囊出血，黏膜表面有针尖大小的坏死灶并附有白色干酪样渗出物。患鹅病变与鸭相似。

**【检疫和诊断】**根据该病的流行病学特点、特征性临床症状和有诊断意义的剖检病变，一般较易做出初步诊断，确诊有赖于进行实验室检查。可通过将病料处理后经绒毛尿囊膜途径接种9～12日龄无母源抗体的鸭胚或鸭胚成纤维细胞进行病毒的分离和鉴定，然后通过中和试验或免疫荧光抗体技术检测细胞培养物或组织中的病毒抗原，达到确诊的目的。也可用PCR技术检测病料或细胞培养物中的鸭瘟病毒。在本病诊断时临床上应注意与鸭霍乱鉴别诊断。

可通过血清学试验如中和试验、琼脂扩散试验、酶联免疫吸附试验、反向间接血凝试验及免疫荧光技术等检测血清中鸭瘟病毒抗体来进行本病的检疫。

**【检疫处理】**检疫时发现本病，处理原则与传染性喉炎管炎相同。

**【防疫措施】**在该病的非疫区，应加强本地良种繁育体系建设，尽量减少从外地，尤其是从疫区引种的机会。易感鸭群应及时进行鸭瘟疫苗的免疫接种。目前国内应用的疫苗主要是鸭瘟病毒弱毒苗。种用鸭或蛋用鸭于30日龄左右首免，以后每隔4～5个月加强免疫1次。3月龄以上鸭免疫1次即可，免疫有效期可达1年。但应注意，免疫接种要安排在开产前20d左右或停蛋期或低产蛋率期间。对于肉用鸭，于7日龄左右首免，20～25日龄时二免。

## 第十一节　鸭病毒性肝炎

鸭病毒性肝炎（duck virus hepatitis）是危害小鸭的一种急性、高度致死的病毒性传染病，临床上以发病急、传播快、死亡率高，剖检以肝脏有明显出血点和出血斑为特征。

**【病原体】**本病的病原有3种，分别称为1型、2型和3型。其中1型（*Duck hepatitis virus* 1）即通常所说的鸭肝炎病毒，属小RNA病毒科（*Picornaviridae*）肠病毒属（*Enterovirus*）。病毒粒子直径20～40nm，无血凝活性。可耐受乙醚和氯仿，并具有一定的热稳定性。

**【流行特点】**本病主要引起5周龄以内的小鸭发病和死亡。以10日龄左右的雏鸭发病比较常见，4周龄以上小鸭发病较少。3型肝炎病毒的致病性稍低，临床上死亡率往往不超过30%。该病主要经消化道和呼吸道途径感染。1型鸭肝炎病毒具有极强的传染性，在易感鸭群中可迅速传播。康复鸭在很长时期内可从粪便排毒。本病发生无明显的季节性，主要与育雏时间和雏鸭的免疫状态有关。

**【临床症状】**鸭肝炎的发生和传播很快，死亡率高。雏鸭感染发病时表现精神委顿、缩颈、行动呆滞、蹲伏。感染0.5～1d，鸭群中即有部分病鸭出现全身抽搐，身体侧卧，两腿痉挛性踢蹬，头向后背呈"背脖"姿势，有些迅速死亡，另一部分持续数小时后死亡。

**【病理变化】**剖检病变主要表现在肝脏肿大，表面有大量的出血点和出血斑，部分鸭肝脏有刷状出血带。胆囊肿大、胆汁充盈。肾脏轻度淤血、肿大。组织学病变主要是肝细胞弥散性变性和坏死，部分肝细胞脂肪变性。血管周围有不同程度的炎性细胞浸润。

**【检疫和诊断】**该病根据流行病学特点、临床症状和病理变化特征可做出初步诊断，确诊需要进行实验室检查。通过将病死鸭肝脏等病料经过无菌处理后由尿囊腔途径接种9～12日龄无母源抗体鸭胚或鸡胚，可分离病毒，再进一步采用血清中和试验或免疫荧光抗体技术鉴定病毒，从而确诊。鸭病毒性肝炎的检疫常采用中和试验和免疫荧光抗体技术。本病鉴别诊断应注意在临床上与雏鸭煤气中毒、番鸭细小病毒感染及药物中毒等相区别。

**【检疫处理】**检疫时发现本病，处理原则与传染性喉气管炎相同。

**【防疫措施】**坚持严格防疫、检疫和消毒制度，防止本病传入鸭群是该病防控的首要措施。疫区及其受本病威胁地区的鸭群进行定期的疫苗免疫预防是防止本病发生的有效措施。对于无母源抗体的雏鸭，1～3日龄时可用鸭肝炎弱毒疫苗进行免疫能有效地防止本病的发生。如果种鸭在开产前间隔15d左右接种2次鸭肝炎疫苗，之后隔3～4个月加强免疫1次，其后代可获得较高的母源抗体，从而能够得到良好的免疫保护作用，但是对于病毒污染比较严重的鸭场，部分雏鸭在10日龄以后仍有可能被感染，应考虑避开母源抗体的高峰期接种疫苗或注射高免卵黄或血清。发病鸭群可紧急注射高免卵黄或血清来控制疫情。

## 第十二节　鹅细小病毒感染

鹅细小病毒感染（goose parvovirus infection）又称为小鹅瘟（goose plague），是由鹅细小病毒引起雏鹅的一种急性或亚急性败血性传染病。本病主要侵害4～20日龄的雏鹅，以传播快、高发病率与高病死率、严重下痢、渗出性肠炎、肠道内形成腊肠样栓子为特征。该病是危害养鹅业的主要病毒性传染病。

**【病原体】**鹅细小病毒（*Goose parvovirus*，GPV）属细小病毒科（*Parvoviridae*）细小病毒属（*Parvovirus*）。病毒粒子呈球形或六角形，直径20～22nm，无囊膜，二十面体对称，核酸为单股DNA。本病毒无血凝活性。目前国内外分离到的GPV毒株抗原性几乎相同，均为同一个血清型。病毒初次分离可用鹅胚或番鸭胚或其成纤维细胞，以鹅胚成纤维细胞初次分离该病毒时不产生细胞病变（CPE），随着传代次数的增加，CPE越来越明显。本病毒对环境的抵抗力强，65℃经30min、56℃经3h其毒力无明显变化，能抵抗氯仿、乙醚、胰酶和pH3.0的环境。

**【流行特点】**本病多发于1月龄内的雏鹅，各种品种的雏鹅对本病均有易感性。最早发病的雏鹅一般在2～7日龄，且常在2～3d内迅速蔓延全群，病死率可高达100%，10日龄以上的鹅病死率一般不超过60%，20日龄以上的发病率低、病死率也低，而1月龄以上鹅则很少发病。

小鹅瘟强毒感染的成年鹅群可通过消化道排出病毒，并可能传播至另一个鹅群。带毒鹅群所产种蛋可能带有病毒，在孵化过程中引起胚胎死亡或使出壳后的雏鹅带毒，从而污染孵化环境或将病毒传染给其他易感雏鹅，造成雏鹅在出壳后3～5d内大批发病和本病的流行。易感雏鹅与带毒成年鹅直接接触易被感染发病。发病雏鹅、康复带毒雏鹅以及隐性感染成年鹅的排泄物、分泌物容易污染水源、饲料、用具和草场等，易感雏鹅通过消化道感染，能够很快波及全群。

本病的发生及流行具有一定的周期性。大流行以后，余下的鹅群获得主动免疫，次年的雏鹅具有天然被动免疫力而不发病或少见发病，其周期一般为1～2年。本病流行无季节性，南方多在春、夏两季，北方地区多见于夏季和早秋。

**【临床症状】**本病的潜伏期与感染雏鹅的日龄密切相关，2周龄内雏鹅潜伏期为2～3d；2周龄以上雏鸭潜伏期为4～7d。发病雏鹅根据病程可分为最急性型、急性型和亚急性型三种病型。

1. 最急性型　常发生于1周龄内的雏鹅，发病、死亡突然，传播迅速，发病率100%，病死率高达95%以上。雏鹅表现精神沉郁后数小时内即出现衰弱、倒地、两腿划动并迅速死亡。死亡雏鹅喙端、爪尖发绀。

2. 急性型　常发生于1～2周龄内的雏鹅，表现为全身委顿、食欲减退或废绝，喜蹲伏，渴欲增强，严重下痢，排灰白色或青绿色稀粪，粪中带有纤维碎片或未消化的饲料，临死前头多触地，两腿麻痹或抽搐。

3. 亚急性型　多发生于2周龄以上的雏鹅和流行后期。患病雏鹅以精神沉郁、拉稀和消瘦为主要症状。病程一般为3～7d，甚至更长。

**【病理变化】**感染雏鹅的剖检病变以消化道炎症为主。最急性型剖检病变不明显，一般只有小肠前段黏膜肿胀、充血，表现为急性卡他性炎症。胆囊肿大、胆汁稀薄。急性型和亚急性型常有典型的眼观病变，尤其是肠道的病变具有特征性。小肠的中、后段显著膨大，呈淡灰白色，形如腊肠样，触之坚实较硬。剖开膨大部肠道可见肠黏膜坏死脱落，与凝固的纤维素性渗出物形成栓子或包裹在肠内容物表面堵塞肠道。

**【检疫和诊断】**根据本病的流行病学、临床症状和剖检病变特征即可做出初步诊断，确诊需要进行实验室检查。进行本病病原分离鉴定可取感染雏鹅的肝脏、脾脏、肾脏、脑等脏器用灭菌PBS制成10%～20%的悬液，经过无菌处理后经尿囊腔或绒毛尿囊膜途径接种12日龄易感鹅胚分离病毒。或者用病料或鹅胚尿囊液人工感染易感雏鹅，观察雏鹅的病变情况。对分离病毒的鉴定和本病的检疫常采用的血清学试验方法主要有中和试验、琼脂扩散试验、凝集抑制试验、酶联免疫吸附试验、免疫荧光技术等。

**【检疫处理】**检疫时发现本病，处理原则与传染性喉气管炎相同。

**【防疫措施】**预防本病主要采取两方面的措施：一是孵化室中的一切用具和种蛋彻底消毒，常采用福尔马林熏蒸消毒。刚出壳的雏鹅不要与新引进的种蛋和成年鹅接触，以免感染。二是做好雏鹅的免疫预防，对未免疫种鹅所产蛋孵出的雏鹅于出壳后1日龄注射小鹅瘟弱毒疫苗，且隔离饲养到7日龄；而免疫种鹅所产蛋孵出的雏鹅一般于7～10日龄时需注射小鹅瘟高免血清或高免蛋黄液。雏鹅群一旦发生本病，应迅速将病雏鹅挑出、淘汰，且对整群鹅尽早注射小鹅瘟高免血清或高免蛋黄液，必要时隔2～3d后需再注射1次，治愈率一般为50%～80%不等。

## 第十三节　禽霍乱

禽霍乱（fowl cholera）是由多杀性巴氏杆菌所引起鸡的一种急性败血型传染病。

**【病原体】**多杀性巴氏杆菌（*Pasteurella multocida*），详见第六章第八节。

**【流行特点】**家禽中以火鸡最易感，发病火鸡群几日内可能全群覆灭或死亡大半。鸡、鸭、鹅均易感，产蛋鸡群经常发生，幼龄鸡敏感性稍差，生长健壮的鸡更容易发病死亡，而弱小的鸡相对不容易发病。本病的发生一般无季节性，但以冷热交替、气温剧变、闷热、潮湿、多雨的季节发生较多，断料、断水、长途运输都有可能激发本病。

**【临床症状】**潜伏期一般2～9d，人工感染通常在24～48h发病。一般将鸡的禽霍乱分为最急性型、急性型和慢性型3类。

1. 最急性型　常见于流行初期，产蛋高的鸡最常见。病鸡常无前驱症状，倒地挣扎，拍翅抽搐，病程短者数分钟，长者也不过数小时，即归于死亡。

2. 急性型　病鸡体温升高到43～44℃，全身症状明显。常有腹泻，排出黄色稀粪。减食或不食，渴欲增加。呼吸困难，口、鼻分泌物增加。鸡冠和肉髯变青紫色，有的病鸡肉髯肿胀，有热痛感，最后衰竭、昏迷而死亡，病程短的约半天，长的1～3d，病死率很高。

3. 慢性型　是由急性者不死转变而来，多见于流行后期，以慢性肺炎、慢性呼吸道炎和慢性胃肠炎较多见。有的病鸡关节炎，发生跛行。病程可拖至1个月以上。

鸭常以病程短促的急性型为主，症状与鸡基本相似。有的病鸭两脚发生瘫痪，不能行走。一般于发病后1～3d死亡。病程稍长者可见局部关节肿胀，跛行或完全不能行走，还有见到掌部肿如核桃大，切开见有脓性和干酪样坏死。雏鸭可呈现多发性关节炎，主要表现为一侧或两侧的跗、腕以及肩关节发生肿胀、发热和疼痛。脚麻痹，起立和行动困难。成年鹅的症状与鸭相似，仔鹅发病和死亡较成年鹅严重，常以急性为主，病程1～2d即归于死亡。

**【病理变化】**最急性型死亡的病鸡无特殊病变。急性病例病变较为特征，在腹膜、皮下组织及腹部脂肪常见小点出血。心包变厚，心包内积有多量不透明淡黄色液体，有的含纤维素性絮状液体，心外膜、心冠脂肪出血尤为明显。肺有充血和出血点。肝脏有特征性病变，肝稍肿，质变脆，呈棕色或黄棕色，表面散布有许多灰白色、针头大的坏死点。肌胃出血显著，肠道尤其是十二指肠呈卡他性和出血性肠炎，肠内容物混有血液。

慢性型因侵害的器官不同而有差异。当呼吸道症状为主时，见到鼻腔和鼻窦内有多量黏性分泌物，某些病例见肺硬变。局限于关节炎和腱鞘炎的病例，主要见关节肿大变形，有炎性渗出物和干酪样坏死。

鸭、鹅的病变与鸡基本相似。呈多发性关节炎的雏鸭，主要可见关节面粗糙，附着黄色的干酪样物质或红色的肉芽组织。关节囊增厚，内含有红色浆液或灰黄色、混浊的黏稠液体。

**【检疫和诊断】**根据流行病学、临床症状和剖检变化，结合对病禽的治疗效果，可对本病做出初诊，确诊有赖于细菌学检查。败血症病例可从心、肝、脾或体腔渗出物等，其他病例主要从病变组织、渗出物、脓汁等取材，进行涂片镜检，如见到两极染色的革兰氏阴性卵圆形杆菌，接种培养基分离到典型菌体，可以得到准确诊断，小鼠的实验感染可进一步确诊。本病与鸡新城疫、鸭瘟有相似之处，应注意区别。

**【防疫措施】**根据本病传播的特点，防控方针首先应增强禽机体的抗病力。平时应注意饲养管理，避免拥挤和受寒，消除可能降低机体抗病力的因素，要定期消毒。每年定期进行预防接种。由于多杀性巴氏杆菌有多种血清群，各血清群之间不能产生完全的交叉保护，因此应针对当地常见的血清群选用来自同一禽种的相同血清群菌株制成的疫苗进行预防接种。禽霍乱疫苗有弱毒苗和灭活苗两类，国内的弱毒苗有多种，可根据实际情况和流行血清型进行选择。

发病禽群应实行封锁。常发病禽饲养场，可试用禽霍乱自场脏器苗（是将发病禽场的急性病禽肝脏研细、稀释，用甲醛灭能而成），紧急预防接种，免疫 2 周后，一般不再出现新的病例。青霉素、链霉素、四环素族抗生素或磺胺类药物也有一定疗效。如将抗生素和高免血清联用，则疗效更佳。鸡对链霉素敏感，用药时应慎重，以避免中毒。大群治疗时，可将四环素族抗生素混在饮水或饲料中，连用 3～4d。喹乙醇对禽霍乱有治疗效果，可以选用。

## 第十四节　鸡白痢

鸡白痢（pullorum disease）是由鸡白痢沙门菌引起的禽类感染。在雏鸡常为急性、全身性败血症过程，在成鸡常呈现局部或慢性过程。

**【病原体】**鸡白痢沙门菌（*S. pullorum*）属于肠杆菌科（Enterobacteriaceae）沙门菌属（*Salmonella*），为革兰氏阴性短小杆菌，常单个存在，无芽胞和荚膜，不能运动，为兼性厌氧菌。本菌对干燥、腐败、日光等因素具有一定的抵抗力。对化学消毒剂的抵抗力不强，一般常用消毒剂和消毒方法均能达到消毒目的。

**【流行特点】**本病多发生于鸡、火鸡。成年鸡呈隐性感染，并通过种蛋将病原垂直传递给雏鸡是本病最明显的流行病学特征。雏鸡大多呈急性败血症过程，以白痢为主要特征症状。带菌鸡是本病的主要传染源。带菌蛋、雏鸡粪便的污染、饲喂用具及食肉啄蛋等恶癖均为本病的主要传播途径。不同品种的鸡对鸡白痢沙门菌具有不同的遗传抵抗力。

**【临床症状】**潜伏期 4～5d，出壳后感染的雏鸡，多在孵出后几天才出现明显症状。7～10d

后雏鸡群内病雏逐渐增多，在第2、3周达高峰。发病雏鸡呈最急性者，无症状迅速死亡。稍缓者表现精神委顿，绒毛松乱，缩颈闭眼昏睡，不愿走动，拥挤在一起。病初食欲减少，而后停食，多数出现软嗉症状。腹泻，排稀薄如糨糊状粪便，肛门周围绒毛被粪便污染，有的因粪便干结封住肛门周围，影响排粪。最后因呼吸困难及心力衰竭而死。有的病雏出现眼盲，或肢关节肿胀，呈跛行症状。20d以上的雏鸡病程较长，且极少死亡。耐过鸡生长发育不良，成为慢性患者或带菌者。成年鸡感染常无临床症状。

**【病理变化】**因鸡白痢而死亡的雏鸡，病程短者病变不明显。病期延长者，在心肌、肺、肝、盲肠、大肠及肌胃肌肉中有坏死灶或结节，胆囊肿大。输尿管充满尿酸盐而扩张。盲肠中有干酪样物堵塞肠腔，有时还混有血液，常有腹膜炎。死于几日龄的病雏，有出血性肺炎，稍大的病雏，肺有灰黄色结节和灰色肝变。育成阶段的鸡，突出的变化是肝肿大，可达正常的2～3倍，暗红色至深紫色，有的略带土黄色，表面可见散在或弥漫性的小红点或黄白色的粟粒大小或大小不一的坏死灶，质地极脆，易破裂。成年公鸡的病变，常局限于睾丸及输精管，睾丸极度萎缩，有小脓肿，输精管管腔增大，充满稠密的均质渗出物。成年母鸡，最常见的病变为卵变形、变色，呈囊状，有腹膜炎。

**【检疫和诊断】**根据本病的临床症状和药物治疗效果可做出初步诊断。鸡群检疫和血清抗体的检测常采用全血或血清玻片凝集试验，确诊必须进行细菌的分离和鉴定。

**【检疫处理】**检疫发现本病时，处理原则与传染性喉气管炎相同。

**【防疫措施】**防治药物的使用只能减少患鸡的死亡但不能杀灭所有病原菌。控制本病的发生必须采取可行、有效、严格的检测手段彻底淘汰带菌鸡，使父母代种鸡群血清玻片凝集试验阳性率控制在2%～3%，祖代种鸡群控制在0.2%以内，以此建立无白痢鸡群，同时还应辅以严格的综合防控措施。

## 第十五节　鸡毒支原体感染

鸡毒支原体感染（*Mycoplasma gallisepticum* infection）也称为慢性呼吸道病（chronic respiratory disease，CRD），在火鸡则称为传染性窦炎，其主要特征为咳嗽、流鼻液、呼吸道啰音，严重时呼吸困难和张口呼吸。本病分布于世界各国，是目前集约化养鸡场的重要疫病之一。

**【病原体】**病原为鸡毒支原体（*Mycoplasma gallisepticum*，MG），属于支原体属（*Mycoplasma*）。其大小为250～500nm，呈球状或球杆状，也有丝状及环状的。革兰染色阴性，着色较淡。本菌为好氧和兼性厌氧。鸡毒支原体对培养基的要求相当苛刻，在固体培养基上，生长缓慢，培养3～5d可形成微小的光滑而透明的露珠状菌落，直径200～300μm，用放大镜或在低倍显微镜下观察，具有一个较密集的中央隆起，呈油煎蛋样。

鸡毒支原体对外界抵抗力不强，离开禽体即失去活力。45℃经1h或50℃经20min可被杀死。对紫外线的抵抗力极差，阳光直射很快失去活力。一般消毒药也可很快将其杀死。

**【流行特点】**鸡和火鸡对本病有易感性，少数鹌鹑、珠鸡、孔雀和鸽也能感染本病。鸡对支原体感染的抵抗力随着年龄的增长而加强；寒冷、拥挤、通风不良、潮湿等可促进本病的发生；当鸡毒支原体在体内存在时，用弱毒疫苗气雾免疫时很容易激发本病。本病的传播有垂直传播和水平传播两种方式。病原体一般通过病鸡咳嗽、喷嚏，随呼吸道分泌物排出，随飞沫和尘埃经呼吸道传染。被支原体污染的饮水、饲料、用具也能使本病由一个鸡群传至另一个鸡群。病种鸡可以通过种蛋传播病原体。用带有鸡毒支原体的鸡胚制作弱毒苗时，易造成疫苗污染而散播本病。

**【临床症状】**潜伏期的长短与鸡的日龄、品种、菌株毒力及有无并发感染有关。幼龄鸡发病时症状较典型，呈现浆液性或黏液性鼻液，使鼻孔堵塞妨碍呼吸，频频摇头、喷嚏、咳嗽，还见有窦炎、结膜炎和气囊炎。当炎症蔓延至下呼吸道时，喘气和咳嗽更为显著，并有呼吸道啰音。后期因鼻腔和眶下窦中蓄积渗出物而引起眼睑肿胀。成年鸡多呈隐性感染，很少死亡，幼鸡如无并发症，病死率也低。如继发大肠杆菌感染还可出现腹泻，死淘率增高。

**【病理变化】**单纯感染鸡毒支原体的病鸡，可见鼻道、气管、支气管和气囊内含有混浊黏稠或干酪样的渗出物，气囊壁变厚、混浊。呼吸道黏膜水肿、充血、增厚。窦腔内充满黏液和干酪样渗出物，可波及到肺和气囊。鸡和火鸡常见到明显的鼻窦炎或输卵管炎。常见病例多为混合感染，如有大肠杆菌、传染性支气管炎病毒感染，则可见纤维素性肝周炎和心包炎。

组织学病变主要表现为被侵害的组织由于单核细胞、淋巴细胞浸润和黏液腺的增生而使黏膜显著增厚，黏膜下常见有局灶性淋巴组织增生区，以及淋巴细胞、网状细胞和浆细胞浸润。呼吸道的组织损伤表现为管腔面纤毛脱落、变短以及纤毛上皮的肥大、增生和不同程度的水肿。

**【检疫和诊断】**本病的确诊依赖病原的分离鉴定和血清学检查。病原鉴定和检疫所用的血清学方法最常用的有血清平板凝集试验、试管凝集试验、血凝抑制试验和酶联免疫吸附试验（ELISA）等。

分离鸡毒支原体必须有适合于鸡毒支原体生长发育的培养基。通常取气管、肺、气囊、鼻窦分泌物等接种培养基，并用抗鸡毒支原体阳性血清对分离物进行鉴定。常用的鉴定方法有生长抑制试验、代谢抑制试验和表面荧光抗体试验等，也可以利用血细胞吸附抑制试验进行快速鉴定。最近，一些分子生物学方法也用于 MG 的诊断，如 rRNA 基因测序、DNA 探针以及 PCR 扩增 rRNA 后进行 RELP 分析等。

**【检疫处理】**检疫时发现本病，处理原则与传染性喉气管炎相同。

**【防疫措施】**选用泰乐菌素、土霉素、链霉素等对支原体有抑制作用的药物对本病进行预防和治疗。应用药物可降低种鸡群支原体的带菌率和带菌强度，从而降低种蛋的污染率。在进行检疫、净化建立健康鸡群过程中，要做好孵化箱、孵化室、用具、房舍等的消毒和兽医生物安全工作，防止外来感染。

对严格检疫程序育成的鸡群，在产蛋前进行一次血清学检查，无阳性反应时可用做种鸡。当完全阴性反应亲代鸡群所产种蛋孵出的子代鸡群，经过几次检测未出现阳性反应后，可以认为已建成无支原体感染群。

## 第十六节　球 虫 病

鸡球虫病（coccidiosis）是由鸡艾美耳球虫引起鸡的一种肠道寄生虫病，是养鸡业中危害最严重的疾病之一。本病常发生于15～50日龄的雏鸡，全世界每年因为球虫病造成的损失高达数十亿美元。

**【病原体】**世界公认的鸡艾美耳球虫有7种，在我国均有发现：柔嫩艾美耳球虫（*Eimeria tenella*）、毒害艾美耳球虫（*E. necatrix*）、布氏艾美耳球虫（*E. brunetti*）、堆型艾美耳球虫（*E. acervulina*）、巨型艾美耳球虫（*E. maxima*）、和缓艾美耳球虫（*E. mitis*）、早熟艾美耳球虫（*E. praecox*）。

艾美耳属球虫在细胞内寄生，其生活史属直接发育型，不需中间宿主。家禽粪便中的未孢子化卵囊，在适宜环境下，分裂形成孢子化卵囊。球虫的典型生活史是当孢子化卵囊污染饲料和饮水，被禽只吞食后在肌胃的机械作用下破裂，释放出孢子囊。孢子在肠道中孢子囊溶解，子孢子逸出，子孢子侵入肠黏膜上皮细胞内，变为球形的滋养体，滋养体迅速生长，进行无性的复分裂，成为内含数个至数百个裂殖子的裂殖体。裂殖体破裂，裂殖子逸出，又侵入新的黏膜上皮细胞，形成第2、3代裂殖体。裂殖子转变为有性生殖体，形成合子即变为卵囊，卵囊从肠黏膜脱落，随粪便排出体外。

**【流行特点】**鸡是鸡球虫唯一的天然宿主。所有日龄和品种的鸡均易感，感染后免疫力能限制其再感染。刚孵出的雏鸡由于小肠内没有足够的胰凝乳蛋白酶和胆汁使球虫脱去孢子囊，因而对球虫不易感染。球虫一般暴发于3～6周龄的小鸡。堆型艾美耳球虫、柔嫩艾美耳球虫和巨型艾美耳球虫常感染21～50日龄的鸡，而毒害艾美耳球虫常见于8～18周龄的鸡。

感染途径是有活力的孢子化卵囊污染的饲料、饮水、土壤及用具等经消化道；其他种动物、昆虫、野鸟和尘埃以及管理人员，都可成为球虫病的机械传播者。卵囊对恶劣的环境条件和消毒剂具有很强的抵抗力。对高温、低温和干燥的抵抗力较弱。55℃和冰冻能很快杀死卵囊。当鸡舍潮湿、拥挤、饲养管理不当或卫生条件恶劣时，最易发病，而且往往可迅速波及全群。发病时间与气温和雨量有密切关系，通常多在温暖的季节流行。

**【临床症状】**常根据病程长短分为急性和慢性两型。急性型多见于幼鸡，病初精神沉郁，羽毛松乱，不喜活动，食欲减退，泄殖腔周围羽毛为稀粪所粘连。后期病鸡运动失调，翅膀轻瘫，食欲废绝，冠、髯及可视黏膜苍白，拉棕红色血粪。雏鸡死亡率在50%以上，甚至全群死亡。慢性型多见于日龄较大的幼鸡（2～4月龄）或成年鸡，临床症状不明显，病程可至数周或数月，病鸡逐渐消瘦，足和翅常发生轻瘫，间歇性下痢，有血便，死亡较少。

**【病理变化】**柔嫩艾美耳球虫的致病力最强，主要侵害盲肠，两侧盲肠显著肿大，充满凝固新鲜暗红色的血液，盲肠上皮变厚或脱落。毒害艾美耳球虫致病力仅次于柔嫩艾美耳球虫，损害小肠中段，高度肿胀。肠壁增厚，有明显的淡白色斑点，黏膜上有出血点，涂片可见巨大的第二代裂殖体，这是本病的特征。堆型艾美耳球虫致病力中等，病变可使十二指肠的肠黏膜变薄，覆有横纹状的白斑，外观呈梯状；肠道苍白，含水样液体。布氏艾美耳球虫主要引起卡他性肠炎，肠黏膜有出血点，肠壁变厚，排出带血的稀粪。巨型艾美耳球虫使小肠中段，肠管扩张，肠壁增厚，肠内容物呈淡灰色、淡褐色或淡红色，有时混有血块。

**【检疫和诊断】**正常成年鸡和雏鸡的带虫现象极为普遍，因此只根据从粪便或肠壁刮取物中发现卵囊来确定为球虫病，是不准确的。要区分球虫病和隐性球虫病必须根据粪便检查、临床症状、流行病学调查和病理变化等多方面因素综合判断。

**【防疫措施】**使用药物是预防球虫病最有效的方法之一，它不但可使球虫的感染处于最低水平，而且可使鸡保持一定的免疫力，这样可确保鸡球虫病免于暴发。各肉鸡场都应无条件地从雏鸡出壳后第 1 天开始进行药物预防。为了避免或延缓耐药性的产生，可以采取轮换用药或穿梭用药的方法。

目前已研制成功多种球虫活疫苗，一种是利用少量强毒的活卵囊制成的活虫苗，可饮水免疫；另一种是连续传代选育的早熟虫株制成的虫苗，并已在生产上推广应用。

## 第十七节 病毒性关节炎

病毒性关节炎（viral arthritis）是由于禽正呼肠孤病毒感染家禽而表现病毒性关节炎-腱鞘炎、矮小综合征、吸收不良综合征、呼吸道疾病、肠道疾病等一类病征的统称，对养禽业构成一定危害。

**【病原体】**禽正呼肠孤病毒（*Avian orthoreovirus*，ARV）属呼肠孤病毒科（*Reoviridae*）正呼肠孤病毒属（*Orthoreovirus*）。病毒粒子呈球形，正二十面体立体对称，无囊膜，有双层核衣壳，完整病毒粒子直径为 76nm，其基因组分为 10 个 RNA 片段。禽呼肠孤病毒对外界环境的抵抗力比较强。

**【流行特点】**多种家禽和鸟类易感，鸡和火鸡是本病毒的自然宿主。禽类中本病毒的感染率极高，常长期带毒。本病可以经呼吸道、消化道水平传播，也可经蛋垂直传播。本病的发生无季节性和周期性。

**【临床症状】**潜伏期与感染日龄、病毒特性及感染途径有关，人工爪垫接种仅有 1d，而气管接种和接触感染分别为 9d 和 11d。病毒性关节炎-腱鞘炎可以分为急性和慢性两种病型，青年肉鸡最多见。急性型发病表现为跛行，跗关节上方腱囊双侧性肿大、发热、难以屈曲，早期稍柔软，后期变僵硬，严重者腓肠肌腱断裂，发病率可达 100%。病程较短，部分鸡可转为慢性型。慢性型病例突出表现是跛行明显，生长发育缓慢。腿部检查可发现跗、趾关节肿胀变硬、难以屈曲。有些鸡群属隐性感染，看不到临床症状，只屠宰时可见关节病变。

**【病理变化】**本病典型病例的突出病变在关节。早期可见跗关节和趾关节的腱鞘水肿，趾伸肌及趾屈肌腱肿胀，关节腔内有淡黄或淡红色渗出液，有些为脓性渗出物，关节滑膜有出血点。病程较长的慢性病例，腱鞘硬化并粘连，胫跗关节远端关节软骨上有不同程度的溃烂，并可延及下部骨质。有些病例关节滑膜增厚，关节腔内有干酪样物质。

**【检疫和诊断】**根据本病多侵害青年肉鸡、发病率高、死亡率低、跗关节明显发炎肿胀、发热，病鸡跛行、喜卧，食欲、精神多无变化，剖检关节有明显的腱鞘水肿或肌腱断裂、关节腔积液等特点，可做出初步诊断。必要时可进行病毒分离以确诊本病。检测和诊断本病的血清学诊断方法最常用的是 AGP 和 ELISA 方法，可检测出本病群特异血清抗体。

鉴别诊断应注意与鸡滑膜支原体及葡萄球菌等病原引起的关节炎相区别。

**【检疫处理】**检疫时发现本病，处理原则与传染性喉气管炎相同。

**【检疫措施】**平时应搞好家禽的饲养管理，加强消毒。最好采用全进全出的饲养模式，以便彻底清扫、消毒，切断传播途径。由于本病可以垂直传播，而且早期感染危害较大，因此要净化种鸡群，淘汰阳性种鸡。由于1日龄雏鸡对呼肠孤病毒最易感，用弱毒苗和灭活苗免疫种鸡是有效防控本病的方法。

## 第十八节　禽脑脊髓炎

禽脑脊髓炎（fowl encephalomylitis）又称为流行性震颤（epidemictremor），是禽脑脊髓炎病毒引起鸡的一种急性、高度接触性传染病。该病主要侵害雏鸡的中枢神经系统，典型症状是共济失调和头颈震颤。

**【病原体】**禽脑脊髓炎病毒（*Avian encephalomyetitis virus*，AEV）属于小RNA病毒科（*Picornaviridae*）肠病毒属（*Enterovirus*）。该病毒只有一个血清型，但不同分离株的毒力及对器官组织的嗜性有差异。根据病理表现型将病毒分为两类：一类是以自然野毒株为主的嗜肠型；另一类是以胚适应毒株为主的嗜神经型。AEV抵抗力较强，对氯仿、乙醚、酸、胰蛋白酶、胃蛋白酶和DNA酶等具有抵抗力。

**【流行特点】**本病自然感染见于鸡、雉、日本鹌鹑和火鸡，各种日龄均可感染，以1～4周龄的雏鸡发生最多。AEV具有很强的传染性，可经水平传播和经卵垂直传播。病鸡通过粪便排出病毒，经污染的饲料和饮水而发生感染。感染的产蛋母鸡可经种蛋传染雏鸡，出壳的雏鸡在1～20日龄之间将陆续出现典型的临床症状。

**【临床症状】**经胚感染的雏鸡潜伏期1～7d。病雏初期表现为反应迟钝，不愿走动，驱赶时可勉强走动，但摇摆不定或向前猛冲后倒下。随着病情的加重而站立不稳，双腿向外叉开，头颈振颤，共济失调或完全瘫痪。有时病鸡还出现易惊、斜视，头颈偏向一侧。耐过病鸡常发生单侧或双侧眼的白内障。1月龄以上的鸡群感染后，一般无任何明显的临床症状和病理变化，但可导致产蛋率下降。

**【病理变化】**眼观病变主要是病雏肌胃有细小的灰白区。有一些病例的脑组织变软，有不同程度淤血，或在大小脑表面有针尖大出血点。组织学病变主要表现为中枢神经出现以胶质细胞增生为特征的弥散性非化脓性脑脊髓炎和背根神经炎。

**【检疫和诊断】**根据流行病学、临床症状特征可以做出初步诊断，但确诊通常需实验室检查。实验室检查方法包括病原分离与鉴定、病理组织学检查、中和试验、荧光抗体试验、ELISA试验、琼脂扩散试验等，分离到病毒和检测到特异性抗体效价升高即可确诊。

禽脑脊髓炎在症状或组织学病变上与鸡新城疫、禽流感、维生素$B_1$缺乏症、维生素$B_2$缺乏症、维生素E和微量元素硒缺乏症等有某些相似之处，应注意鉴别。

**【检疫处理】**检疫时发现本病，处理原则与传染性喉气管炎相同。

**【防疫措施】**本病尚无有效的治疗方法。平时要加强饲养管理，防止从疫区引进种蛋或雏鸡。通过种鸡免疫接种，母源抗体可保护雏鸡2周内不感染本病。常发鸡场和地区进行免疫接种是预防本病的重要措施之一。目前用于免疫接种的疫苗有两类：一类是致弱的活病毒疫苗，饮水或滴眼、滴鼻方式免疫，使母鸡在开产前便获得免疫力。另一类是灭活油乳剂疫苗，一般在开产前经肌肉注射接种。

## 第十九节　传染性鼻炎

传染性鼻炎（infectious coryza）是由副鸡嗜血杆菌引起鸡的一种急性上呼吸道传染病，主要特征是流鼻涕、打喷嚏，结膜、鼻腔和窦腔黏膜发炎，产蛋下降。

**【病原体】**副鸡嗜血杆菌（*Haemophilus paragallinarum*）是巴氏杆菌科（Pasteurella）嗜血杆菌属（*Haemophilus*）的成员。革兰染色阴性，为球杆状或多形性，有时呈丝状，无鞭毛，不能运动，不形成芽胞。大多数有毒力的菌株在体内或初次分离时带有荚膜。本菌为兼性厌氧，在5%～10%二氧化碳条件下生长较好。最适生长温度为37～38℃。本菌营养要求较高，在培养基中加入烟酰胺腺嘌呤二核苷酸（V因子）。由于葡萄球菌在生长过程中可以产生V因子，因此常以两者交叉划线培养于琼脂平板上，可在葡萄球菌菌落周围形成副鸡嗜血杆菌菌落，这是嗜血杆菌属成员特有的“卫星现象”。有些菌株需加1%鸡血清才生长良好。本菌在鲜血琼脂培养基上可形成灰白色、半透明、圆形、凸起、边缘整齐的光滑型小菌落。

副鸡嗜血杆菌分为A、B、C共3个血清型，我国分离株主要是A型。本菌对外界环境的抵抗力较弱，在宿主体外很快失活。真空冻干菌种于－20℃以下可长期保存。本菌对各种消毒药物和消毒方法均敏感。本菌对磺胺类及多种广谱抗菌药物敏感。

**【流行特点】**本病自然感染主要发生于各种年龄鸡，4周龄以上鸡最易感。病鸡和健康带菌鸡是主要传染源。本病可通过污染的饮水、饲料等经消化道传播，也可通过空气经呼吸道传播。本病无季节性，但秋、冬季节多见。饲养管理条件、鸡群年龄等因素也与本病的发生有关。

**【临床症状】**潜伏期1～3d，在鸡群中传播很快，几天之内可席卷全群。病鸡明显的变化是颜面肿胀、肉垂水肿，鼻腔有浆液性或黏液性分泌物。病初眼结膜发红、肿胀，流泪，眼睑水肿，打喷嚏，流浆液性鼻涕，后转为黏液性。病鸡眶下窦、鼻窦肿胀、隆起，上下眼睑粘连、闭合。病情严重或炎症蔓延至下呼吸道时，可见病鸡摇头、张口呼吸、有呼吸道啰音。病程一般1～2周，若无继发感染则很少引起死亡。

**【病理变化】**主要病变在鼻腔、鼻窦和眼睛。鼻腔、鼻窦黏膜有急性卡他性炎症，黏膜充血肿胀，被覆有黏液。病程较长者鼻腔、鼻窦内有鲜亮、淡黄色干酪样物。结膜充血肿胀，眼睑及脸部水肿，结膜囊内可见干酪样分泌物。有些急性病例可见口腔、喉头或气管有浆液或黏液性分泌物。另外，可见气囊炎、肺炎和卵泡变性、坏死或萎缩。当有支原体继发或合并感染时，病变更明显。

**【检疫和诊断】**根据其流行特点和临床症状可做出初步诊断。本病常并发感染，若要确诊或有混合感染、继发感染时则要进行实验室检查。病原菌的分离和鉴定是最基本的实验室诊断方法。取急性发病期（发病后1周以内）并未经药物治疗的病鸡，在其眶下窦皮肤处烧烙消毒，剪开窦腔，以无菌棉签插入窦腔深部采取病料，或从气管、气囊采取分泌物，直接在血液琼脂平板上划线接种，并用葡萄球菌在同一平板上做垂直划线接种，然后于含有约5%二氧化碳培养箱或烛缸中37℃培养24～48h。若葡萄球菌菌落旁边有细小卫星菌落生长，则有可能是副鸡嗜血杆菌，可通过染色镜检和生化试验等进一步鉴定。

常用血清学诊断和检疫方法是平板和试管凝集试验，主要用于检测抗体，包括自然感染产生的抗体和菌苗免疫产生的抗体。此外，还可利用琼脂扩散试验、间接血凝试验、荧光抗体技术、补体结合试验及酶联免疫吸附试验等进行实验室诊断。注意应将本病与鸡的慢性呼吸道病和传染性喉气管炎相区别。

**【检疫处理】**检疫时发现本病，处理原则与传染性喉气管炎相同。

**【防疫措施】**预防本病平时应注意加强饲养管理，搞好卫生消毒。防止鸡群密度过大，注意搞好防寒保暖和通风换气。搞好环境净化，禽舍内葡萄球菌和大肠杆菌数量多时，副鸡嗜血杆菌增殖旺盛，易发本病。免疫接种是预防本病的主要措施之一。目前主要使用灭活菌苗，预防免疫常在 3～5 周龄和开产前进行两次接种。

## 第二十节　禽结核病

禽结核病（fowl tuberculosis）是由禽分枝杆菌引起的一种慢性消耗性传染病。主要危害鸡和火鸡，成年鸡多发，其他家禽和多种野禽亦可感染。

**【病原体】**病原为禽分枝杆菌（*Mycobacterium avium*），详见第八章第八节。

**【流行特点】**20 多种禽类可患本病，易感性因动物种类和个体不同而异。病禽是主要传染源，呼吸道分泌物可带菌，污染饲料、食物、饮水、空气和环境而散播病原。本病主要经呼吸道、消化道感染，病菌随咳嗽、喷嚏排出体外，附着在空气飞沫上，健康禽吸入后即可感染。饲养管理不当与本病的传播有密切关系，畜舍通风不良、拥挤、潮湿、阳光不足、缺乏运动，最易患病。

**【临床症状】**病鸡精神沉郁，缩颈呆立，羽毛蓬乱无光，翅下垂，贫血，鸡冠萎缩，胸部肌肉极度消瘦，跛行以及产蛋减少或停止。病程持续 2～3 个月，有时可达 1 年。病禽因衰竭或因肝变性破裂而突然死亡。

**【病理变化】**病变多发生在肠道、肝、脾、骨骼和关节。肠道发生溃疡，可在任何肠段见到。肝、脾肿大，切面具有大小不一的结节状干酪样病灶，关节肿大，内含干酪样物质。

**【检疫和诊断】**禽群中如发现有进行性消瘦、咳嗽、顽固性下痢、体表淋巴结慢性肿胀等病例，可作为初步诊断的依据。但在不同的情况下，需结合流行病学、临床症状、病理变化、结核菌素试验，以及细菌学试验和血清学试验等进行综合诊断较为切实可靠。

诊断鸡结核病用禽分枝杆菌提纯菌素，以 0.1ml（2 500IU）注射于鸡的肉垂内，24h、48h 判定，如注射部位出现增厚、下垂、发热、呈弥漫性水肿者为阳性。

**【检疫处理】**检疫时发现本病，处理原则与传染性喉气管炎相同。

**【防疫措施】**禽结核病一般不予治疗，而是采取综合性防疫措施，加强检疫、隔离，防止疾病传入，净化污染鸡群，污染鸡场要全部淘汰鸡群，进行多次彻底消毒，再引进新鸡群，并严格检疫，培育健康禽群。

## 第二十一节　禽伤寒

禽伤寒（fowl typhoid）是由鸡伤寒沙门菌引起鸡的重要传染病，给养鸡业造成很大损失。

**【病原体】**鸡伤寒沙门菌（*Salmonella gallinarum*）是沙门菌属的成员，详见本章第十四节。

【流行特点】病禽、带菌禽是主要的传染源。有多种传播途径，最常见的是通过带菌卵而传播。带菌卵有的是从康复或带菌母鸡所产的卵而来，有的是健康卵壳污染有病菌，通过卵壳而成为感染卵。染菌卵孵化时，有的形成死鸡胚，有的孵出病雏鸡。病雏的粪便和飞绒中含有大量病菌，污染饲料、饮水、孵化器、育雏器等。因此与病雏鸡共同饲养的健康雏鸡可通过消化道或呼吸道、眼结膜而受感染。被感染的小鸡若不加治疗，则大部分死亡，耐过本病的鸡长期带菌，成年后也能产卵，卵又带菌，若以此作为种蛋时，则可周而复始地代代相传。

【临床症状】禽伤寒主要发生于鸡，也可感染火鸡、鸭、珠鸡、孔雀、鹌鹑等鸟类，但野鸡、鹅、鸽不易感。一般呈散发性。潜伏期一般为4～5d。在年龄较大的鸡和成年鸡，急性经过者突然停食，排黄绿色稀粪。病鸡可迅速死亡，病死率10％～50％或更高些。雏鸡和雏鸭发病时，其症状与鸡白痢相似。

【病理变化】死于禽伤寒的雏鸡（鸭）病变与鸡白痢所见相似。成年鸡，最急性者眼观病变轻微或不明显，急性者常见肝、脾、肾充血肿大，亚急性和慢性病例，特征病变是肝肿大呈青铜色，肝和心肌有灰白色粟粒大坏死灶，卵及腹腔病变与鸡白痢相同。

【检疫和诊断】根据流行病学、临诊症状和病理变化，只能做出初步诊断，确诊需从病禽的血液、内脏器官、粪便取材，做沙门菌的分离和鉴定。近年来，单克隆抗体技术和酶联免疫吸附试验已用于本病的快速诊断。鸡白痢沙门菌和鸡伤寒沙门菌具有相同的1、9、12型O抗原，因此鸡白痢和禽伤寒的标准抗原可用来进行全血凝集试验、血清凝集试验和试管凝集试验，对禽伤寒进行检疫。

【检疫处理】检疫时发现本病，处理原则与传染性喉气管炎相同。

【防疫措施】预防本病应加强饲养管理，消除发病诱因，保持饲料和饮水的清洁、卫生。采用添加抗生素的饲料添加剂，不仅有预防作用，还可促进畜禽的生长发育，但应注意地区抗药菌株的出现，如发现对某种药物产生抗药性时，应改用其他药。对禽沙门菌病，目前尚无有效菌苗可供利用，因此在禽类，防控本病必须严格贯彻消毒、隔离、检疫、药物预防等一系列综合性防控措施；在有病鸡群，应定期反复用凝集试验进行检疫，将阳性鸡及可疑鸡全部剔出淘汰，使鸡群净化。

## 复习思考题

1. 采取哪些技术和方法可以确定高致病性禽流感？
2. 鸡新城疫检疫最有效的方法是什么？
3. 怎样区别鸡传染性喉气管炎和传染性支气管炎？
4. 怎样防治鸡传染性法氏囊病？
5. 鸡马立克病的诊断和预防措施有哪些？
6. 应如何检疫鸡白痢和禽伤寒？
7. 如何检疫鸡球虫病？

（钱爱东）

# 第八章

# 牛主要疫病检疫

## 第一节 牛海绵状脑病

牛海绵状脑病（bovine spongiform encephalopathy，BSE）又称为“疯牛病”，是由朊病毒引起的牛的一种进行性神经系统疾病。特征为牛脑发生海绵状病变，并伴随大脑功能退化，临床表现为牛神经错乱，运动失调，痴呆和死亡。

**【病原体】**朊病毒（Prion）是一种不含核酸的蛋白质传染性因子。抵抗力很强，对热、辐射、酸碱和常规消毒剂有很强抗性。10％福尔马林很难使其丧失感染性，有效消毒药为 1～2mol/L 的苛性钠或 0.5％的次氯酸钠，高压灭菌消毒需用 136℃经 30min。

**【流行特点】**BSE 主要发生于以英国为中心的欧洲各国家和地区；发病无季节性；潜伏期 2～8 年不等；多发于 3～5 岁的奶牛，易感动物有牛、羊、猪、羚羊、猕猴、鹿、猫、犬、水貂、小鼠和鸡等。传染源为患痒病的反刍动物的下脚料及肉骨粉饲料。BSE 不仅可通过污染的饲料经消化道或在实验室里经脑内接种发生水平传播，还可通过带子母牛的胎盘垂直传播给子代。最近的研究发现 BSE 传播与生活在干草中的螨虫有关。

**【临床症状】**主要表现为神经症状和全身症状相结合，具体为：

（1）行为变化：恐惧、狂暴和神经质。

（2）姿势与运动变化：步态不稳，共济失调，震颤，磨牙，倒地不起等。

（3）感觉变化：主要是对声音和触摸过敏，不愿挤奶。

（4）全身变化：体况下降，体重减轻或明显消瘦，产奶量减少，且多数病牛食欲良好。

**【病理变化】**主要病理变化为：①中枢神经系统灰质神经纤维网发生两侧对称性的海绵状变化，某些脑干的神经核出现空泡。②脑神经元数目减少，有的减少达到 50％以上。③空泡变性常伴随星状细胞肥大。④大脑淀粉样变，淀粉样颗粒经免疫化学染色检查为朊病毒。⑤电镜下观察经去污处理过的脑提取物，可发现临床感染动物存在特征性的纤维，这被认为是 BSE 的形态学标志。

**【检疫和诊断】**根据流行病学、临床症状和组织学病变可做出初诊。

脑组织病理学检查：采脑干组织切片染色镜检。脑干灰白质呈对称性海绵状变性水肿，神经纤维网中有一定数量的不连续的卵形、球形空洞；神经细胞和神经纤维网中形成海绵状空泡。

亦可从脑组织采样，检测痒病相关纤维蛋白（SAF）以确检。检测的方法主要有：①电子显微镜观察其特殊形状。②纯化或粗提 SAF，然后进行 PAGE 电泳，再进行蛋白印迹检测。③用 SAF 的抗体对病牛脑切片进行免疫组织学染色，以检出变性朊病毒。免疫组化对 BSE 检测具有较高的准确性，与标准品真实情况符合率为 100%，且操作简单，结果容易判断，价格低廉，较适合我国使用。

由于疯牛病不引起机体的免疫反应，目前尚无血清学检测方法。

**【检疫处理】**检疫时一旦发现本病，病牛及其同群牛一律扑杀销毁。

**【防疫措施】**严禁从痒病和疯牛病的疫区进口动物性肉骨粉；严禁使用以动物性肉骨粉或动物原性的饲料添加剂饲喂动物；严禁从疯牛病的疫区进口牛；对进口牛和反刍动物性饲料添加剂应严格检疫；对痒病进行长期监测。

## 第二节 牛　瘟

牛瘟（rinderpest）又称为烂肠瘟、胆胀瘟，是由牛瘟病毒引起的一种急性、高度接触性、热性败血性传染病。特征为体温升高、病程短，黏膜特别是消化道黏膜发炎、出血、糜烂和坏死。本病因其高度传染性和致死性曾使各国养牛业遭受巨大的经济损失。目前世界上仍有少数国家和地区有本病的发生，大部分在非洲和亚洲。

**【病原体】**牛瘟病毒（*Rinderpest virus*）属副黏病毒科（*Paramyxoviridae*）麻疹病毒属（*Morbillivirus*）。其大小为 120～130nm。病毒能在牛、犬、猪组织和鸡胚等原代细胞上生长繁殖，也能在 Hela、Vero 和 $BHK_{21}$ 等细胞系或细胞株上复制增殖，并产生细胞病变作用。在感染细胞的细胞质和细胞核内形成嗜酸性包涵体，并形成合胞体。

病毒的抵抗力较弱，对环境影响很敏感，化学药品如甘油、石炭酸、甲醛、氯仿等均易于将其致弱或杀死，但仍保持其免疫原性。

**【流行特点】**病牛是主要传染源，病毒随病畜的分泌物和排泄物排出。通过直接或间接接触传播，通常是经消化道，也可经鼻腔等黏膜感染。易感动物包括饲养的或野生的反刍兽和偶蹄兽，水牛和黄牛最易感，致死率可达 100%。本病无明显的季节性。老疫区呈地方性流行，新疫区呈暴发式流行。

**【临床症状】**潜伏期 3～9d，多为 4～6d。病牛体温升高达 41～42.2℃，持续 3～5d。病牛精神委顿、厌食、便秘，呼吸和脉搏加快，有时意识障碍。流泪，眼睑肿胀，黏膜充血，有黏性鼻液。口腔黏膜充血、流液。上下唇、齿龈、软硬腭、舌、咽喉等部位形成伪膜或烂斑。由于肠道黏膜出现炎性变化，继软便之后而下痢，粪中混有血液、黏液、黏膜片和伪膜等，带有恶臭。尿少，色黄红或暗红。孕牛常有流产。病牛迅速消瘦，两眼深陷，卧地不起，衰竭而死。病程一般为 7～10d，严重者 4～7d 死亡，甚至 2～3d 倒毙。

绵羊和山羊发病后的症状表现轻微。

**【病理变化】**整个消化道黏膜都有炎症和坏死变化，特别是皱胃幽门部附近最明显，可见到圆形的灰白色上皮坏死斑、伪膜、烂斑等。小肠，特别是十二指肠黏膜充血潮红、肿胀、点状出血和烂斑；盲肠、直肠黏膜严重出血，集合淋巴结常发生溃疡。胆囊显著肿大，充满黄绿或棕绿色的稀薄胆汁，黏膜上有出血、伪膜和糜烂。呼吸道黏膜潮红、肿胀、出血，鼻腔、喉头和气管黏膜覆有伪膜，其下有烂斑，或覆以黏脓性渗出物。阴道黏膜可能有同于口腔黏膜的变化。

**【检疫和诊断】**根据流行病学、临床症状和病变特征可做出初诊，确诊需进行实验室检查。

1. 病原检查　采取病牛血液、分泌物、淋巴结、脾脏等，经处理后接种原代牛肾，单层细胞培养。显微镜下观察特征性细胞病变：如有折射性，细胞变圆、皱缩，细胞质拉长（星状细胞）或巨细胞形成等即可确检。另外，也可用免疫过氧化物酶染色或特异性血清中和试验来鉴定病毒。

2. 血清学检查　采取病牛双份血清送检，做IHAT、AGP、CFT、ELISA、中和试验和兔体交叉免疫试验等，均可确检。国际贸易指定的试验为竞争ELISA。

**【检疫处理】**检疫时一旦发现阳性动物或牛瘟病例，应立即采取上报疫情、封锁疫区，扑杀病畜并做无害化处理，彻底消毒和紧急免疫接种等综合性处理措施。

**【防疫措施】**目前我国无牛瘟，属严加防范的疫病之一。防疫上应加强国境、国内检疫，防止疫病传入。在受威胁的国境地区进行预防注射，建立免疫带。

## 第三节　牛传染性胸膜肺炎

牛传染性胸膜肺炎（contagious bovine pleuropneumonia，CBPP）又称为牛肺疫，是由丝状支原体丝状亚种引起牛的一种传染性肺炎，以纤维素性胸膜肺炎为主要特征。目前非洲、大洋洲和亚洲一些国家存在本病，我国现已基本消灭。由于牛感染后常呈亚急性表现或无临床症状，而且康复的牛还可成为长期带菌者，故本病的控制和消灭比较困难，给许多国家的养牛业造成严重的经济损失。

**【病原体】**病原为丝状支原体丝状亚种（*Mycoplasma mycoides* subsp. *mycoides*），属于支原体属（*Mycoplasma*），大小为125～250nm，无细胞壁，呈多形性，有球状、球杆状、弯曲丝状、丝状、分支状和星状等形态。姬姆萨及瑞氏染色着色良好，革兰氏染色阴性。本菌在加有血清的肉汤琼脂中可生长成典型菌落。

病原对外界环境因素抵抗力不强，暴露在空气中，尤其在直射阳光下，几小时即失去毒力。干燥高温均可使其迅速死亡，但在冻结病料中能保存毒力达1年以上，真空冻干后可生存数年。对化学消毒药抵抗力不强，0.25%来苏儿、0.1%升汞、2%石炭酸、5%漂白粉、1%～2% NaOH溶液均能迅速杀死本菌；对青霉素和龙胆紫则有抵抗力。30%的甘油液可用作本菌的保存液。

**【流行特点】**传染源主要是病牛及带菌牛。病菌存在于肺组织、胸腔渗出液和支气管分泌物中，主要由呼吸道随飞沫排出，也可随病牛的尿液、乳汁和产犊时子宫渗出物排出。主要传播途径是呼吸道，也可通过污染的饲料、饲草和饮水经消化道传染。

易感动物主要是牦牛、奶牛、黄牛、水牛、犏牛、驯鹿及羚羊，发病率60%～70%，病死率30%～50%。

本病呈地方性流行，一般以小范围流行为特点。

**【临床症状】**潜伏期2～4周，短的1周，长的可达4个月。病情发展常很缓慢。病初症状不明显，仅表现精神不振，食欲减退，被毛粗乱，体温升高。清晨受冷空气或饮冷水刺激或运动时出现短干咳嗽。随病程的发展，症状逐渐明显。临床上可分急性和慢性两型。

1. 急性型　主要表现为急性胸膜肺炎症状，体温升高到40℃以上，呈稽留热。鼻孔张大，前肢开张，呼吸困难。压迫肋间有疼痛感。病牛不愿走动，呈腹式呼吸，常发低弱痛咳。有时流出浆液性或脓性鼻液。胸部听诊有啰音、支气管呼吸音或胸膜摩擦音，叩诊有浊音或水平浊音。重症病例在疾病后期出现胸前、腹下部皮下水肿。

2. 慢性型　病牛长时间食欲和精神不振，消瘦，常发生短干咳嗽，使役能力明显下降，若及时进行妥善治疗和精心护理，可以康复，但可能成为带菌者。

**【病理变化】**特征性病变在胸腔。肺呈大理石样外观和浆液性纤维素性胸膜肺炎。初期病变呈支气管肺炎和小叶性肺炎，病灶充血、水肿，呈鲜红色或暗红色；中期呈纤维素性肺炎和浆液纤维素性胸膜炎，肺实质可见不同时期的肝变区，红色与灰色相互交错而形成大理石样外观；肺小叶间隔水肿、增宽，呈灰白色，淋巴管扩张和凝栓；胸壁增厚，表面有纤维素附着，胸水增量并混有纤维素凝块。后期肺部病灶坏死并由结缔组织包围，有的坏死灶液化而形成脓腔或空洞，有的病灶被钙化；胸膜肥厚，肺与胸壁粘连。肺门淋巴结和纵隔淋巴结肿胀、出血。

**【检疫与诊断】**根据流行病学、临床症状和病变特征可做出初诊，确诊需进行实验室检查。

1. 病原检查　生前无菌穿刺取胸水，死后无菌采取肺组织、胸水或淋巴结等病料，直接涂布于含适量青霉素和醋酸铊的牛和马血清琼脂，封闭后置37℃培养观察4～10d，若见菲薄透明、露滴状，中央有乳头状突起的圆形小菌落，即可进行显微镜检查、鉴定。可疑培养物涂片要自然干燥或温箱内干燥，姬姆萨或瑞氏染色，显微镜下见多形菌体，经生长抑制试验鉴定，即可确诊。

2. 血清学检查　常用CFT，也可用连续流动电泳、玻片凝集试验、琼脂扩散试验、荧光抗体试验、ELISA等。

**【检疫处理】**检疫处理与牛瘟相同。一旦发现阳性病例，应立即采取上报疫情、封锁疫区，扑杀病畜并进行销毁处理，彻底消毒和紧急接种等综合性处理措施。

**【防疫措施】**预防工作应注重自繁自养。不从疫区引进牛只，必须引进时，需进行严格检疫。根除传染源和开展疫苗接种是控制和消灭本病的主要措施。

## 第四节　牛传染性鼻气管炎

牛传染性鼻气管炎（infectious bovine rhinotracheitis，IBR）又称为坏死性鼻炎、“红鼻病”，是由牛传染性鼻气管炎病毒引起牛的一种急性、热性、接触性传染病。本病给养牛业造成明显的经济损失。它可延缓肥育牛群的生长和增重。乳牛患病后，乳产量大减，甚至完全停止产乳。种公牛患病后，由于精液带毒，不宜继续作为种用。病毒经胚胎循环可使胎儿感染而流产。脑膜脑炎型可使病牛死亡。本病见于美国、澳大利亚、新西兰以及欧洲许多国家，分布十分广泛。中国自病牛中也分离到过病原。

**【病原体】**牛传染性鼻气管炎病毒（*Infectious bovine rhinotracheitis virus*）又称为牛疱疹病毒1型（*Bovine herpesvirus* 1），属于疱疹病毒科（*Herpesviridae*）疱疹病毒甲亚科（*Alphaherpesvirinae*）。病毒直径150～220nm，双股DNA，有囊膜，对乙醚和酸敏感。在4℃可保存1

个月，−60℃可生存9个月，对冻干和冻融也很稳定。在pH 6.9～9.0时稳定，一般消毒药可将其灭活。

病毒可在牛胎肾、牛肾、牛睾丸、猪肾、羊肾和马肾等细胞上生长繁殖，并产生病变和核内包涵体。牛源细胞的易感性最高，极适用于病毒分离。

**【流行特点】**本病主要感染牛，尤以20～60日龄的肉用牛最易感，其次是奶牛，发病率高达75%，病死率也高。有人报道本病毒能使山羊和猪感染发病。

病牛和带毒牛为主要传染源，特别是隐性感染的公牛危险性更大。在自然条件下，主要通过污染的空气、飞沫经呼吸道传染；也可经交配接触传染；吸血昆虫对本病的传染也起一定的作用。

多发于寒冷季节，牛群过分拥挤，密切接触，可促进本病的传染。

**【临床症状】**潜伏期一般4～6d，有时可达20d以上。感染途径不同临床表现也多种多样。

1. 呼吸道型　最为常见，由鼻黏膜感染引起。发热（40～41.6℃），精神不振，食欲减退，流涎，排出黏性或脓性鼻液，咳嗽，继而食欲废绝，张口呼吸，鼻黏膜呈红色，鼻黏膜散在有灰黄色的小豆大脓疱性颗粒，有的可见有干酪样的伪膜或溃疡。鼻镜干燥，并形成痂皮。偶有发生喉水肿及继发性肺炎而表现呼吸困难。

2. 结膜型　由眼结膜感染所致，多与上呼吸道炎症并发。病初眼睑水肿，眼结膜高度充血，大量流泪。重症病例眼结膜上形成黄色针头大的颗粒，有脓样渗出物，致使眼睑粘连及眼结膜外翻。角膜呈白色混浊。

3. 生殖道型　由交配接触感染所致，发生阴门-阴道炎、子宫内膜炎、龟头包皮炎。外阴部轻度水肿，阴道黏膜充血并散在有灰黄色粟粒大的脓疱，阴道内潴留多量黏液、脓性渗出物。重病例阴道黏膜被伪膜覆盖，由于疼痛，尾根高举，频频排尿。公牛的龟头、阴茎及包皮充血、肿胀，形成脓疱，引起龟头包皮炎，甚至出现阴囊肿胀。

4. 流产型　妊娠牛，特别是妊娠4～7个月的牛感染时，在感染后2周至3个月期间有2%～20%的牛发生流产。而且，流产牛约50%有胎衣滞留现象。

5. 脑炎型　4～6月龄以上的犊牛最易发生。病初表现流鼻涕，流泪，呼吸困难等症状，3～5d后可见有肌肉痉挛，兴奋，昏睡或视力障碍等神经症状，最终僵卧而呈角弓反张。病程约1周，转归多死亡。个别可康复，但眼睛失明。

**【病理变化】**特征性病变为上呼吸道及气管黏膜发炎，上皮细胞变性、坏死、脱落，黏膜下层可见嗜中性粒细胞浸润，继而出现淋巴细胞集聚灶。重症病例，喉头及气管黏膜有浆液纤维素性渗出物，有的散在伪膜及溃疡灶。神经症状病牛，其中枢神经系统内有神经细胞变性、神经胶质细胞增生、淋巴细胞套管状浸润，并在神经细胞和神经胶质细胞内出现嗜酸性核内包涵体。

**【检疫和诊断】**根据临床症状、病理变化、流行特点可做出初诊；确诊方法是病毒分离与鉴定。

1. 病毒分离与鉴定　采取鼻、眼、阴道分泌物，流产胎儿的胸水、心包液、心血及肺，脑炎时采脑组织，做细胞培养后进行病毒抗原鉴定以确诊。

2. 血清学检查　采集急性期和恢复期的双份血清，测定抗体的上升情况是确诊的主要依据。

用 AGP、IHAT、ELISA、中和试验、免疫荧光试验等均可确诊。

**【检疫处理】** 发现病牛和确检阳性牛应立即用不放血方法扑杀，尸体深埋或焚烧。对可疑牛及时隔离观察，加强检疫和消毒。进口牛时一旦检出病牛和阳性牛，立即扑杀、销毁或退货处理，同群动物在隔离场或其他指定地点隔离观察并全面彻底消毒。

**【防疫措施】** 目前尚无特殊药物可供治疗。常发地区给半岁左右的犊牛接种疫苗是预防本病的主要措施。但使用弱毒疫苗接种只能抑制发病，不能免除感染。

## 第五节 牛恶性卡他热

牛恶性卡他热（bovine malignant catarrhal fever）又称为恶性头卡他或坏疽性鼻炎，是牛和其他某些反刍动物的一种病毒性传染病。特征为持续性发热，口、鼻黏膜急性卡他或纤维素性炎症和眼的损害，多伴有严重的神经扰乱，病死率很高。本病散发于世界各地。

**【病原体】** 病原为恶性卡他热病毒（*Bovine malignant catarrhal fever virus*），学名角马疱疹病毒 1 型（*Alcelphine herpesvirus* 1），属疱疹病毒科（*Herpsviridae*）疱疹病毒丙亚科（*Gamma herpesvirinae*）。病毒存在于牛的血液、脑、脾等组织中，在血液中的病毒紧紧附着于白细胞上，不易脱离，也不易通过细菌滤器。在感染的牛胸腺细胞培养物的细胞核中有病毒衣壳和带囊膜的粒子存在，在细胞质空泡和细胞外空隙中也有带囊膜的粒子。病毒能在胸腺和肾上腺细胞培养物上生长，并产生 Cowdry 型核内包涵体及合胞体。经几次传代后，移种于犊牛肾细胞中可能生长。

病毒对外界环境的抵抗力不强，不能抵抗冷冻及干燥。

**【流行特点】** 自然条件下主要发生于黄牛和水牛，其中 1～4 岁的牛较易感。绵羊及非洲角马亦可感染，其症状不易察觉或无症状而成为病毒携带者。山羊、岩羚羊、驼鹿、驯鹿和长颈鹿也有易感性。传播方式还有待进一步探讨。健康牛与病牛直接接触并不发病，但绝大多数病例都与绵羊有接触史。

一年四季均可发生，多见于冬季和早春。多呈散发，有时呈地方性流行。

**【临床症状】** 潜伏期长短不一，一般 4～20 周，多为 28～60d，人工感染犊牛常为 10～30d。有多种病型，即最急性型、消化道型、头眼型、良性型及慢性型等。其中头眼型最典型，非洲常见。欧洲则以良性型及消化道型多见。

突然发热，体温升高至 40～41℃，高温稽留。病初精神沉郁，食欲反刍减少，渴欲增加，口腔黏膜潮红，流水样鼻液，眼结膜潮红，流泪羞明。随着病程的发展，口腔黏膜高度充血直至在唇内面、齿龈、硬腭和软腭处有灰白色伪膜形成或坏死糜烂。眼睑浮肿且常有黏脓性分泌物使其闭合，继而出现角膜炎，角膜变成灰白色不透明，并逐渐由周边向中央蔓延，最后累及全角膜，使其完全变成毛玻璃样，有时甚至形成溃疡和穿孔。鼻炎加剧时，鼻液转为黏性脓性，有时混有纤维素和脱落表皮，鼻中隔下 1/3 处常有黄绿色伪膜，鼻镜干燥龟裂，糜烂并有干痂覆盖。呼吸增数，有时肺部听诊有啰音。额窦、角窦发炎，头部皮温升高，两角基部发热、松动。病牛被毛粗乱，拱背，全身肌肉震颤。对周围事物反应迟钝，或卧地磨牙或昏睡，或明显不安，摇头转圈，或前后肢刨地。粪便多先干后稀，有时带有黏液、血液。部分病牛乳房、乳头和阴唇出现结节状皮疹。病牛常出现白细胞减少症，大单核细胞比例增高，杆状核和幼稚型中性粒细胞明显增多。尿量减少，色淡黄，后期则呈血红色，并常有絮状物混杂。病程长短不一，短的5～6d，长的30～50d，死亡多在发病的7～14d。

**【病理变化】**最急性病例没有或有轻微变化，可见心肌变性，肝脏和肾脏浊肿，脾脏和淋巴结肿大，消化道黏膜有不同程度的发炎。头眼型以类白喉性坏死性变化为主，可能由骨膜波及骨组织，特别是鼻甲骨、筛骨和角床的骨组织。喉头、气管和支气管黏膜充血，有小点出血，也常覆有伪膜。肺充血水肿，也见有支气管肺炎。

消化道型以消化道黏膜变化为主，多为出血性炎症，有部分形成溃疡。病程长者，泌尿生殖器官黏膜有小点状出血，脑膜充血，有浆液性浸润。

**【检疫和诊断】**根据临床症状，结合流行病学可做出初诊，确诊需进行病毒分离和动物接种。

**【检疫处理】**发现病牛应立即停止调运，迅速采取隔离、封锁等综合防控措施。对病牛实施对症治疗，以减少死亡。

**【防疫措施】**目前对本病尚无特效治疗方法，也无免疫预防措施。除增强机体抵抗力外，在流行区应避免牛与绵羊接触。

## 第六节　牛白血病

牛白血病（bovine leukosis）是牛的一种慢性肿瘤性疾病，特征为淋巴样细胞恶性增生，进行性恶病质和高度病死率。本病分布广泛，几乎遍布全世界养牛的国家，对养牛业的发展构成威胁。我国也有发生。

**【病原体】**牛白血病病毒（*Bovine leukaemia virus*）属于反转录病毒科（*Retroviridae*）丁型反转录病毒属（*Della retrovirus*）。含单股RNA。病毒易在牛源和羊源原代细胞内生长并传代。

**【流行特点】**主要发生于成年牛，以4～8岁的牛最常见。人工接种可使绵羊发病。病畜和带毒者是本病的传染源。可由感染牛以水平传播方式传染给未感染牛。感染的母牛也可以垂直传播方式在分娩时将病毒经子宫传给胎儿，或在分娩后经初乳传给新生犊牛。

**【临床症状】**亚临床型无肿瘤形成，特点是淋巴细胞增生，可持续多年或终身，对健康状况没有任何扰乱。有些可发展为临床型，病牛生长缓慢，体重减轻。体温正常或略为升高。某些淋巴结呈一侧性或对称性增大。腮淋巴结或股前淋巴结常显著增大，触摸时可移动。如一侧肩前淋巴结增大，头颈可向对侧偏斜；眶后淋巴结增大可引起眼球突出。

**【病理变化】**尸体常消瘦、贫血，腮淋巴结、肩前淋巴结、股前淋巴结、乳房上淋巴结和腮下淋巴结常肿大，被膜紧张，呈均匀的灰白色，柔软，切面突出。心脏、皱胃和脊髓常发生浸润，心肌浸润常发生于右心房、右心室和心隔，色灰而增厚。全身性充血和水肿。脊髓被膜外壳里的肿瘤结节，使脊髓受压、变形和萎缩。皱胃壁由于肿瘤浸润而增厚变硬。肾、肝、肌肉、神经干和其他器官亦可受损。

病理组织学检查可见肿瘤含有致密的基质和两种细胞：一种是淋巴细胞，具有一中心核和簇集的染色质；另一种是成淋巴细胞，核中至少有一个明显的核仁。任何器官里均有瘤细胞浸润，破坏并代替许多正常细胞，且常见到核分裂现象。

【检疫与诊断】根据流行病学、临床症状及剖检特征可做出初诊，确诊需进行实验室检查。

1. 活体瘤细胞检查　活体组织切片可发现肿瘤细胞，即可确诊。肿瘤细胞核异常，最明显的变化是多倍体性染色体异常。

2. 血清学检验　AGP是目前常用的确检方法之一。也可用CFT、ELISA、中和试验、荧光抗体试验或放射免疫技术等。

【检疫处理】发现病牛立即淘汰，隔离可疑感染牛，在隔离期间加强检疫，发现阳性牛立即淘汰。

【防疫措施】对本病主要应做好牛的综合防范措施。为了防止引进病牛或带毒牛，在进口牛检疫中应强调原产地检疫工作，应了解进口牛产地的流行病学和原农场的病史，避免从流行严重的地区和农场选牛。在昆虫活动季节，应有防蚊蝇措施。在采血、打耳号和注射时应严格消毒，防止人为传播本病。另外，应注意隔离饲养和运输时的密度，防止隔离饲养期间及运输途中由于动物密度不当造成外伤性感染。最后，应强调对本病的检疫项目尽可能在原农场完成，防止阳性牛进入隔离场。必要时应在隔离期间进行二次检疫。

## 第七节　牛出血性败血症

牛出血性败血症（bovine pasteurellosis）是由多杀性巴氏杆菌引起牛的一种急性发热性传染病。特点为骤然高热，咽喉、颌部和颌部皮下广泛的炎性水肿，纤维素性胸膜肺炎。病程短促，自然病例死亡几乎100%。本病流行于世界所有养牛的国家和地区，在许多国家是危害最严重的疫病之一。在我国是牛的一种首要传染病，散发于南方各地，造成较大的经济损失。

【病原体】病原为多杀性巴氏杆菌，详见第六章第八节。本菌在体内和新分离时有荚膜。

厌氧或兼性厌氧。在含血液或血清的培养基中生长良好。在普通肉汤中生长呈轻度混浊，有少许黏性沉淀，在液面形成附壁的菌落环。在固体培养基上生长光滑闪亮的灰白色露水珠状小菌落，不溶血。强毒菌在血清琼脂培养基上生长的菌落，在45℃折射光线下观察时，表面出现荧光。

本菌对物理和化学因素的抵抗力弱，普通的消毒药都有良好的消毒力。

【流行特点】水牛最易感，以青年牛多发，黄牛和猪也有很高易感性。

病畜是主要传染源。病菌随分泌物、排泄物污染饲料、饮水、用具和环境，经消化道感染，或者由咳嗽、喷嚏排出病菌经呼吸道感染。此外，蚊、虻、蜱和其他吸血昆虫可能通过吸血而传播本病。

本病多散发，很少呈小区域地方流行。本病常年均可发生，多数地方流行高峰期为6～8月份。

【临床症状】潜伏期2～5d，病状可分败血型、浮肿型和肺炎型。

1. 败血型　病初体温升高，41～42℃，随之出现全身症状。稍经时日，患牛表现腹痛，开始下痢，粪便初为粥状，后呈液状，其中混有黏液、黏膜片及血液，具有恶臭，有时鼻孔内和尿中有血。拉稀开始后，体温随之下降，迅速死亡。病程多为12～24h。

2. 浮肿型　除呈现全身症状外，在颈部、咽喉部及胸前的皮下结缔组织，出现迅速扩展的炎性水肿，同时伴发舌及周围组织的高度水肿，舌伸出齿外，呈暗红色，病牛高度呼吸困难，皮肤和黏膜普遍发绀。也有下痢或某一肢体发生肿胀者。往往因窒息而死。病期多为12～36h。

3. 肺炎型　主要呈纤维素性胸膜肺炎症状，病畜便秘，有时下痢，并混有血液，病程较长的一般可到三天或一周左右。浮肿型及肺炎型是在败血型的基础上发展起来的。

本病的病死率可达80%以上，痊愈牛可产生坚强免疫力。

**【病理变化】**

1. 败血型　内脏器官出血，在黏膜、浆膜以及肺、舌、皮下组织和肌肉，都有出血点。脾脏无变化或有小点出血。肝脏和肾脏实质变性，淋巴结显著水肿，胸腹腔内有大量渗出液。

2. 浮肿型　在咽喉部或颈部皮下，有时延及肢体部皮下有浆液性浸润，切开水肿部流出深黄色透明液体，间或杂有出血。咽周围组织和会咽软骨韧带呈黄色胶样浸润，咽淋巴结和前颈淋巴结高度急性肿胀，上呼吸道黏膜卡他性潮红。

3. 肺炎型　主要表现胸膜炎和格鲁布性肺炎。胸腔中有大量浆液性纤维素性渗出液。整个肺有不同肝变期的变化，小叶间淋巴管增大变宽，肺切面呈大理石状。有些病例由于病程发展迅速，在较多的小叶里能同时发生相同阶段的变化；肺泡里有大量红细胞，使肺病变呈弥漫性出血景象。病程进一步发展，可出现坏死灶，呈污灰色或暗褐色，通常无光泽。有时有纤维素性心包炎和胸膜炎，心包与胸膜粘连，内含有干酪样坏死物。

**【检疫与诊断】**根据流行病学、症状及剖检变化可作初检；根据细菌学、血清学检验结果，结合临床检疫结果进行综合判定，才能作出可靠的检疫结论。

1. 细菌学检验　采心血、病变淋巴结、肝、脾、肾、渗出液或水肿液病料，涂片用碱性美兰或瑞氏染色镜检，可见两极染色的小球杆菌。或取病料皮下或腹腔接种小鼠，然后涂片镜检。必要时可作细菌培养试验。

2. 血清学检查　比较快速的方法有玻片凝集反应试验。也可用血液龙胆紫培养基培养法、噬菌体诊断法等。

**【检疫处理】**确诊为本病后，病畜隔离治疗，死畜烧毁或深埋处理。病畜不得调运，采取隔离、消毒等防控措施。疫群中尚未发病的动物实行紧急预防接种。

**【防疫措施】**加强饲养管理，保持牛舍及运动场的清洁卫生。做好免疫预防工作，疫区每年接种牛出血性败血症疫苗。做好污染牛舍的彻底消毒工作。

## 第八节　牛结核病

牛结核病（bovine tuberculosis）是由分枝杆菌引起的一种慢性人畜共患传染病。其病理特征是在多种组织、器官形成肉芽肿和干酪样、钙化结节病变。本病广泛分布于世界各地，我国也有发生。

**【病原体】**与动物有关的分枝杆菌主要有牛分枝杆菌（*M. bovis*）、禽分枝杆菌（*M. avium*）和结核分枝杆菌（*M. tuberculosis*）。结核分枝杆菌是直或微弯的细长杆菌，呈单独或平行相聚排列，多为棒状，间有分枝状。牛分枝杆菌比结核分枝杆菌短粗，且着色不均匀。禽分枝杆菌短小，为多形性。

禽分枝杆菌不产生芽胞和荚膜，也不能运动，革兰氏染色阳性，用一般染色法较难着色，常用萋-尼氏抗酸染色法。

专性需氧，对营养物质要求严格，最适培养温度为37～38℃。初次分离可用劳文斯坦-钱森二氏培养基培养，经10～14d长出菌落。

分枝杆菌对外界环境抵抗力较强，在水中可存活5个月，土壤中存活7个月，但不耐热，60℃经30min即死亡。常用消毒药均可将其杀死，在70%乙醇或10%的漂白粉液中很快死亡。

**【流行特点】**本菌侵害多种动物，约有50种哺乳动物和25种禽类可患本病。家畜中牛最易感，特别是奶牛，其次是黄牛、牦牛、水牛，猪和禽亦可患病，羊极少发病。单蹄兽罕见，野生动物中猴、鹿较多见，狮、豹等也有发生。

牛结核病主要由牛分枝杆菌，也可由结核分枝杆菌引起。牛分枝杆菌还可感染猪和人，也能使其他家畜发病。禽分枝杆菌主要引起家禽结核病，也可感染牛、猪和人。结核分枝杆菌和禽分枝杆菌对牛毒力较弱，多引起局限性病灶，缺乏眼观变化，即所谓的"无病灶反应牛"，通常这种牛很可能成为传染源。

结核病患畜（禽）是本病的传染源，特别是通过各种途径向外排菌的开放性结核患畜（禽）。

主要通过呼吸道和消化道感染，交配感染亦属可能。传染途径主要是经呼吸道感染，特别是经飞沫，小牛多经消化道感染。

**【临床症状】**潜伏期长短不一，短者十几天，长的数月甚至数年。

病牛临床症状因患病个体、病灶存在的部位、病情程度、病期长短以及分枝杆菌的种类等不同而有很大差异。通常呈慢性经过，病程较长，一般表现精神沉郁，食欲不振，贫血、消瘦以及生产性能下降等。

牛最常发生肺结核，故常有短而干的咳嗽。随着病程的发展，咳嗽加剧，呼吸增数，有时可见腹式呼吸，劳役时则发生气喘。胸部听诊肺泡音粗厉，时闻啰音和摩擦音，叩诊有浊音区。发生消化道结核时，可见病牛食欲下降，有时出现间歇性下痢，机体逐渐消瘦、贫血。有些病例在直肠检查时可触及肠道有大小不等的结核结节。此外，部分牛的体表淋巴结如肩前、股前和下颌淋巴结肿大。

**【病理变化】**特征性病变是在多种组织器官形成肉芽肿和干酪样钙化结节。

牛结核眼观病灶最常见于肺、肺门淋巴结、纵隔淋巴结，其次是肠系膜淋巴结和头颈部淋巴结。水牛多见全身粟粒性结核病变，肺、喉头、横膈、胸膜、腹膜以及肠系膜淋巴结等处尤其严重，个别在直肠、心包和脑等处亦有结核结节。结节大小不一，质坚呈黄白色，新发的结节周围有红晕，陈旧的多钙化，其周围有多量白色结缔组织包裹。切面见干酪样坏死，脓样液体或钙化。

病理组织学检查可见结核中心呈干酪样坏死和有多量钙盐沉着，坏死物的周围为上皮样细胞、淋巴细胞、多核巨细胞及结缔组织构成的特异性肉芽组织。

**【检疫和诊断】**根据流行病学、临床症状和剖检特征做出初诊，确诊有赖于实验室检查。

1. 病原检查　采取痰或结核结节等病料涂片，抗酸染色，显微镜检查分枝杆菌呈红色，其他菌和背景呈蓝色，即可确诊。必要时进行分离培养鉴定。

2. 变态反应试验　OIE推荐的方法只有结核菌素（PPD）变态反应。

其他检测方法还有 ELISA、IFN-r 诊断法和核酸检测法等。

**【检疫处理】**发现开放性病牛应立即不放血扑杀，尸体化制或销毁；淘汰阳性牛，屠宰后内脏、头、骨、蹄等下脚料化制或销毁，肉高温处理，所有物品高温消毒。可疑牛在隔离的基础上经两次以上检疫仍为可疑者按阳性牛对待。

**【防疫措施】**对健康牛每年进行两次检疫工作，发现阳性牛必须予以严格淘汰处理，保留健康牛。同时，必须加强饲养管理，做好牛舍及运动场的清洁卫生。

## 第九节 牛伊氏锥虫病

牛伊氏锥虫病（trypanosomosis evansi）又称为苏拉病（surra），是由伊氏锥虫寄生于马、骡、驴、牛、水牛、骆驼和犬等家畜体内引起的寄生虫病。马、骡发病后一般呈急性经过，如不进行适当的治疗，一般经 1～2 个月全部死亡；黄牛、水牛及骆驼等多为慢性过程，有的呈带虫现象。

**【病原体】**伊氏锥虫属于锥体科（Trypanosomatidae）锥体属（*Trypanosoma*）。长 18～34μm，宽 1～2μm。前端比后端尖，波动膜发达，宽而多皱曲，游离鞭毛长达 6μm。细胞核位于虫体中央，呈椭圆形，动基体距虫体后端约 1.5μm，呈圆形或短杆形。细胞质内含有少量的空泡；核的染色质颗粒多在核的前部。在压滴血液标本中，原地运动时相当活泼，而前进运动时比较迟缓。在姬姆萨染色的血片中，核与动基体呈深红紫色，鞭毛呈红色，波动膜呈粉红色，原生质呈淡天蓝色。宿主的红细胞则呈鲜明的粉红色，稍带黄色。

**【流行特点】**马、骡、驴易感性最强，骆驼、牛、水牛较弱。其他各种家畜、实验动物和野兽，多有不同程度的易感性。

传染源是各种带虫动物，包括隐性感染和临床治愈的病畜。犬、猪、某些野兽及啮齿动物都可以作为保虫宿主。吸血昆虫（虻等）刺螯病畜或带虫动物后，若再刺螫其他易感的健康动物，便能造成伊氏锥虫病的传播。也能经胎盘感染。虎、狼等吞食新鲜病肉时，可能通过消化道感染。此外，消毒不完全的采血器械、注射器等也能传播本病。

热带、亚热带地区多发，发病季节和流行地区与吸血昆虫的出现时间和活动范围相一致。

**【临床症状】**牛有较强的抵抗力，多呈慢性经过或带虫状态，急性经过者较少。

1. 慢性型　逐渐消瘦；皮肤龟裂，流出黄色或血色液体，结成痂皮，而后脱落；同时脱毛，出现无毛皮肤。精神沉郁，四肢无力，走路摇晃，伏卧昏睡。结膜有出血点或出血斑；体表淋巴结肿胀。耳尾干枯，严重时部分或全部干僵脱落。流产及死胎，泌乳减少或无乳。犊牛常因母乳短缺而发育不良以至死亡，有的犊牛出生后 2～3 周内死亡。红细胞数减少，白细胞数增多，血红蛋白减少。

2. 急性型　多发生于春耕和夏收期间的肥壮牛，体温升高，精神不振，黄疸，贫血，呼吸增数，心悸亢进，如不及时治疗，多于数天或数周内死亡。有的在春耕和夏收的劳役中，或在收工后归途中上下坡或跳越沟壑时，突然发病倒地，体温升至 40℃以上，呼吸促迫，口吐白沫，心律不齐，眼球突出，常于数小时内死亡。急性死亡的病牛，在 1～2h 内，可以从血液或脏器中查出虫体。

马、骡一般呈急性发作。骆驼、牛、水牛虽有在流行之初，因急性发作而死亡者，但多能耐过急性期而转为慢性型，无显著症状，有的经3～5年，陷于恶液质而死亡。

**【病理变化】** 皮下水肿和胶样浸润为显著病变，部位多为胸前、腹下。体表淋巴结肿大充血，断面呈髓样浸润。血液稀薄，凝固不全，胸、腹腔内含有大量浆液性液体。骨骼肌混浊肿胀，呈煮肉样。脾显著肿大，急性病畜肿大1.5～3倍，髓质呈软泥样；慢性者，脾较硬，色淡，包膜下有出血点。肝脏一般也肿大，达1.5～2.5倍，硬度增强，显著淤血而脆，断面呈肉豆蔻样。肾脏增大，混浊肿胀，有点状出血。内脏淋巴结肿胀充血，肝、脾所属淋巴结更为显著。第三、四胃黏膜上多见有出血斑；小肠有出血性炎症。心脏肥大，心肌炎病变明显，切面呈煮肉样，心内外膜有明显的粟粒大至黄豆大的密发的点状出血。有神经症状的病畜，脑腔中积留多量液体，软脑膜下血管充血或有出血斑，侧脑室扩大，室壁有出血点或小出血斑，室内液体增多，脉络丛增大。

**【检疫和诊断】** 根据临床症状、病理变化，结合流行特点可做出初诊。试用特效药品进行诊断性治疗，如用药后两三天内，病畜症状显著减轻，即可基本确诊。确诊需采用反复采血检查，必要时做动物接种试验。

1. *血液、骨髓液和脊椎液检查* 由病畜耳尖或颈静脉采血，放玻片上观察有无活动的虫体；或将血液、骨髓液或脊椎液涂片染色后，在油镜下观察有无虫体；或采取多量血液，加抗凝剂，离心沉淀后镜检沉渣，查找虫体。

2. *血清学诊断法* 可用AGP、CFT或对流免疫电泳等方法。

3. *动物接种试验* 可用疑似病畜的血液腹腔或皮下接种实验动物（小鼠、天竺鼠、家兔等）。小鼠和天竺鼠，每隔1～2d采血检查；家兔，每隔3～5d检查。如连续检查1个月以上（小鼠为半个月）仍不见虫体出现，可判定为阴性。

**【检疫处理】** 长期外出或由疫区调入的家畜，须隔离观察20d，确认健康后，方可使役和混群。检疫时一旦发现本病，应及时进行隔离治疗。进口动物中一旦检出病畜，将动物退回或做扑杀销毁处理。

**【防疫措施】** 对疫区所有动物每年进行至少两次检查，发现病畜及时进行隔离治疗，对假定健畜常用安锥赛进行预防，注射一次有3.5个月的有效期。改善饲养管理条件，搞好畜舍及其周围的环境卫生，消灭虻、蝇等吸血昆虫。

## 第十节 日本分体吸虫病

日本分体吸虫病（schistosomiasis japonica）又称为血吸虫病，是由日本分体吸虫寄生于人和牛、羊、猪、马、犬、猫、兔、啮齿类及多种野生哺乳动物的门静脉系统的小血管内引起的一种危害严重的人兽共患寄生性吸虫病。以急性或慢性肠炎、肝硬化、严重的腹泻、贫血、消瘦为特征。日本分体吸虫分布于中国、日本、菲律宾及印度尼西亚，近年来在马来西亚亦有报道。在我国广泛分布于长江流域及其以南的13个省、市、自治区（贵州省除外）。主要危害人和牛、羊等家畜。

**【病原体】** 日本分体吸虫（*Schistosoma japonicum*）虫体呈圆柱形。口、腹吸盘位于虫体前端。雄虫长10～20mm，宽0.5～0.55mm，乳白色，背腹扁平，自腹吸盘以下虫体两侧向腹面蜷曲，蜷曲形成的沟槽称抱雌沟；雌虫灰褐色，前细后粗，长12～28mm，宽0.1～0.3mm，腹吸盘不及雄虫明显。雌虫常居于抱雌沟内，与雄虫呈合抱状态。

其生活史包括卵、毛蚴、母胞蚴、子胞蚴、尾蚴、童虫和成虫等阶段。成虫寄生于人和多种哺乳动物等终末宿主的门脉-肠系膜静脉系统，雌虫产卵于肠黏膜下层静脉末梢内。一部分虫卵循门静脉系统流至肝门静脉并沉积在肝组织内，逐渐死亡、钙化；另一部分虫卵经肠壁进入肠腔，随宿主粪便排出体外，在水中孵出毛蚴。如有中间宿主钉螺存在，即钻入螺体内，再经过母胞蚴、子胞蚴的无性繁殖阶段发育成尾蚴，尾蚴自螺体逸出并在水的表层游动。当人或其他哺乳动物与含尾蚴的水接触时，尾蚴迅速钻入宿主皮肤，发育为童虫。进入静脉或淋巴管的童虫随血流或淋巴液到右心、肺，再到左心，运送到全身。胃动脉和肠系膜上、下动脉内的童虫可再穿入小静脉进入肝门静脉，经过一段时间的发育后，雌、雄合抱移行至肠系膜静脉，发育至完全成熟，交配，大约在感染后5周开始产卵。成虫在动物体内的寿命一般为3～4年，在黄牛体内能活10年以上。

**【流行特点】** 人和40余种哺乳动物易感，包括啮齿类和各种家畜。耕牛、沟鼠的感染率为最高。黄牛的感染率和感染强度高于水牛。黄牛年龄愈大，阳性率也愈高；水牛的阳性率却随年龄的增长有下降趋势，水牛还有自愈现象。但在长江流域和江南，水牛不仅数量多，而且接触“疫水”频繁，故在本病传播上可能起主要作用。

在我国，日本分体吸虫的中间宿主为湖北钉螺。钉螺能适应水、陆两种环境生活，多见于气候温和、土壤肥沃、阴暗潮湿、杂草丛生的地方，在沟、河、湖的水边均可孳生，以腐烂的植物为食。

人和动物的感染与接触含有尾蚴的疫水有关。感染多在夏、秋季节。感染的途径主要为经皮肤钻入感染，也可经吞食含有尾蚴的水、草经口腔和消化道黏膜感染，还可经胎盘由母体感染胎儿。一般钉螺阳性率高的地区，人、畜的感染率也高；凡有病人及阳性钉螺的地区，就一定有病牛。钉螺的分布与当地水系的分布是一致的，患病人、畜的分布与当地钉螺的分布是一致的，具有地区性特点。

**【临床症状】** 犊牛和犬的症状较重，羊和猪较轻，马几乎没有症状。

犊牛大量感染时，症状明显，往往呈急性经过。表现食欲不振，精神沉郁，体温升高达40～41℃，可视黏膜苍白，水肿，行动迟缓，日渐消瘦，衰竭而死。慢性病畜表现消化不良，发育缓慢，往往成为侏儒牛。病牛食欲不振，有里急后重现象，下痢，粪便含黏液和血液，甚至块状黏膜。患病母牛发生不孕、流产等。

一般来讲，黄牛症状比水牛明显，小牛症状比大牛严重。轻度感染时，症状不明显，常取慢性经过，特别是成年水牛，很少有临床症状而成为带虫者。

**【病理变化】** 剖检可见尸体消瘦、贫血、腹水增多。病变主要是虫卵沉积于组织中所产生的虫卵结节（肉芽肿），主要在肝脏和肠壁。肝脏表面凹凸不平，表面或切面上有粟粒大到高粱米大灰白色的虫卵结节。初期肝脏肿大，日久后肝萎缩、硬化。严重感染时，肠壁肥厚，表面粗糙不平，肠道各段均可找到虫卵结节，尤以直肠病变最为严重。肠黏膜有溃疡斑，肠系膜淋巴结和脾脏肿大，门静脉血管肥厚。在肠系膜静脉和门静脉内可找到多量雌雄合抱的虫体。此外，在心、肾、脾、胰、胃等器官有时也可发现虫卵结节。

【检疫和诊断】在流行区，根据临床症状可做出初步诊断，但确诊和查出轻度感染的动物需要进行病原检查和免疫学试验。

1. 病原检查　最常用的方法是粪便尼龙绢袋集卵法和虫卵毛蚴孵化法，而且两种方法常结合使用。有时也刮取耕牛的直肠黏膜做压片镜检，检查虫卵。死后剖检病畜，发现虫体、虫卵结节等可确诊。

2. 免疫学诊断　常用环卵沉淀试验、间接红细胞凝集试验、ELISA 等方法。

【检疫处理】检疫时一旦发现本病，应进行隔离治疗。进口动物中一旦检出病畜，将动物退回或做扑杀销毁处理。

【防疫措施】对该病应采取综合性措施，要人、畜同步防控。预防措施除了积极查治病畜、病人，控制感染源外，还应抓好消灭钉螺、加强粪便管理以及防止家畜感染等措施。

灭螺是切断日本分体吸虫生活史、预防该病流行的重要环节，可以利用食螺鸭子等消灭钉螺；结合农田水利建设，改造低洼地，使钉螺无适宜的生存环境；常用的方法是化学灭螺，如用五氯酚钠、氯硝柳胺、溴乙酰胺、茶子饼、生石灰等在江湖滩地、稻田等处灭螺。

加强粪便管理，人、畜粪便应进行堆积发酵等杀灭虫卵后再利用。管好水源，严防人、畜粪便污染水源。

防止家畜感染，关键要避免家畜接触尾蚴。饮水要选择无钉螺的水源，专塘用水或用井水。凡疫区的牛、羊均应实行安全放牧，建立安全放牧区，特别注意在流行季节（夏、秋）防止家畜涉水，避免感染尾蚴。

同时，消灭沟鼠等啮齿类动物有重要意义。此外，我国正在加强抗日本分体吸虫病虫苗的研制工作。

## 第十一节　牛流行热

牛流行热（bovine epizootic fever）是由牛流行热病毒引起的牛的急性发热性传染病。主要症状为急性高热、流泪、流涕、呼吸迫促，口、鼻有泡沫样分泌物，后肢不灵活甚至卧地不起。大部分病牛经过 2～3d 发热即可恢复，故又称三日热或暂时热。因常呈大群发病，生产性能如产奶量突然降低，而且部分病牛瘫痪死亡或被淘汰，故可引起较严重的经济损失。本病广泛流行于亚洲、非洲以及大洋洲，我国也有流行。

【病原体】牛流行热病毒（*Bovine epizootic fever virus*）属于弹状病毒科（*Rhabdoviridae*）暂时热病毒属（*Ephemerovirus*），呈圆锥形或子弹头形。病毒粒子长 130～220nm，宽 60～90nm。有囊膜，表面上有许多细小的突起，粒子中央为紧密盘绕的核心部分，基底部有的宽有的窄。

病毒对酸碱有一定的耐受性，对温度有一定的抵抗力，4℃保存 8d 后仍具有感染性。感染鼠脑悬液（加有 10%犊牛血清）于 4℃经 1 个月毒力无明显下降。本病毒不仅可用发病牛高热期血液中的白细胞和血小板人工脑内接种小鼠、大鼠和仓鼠繁殖继代，而且还可用牛肾、牛睾丸、仓鼠肾细胞繁殖继代，亦可在猴肾传代细胞、白纹伊蚊细胞中增殖。

【流行特点】本病主要侵害牛。黄牛、奶牛、肉牛、水牛均可感染发病，但水牛、肉牛自然发病较少。绵羊可人工感染发病，表现病毒血症，并产生中和抗体。野生动物中大羚羊可感染产生抗体，但不出现临床症状。

传染源主要是病牛，高热期的血液中含病毒较多。传播媒介可能是库蚊、蠓等吸血昆虫。流行有明显季节性，主要见于蚊蝇大量出现的季节。我国北方于8～10月发生，南方可能更早。阴雨潮湿地区容易流行。一些地区多呈周期性流行，间隔几年可出现一次流行高峰，高峰之间发病较少。

**【临床症状】**潜伏期较短，一般为3～7d，发病突然，并很快波及全群或周围地区牛只。病初体温升高达40～42℃，精神沉郁，食欲、反刍锐减或废绝，奶牛产奶量急剧降低或停止。眼结膜潮红、肿胀、流泪，被毛逆立，弓背，四肢活动不灵，不愿走动，肌肉震颤（常见臀部肌肉颤抖），末梢发凉，呼吸紧迫，妊娠牛有的流产。临床上尚可见到如下几种病型：

1. 胃肠型　腹痛，两后肢交替负重或踢腹，瘤胃蠕动音减弱或消失，粪干、色黑、量少，带有黏液，有的先便秘后腹泻，气味臭，少数病牛肛门松弛，食欲废绝，嗜卧，目光无神，眼窝凹陷，鼻流清涕，体温40～41℃，一般维持2d左右。

2. 运动型　以运动障碍为主，运步困难，步态蹒跚，易跌倒，懒动。有的一发病就卧地，但多数在发病后第二天卧地，四肢蜷缩于腹下，重剧者卧地后四肢伸直，呼吸浅表。

3. 呼吸型　以气喘为主，病情发展很快，常在发病后半天就表现出明显喘息症状，呈腹式呼吸，次数达60～90次/min，心跳100次/min，甚至更快。肺泡音粗厉，有的有干性或湿性啰音，喜站立，此类病牛死亡率较高。

4. 混合型　有轻度跛行，呼吸无明显变化，结膜潮红，流泪，无血便、拉稀现象，有2～3d减食或不食，然后食欲逐渐恢复。

**【病理变化】**对急性高热期病牛和体温恢复正常牛扑杀检查，常无特征病理变化，只有淋巴结呈不同程度的肿胀，肺出现小区域性间质性和肺泡性气肿。急性死亡病牛则可见尸僵不全，血凝不良，有的皮下气肿。内部病变主要在肺脏，有的病死牛肺脏明显肿胀，肺泡扩张，间质增宽，内含多量串珠样气泡，按压有捻发音，呈严重的间质性和肺泡性肺气肿；有的病例肺脏膨大，间质增宽，内为胶冻样物质，切面流出多量暗红色液体，气管内积留大量含有泡沫的黏液，呈明显的肺淤血和肺水肿，有的尸体间质性和肺泡性肺肺气肿与肺淤血、肺水肿兼而有之，甚至出现出血斑点和区域性肝变现象。此外可见心肌柔软，右心室扩张，心内外膜出血；肝脏和肾脏混浊肿胀；淋巴结充血、出血、肿大，切面多汁；瓣胃内容物干硬，真胃和肠道黏膜呈卡他性或卡他出血性炎症变化。

**【检疫和诊断】**本病传播快，发病率高，高热期较短，残废率较低，季节性明显，症状和病理变化比较特殊。根据这些特点，不难做出诊断，但要确诊此病，必须分离病原，用已知阳性血清做中和试验，或用已知病毒做病牛双份血清中和试验。

**【检疫处理】**检疫时一旦发现本病，应进行隔离治疗。进口动物中一旦检出病畜，将动物退回或做扑杀销毁处理。

**【防疫措施】**本病流行有严格的季节性，如果在流行期之前用能产生强免疫力的疫苗免疫接种，必能达到预防目的。弱毒苗和灭活苗的研制和改进已取得了很大进展。

治疗BEF的目的在于减轻临床症状。鉴于本病的炎症特性，结合抗生素使用消炎药是常规的治疗办法。

## 第十二节　牛病毒性腹泻-黏膜病

牛病毒性腹泻-黏膜病（bovine viral diarrhea - mucosal disease，BVD - MD）是由牛病毒性腹泻-黏膜病病毒引起牛的一种传染病，多呈亚临床经过、温和经过或隐性感染，少数为急性病例，症状明显，并以死亡告终。急性病例的特征是消化道黏膜发炎、糜烂和肠壁淋巴组织坏死；主要症状为发热、咳嗽、腹泻、鼻漏、消瘦和白细胞减少。本病于 1946 年首先在美国报道，现已呈世界性分布，我国也有存在。

**【病原体】**牛病毒性腹泻病毒（*Bovine viral diarrhea virus*，BVDV）又称为黏膜病病毒（*Mucosal disease virus*，MDV），属于黄病毒科（*Flaviviridae*）瘟病毒属（*Pestivirus*）。有囊膜，正链 RNA 病毒，核衣壳为非螺旋的六面体对称结构。病毒能在胎牛肾、睾丸、肺、皮肤、肌肉、胎羊睾丸等细胞培养物中增殖传代，也适应牛胎肾传代。病毒对乙醚、氯仿、胰酶等敏感，pH3 以下易被破坏；56℃很快被灭活；但多数毒株对低温稳定，血液和组织中的病毒在－70℃可存活多年。

**【流行特点】**本病毒可感染黄牛、水牛、牦牛、绵羊、山羊、猪、鹿及小袋鼠，家兔可实验感染。患病动物和带毒动物是主要传染源。病畜的分泌物和排泄物中含有病毒。绵羊多为隐性感染，妊娠绵羊常发生流产或产先天性患病羔羊，这种羔羊也是传染源。欧美一些国家猪的感染率很高，一般呈隐性感染。康复牛可带毒 6 个月。直接或间接接触传播，主要通过消化道和呼吸道感染，也可通过胎盘感染。

流行特点是新疫区急性病例多，不论放牧牛或舍饲牛，大小牛均可感染发病，发病率通常不高，约为 5%，其病死率为 90%～100%，发病牛以 6～18 个月者居多；老疫区则急性病例很少，发病率和病死率很低，而隐性感染率在 50%以上。本病常年均要发生，冬末和春季多发。更常见于肉牛，关闭饲养的牛群发病时往往呈暴发。

**【临床症状】**潜伏期 7～14d。

1. 急性型　突然发病，体温升高至 40～42℃，持续 4～7d，有的还有第二次升高。随体温升高，白细胞减少，持续 1～6d。继而又有白细胞微量增多，有的可发生第二次白细胞减少。精神沉郁，厌食、鼻、眼有浆液性分泌物，2～3d 内鼻镜及口腔黏膜表面发生糜烂，舌面上皮坏死，流涎增多，呼气恶臭。常发生严重腹泻，开始水泻，以后带有黏液和血。有些病牛常有蹄叶炎及趾间皮肤糜烂坏死，从而导致跛行。常于发病后 1～2 周死亡，少数病程可拖延 1 个月。

2. 慢性型　多无明显发热症状，但体温可能稍高。鼻镜上的糜烂很明显，并可连成一片。眼常有浆液性分泌物。在口腔内很少有糜烂，但门齿齿龈通常发红。患牛因蹄叶炎及趾间皮肤糜烂坏死而跛行。通常皮肤成为皮屑状，在鬐甲、颈部及耳后最明显。有无腹泻不定。淋巴结不肿大。多数患牛均死于 2～6 个月。妊娠期感染母牛常发生流产或产下有先天性缺陷（常见小脑发育不全）的犊牛。患犊表现轻度共济失调或无协调和站立能力，有的可失明。

**【病理变化】**主要病变在消化道和淋巴组织。鼻镜、鼻孔黏膜、齿龈、唇内面、上腭、舌面两侧及颊部黏膜有糜烂及浅溃疡，严重病例在咽喉部黏膜有溃疡及弥散性坏死。特征病变是食道黏膜的糜烂，糜烂大小不等，小的常呈直线排列。瘤胃黏膜偶见出血和糜烂，皱胃炎性水肿和糜烂，糜烂直径 1mm 或稍大，边缘隆起，有时糜烂灶中有一出血小孔。肠淋巴结为浆液出血性炎症，空肠、回肠较为严重。盲肠、结肠、回肠较为严重。盲肠、结肠、直肠有卡他出血性、溃疡性以及坏死性等不同程度的炎症。在流产胎儿的口腔、食道、真胃及气管内可能有出血斑及溃疡。运动失调的新生犊牛，有严重的小脑发育不全及两侧脑室积水。蹄部病变为趾间皮肤及全蹄冠呈急性糜烂性炎症，甚至发展为溃疡及坏死。

病理组织学检查，可见鳞状上皮细胞呈空泡变性、肿胀、坏死。真胃黏膜的腺上皮细胞坏死，腺腔积血并扩张，固有层和黏膜下层水肿，有白细胞浸润和出血。小肠黏膜的上皮细胞坏死，腺体形成囊腔；淋巴滤泡生发中心坏死，成熟的淋巴细胞消失并有出血。

**【检疫和诊断】**根据发病史、症状及病变可作出初步诊断，确诊需依赖病毒的分离鉴定及血清学检查。病毒分离应于病牛急性发热期间采取血液、尿、鼻液或眼分泌物，剖检时采取脾、骨髓、肠系膜淋巴结等病料，人工感染易感犊牛或用乳兔来分离病毒；也可用牛胎肾、牛睾丸细胞分离病毒。血清学试验可用血清中和试验定性或定量。还可应用 CFT、AGP、免疫荧光抗体技术、PCR 等方法。

**【检疫处理】**检疫时一旦发现本病，对病牛要隔离治疗或急宰。进口动物中一旦检出病畜，将动物退回或做扑杀销毁处理。

**【防疫措施】**平时预防要加强口岸检疫，从国外引进种牛、种羊、种猪时必须进行血清学检查，防止引入带毒牛、羊和猪。国内在进行牛只调拨或交易时，要加强检疫，防止本病的扩大或蔓延。近年来猪的感染率日趋上升，不但增加了猪作为传染源的重要性，而且由于病毒与猪瘟病毒在分类上同属于瘟病毒属，有共同的抗原关系，使猪瘟的防控工作变得复杂化，因此在本病的防控计划中对猪的检疫也不容忽视。一旦发生本病，对病牛要隔离治疗或急宰。目前可应用弱毒疫苗或灭活疫苗来预防和控制本病。

## 第十三节　牛生殖器弯曲菌病

牛生殖器弯曲菌病（bovine campylobacteriosis）是由胎儿弯曲菌所引起的以牛、羊不育为特征的一种传染病。

**【病原体】**病原为弯曲菌属（*Campylobacter*）的胎儿弯曲菌（*C. fetus*）的两个亚种：胎儿弯曲菌胎儿亚种（*C. fetus* subsp. *fetus*）和胎儿弯曲菌性病亚种（*C. fetus* subsp. *venerealis*）。本菌为革兰氏阴性的纤细弯曲杆菌，呈弧状或逗点状、螺旋状，当两个细菌连成短链时，可呈 S 形和鸡翅状。在老龄培养物中，可呈球形、类球状体或螺旋状长丝。细菌一端或两端着生单根无鞘鞭毛，运动力活泼。

**【流行特点】**胎儿弯曲菌性病亚种可致牛的不育和流产，存在于母牛阴道黏液、公牛精液和包皮黏膜上以及流产胎儿的组织及胎盘中，经交配或人工授精传染。胎儿弯曲菌胎儿亚种也可引起绵羊地方流行性流产和牛散发性流产，存在于流产胎盘及胎儿胃内容物、感染母羊和牛的血液、肠内容物和胆汁以及生殖道中，经口或交配传染。

【临床症状和病理变化】公畜一般没有明显的临床症状。母牛经交配感染后，病初阴道呈卡他性炎，黏膜发红，特别是子宫颈，黏液分泌增加，黏液常清澈，偶尔稍混浊。有时出现子宫内膜炎和输卵管炎。生殖道病变可使胚胎早期死亡并被吸收。胎儿死亡较迟者，则发生流产，多发生于怀孕的第5～6个月。早期流产，胎膜常随之排出，如发生于怀孕的第5个月以后，往往有胎衣滞留现象。胎盘水肿，绒毛叶充血，可能有坏死灶；流产胎儿呈明显的胶冻状水肿，胸、腹腔充满红色或红褐色渗出液；肝脏肿胀，多呈黄红色，也可被覆灰黄色伪膜，偶见坏死灶。

【检疫和诊断】暂时性不育、发情期延长以及流产，是本病的重要临床症状，但其他生殖疾病也有类似的情况，因此确诊有赖于微生物学诊断。

采集流产绵羊和牛的胎盘、胎儿胃内容物、子宫颈与阴道黏液、血液及公畜精液和包皮垢，不孕母畜可采取宫颈部的黏液，进行细菌学和血清学检查。血清学检查主要用于牛的诊断，常用血清学方法有试管凝集试验、阴道黏液凝集试验和间接血凝试验，另外也可用免疫荧光抗体技术。

【检疫处理】检疫时一旦发现本病，应及时进行淘汰或隔离治疗。进口动物中一旦检出病畜，将动物做扑杀销毁处理。

【防疫措施】淘汰有病种公牛，选用健康种公牛进行配种或人工授精，是控制本病的重要措施。

牛群暴发本病时，应暂停配种3个月，同时用抗生素治疗。流产母牛，可向子宫内投入链霉素和四环素族抗生素。病公牛，用含多种抗生素的软膏或锥黄素软膏涂擦于阴茎上和包皮的黏膜上，也可用链霉素溶于水中冲洗包皮。公牛精液也可用抗生素处理。

用佐剂苗给牛进行预防注射可提高繁殖率。用胎儿弯曲菌性病亚种的无菌提取物或死菌苗给小母牛接种，可有效地预防和扑灭此病。

## 第十四节　牛胎儿毛滴虫病

牛胎儿毛滴虫病（bovine trichomoniasis）是由胎儿三毛滴虫寄生于牛的生殖器官引起的，分布于世界各地，我国也有发生。

【病原体】胎儿三毛滴虫（*Tritrichomonas foetus*）属于毛滴虫科（Triohomonadidae）三毛滴虫属（*Tritrichomonas*）。新鲜阴道分泌物中的虫体，多为短纺锤形、梨形、西瓜子形或长卵圆形，混在白细胞与上皮细胞之间，进行活泼的蛇形运动。运动活泼的虫体不易看出鞭毛，运动减弱时，始能察见。病料存放时间稍长时，虫体缩小，多近似圆形，透明，不易辨认，唯有当鞭毛及波动膜运动时始能察知其存在。细胞核近似圆形，位于虫体的前半部，一簇动基体位于细胞核的前方。由动基体伸出4根鞭毛，其中3根向虫体前端游离延伸，即前鞭毛，与体长相等。另一根沿波动膜边缘向后延伸，其游离的一段为后鞭毛。波动膜有3～6个弯曲。虫体中央有一条纵走的轴柱，起始于虫体的前端，沿体中线向后延伸，其末端突出于体后端。虫体前端与波动膜相对的一侧有半月状的胞口。

胎儿三毛滴虫对高温及消毒药的抵抗力很弱，50～55℃经2～3min死亡，3%双氧水内经5min，0.1%～0.2%福尔马林内经1min，40%大蒜液内经25～40s死亡。能耐受较低温度，如在0℃时存活2～18d，能耐受－12℃低温达一定时间。

**【流行特点】**感染多发生在配种季节，主要是通过病牛与健康牛的直接交配，或在人工授精时使用带虫精液或沾染虫体的输精器械。公牛在临床上往往没有明显症状，但可带虫达3年之久，在本病的传播上起相当大的作用。饲养条件对本病有一定影响，当放牧和供给全价饲料（尤其是富含维生素A、维生素B和矿物质的饲料）时，可提高牛对本病的抵抗力。

**【临床症状】**母牛感染后经1～2d，阴道即发红肿胀，1～2周后，开始有带絮状物的灰白色分泌物自阴道流出，同时在阴道黏膜上出现小疹样的毛滴虫性结节。探诊阴道时，感觉黏膜粗糙，如同触及砂纸一般。当子宫发生化脓性炎症时，体温往往升高，泌乳量显著下降。怀孕后不久，胎儿死亡并流产。流产后，母牛发情期的间隔往往延长，并有不孕等后遗症。

公牛于感染后12d，包皮肿胀，分泌大量脓性物，阴茎黏膜上发生红色小结节，此时公牛有不愿交配的表现。上述现象不久消失，但虫体已侵入输精管及前列腺和睾丸等部位，临床上不呈现症状。

**【检疫和诊断】**在流行病学上，注意牛群的历史和母牛群有无大批早期流产现象；临床上需注意公、母牛有无生殖器炎症。病原体检查材料为阴道排出物、包皮分泌物、胎液、胎儿的胸腹腔液和胃内容物等。

**【检疫处理】**检疫时一旦发现本病，应及时进行隔离治疗。进口动物中一旦检出病畜，将动物退回或做扑杀销毁处理。

**【防疫措施】**在流行区内，配种前对所有牛只进行检查，将牛分成健康群和病牛群。病牛经检查，证明确实治愈时，方能转入健康群。治疗过程中禁止交配。

普遍建立人工授精站。仔细检查公牛精液，证明确无毛滴虫感染时，方能利用。对病公牛应严格隔离治疗，治疗后5～7d，镜检其精液和包皮腔冲洗液两次，如未发现虫体，可使之先与健康母牛数头交配。对交配后的母牛观察15d，每隔一天检查一次阴道分泌物，如无发病迹象，证明该公牛确已治愈。

尚未完全消灭本病的不安全牧场，不得输出病牛或可疑牛。对新引进的牛，需隔离检查有无毛滴虫病。严防母牛与来历不明的公牛自然交配。加强病牛群的卫生工作，一切用具均需与健康牛分开使用，并用来苏儿和克辽林溶液消毒。

## 第十五节　牛皮蝇蛆病

牛皮蝇蛆病（bovine hypodermiasis）是由多种皮蝇幼虫，寄生在牛的皮下组织中而引起的一种慢性寄生虫病。本病广泛发生于许多养牛业发达的国家，我国西北、东北地区以及内蒙古和西藏等地严重流行。

**【病原体】**病原是皮蝇科（Hypodermatidae）皮蝇属（*Hypoderma*）的牛皮蝇（*H. bovis*）、纹皮蝇（*H. lineatum*）和中华皮蝇（*H. sinens*）等的幼虫。

牛皮蝇第一期幼虫为半透明黄白色，大小约为0.6mm×2mm，体分12节，各节密生小刺。第一节上有口孔，虫体后端有两个黑色圆点状的后气孔。第二期幼虫长3～13mm，气孔板颜色较浅。第三期幼虫即成熟幼虫，体形粗壮，长达28mm，呈棕褐色，体分11节，背面较平，腹面稍隆起，有许多结节和小刺，但最后两节背腹面均无刺，气孔板呈漏斗状。

纹皮蝇第一期幼虫呈半透明暗白色，大小约为0.5mm×0.2mm，与牛皮蝇第一期幼虫相似。第二期幼虫气孔板小而且颜色较浅。第三期幼虫长约26mm，体分11节，最后一节的腹面无刺，倒数第二节腹面仅后缘有刺，气孔板浅而平。

中华皮蝇第一期幼虫呈乳白色，大小为3.5～12mm×0.75～2mm。第二期幼虫呈浅黄白色，大小为10～12mm×3～5mm，气孔板呈葡萄状。第三期幼虫呈黄褐色，大小为19～25mm×8～11mm，体分11节，倒数第二节腹面前后缘均有刺。气孔板呈肾形，较平，钮孔位于中部，稍突出。

**【临床症状和病理变化】**皮蝇的成蝇在飞翔季节，虽然不叮咬牛只，但引起牛惊恐不安，踢蹴和狂奔。严重影响牛采食、休息，造成消瘦、外伤、流产及产奶量减少。

幼虫钻入皮下时引起疼痛、局部炎症，并刺激神经末梢导致皮肤瘙痒。幼虫在深部组织移行可造成组织损伤。例如，在食道的浆膜和肌层之间、内脏表面和脊椎管内可引起浆液渗出，中性粒细胞和嗜酸性粒细胞浸润甚至出血。第三期幼虫寄生在皮下时，引起结缔组织增生，局部皮肤突起，形成隆包，少则几个十几个，多则上百个。幼虫钻出后皮肤隆包部出现孔洞。穿孔如继发化脓菌感染，则形成脓肿，并常经瘘管排出脓液。化脓菌也可在皮下引起蜂窝织炎。幼虫钻出皮肤落地后，皮肤损伤局部可形成瘢痕，故使皮革质量大为降低。皮蝇幼虫的毒素对牛的血液和血管有损害作用，因此动物出现贫血和消瘦。幼虫也可钻入延脑和大脑脚，引起神经症状。剖检时可见皮肤水肿、增厚，皮下有出血和浆液性炎，也可见到隆包、脓肿或蜂窝织炎。

**【检疫和诊断】**牛皮蝇蛆病只发生于从春季起就在牧场上放牧的牛只，舍饲牛一般不受害。结合病史调查、流行病学资料分析，检查患牛背部皮肤，皮下有典型病变并发现虫体，即可做出明确的诊断。

**【检疫处理】**检疫时一旦发现本病，应进行隔离治疗。进口动物中一旦检出病畜，将动物退回或做扑杀销毁处理。

**【防疫措施】**防治关键是选用药物杀灭第三期幼虫或移行中的幼虫。

倍硫磷是杀灭皮蝇幼虫的特效药，对牛体内移行的第一、二期幼虫也有良效。当幼虫使皮肤穿孔之前即可将其杀死。此外，各种剂型的伊维菌素对牛皮蝇幼虫的杀灭效果可达99.9%。蝇毒磷每千克体重10mg臀部肌肉注射，对幼虫有较好杀灭作用。溴氰菊酯、氯氰菊酯、百树菊酯、氰戊菊酯的油乳剂加水稀释后喷洒牛体和畜舍有驱避成蝇的作用。

## 第十六节　牛梨形虫病

### 一、牛泰勒虫病

牛泰勒虫病（bovine theileriosis）是多种泰勒虫引起牛的寄生虫病的总称，主要临床特征为贫血、出血，体表淋巴结肿大，稽留高热，病牛衰竭，病死率较高。

**【病原体】**病原体为泰勒虫科（Theileriidae）泰勒虫属（*Theileria*）的多种虫体。我国主要是环形泰勒虫（*T. annulata*）和瑟氏泰勒虫（*T. sergenti*）。虫体主要寄生于牛的红细胞、淋巴细胞内。虫体很小，形态多样，有圆环形、杆形、卵圆形、梨籽形、逗点形、圆点形、十字形等。

**【流行特点】**不同年龄和品种牛均可感染，以1～3岁的牛发病较多。土种牛发病轻微或不发病，多为带虫牛，从外地新引进的牛和纯种牛发病率高，病情严重，死亡率高。

病牛和带虫牛是传染源。牛是中间宿主，虫体在牛体内进行无性繁殖；蜱是终末宿主，虫体在蜱体内进行有性繁殖。因此蜱是本病的传播媒介，在内蒙古和东北地区主要是残缘璃眼蜱。这种蜱生活在牛舍内，因此本病主要流行在舍饲的牛群。本病发生于蜱活动的季节，即6月下旬到8月中旬，7月为发病高峰。

**【临床症状】**潜伏期14～20d。病初病牛体温在39.5～41.8℃，体表淋巴结肿大、疼痛，呼吸、心跳加快，眼结膜潮红、流泪；可在肩前、股前等淋巴结的穿刺液涂片中发现大裂殖体，但在血液涂片中较难见到。随疾病发展，当虫体大量侵入红细胞时，病情加剧，病牛精神委顿，食欲减退，反刍减少或停止。体温升高到40～42℃，稽留热型，鼻镜干燥，可视黏膜呈苍白或黄红色，红细胞数减至（2～3）$\times 10^{12}$个/L，且大小不匀，出现异常红细胞，血红蛋白含量降低，为30～45g/L。病牛初便秘，后腹泻，或两者交替发生，粪中混有黏液或血液，弓腰缩腹，显著消瘦，甚至卧地不起，反应迟钝，并在尾根、眼睑及其他皮肤柔嫩部位出现出血斑、点。常在病后1～2周发生死亡。

**【病理变化】**尸体消瘦，结膜苍白或黄染，血液凝固不良，颌下、肩前、股前等体表淋巴结肿大、出血。胸腹两侧皮下有出血斑和黄色胶样浸润。脾脏肿大2～3倍，被膜下有出血点或出血性结节，脾髓软化呈酱紫色。肝脏肿大，质脆，色棕黄，有灰白色结节和暗红色病灶。肾脏有针尖到粟粒大的灰白色结节，后为粟粒大的暗红色病灶。肾上腺肿大出血。食道和瘤胃黏膜有出血点，瓣胃内容物干涸、黏膜易脱落。真胃黏膜肿胀，有出血斑点和大小不等的圆形溃疡，中央凹陷色红，边缘隆起。肠系膜出血和胶样浸润。心内外膜、胸膜、气管和咽喉部黏膜均有出血斑点或出血性结节。皮肤、肌肉、脑皮质、卵巢、睾丸等组织器官也可见结节。

病理组织学检查，淋巴结、脾、肝、肾、真胃等器官可见结节。初期主要为增生的网状细胞和淋巴细胞，有的细胞质可见大裂殖体，即石榴体或柯赫氏蓝体。呈不规则的圆形，受侵细胞肿大，随虫体的发育增大，胞核被挤向一侧甚至消失。后期大量网状细胞和淋巴细胞坏死崩解，局部发生充血、出血、浆液和中性粒细胞渗出，此时结节转变为增生-坏死性或坏死-出血性结节，结节局部发生出血和组织细胞变性、坏死。结节可发生纤维化。

**【检疫和诊断】**根据流行病学、症状、病变，以及淋巴结穿刺液涂片和血涂片检查发现泰勒虫，即可确诊。人工感染牛淋巴结或脾脏内的石榴体细胞培养数代，制备含有裂殖体的淋巴细胞冻干抗原做补体结合反应，特异性良好。

**【检疫处理】**口岸检疫时一旦发现本病，患病动物做退回或扑杀销毁处理。国内检疫时发现本病，应及时进行隔离治疗。

**【防疫措施】**治疗坚持早确诊、早治疗的原则。常用的药物包括磷酸伯氨奎啉、贝尼尔、阿卡普林（盐酸喹啉脲）、纳嘎宁等。

预防本病的关键是灭蜱。每年9～11月份，用0.2%～0.5%敌百虫水溶液喷洒牛舍的墙缝和地缝，消灭越冬的幼蜱。在2～3月份用敌百虫喷洒牛体，以消灭体表的幼蜱和稚蜱。5～7月份向牛体喷药消灭成蜱。

其次是避蜱放牧，即4月下旬远离牛舍放牧，10月末返回。在此期间要封闭牛舍，做好灭蜱工作，并防止其他动物进入。

再是药物预防，即在发病季节每月用药一次。

## 二、牛巴贝斯虫病

牛巴贝斯虫病（bovine babesiosis）是牛的一种较重要的血液原虫病，临床特征为高热、贫血和血尿等。自然病例常与其他血孢子虫和边缘无浆体混合感染，极少为单一病例。我国主要流行于河北、河南、湖南、湖北、福建、云南、江苏等地。

**【病原体】**病原体为巴贝斯科（Babesiidae）巴贝斯属（*Babesia*）的多种虫体。寄生于牛的巴贝斯虫有8种，我国报道的主要有双芽巴贝斯虫（*B. bigemina*）、牛巴贝斯虫（*B. bovis*）、卵形巴贝斯虫（*B. ovata*）和东方巴贝斯虫（*B. orientalis*）。虫体形态为梨籽形、圆形、椭圆形和不规则形等。虫体多寄生于牛的红细胞内。

**【流行特点】**不同年龄和品种的牛易感性有差异，犊牛发病率高，但症状轻微，死亡率低；成年牛发病率低，但症状严重，死亡率高。本病的传播媒介为各种蜱类，因此其发生与流行规律与蜱的消长活动密切相关，具有明显的季节性和地区性。4～5月开始流行，9～10月逐渐减少。

**【临床症状】**潜伏期9～12d，病牛在虫体出现后3d左右，体温迅速升高，最高达41℃以上，稽留3～8d；精神沉郁，被毛粗乱，食欲减退，反刍减退或停止，消瘦，可视黏膜苍白，腹泻，便秘，呼吸粗厉，黄疸及血红蛋白尿。重症者可死亡。怀孕母牛常发生流产。耐过病牛转为慢性并逐渐康复成为带虫者。

**【病理变化】**尸体消瘦，皮下黄染，结缔组织和脂肪呈黄色胶冻样，可视黏膜苍白或黄染，血液稀薄；脾脏明显肿大，质软，表面有出血点；肝脏肿大，色黄，表面有出血点；胆囊胀大；肾脏肿大，有出血点；心肌质软，心室和心房内外膜有出血斑、点；肺脏淤血、水肿；膀胱积淡红色尿液，黏膜有出血点；真胃和小肠黏膜水肿并有点状出血。浆膜与肌间组织水肿、黄染。

**【检疫和诊断】**根据临床症状、病理变化和流行特点，可做出初步诊断，但确诊必须查到病原。耳静脉采血涂片、染色、镜检，如发现典型虫体即可确诊。为了增加虫体查出率，可采血、抗凝、离心沉淀，弃上清液，在沉淀物中加入适量0.2%低渗盐水使红细胞裂解，再离心沉淀，沉淀物涂片、染色、镜检。

血片检查常用于检出病牛，但不适宜于疫病普查和进出口检疫，因为发病牛只痊愈后很难查到虫体。流行病学调查和进出口检疫宜采用CFT、间接荧光抗体试验（IFAT）、ELISA、IHAT、乳胶凝集试验（LAT）等血清学方法。核酸探针、PCR也已可用于本病的检疫。

**【检疫处理】**同泰勒虫病。

**【防疫措施】**以早确诊、早治疗为原则。临床治疗以特效药和对症治疗相结合。常用的特效药有咪唑苯脲、三氮脒（贝尼尔）、锥黄素（吖啶黄）。预防主要在于灭蜱。每年春秋两季用杀蜱药物消灭牛体及牛舍内的蜱。牛只的调动应选择无蜱活动的季节进行，调入、调出前，应做药物灭蜱处理，也可用咪唑苯脲进行药物预防。

## 复习思考题

1. 牛海绵状脑病的临床检疫要点有哪些？怎样防控？
2. 牛以肺部症状为主的疫病有哪些？如何鉴别？
3. 牛结核检疫方法有哪些？阳性病畜如何处理？
4. 以高热为主症的牛疫病有哪几种？临床检疫怎样判别？
5. 以腹泻为主症的牛疫病有哪些？请简述其鉴别要点。

（刘　毅　付童生）

# 第九章

# 羊主要疫病检疫

## 第一节 痒 病

痒病（scrapie）又称瘙痒病，是由朊病毒引起的绵羊和山羊的慢性退行性中枢神经系统疾病。潜伏期长，以剧痒，肌肉震颤，进行性运动失调，最后瘫痪，高致死率为特征。本病早在18世纪中叶发生于英格兰，随后传播到欧洲国家，20世纪30～40年代传至北美和世界其他地区。我国1983年从英国苏格兰引进的莱斯特羊群中发现疑似病例。本病不仅对畜牧业危害大，而且对公共卫生带来严重威胁。

**【病原体】** 病原为朊病毒，详见第八章第一节。

**【流行特点】** 主要见于绵羊和山羊，绵羊易感性更高。任何年龄、性别、品种都可发生，一般发生于2～5岁的羊，18个月以下的幼龄绵羊很少表现临床症状。病羊和带毒羊是本病的传染源。朊病毒大量存在于脑、脊髓、脾脏、淋巴结和胎盘中，脑为最高，脊髓次之。可经口腔或黏膜、消化道感染，也可垂直传播，绵羊与山羊间可以接触传播。以散发为主。首次发生痒病的地区，发病率为5%～20%，病死率几乎达100%。人可以因接触病羊或食用污染的肉品而感染本病。

**【临床症状】** 潜伏期2～5年或更长。以瘙痒、运动共济失调等神经症状为特征。早期表现沉郁和敏感，易惊，头颈抬起，行走时特征为高抬腿的姿态跑步（似驴跑的僵硬步态），驱赶时常反复跌倒。随后运动时共济失调逐渐严重。随意肌特别是头颈部位发生震颤，兴奋时震颤加重，休息时减轻。发展期病羊出现瘙痒，常发生伸颈、摆头、咬唇或舔舌等反应，常啃咬腹肋部、股部或尾部，瘙痒部位多在臀部、腹部、尾根部、头顶部和颈背侧，常常是两侧对称。发痒部位大面积掉毛和皮肤损伤，甚至破溃出血。有时大小便失禁。患病期间体温、采食正常，但日渐消瘦，常不能跳跃，遇沟坡、门槛时反复跌倒。病程几周或几个月，甚至1年以上。

**【病理变化】** 主要是摩擦和啃咬造成的羊毛脱落及皮肤创伤和消瘦。病理组织学变化仅见于脑干和脊髓，神经元的空泡变性与皱缩，胞质内形成单个或多个圆形或卵圆形、界限明显的空泡；灰质的海绵状疏松和海绵状变性，星形胶质细胞增生等。

**【检疫和诊断】** 根据临床症状和组织病理学变化可做出初诊，确诊需进行实验室检查。国际贸易中尚未指定诊断方法，主要进行病理学检查。对脑髓、脑桥、大脑、丘脑、小脑以及脊髓进行组织切片，最明显的病变在脑髓、脑桥、中脑和丘脑，表现为神经元空泡化，神经元变性和消失，灰质神经纤维网空泡化，星状胶质细胞增生和出现淀粉样斑。

其他实验室检查技术有动物感染试验、$PrP^{sc}$的免疫学检测和痒病相关纤维（SAF）检查以及单克隆抗体检测等。检测SAF的存在是诊断痒病的标准之一，在电镜下可观察到SAF。但检测不到SAF，并不意味着动物未被痒病感染。

**【检疫处理】**检出的病羊肉必须销毁，不得食用。一旦发现病羊或疑似病羊，应迅速做出确诊，立即扑杀全群，并进行深埋或焚烧销毁等无害化处理。

**【防疫措施】**预防本病的主要措施是灭蜱，在蜱活动季节，定期对易感动物进行药浴或喷雾杀虫；对痒病、隐性感染羊采取扑杀后焚化。在疫区可以用鸡胚化弱毒疫苗进行预防接种。

严禁从存在痒病的国家或地区引进羊、羊肉、羊的精液和胚胎等。禁止用病肉（尸）加工成肉骨粉用作饲料喂动物，禁止用反刍动物蛋白饲喂牛、羊。

加强对羊群的检疫以及对市场和屠宰场羊肉的检验工作，一旦发现阳性者必须严格按照规定处理。

羊舍定期消毒，常用的消毒方法有：5%～10%氢氧化钠溶液作用1h，5%次氯酸钠溶液作用2h，使用的工具可浸入3%十二烷基磺酸钠溶液煮沸10min。

## 第二节　蓝舌病

蓝舌病（blue tongue）是由蓝舌病病毒引起的反刍动物的一种虫媒传染病，主要发生于绵羊，临床特征为发热，白细胞减少，口腔、鼻腔和胃肠道黏膜发生溃疡性炎症。本病最早于1876年发现于南非的绵羊，1943年发现于牛。本病分布很广，很多国家均有本病存在。1979年我国云南省首次分离出病原。由于病羊发育不良，并出现流产，甚至死亡，往往造成一定的经济损失。

**【病原体】**蓝舌病病毒（*Blue tongue virus*）属于呼肠孤病毒科（*Reoviridae*）环状病毒属（*Orbivirus*），为一种双股RNA病毒，呈二十面体对称，病毒粒子的直径为70～80nm。病毒的衣壳由32个大型壳粒组成，壳粒直径为8～11nm，呈中空的短圆柱状。病毒有24个血清型，各型之间无交互免疫力，血清型的地区分布不同，例如非洲有9个，中东有6个，美国有6个，澳大利亚有4个，我国目前有2个。本病毒易在鸡胚卵黄囊或血管内繁殖。培养温度应不超过33.5℃，乳小鼠和仓鼠脑内接种也能增殖。羊肾、胎牛肾、犊牛肾、小鼠肾原代细胞和继代细胞都能培养增殖并产生蚀斑或细胞病变。

病毒抵抗力很强，在50%甘油中可以存活多年。病毒对乙醚、氯仿、0.1%去氧胆酸钠有耐受力；对胰酶敏感，可被3%福尔马林、2%过氧乙酸、3%氢氧化钠灭活。在pH5.6～8.0之间稳定，在pH3.0以下被迅速灭活，在60℃经30min被杀死；在干燥的血液、血清和腐败的肉中可长期生存。病毒存在于病畜血液和各器官中，在康复畜体内存在达4～5个月之久。

**【流行特点】**不同品种、性别和年龄的绵羊均易感，以1岁左右的绵羊最易感，吃奶的羔羊有一定的抵抗力。牛和山羊的易感性较低，但一般不表现出症状。野生动物中鹿和羚羊易感，其中以鹿的易感性较高，可以造成死亡。本病不会传染给人，人也不会因食用带有这种病毒的羊肉或羊奶而使健康受到威胁。病畜与健畜直接接触不传染，但是胎儿在母畜子宫内可被直接感染。

病畜、带毒畜是本病的传染源。病愈绵羊血液能带毒4个月之久，牛多为隐性感染，这些带毒动物也是传染源。本病主要通过吸血昆虫传播，以库蠓为主要传播媒介，羊虱、蜱蝇、蚊、虻、蜱等也可传播，病毒主要存在于动物的红细胞内。感染公牛的精液带毒，可通过交配和人工授精传染给母牛。

本病的发生有严格的季节性，它的发生和分布与传播媒介的分布、习性和生活史密切相关，多发生在湿热的夏季和早秋，特别是池塘、河流较多的低洼地区。

**【临床症状】**绵羊的典型症状是以体温升高和白细胞显著减少开始。潜伏期3～8d。病初体温升高达40.5～41.5℃，稽留2～6d，有的长达11d。同时白细胞明显降低。高温稽留后体温降至正常，白细胞也逐渐回升至正常范围。某些病羊痊愈后出现被毛脱落现象。精神委顿、厌食、流涎，嘴唇水肿，并蔓延到面部、眼睑、耳，甚至颈部、腹部。口腔黏膜、舌头充血，呈青紫色。在发热几天后，口腔连同唇、齿龈、颊、舌黏膜糜烂，致使吞咽困难（继发感染时出现口臭）。鼻分泌物初为浆液性后为脓性，常带血，结痂于鼻孔四周，引起呼吸困难，鼻黏膜和鼻镜糜烂出血。有的蹄冠和蹄叶发炎，呈不同程度的跛行，甚至膝行或卧地不动。病程6～14d，发病率30%～40%，病死率20%～30%，有时可高达90%，多因并发肺炎和胃肠炎引起死亡。怀孕4～8周的母羊感染时，其分娩的羔羊中约有20%发育缺陷，如脑积水、小脑发育不足、回沟过多等。

山羊的症状与绵羊相似，但一般比较轻微。

**【病理变化】**主要见于口腔、瘤胃、心、肌肉、皮肤和蹄部。口腔出现糜烂和深红色区，舌、齿龈、硬腭、颊黏膜和唇水肿。瘤胃有暗红色区，表面有空泡变性和坏死，真皮充血、出血和水肿。肌肉出血，肌纤维变性，有时肌间有浆液和胶冻样浸润。呼吸道、消化道和泌尿道黏膜及心肌、心内外膜均有小点出血。严重病例，消化道黏膜有坏死和溃疡。肺泡和肺间质严重水肿，肺严重充血。脾脏通常肿大。肾和淋巴结轻度发炎和水肿，有时有蹄叶炎变化。

**【检疫和诊断】**根据典型症状和病变可做出初诊，确诊需进行实验室检查。主要采抗凝全血，动物病毒血症期的肝、脾、肾、淋巴结、精液，以及捕获的库蠓进行病毒分离和鉴定。也可采用免疫酶染色、抗原捕获ELISA、定型微量中和试验、空斑及空斑抑制定型试验、琼脂免疫扩散试验和竞争ELISA等进行鉴定。DNA探针技术已用来鉴定病毒的血清型和血清型基因差异，PCR已用于血中病毒核酸的检测。

**【检疫处理】**一旦有本病传入时，应采取紧急、强制性的控制和扑灭措施，扑杀所有感染动物，病畜或整个胴体及副产品均做销毁处理。疫区及受威胁区的动物进行紧急预防接种。

**【防疫措施】**目前尚无有效治疗方法。加强饲养管理，搞好环境卫生，坚持羊群药浴、驱虫。对病羊应加强营养，精心护理，对症治疗。发病地区应扑杀病畜，清除疫源，消灭媒介昆虫，必要时进行预防免疫。用于预防的疫苗有弱毒活疫苗和灭活疫苗等，由于病毒的多型性和在不同血清型之间无交互免疫性，免疫接种前必须确定当地流行的病毒血清型，选用相应血清型的疫苗；当一个地区不只有一个血清型时，还应选用二价或多价疫苗，或者用几种不同血清型的单价疫苗多次免疫。国外用鸡胚化弱毒苗。无本病发生的地区，禁止从疫区引进易感动物。加强海关检疫和运输检疫，严禁从有该病的国家或地区引进牛、羊或冻精。在邻近疫区地带，避免在媒介昆虫活跃的时间内放牧，加强防虫、杀虫措施，防止媒介昆虫对易感动物的侵袭，并避免畜群在低湿地区放牧和留宿。

## 第三节　绵羊痘和山羊痘

绵羊痘（sheeppox）和山羊痘（goat pox）分别是绵羊痘病毒、山羊痘病毒引起的绵羊和山羊的急性、热性、接触性传染病，俗称“羊天花”。特征是皮肤和黏膜上发生特殊的丘疹和疱疹，伴以发热、呼吸困难、流黏液性或黏脓性鼻液。典型病例痘初为丘疹，次变为水疱，后变为脓疱，脓疱干后结痂，脱落后痊愈。本病主要分布于非洲、中东、印度、北欧、地中海、澳大利亚等国家和地区，我国许多地方都有羊痘的流行。由于传染性强，发病率高，本病严重影响羔羊的成活率和养羊业的发展及经济效益。我国将其列为一类动物传染病。

**【病原体】**绵羊痘病毒（*Sheeppox virus*）和山羊痘病毒（*Goatpox virus*）属于痘病毒科（*Poxviridae*）山羊痘病毒属（*Capripoxvirus*）。呈椭圆形。病毒适合于绵羊的睾丸、肾、肺和甲状腺单层细胞上培养繁殖，能使细胞产生病变，在鸡胚绒毛尿囊膜上亦可繁殖。痘病毒对热的抵抗力不强，55℃经 20min 或 37℃经 24h 均可灭活，病毒对寒冷及干燥的抵抗力较强，冻干后至少可保存 3 个月以上，在毛中保持活力达 2 个月。病毒对 10％漂白粉和 2％硫酸锌有一定抵抗力，在 3％石炭酸、5％甲醛、2％～3％硫酸、10％高锰酸钾中几分钟即可被杀死。

**【流行特点】**自然条件下绵羊痘病毒主要感染绵羊，山羊痘病毒感染山羊，少数毒株也可感染绵羊。不同品种、性别和年龄的羊均可感染，羔羊较成年羊易感，死亡率较高。细毛羊较易感，粗毛羊和土种羊有一定的抵抗力。病羊是主要传染源，病毒大量存在于病羊的皮肤和黏膜的脓疱及痂皮内，鼻黏膜分泌物也含有病毒，发病初期血液中也有病毒存在。主要通过呼吸道感染，病羊和含病毒的皮屑随风和灰尘吸入呼吸道而感染，也可通过损伤的皮肤或黏膜侵入机体。饲养和管理人员，以及被污染的饲料、垫草、用具、皮毛产品和体外寄生虫等均可成为传播媒介。本病一年四季均可发生，我国多发于冬、春季节。气候严寒、雨雪、霜冻、饲喂枯草和饲养管理不良等因素，都可促进发病和加重病情。新疫区往往呈暴发流行。

**【临床症状】**潜伏期一般 7～14d。典型病例表现体温升至 40℃以上，精神沉郁，食欲减退乃至废绝，眼、鼻流出黏性或脓性液体，继而在无毛或少毛的部位出现丘疹、红斑。随着发展程度的不同，可表现为水疱、脓疱、甚至结痂等不同形式。黏膜较易形成糜烂，有时痘疹不形成水疱而保持硬固成为所谓“石痘”，也有形成脓疱并融合出血的，或溃疡或坏疽。

**【病理变化】**剖检变化主要表现为体表病变。气管及支气管黏膜充血、水肿，表面有大小不等的水疱样痘疹。肺表面或切面有白色结节灶，肺门淋巴结肿胀，切面多汁。齿龈、舌面、硬腭、咽喉黏膜有大小不等、圆形丘疹，有的破溃、出血、化脓。瘤胃和真胃的黏膜和浆膜可见豌豆大小的石头痘，肠道见卡他性炎症。肝、肾表面偶尔能见到白斑。组织病理学检查可见真皮充血、浆液性水肿和细胞浸润。炎性细胞增多，主要是中性粒细胞和淋巴细胞。表皮的棘细胞肿大、变性、细胞质空泡化。

**【检疫和诊断】**根据典型症状和流行病学可做出确诊。在皮肤或可视黏膜上有明显呈散在或密集痘疹、痘肿或病理变化明显的判为病羊。精神、食欲、体态有异常；皮肤或可视黏膜上有疑似痘疹、痘疱的判为可疑羊。可疑羊应继续观察，做电镜检查和包涵体检查以及血清学检查。病原学诊断必须在生物安全实验室进行。

【检疫处理】当确诊为本病后，当地县级以上人民政府兽医主管部门应当立即划定疫点、疫区、受威胁区，并采取相应措施；同时，及时报请同级人民政府对疫区实行封锁，逐级上报至国务院兽医主管部门，并通报毗邻地区。对病死羊、扑杀羊及其产品进行销毁；对病羊排泄物和被污染或可能被污染的饲料、垫料、污水等均需通过焚烧、密封堆积发酵等方法进行无害化处理。对疫区和受威胁区内的所有易感羊进行紧急免疫接种。

【防疫措施】以免疫为主，采取“扑杀与免疫相结合”的综合性防控措施。加强饲养管理，平时注意环境卫生，做好常规驱虫、环境消毒等工作，增强机体抵抗力。未发生羊痘的地方，给健康羊注射弱毒疫苗，建立免疫带。已发生羊痘的地区，要严加封锁，隔离病羊进行治疗。加强检疫，特别是引进种羊的检疫，严禁从疫区买羊，从非疫区买羊也要进行检疫和隔离观察 20d 左右，证实无病后再合群。疫区内的羊只用羊痘鸡化弱毒苗进行免疫接种。对病畜可用 0.1%的高锰酸钾清洗患部，然后涂上碘甘油、紫药水。为防止继发感染，应用抗生素、磺胺类药物。

## 第四节　山羊关节炎-脑炎

山羊病毒性关节炎-脑炎（caprine arthritis encephalitis，CAE）是由山羊关节炎-脑炎病毒引起的山羊的慢性病毒性传染病。临床特征是成年山羊以慢性多发性关节炎为特征，间或伴发间质性肺炎，或间质性乳房炎；羔羊以脑脊髓炎为特征。20 世纪 50 年代国外就有本病流行，目前在全球分布广泛，英国、美国等发达国家更为严重。我国于 1982 年进口种山羊时带入本病，先后在甘肃、贵州、四川、陕西和山东等地发现本病。

【病原体】山羊关节炎-脑炎病毒（*Caprine arthritis encephalitis virus*，CAEV）属于反转录病毒科（*Retroviridae*）慢病毒属（*Lentivirus*）。病毒粒子呈球形，直径 70～110nm，有囊膜。CAEV 能在山羊睾丸细胞、胎肺细胞、角膜细胞上进行复制，但不引起细胞病变。滑膜细胞常用于分离 CAEV。CAEV 在 56℃经 30min 被灭活。苯酚类和季铵类化合物能有效杀灭 CAEV。

【流行特点】自然条件下只在山羊间互相传染发病，无年龄、性别、品系间差异，但随年龄不同，感染的症状不同。成年羊感染居多，感染率为 15%～81%，感染母羊所产的羔羊当年发病率为 16%～19%，病死率高达 100%。患病山羊和潜伏期隐性患羊是主要传染源。最常见的传播途径是乳，被污染的饲草、饲料、饮水等也可成为传染媒介。有明显季节性，80%以上的病例发生于 3～8 月间。水平传播至少同居放牧 12 个月以上，一年四季都可发病，呈地方流行性。当改变饲养管理条件、环境或长途运输等应激因素的刺激，会出现临床症状。

【临床症状】依据临床表现分为脑脊髓炎型、关节型、间质性肺炎型和间质性乳房炎型。多为独立发生，少数有所交叉。但在剖检时，多数病例具有两种以上的病理变化。

1. 脑脊髓炎型　主要发生于 2～6 月龄羔羊，病初精神沉郁、跛行，进而四肢强直或共济失调。一肢或数肢麻痹、横卧不起、四肢划动，有的病例眼球震颤、惊恐、角弓反张，头颈歪斜或做圆圈运动。有时患肢肌肉明显萎缩。有时面神经麻痹，吞咽困难或双目失明。潜伏期 53～

151d，病程半月至数年，最终死亡。个别耐过病例终身留有后遗症。少数病例兼有肺炎或关节炎症状。

2. 关节炎型　见于1岁以上的成年山羊，病程1～3年。典型症状是单侧或双侧腕关节渐进性肿大、跛行。膝关节和跗关节也可发病。在进行性病例，关节明显肿胀、变硬，继之关节周围广泛纤维变性，胶原坏死和钙化，并形成骨赘。后期寰椎和椎骨棘上方的黏液囊肿胀。跛行的程度变化很大，一些山羊表现轻度步态僵硬，可持续数年。个别病羊肩前淋巴结肿大。透视检查，轻型病例关节周围软组织水肿；重症病例组织坏死，纤维化或钙化，关节液呈黄色或粉红色。病羊因长期卧地、衰竭或继发感染而死亡。

3. 肺炎型　临床上较为少见，各种年龄的羊均可发生，病程3～6个月，患羊进行性消瘦，咳嗽，呼吸困难，胸部叩诊有浊音，听诊有湿啰音。

4. 乳房炎型　偶尔可见，母羊在分娩和生产时，乳房坚硬肿胀并伴有乳汁缺乏，但奶的质量不受影响。患羊乳房偶尔变软，这些山羊虽能产奶，但产量很低。

**【病理变化】**主要病变见于中枢神经系统、肺脏及四肢关节，其次是乳腺。

多数病例中枢神经系统呈非化脓性炎症和颈部脊髓轴突的脱髓鞘变化。主要发生于小脑和脊髓的灰质，左前庭核部位将小脑与延髓横断，出现不对称性褐色-粉红色肿胀区。镜检见脑和脊髓血管周围有淋巴样细胞、单核细胞和网状纤维增生，形成套管，套管周围有星状胶质细胞和少突胶质细胞增生包围，神经纤维有不同程度的脱髓鞘和脑软化。

肺脏表现为慢性间质性肺炎。肺轻度肿大，质地硬，呈灰色-粉红色，表面散在白色小病灶，压之不退色。切面有大叶性或斑块状实变区。支气管淋巴结和纵隔淋巴结肿大，支气管空虚或充满浆液和黏液。镜检见细支气管和血管周围淋巴细胞、单核细胞或巨噬细胞浸润，甚至形成淋巴小结。肺泡上皮增生，肺泡隔肥厚，小叶间结缔组织增生，邻近细胞萎缩或纤维化。

关节周围软组织肿胀波动，皮下浆液渗出。关节囊肥厚，滑膜常与关节软骨粘连。关节腔扩张，充满黄色或粉红色液体，其中悬浮纤维蛋白条索或血凝块。滑膜表面光滑，或有结节状增生物。关节周围组织广泛钙化。镜检见滑膜绒毛增生折叠，淋巴细胞、浆细胞及单核细胞灶状聚集，严重者发生纤维蛋白性坏死。

硬结性乳腺炎病例镜检见血管、乳导管周围及腺叶间有大量淋巴细胞、单核细胞和巨细胞渗出，继而出现大量浆细胞，正常结构不清晰，间质常发生灶状坏死。少数病例肾脏表面有灰白色小点，镜检可见广泛性肾小球肾炎。

**【检疫和诊断】**依据流行病学、临床症状和病理变化可对临床病例做出初步诊断，确诊需进行病原分离鉴定和血清学试验。病原学的诊断可采取病畜发热期或濒死期和新鲜畜尸的肝脏制备乳悬液进行病毒的分离，也可选用小鼠或仓鼠进行动物实验。血清学诊断主要应用琼脂扩散试验或ELISA确定隐性感染动物。应用免疫荧光抗体技术检测血清中的IgM抗体可以作为新发疾病的判定指标。

**【检疫处理】**采取检疫、扑杀、隔离、消毒和培育健康羔羊群的方法对感染羊群实行综合防控净化。即每年对超过2月龄的山羊全部进行1～2次血清学检查，对检出的阳性羊一律扑杀淘汰并做高温无害化处理。

**【防疫措施】**本病目前尚无疫苗和有效治疗方法。防控本病主要以加强饲养管理和采取综合性防疫卫生措施为主。禁止从疫区引进种羊，引进种羊前，应先做血清学检查，运回后隔离观察1年，其间再做两次血清学检查（间隔半年），均为阴性时才可混群。羊群严格分圈饲养，一般不予调群。羊圈除每天清扫外，每周还要消毒1次（包括饲养用具），羊奶一律消毒处理。羔羊至2月龄时开始进行血清学检查，阳性者一律淘汰。在全部羊只至少连续2次（间隔半年）呈血清学阴性时，方可认为该羊群已经净化。

## 第五节 梅迪-维斯纳病

梅迪-维斯纳病（Maedi-Visna）是由梅迪-维斯纳病病毒引起羊的一种不表现发热症状的接触性传染病，临床特征是经过一个漫长的潜伏期之后，梅迪呈现慢性进行性间质性肺炎经过，维斯纳呈现脑膜炎经过。本病1915年发现于南非绵羊中。我国1985年从澳大利亚和新西兰引进的边区莱斯特绵羊及其后代中分离出病毒。

**【病原体】** 梅迪-维斯纳病病毒（*Maedi-Visna virus*），属于反转录病毒科（*Retroviridae*）慢病毒属（*Lentivirus*）。成熟的病毒粒子直径90～100nm。在超薄切片里用电镜观察，成熟的病毒颗粒是从感染细胞的细胞膜表面释放出来的，呈具有双层膜的球状体。病毒能在绵羊脉络膜丛、肺、睾丸、肾和肾上腺、唾液腺的细胞里繁殖并产生特征的细胞病变，大多数细胞变成大的星状细胞。病毒在pH为7.2～9.2时最为稳定，－50℃冷藏可存活许多个月。在pH4.2及加热至50℃，经30min易被灭活，在－70℃可存活几个月。病毒对乙醚、氯仿、乙醇和胰酶敏感，可被0.1%福尔马林和4%石炭酸灭活。

**【流行特点】** 主要感染绵羊，多见于两岁以上绵羊，山羊也可感染。病羊或处于潜伏期的羊为主要传染源。主要经呼吸道和消化道传播，也可通过哺乳传给羔羊。自然感染是吸入病羊所排出的含病毒的飞沫和病羊与健康羊直接接触传染，也可经胎盘和乳汁而垂直传染。吸血昆虫也可能成为传播者。多散发，一年四季均可发生，发病率因地域而异。

**【临床症状】** 潜伏期2～6年或更长。临床症状可分为梅迪病和维斯纳病两型。

1. 梅迪病（呼吸道型） 病羊发生进行性肺部损害，早期症状是缓慢发展的倦怠，消瘦，呼吸困难，行动时呼吸浅表且快速，病重时出现呼吸困难和干咳。呈现慢性间质性肺炎症状，呈进行性加重，最终死亡。听诊时在肺的背侧可闻啰音，叩诊时在肺的腹侧发现实音。体温一般正常。轻度的低血红素性贫血，持续性的白细胞增多症。死亡由于缺氧和并发急性细菌性肺炎。发病率因地区而异，病死率可能高达100%。

2. 维斯纳病（神经型） 病羊最初表现步样异常，尤其后肢常见，头部异常姿势，经常落群。后肢易失足，发软。休息时经常用跖骨后段着地。四肢麻痹并逐渐加重而成为截瘫。有时唇和眼睑震颤。头微微偏向一侧，然后出现偏瘫或完全麻痹。病程通常为数月，有的可达数年。病程的发展有时呈波浪式，中间出现轻度缓解，病情缓慢进展并恶化，最后陷入对称性麻痹而死亡。

**【病理变化】**

1. 梅迪病（呼吸道型） 主要见于肺和肺淋巴结。肺不塌陷，肺各叶之间以及肺和胸壁有时发生粘连，体积增大2～4倍，呈淡灰黄色或暗红色，触感橡皮样。支气管淋巴结肿大，切面间质发白。胸膜下散在许多针尖大小、半透明、暗灰白色的小点，严重时突出于表面。病理组织变化主要为慢性间质性炎症。肺泡间隔大单核细胞浸润呈弥漫性增厚，淋巴细胞浸润较轻。常见肺泡间隔平滑肌增生，支气管和血管周围的淋巴样细胞浸润。微小的细支气管上皮常有增生，有时邻近的肺泡发生解体和上皮化。

2. 维斯纳病（神经型）　剖检时见不到特异变化。病程很长的病例后肢肌肉经常萎缩，少数病例脑膜充血，白质切面有黄色小斑点。组织学检查可见脑膜下和脑室膜下出现淋巴细胞和小胶质细胞浸润和增生。重症病例脑、脑干、桥脑、延髓和脊髓的白质广泛遭受损害，由胶质细胞构成的小浸润灶可融合成大片浸润区，并趋于形成坏死和空洞。

**【检疫和诊断】**根据流行病学、临床症状和病理变化可做出初步诊断，确诊需进一步做实验室检查，可用琼脂扩散试验、补体结合试验以及病毒中和试验等血清学方法测定病羊血清中抗体，发现阳性者即可确诊。也可做病毒分离培养及动物试验。

**【检疫处理】**凡从临床和血清学检查发现病羊时，最彻底的办法是将感染羊全部扑杀。病尸和污染物应销毁或用石灰掩埋，被其污染的肉尸和内脏高温处理。圈舍、饲养用具用2%氢氧化钠或4%石炭酸消毒，污染牧地停止放牧1个月以上。

**【防疫措施】**目前尚无疫苗和有效疗法。防疫关键在于防止健羊接触病羊。定期对羊群进行血清学检测，及时淘汰有症状及血清学阳性的羊及其后代，以清除本病，净化畜群。加强进口检疫，应从未发生本病的国家和地区引进种羊。进口前30d进行琼脂扩散试验，阴性者方可启运；口岸检疫中如发现阳性动物，扑杀销毁处理，同群动物严格隔离观察。新进的羊必须隔离观察，经检疫认为健康才可混群。

## 第六节　肺腺瘤病

肺腺瘤病（ovine pulmonary adenomatosis，OPA）又称为绵羊肺癌（ovine pulmonary carcinoma）或驱赶病（jaagsiekte），是成年绵羊的一种慢性、肺脏肿瘤性传染病。以渐进性消瘦、呼吸困难、湿性咳嗽、水样鼻漏及细支气管黏膜上皮和肺泡上皮进行性腺瘤性增生形成腺体样肿瘤为特征，其发病率不高，但病死率很高。本病最先由南非报道，后发生于德国、法国、秘鲁等国，此后见于非洲、亚洲、美洲。我国于1951年在兰州首先发现，1955年以后新疆、内蒙古、青海等省区也发生了本病。由于本病分布广泛和高病死率，给养羊业带来严重危害。

**【病原体】**绵羊肺腺瘤病毒（*Ovine pulmonary adenomatosis virus*，OPAV），又称为驱赶病反转录病毒（*Jaagsiekte sheep retrovirus*，JSRV），属于反转录病毒科（*Retroviridae*）乙型反转录病毒属（*Betaretrovirus*）。抵抗力不强，56℃经30min可被灭活，对氯仿和酸性环境都很敏感。−20℃保存的病肺细胞里的病毒可存活数年。病毒不易在体外培养，而只能依靠人工接种易感绵羊来获得。

**【流行特点】**不同品种、年龄、性别的绵羊均可发病，美利奴绵羊易感性最高，多发生于4岁以上成年绵羊。病羊是本病的传染源，主要经呼吸道传播，病毒随咳出的液滴排出，通过飞沫传染易感羊，也可通过胎盘而使羔羊发病。多为散发。新发病地区绵羊特别敏感，感染后发病率很高。冬季寒冷以及羊圈中羊只拥挤，可促进本病的发生和流行。病羊病情加重，死亡增多，易并发细菌性肺炎。

【临床症状】潜伏期2个月至2年。病羊突然出现呼吸困难，剧烈运动或驱赶时呼吸加快。有混合性咳嗽，呼吸道积液，听诊肺部有湿啰音。后期呼吸快而浅，吸气时头颈伸直，张口呼吸，听诊易听到明显湿啰音。当支气管分泌物聚集在鼻腔时，则随呼吸发出鼻塞音。若头下垂或后躯居高时，可见到泡沫状黏液和鼻分泌物从鼻孔流出。体温正常，但后期继发细菌感染引起化脓性肺炎时可能有发热。末期病羊衰竭、消瘦、贫血，但仍然保持站立姿势，一般经数周到数年死亡。发病率2%～4%，病死率100%。

【病理变化】主要见于肺和心脏。肺的尖叶、心叶、膈叶前缘呈弥散性肺瘤样增生，局部呈灰白色，质地坚实，切面见微小结节凸出表面，密集的结节融合后形成不整形的大结节。细支气管周围淋巴结显著肿大。后期肺的切面有水肿液流出，肺胸膜常与胸壁及心包膜粘连。左心室增生、扩张。肺泡里出现由立方上皮细胞构成的小腺瘤结节，质地坚实，常见于肺的前部和腹侧。肿瘤灶之间的肺泡内有大量上皮巨噬细胞，常被肿瘤上皮分泌黏液连在一起形成细胞团块。支气管和血管周围有大量结缔组织增生，并形成管套。

【检疫和诊断】由于病毒不能进行体外培养，因此尚无病毒分离鉴定方法。可根据流行特点，结合临床症状和病理变化进行诊断。必要时采肺脏病料进行病理学检查，采血清做琼脂扩散试验和补体结合试验。

【检疫处理】对感染本病的羊群，要加强检疫，发现病羊，立即隔离、淘汰或急宰，废弃病变部位，其余经高温处理。

【防疫措施】目前尚无疫苗和有效的治疗方法。本病的防控关键在于防止健康羊接触病羊，发生本病后，将所有病羊一律淘汰。加强检疫，引进种羊应来自非疫区，新进的羊必须隔离观察，经检疫认为健康时方可混群。消除和减少诱发本病的各种因素，加强饲养管理，改善环境卫生，防止疾病的发生。

## 第七节　绵羊地方性流产

绵羊地方性流产（ovine enzootic abortion，OEA）又称为绵羊衣原体病（ovine chlamydiosis）或母羊地方性流产（enzootic abortion of ewes，EAE），是由流产亲衣原体引起的一种以发热、流产、死产和产出弱羔为特征的传染病。1950年首先在苏格兰发现。本病分布很广，主要分布在南非、印度、美国、土耳其、大洋洲和欧洲等地，我国也有分布。本病常给养羊业带来重大的经济损失。

【病原体】流产亲衣原体（*Chlamydophila abortus*）属衣原体科（Chlamydiaceae）亲衣原体属（*Chlamydophila*）。直径为0.2～1.5 μm，革兰氏染色阴性。用姬姆萨染色，形态较小、具有传染性的原生小体被染成紫色，形态较大、无传染性的繁殖性初体被染成蓝色。感染细胞内可见各种形态的包涵体，主要由原生小体组成。衣原体在一般培养基上不能繁殖，常在鸡胚和组织培养中增殖。病原体抵抗力不强，对热敏感，−70℃下可以长期保存。0.1%福尔马林、0.5%石炭酸、70%酒精、3%氢氧化钠、2%的来苏儿均能将其灭活。

【流行特点】流产亲衣原体可感染多种动物，家畜中以羊、牛较为易感。同一菌株往往可以引起多种动物的不同疾病，如羊、猪、牛的流产、肺炎、关节炎、眼结膜炎；牛的脑脊髓炎、肠炎；马和猫的肺炎等。不同品种的成年母羊均可发病，尤以两岁母羊发病最多。病畜和隐性感染或带菌者是主要传染源，可通过粪便、尿液、乳汁、泪液、鼻分泌物以及流产的胎儿、胎衣、羊水排出病原体，污染水源、饲料及环境。主要经呼吸道、消化道以及损伤的皮肤和黏膜感染；也可通过交配或用患病公畜的精液人工授精而感染；蜱、螨等吸血昆虫叮咬也可能传播本病。

本病主要发生于分娩和流产的时候，在怀孕的30～120d的感染母羊可导致胎盘炎、胎儿损害和流产。对于羔羊、未妊娠母羊和妊娠后期（分娩前1个月）的母羊感染后，呈隐性感染，直到下一次妊娠时发生流产。

一般呈散发性或地方性流行。密集饲养、营养缺乏、长途运输或迁徙、寄生虫侵袭等应激因素可促进本病的发生、流行。

**【临床症状】**潜伏期50～90d，临床症状表现为流产、死产和产弱羔。流产通常发生在妊娠的中后期，观察不到前期症状。流产后可胎衣滞留，阴道排出分泌物达数天之久，有些病羊可因继发感染细菌性子宫内膜炎而死亡。病羊体温升高可达1周。羊群第一次暴发本病时，流产率可达20%～30%，以后流产率下降，约5%左右。流产过的母羊，一般不再发生流产。

**【病理变化】**流产胎儿肝脏充血、肿胀，有的表面呈现很多白色针尖大的病灶。皮肤、皮下、胸腺及淋巴结等处有点状出血、水肿，尤以脐部、背部和脑后为重。胸腔和腹腔内有血色渗出物。母羊主要病变为胎盘炎，胎盘子叶及绒毛膜表现有不同程度的坏死，子叶颜色呈暗红色或土黄色，绒毛膜水肿、增厚。组织学变化主要表现为灶性坏死、水肿、脉管炎及炎性细胞浸润，组织切片检查细胞质内可见有包涵体。

**【检疫和诊断】**根据流行病学、临床症状和病理变化可做出初步诊断，确诊需进行病原体的分离检查、血清学试验及抗菌药敏试验。病原分离可通过细胞培养和鸡胚培养。抗原检测可用ELISA、PCR、荧光抗体试验和组织切片法。血清学试验包括CFT、IHAT、ELISA和间接微量免疫荧光试验。

**【检疫处理】**确诊病畜立即进行隔离。病死畜和流产胎儿做无害化处理。对污染的场地、车站、码头、机场、车辆、船舱用2%氢氧化钠溶液喷洒消毒。对同群未发病的羊和周围受威胁的羊群用弱毒苗进行紧急预防接种。对病羊和未发病的羊用四环素进行预防或治疗。对污物、粪便进行发酵处理。

**【防疫措施】**预防本病必须采取综合性的措施。首要的问题是防止动物接触被衣原体污染的环境。建立疫情监测制度，及时淘汰发病畜和检测阳性畜，病死畜、流产胎儿、污物应做无害化处理，对污染场地进行彻底消毒。

## 第八节 传染性脓疱皮炎

传染性脓疱性皮炎（contagious pustular dermatitis，CDP）俗称羊口疮，是由口疮病毒引起绵羊和山羊的接触性传染病，羔羊最易患病。以羊的口唇等处皮肤和黏膜发生红斑、丘疹、水疱、脓疱、溃疡和形成疣状厚痂为特征。几乎所有养羊的国家和地区都存在本病。1950年以来我国的甘肃、青海及陕西等省均有发生。由于病羔哺乳困难，采食受阻，严重影响生长，给养羊业带来一定的损失。

**【病原体】**口疮病毒（*Orf virus*）属于痘病毒科（*Poxviridae*）副痘病毒属（*Parapoxvirus*）。电镜下病毒粒子呈砖形，有囊膜。病毒颗粒具有特征的表面结构，即管状条索斜形交叉成线团样编织，其排列多很规则。病毒对高热和常用的消毒剂均敏感，在炎热的夏季经30～60d可失去活力，但在秋冬季散落在土壤里的病毒到第二年春天仍有传染性。病毒对外界环境具有相当强的抵抗力，自然条件下，污染在羊舍、羊毛上的病毒可存活半年，在牧场上的可存活2个月。干燥痂皮内的病毒在低温下能长期保存。但病毒对高温及氯仿敏感，60℃经30min可将其杀死，常用2%的氢氧化钠、2%福尔马林、1%的醋酸和10%石灰乳消毒。

**【流行特点】**各种年龄、性别和品种的羊均可感染，其中3～6月龄羔羊更易感，常为群发性流行。成年羊发病较少，呈散发性传染。人、骆驼和猫也可感染。病羊和带毒动物为主要传染源，尤其是病羊痂皮带毒时间长，是最危险的传染源。主要通过接触传染，通过损伤的皮肤、黏膜侵入机体，病畜的皮毛、尸体、污染的饲料、饮水、牧地、用具等可成为传播媒介。无明显的季节性，但以春季多发。由于病毒抵抗力较强，羊群一旦被污染不易清除，可连续危害多年。

**【临床症状】**潜伏期一般4～8d，长的可达16d。病变常开始于唇的结合部并沿着唇缘扩散至鼻镜部，有时开始于眼周面部，严重病例可发生于齿龈、齿垫、腭和舌。病灶开始出现稍高起的斑点，随后变成丘疹、水疱及脓疱，并形成红棕色或黑褐色痂块，质地坚硬。良性经过时硬痂增厚、干燥，并于1～2周内脱落而恢复正常。严重时影响采食，日渐消瘦，少数因继发性肺炎而死亡。四肢症状不如唇部常见，仅见于绵羊，多单独发生，常在蹄叉、蹄冠或系部皮肤上形成水疱或脓疱，破裂后形成由脓液覆盖的溃疡。母羊乳头和乳房的皮肤上发生丘疹、水疱、脓疱、烂斑和痂垢。公羊阴鞘肿胀，阴鞘和阴茎上发生小脓疱和溃疡，很少死亡。

**【病理变化】**水疱期是暂时的，脓疱呈扁平状而非脐状，大体病变特征是具有棕灰色厚痂，可高出皮肤2～4mm，除去硬痂后露出凸凹不平锯齿状的肉芽组织。

**【检疫和诊断】**根据临床症状及流行情况，不难做出诊断。当有怀疑时可分离培养病毒或对病料进行负染直接进行电镜观察。还可用CFT、ELISA、琼脂扩散试验、反向间接血凝试验、免疫荧光技术和变态反应等免疫学方法诊断。

**【检疫处理】**一旦羊只发病，应立即隔离治疗，封锁疫区。对尚未发病的羊只或邻近受威胁的羊群进行紧急疫苗接种。病死羊尸体应深埋或焚毁，圈舍要彻底消毒。兽医及饲养人员治疗病羊后，必须做好自身消毒，以防感染。对饲养管理用具，一律严格消毒两次。

**【防疫措施】**防止黏膜和皮肤发生损伤，在羔羊出牙期喂给嫩草，拣出垫草中的芒刺。不要从疫区引进羊只和购买畜产品。避免饲喂带刺的草或不要在有刺植物的草地放牧。平时加喂适量食盐，以防羊只啃土、啃墙而引起口唇黏膜损伤。在本病流行地区可使用弱毒疫苗进行免疫接种。所使用的疫苗株型应与当地流行毒株相同，如无法确定毒型，也可采集当地自然发病羊的痂皮回归易感羊制成活毒疫苗，给本地区内的未发病羊尾根无毛部划痕接种。

## 第九节 腐蹄病

腐蹄病（footrot）是主要由坏死梭杆菌引起一种高度接触性传染病，特征是局部组织发炎、坏死，常侵害蹄部。我国各地都有发生，尤其在西北的广大牧区常呈地方性流行，对养羊业的发展危害很大。羊患病后生长不良、掉膘、羊毛质量受损，影响产奶和运动，严重者常常导致淘汰，偶尔死亡，造成严重的经济损失。

**【病原体】**坏死梭杆菌（*Fusobacterium necrophorum*）又称为坏死杆菌（*Bacillus necrophorum*），属于拟杆菌科（Bacteroidaceae）梭杆菌属（*Fusobacterium*），不运动，不产生芽胞和荚膜，革兰氏阴性多形性杆菌，严格厌氧。对外界环境的抵抗力不强，一般消毒剂均能在短时间内将其杀死。在空气中干燥，经 72h 死亡，在污染的土壤中存活 10～30d，在粪便中能存活 50d，在尿中 15d。日光直射 8～10h 可被杀死，100℃经 1min、2％石炭酸经 7min、5％来苏儿经 9min、1％高锰酸钾经 10min 均可将其杀死。坏死杆菌广泛分布于自然界中，如动物饲养场，被污染的土壤，沼泽，以及健康动物的口腔、肠道和外生殖器等。化脓放线菌、葡萄球菌等在腐蹄病中常起协同致病作用。

**【流行特点】**多种畜禽和野生动物易感。其中绵羊和奶牛最易感染，人偶尔感染。幼畜比成年动物易感。各种带菌动物和病畜是主要传染源，通过粪便和病灶炎性产物向环境中排菌，严重污染土壤、垫草、饲料、运动场、圈舍、牧场、水源等。经过损伤的组织和黏膜感染，新生畜可经脐带感染。该病常见的诱因有：蹄部机械性创伤，刺伤，钉伤，吸血昆虫叮咬，多雨季节，运动场积存污水，厩舍粪便清扫不及时，沼泽牧场，蹄部疾病，钙、磷不足，维生素缺乏等。

**【临床症状】**潜伏期 1～3d。病初精神不振，食欲减退，喜卧怕立，行走困难，轻度跛行。多为一肢患病，趾间皮肤充血、发炎、轻微肿胀，患蹄触诊敏感，有恶臭分泌物和坏死组织，蹄底部有小孔或大洞，扩创后，蹄底的小孔或大洞中有污黑臭味液体流出，蹄间常有溃疡面，上面覆盖恶臭的坏死物。严重时蹄壳腐烂变形，卧地不起，体温上升至 40～41℃，甚至蹄匣脱落，往往因继发感染而引起死亡。

**【病理变化】**剖检可见口腔黏膜坏死、溃疡，坏死灶深达 2～3cm，溃疡底部有肉芽增生。食管、瘤胃、瓣胃、鼻腔、皮肤、趾间、大肠等也可见类似病变。病情波及全身时，还可见纤维素性或脓性纤维素性胸膜炎，肝肿大，表面有圆形淡黄色坏死灶。

**【检疫和诊断】**依据流行病学、临床症状以及病理变化可做出初步诊断，确诊需进行细菌学检查。可由坏死组织与健康组织交界处用消毒小匙刮取材料，制成涂片，用复红-美蓝染色法染色，进行镜检，坏死杆菌呈紫色、长丝状或细长的杆菌。

**【检疫处理】**发现病羊，全部隔离并进行治疗。羊群可通过 10％～20％硫酸铜足浴。对圈舍要彻底清扫消毒，铲除表层土壤，换成新土。对粪便、坏死组织及污染褥草彻底进行焚烧处理。如果患病羊只较多，应该倒换放牧场和饮水处，停止在污染的牧场放牧，至少经过 2 个月以后再利用。对死羊或屠宰羊，应先除去坏死组织，然后剥皮，待皮、毛干燥以后方可外运。

**【防疫措施】**保护人畜皮肤、黏膜不受损伤。保持圈舍干燥并搞好圈舍卫生是较好的预防措施。不在潮湿低洼地放牧。加强检疫，防止传染源引入。严格清扫、消毒污染场地和圈舍。病畜要及时隔离治疗。治疗可用 4％～6％的硫酸铜溶液、0.2％高锰酸钾或 10％福尔马林溶液进行足浴，用双氧水洗蹄，清除坏死组织，同时配合抗生素全身治疗，防止继发感染。疫苗预防效果很好。

## 第十节　传染性眼炎

羊传染性眼炎（contagious ophthalmia）又称为传染性角膜结膜炎，俗称“红眼病（pink-eye)”。以流泪、眼结膜和角膜炎症为特征，其后发生角膜混浊或呈乳白色。本病广泛分布于世界各国。本病虽不致死，但影响羊的生产性能，造成一定的经济损失。

**【病原体】** 本病是一种多病原的疾病，病原体包括家畜亲衣原体（*Chlamydophila pecorum*）、结膜支原体（*Mycoplasma Conjunctivae*）、立克次体和细菌等。家畜亲衣原体和结膜支原体均为专性细胞内寄生菌。可通过实验动物、鸡胚卵黄囊和细胞组织培养增殖。

**【流行特点】** 山羊及绵羊都可发生，传染迅速，常使全群羊只患病，甚至出生数日的羔羊也能出现典型症状。家畜和带菌动物是主要传染源，病原体存在于眼结膜以及分泌物中。乳用山羊患病时传播极快，1周之内即可波及全群，发病率为90%～100%。本病主要发生在天气炎热和湿度较高的夏秋季节。传播途径还不十分清楚，主要是直接或密切接触传染，蝇类和一些飞蛾也能机械地传播，刮风、尘土等因素有利于病的传播。

**【临床症状】** 潜伏期一般2～7d。病初呈结膜炎症状，流泪、羞明、疼痛、眼睑半闭。眼内角流出多量浆液性或黏液性分泌物，以后可转变成脓性分泌物。上下眼睑肿胀，结膜和瞬膜潮红，并有树枝状充血，个别病例的结膜上有出血斑。其后炎症可蔓延到角膜和虹膜，在角膜边缘形成红色充血带，角膜上出现白色或灰色斑点或浅蓝色云翳。由于炎症的蔓延，可以继发虹膜炎。严重者角膜增厚，并发生溃疡，形成角膜瘢痕。有时可波及全眼球组织，眼前房积脓或角膜破裂，晶体可能脱落，造成永久性失明。有的病羊发生关节炎、跛行。一般羊只经过及时治疗，1～2周内可康复，病畜一般全身症状不明显。

**【病理变化】** 结膜固有层纤维组织明显充血、水肿和炎症细胞浸润，纤维组织疏松，呈海绵状；上皮变性、坏死或程度不等地脱落。角膜的变化基本相同，有明显炎症细胞和组织变质过程，但无血管反应。瞬膜和结膜上形成直径为1～10mm的淋巴样滤泡。

**【检疫和诊断】** 根据本病结膜角膜炎特征性症状以及流行特点即可做出诊断。必要时可做微生物学检查，或应用沉淀试验、凝集试验、IHAT、CFT及荧光抗体技术以确诊。

**【检疫处理】** 病畜立即隔离，早期治疗。彻底清除厩肥，消毒畜舍。在牧区流行时应划定疫区，禁止牛、羊等牲畜出入流动。在夏秋季尚需注意灭蝇。避免强烈阳光刺激。

**【防疫措施】** 将病羊放在黑暗处，避免光线刺激，使羊得到足够的休息，以加速其恢复。病羊接触过的地方应彻底消毒，因为此病在羊群中的流行是偶发现象，常常是经过一次大流行之后，多少年并不发生，因此菌苗接种的时间很难掌握。而且一旦羊群中发现此病，其传染非常迅速，无法依靠菌苗接种来预防扩大传染。病畜可用3%～4%的硼酸水冲洗病眼，用四环素、红霉素、可的松软膏或氯霉素眼药水点眼，或用氯霉素或土霉素吹入眼内，连续使用直到角膜透亮为止。

## 第十一节　干酪性淋巴结炎

绵羊和山羊干酪性淋巴结炎（caseous lymphadenitis）也称为羊伪结核病（pseudotuberculosis)，是由伪结核棒状杆菌引起的一种人兽共患的慢性接触性传染病。临床特征是病羊浅表淋巴结肿大，常见于下颌淋巴结和肩前淋巴结，后期淋巴结可呈脓性干酪样坏死，有的病例可在内脏器官肺、肝、脾和子宫角出现大小不等的结节，内含淡黄色干酪样物质。本病遍及世界各国，我国的很多养羊地区都有该病存在，往往造成羊毛产量减少、产奶量下降以及繁殖功能障碍，造成重大的经济损失。

**【病原体】**伪结核棒状杆菌（*Corynebacterium pseudotuberculosis*）属于棒状杆菌属（*Corynebacterium*），由球状至杆状，一端或两端膨大，多呈棒状或梨状，不形成荚膜和芽胞，无鞭毛，不能运动，革兰氏染色阳性，抗酸染色阴性，用奈氏（Neisser）法或美蓝染色，多有异染颗粒。兼性厌氧，最适生长温度37℃，最适pH7.2。营养要求较高，在普通营养琼脂上生长缓慢、贫瘠，在鲜血琼脂平板和血清琼脂平板上生长良好，在牛、羊等动物血液培养基上能够产生β型溶血。普通肉汤中培养24h，肉汤轻度混浊，无沉淀，培养48h，肉汤混浊，有黏稠沉淀，摇振时沉淀呈絮状升起，培养72h后液面生长有片状菌膜；马丁培养基培养效果较好。该菌抵抗力不强，65℃经15min即可被杀灭，煮沸立即死亡，2.5%石炭酸溶液经1min就可将其杀死。

**【流行特点】**不同品种、性别的绵羊和山羊都可发生。传染源为病畜和带菌动物，啮齿类动物也是重要的传染源。主要传播途径是消化道，也可通过呼吸道、生殖道和创口感染，如去势、打耳号、去角、脐带处理不当、尖锐异物等引起的外伤均可成为病原菌侵入的门户。本病以散发为主，偶尔呈地方流行。

**【临床症状】**潜伏期长短不定，依细菌侵入途径和动物年龄而异。以体表淋巴结和胸腔淋巴结发生病变为特征，以下颌淋巴结最常见，肩前淋巴结次之，髂下等淋巴结较少见。受害淋巴结局部发炎、肿胀，并可波及邻近淋巴结，触摸无痛感，之后肿胀淋巴结变软化脓，并渐变为干酪样团块，切开流出绿色、乳酪样脓汁。羔羊还可表现腕关节及跗关节等化脓性关节炎。

**【病理变化】**胸腔、肺、腹腔淋巴结及肝、脾、肾、乳房、睾丸也可发生肿胀化脓，内含干酪样坏死物。肠系膜淋巴结肿大、化脓。在较新鲜的结节内其内容物呈淡黄绿色的污奶油状、无臭味。陈旧结节中的内容物呈干酪样，略干燥而有小碎渣，呈现类似洋葱的层状结构。病畜多因恶病质死亡。

**【检疫和诊断】**根据体表淋巴结特征性脓灶可做出初步检查，确诊需进一步做实验室检查。病原的鉴定根据伪结核棒状杆菌的生化特性。血清学检测方法有皮内变态反应、溶血抑制反应、免疫扩散试验、协同溶血抑制反应、IHAT、ELISA、CFT等。

**【检疫处理】**病畜立即隔离，及时治疗或淘汰，采取综合性的预防措施。

**【防疫措施】**加强饲养管理，保持好环境卫生，消灭圈舍内的鼠类，定期消毒，防止羊发生外伤。避免从疫区引进羊，定期检查，发现体表淋巴结肿大、化脓者，应隔离饲养。对自然破损污染的场所，应进行彻底消毒和清除。剪毛时防止发生外伤，发生外伤后要及时治疗。用百毒杀和生石灰水对羊舍和运动场进行交替消毒5d，并在饲料中添加抗生素类粉剂对全群羊进行预防，有明显的效果。

## 第十二节　羊 疥 癣

羊疥癣（sheep mange scabies）又称为螨病，俗称"羊癞"，是由疥螨或痒螨引起的多种动物的一种皮肤寄生虫病，特征是剧痒、脱毛、消瘦，对养羊业危害较大。

**【病原体】** 病原为疥螨科（Sarcoptidae）疥螨属（*Sarcoptes*）的疥螨和痒螨科（Psoroptidae）痒螨属（*Psoroptes*）的痒螨。虫体呈龟形，背面隆起，腹面扁平；浅黄色，雌螨大小为0.25～0.51mm×0.24～0.39mm，雄螨大小为0.19～0.25mm×0.14～0.25mm。体背面有细横纹、锥突、圆锥形鳞片和刚毛。腹面有4对粗短的足。

羊疥螨是不全变态的节肢动物，其发育过程包括卵、幼虫、若虫和成虫4个阶段。羊感染后，虫体钻进表皮挖凿隧道，并在隧道内进行发育和繁殖。卵呈椭圆形，黄白色。卵经3～8d孵出幼螨，幼螨3对足，很活跃，离隧道爬到皮肤表面，然后钻入皮内造成小穴，在其中蜕变为若螨。若螨似成螨，有4对足，但体型较小。若螨有大小两型：小型的是雄螨的若虫，大型的是雌螨的若虫。雄螨在山羊表皮上与雌螨进行交配，交配后的雄螨不久即死亡，雌螨寿命为4～5周。整个发育过程为8～22d。

**【流行特点】** 各种年龄的绵羊均可发病。幼龄山羊感染后一般比较严重，随着年龄的增长抵抗力也随之增强。病羊以及被病羊污染的环境、羊舍、用具等为主要的传染源。疥螨病由于健畜接触患羊或通过有疥螨的羊舍和用具等而受感染；工作人员的衣服和手等也可以成为疥螨的搬运工具。秋冬时期，尤其是阴雨天气蔓延最广，发病最烈。春末夏初，症状减轻或完全康复。

**【临床症状】** 多发部位为背部、臀部、尾根等处皮肤，以后向体侧蔓延。患羊剧痒，不时在围墙、栏柱等处摩擦，啃咬而脱毛。继之皮肤出现丘疹、结节、水疱，乃至脓疮，以后形成痂皮、龟裂和皮肤增厚，继之大面积脱毛，甚至完全脱光，体躯下部泥泞不洁。病羊贫血，日渐消瘦，最终可极度衰竭而死亡。

**【病理变化】** 主要表现在皮肤发生炎性浸润，发痒处皮肤形成结节和水疱，当病羊啃咬或蹭痒时，结节、水疱破溃，流出渗出液。渗出液与脱落的上皮细胞、被毛及污垢混杂在一起，干燥后结成痂皮。痂皮被擦破后，创面有多量液体渗出及毛细血管出血，又重新结痂，皮肤角皮层角化过度，形成患部脱毛，皮肤肥厚。

**【检疫和诊断】** 根据症状表现及疾病流行情况，刮取病羊患部皮肤组织查找病原以便确诊。

**【检疫处理】** 对患病羊应及时隔离治疗，治疗期间为防散布病原要注意对羊舍、用具进行消毒，羊舍环境消毒可使用0.1%的蝇毒磷乳剂，以防止和控制疥癣病的蔓延。

**【防疫措施】** 每年夏初、秋末两季进行药浴，可取得预防与治疗的双重效果。严格检疫制度，对新购入的羊应隔离检查确定无疥螨病后再混群饲养。要保持羊舍卫生、干燥、通风良好，并定期对羊舍进行清扫和消毒。病羊和瘦弱的羊要及时补饲精料，改善营养，保住膘情，提高羊的抵抗力。经常注意羊群中有无发痒、脱毛现象，及时检出可疑病羊。

### 复习思考题

1. 痒病有哪些特征性症状和病变？公共卫生方面如何采取综合性防控措施？

2. 简述蓝舌病的症状和病原特性，以及如何防控本病。
3. 如何防控羊痘病？
4. 山羊病毒性关节炎-脑炎临床表现类型有哪些？
5. 羊梅迪-维斯纳病的症状和病变特点是什么？如何防控？

（徐昆龙　孙永科）

# 第十章

# 马属动物主要疫病检疫

## 第一节　非洲马瘟

非洲马瘟（african horse sickness，AHS）是由非洲马瘟病毒引起的、主要感染马和其他马属动物的一种急性或亚急性传染病。本病能使马、骡致死，新疫区病马死亡率高达95%，特征是出现与呼吸、循环功能障碍有关的临床症状和病变。本病主要发生在非洲，由吸血昆虫传播，以地方性和季节性流行为主要形式。

**【病原体】** 非洲马瘟病毒（*African horse sickness virus*，AHSV）属于呼肠孤病毒科（*Reoviridae*）环状病毒属（*Orbivirus*），病毒粒子呈球形，直径为60～80nm。已知有9个不同的血清型。病毒能在MS、Vero、BHK21等传代细胞株上增殖，并出现明显细胞病变。病毒对乙醚等有机溶剂不敏感，对热的抵抗力较强。培养病毒液在4℃时可长期保持感染力。

**【流行特点】** 马的易感性最高，骡和驴次之。斑马和斑马骡也能自然感染，山羊可引起热反应，牛则不易感，小鼠尤其是吮乳小鼠易感，雪貂、豚鼠、大鼠、仓鼠也能被感染。非洲马瘟不能由病马直接传给健康马，只能通过媒介昆虫吸血传播。媒介昆虫主要是库蠓、伊蚊和库蚊等。因此，本病的流行有明显的季节性。

**【临床症状】** 潜伏期为5～7d，临床上可分为肺型、心型、肺心型和发热型。

1. 肺型　呈急性发作，多见于流行暴发初期或新流行地区。体温突然升高到41～42℃，持续1～2d就降至常温。表现有结膜炎、呼吸迫促和脉搏加快，死前1～2d突然发生剧烈的痉挛性干咳。咳嗽时从鼻孔流出大量含泡沫的黄色液体，5～7d后死亡，只有少数病例到第二周后康复。

2. 心型　呈亚急性发作，多由毒力较低的毒株引起，或见于免疫接种后被不同型毒株病毒感染。潜伏期常持续3～4周。开始体温升高，然后眼窝处发生水肿，其后可能进一步肿大并扩散到头颈部、胸腹下甚至四肢。由于肺水肿引起心包炎、心肌炎导致心脏极度衰弱。心型较肺型死亡率低，而病程均在10d以上。

3. 肺心型　对具有一定抵抗力的马匹，病毒可同时侵染肺部和心脏，病畜出现肺型和心型两个类型临床症状，肺水肿和心脏循环衰竭通常导致缺氧死亡。

4. 发热型　多见于免疫或部分免疫的非洲马匹及骡。但在新疫区，驴的反应严重。体温升高到40℃，持续1～3d。表现厌食，结膜微红，脉搏加快，呼吸缓慢并呈轻的呼吸困难。

此外，驴、犬、绵羊和免疫马匹也存在隐性感染的情况。

**【病理变化】**肺泡、胸膜下和肺间质水肿，有时也出现严重的胸腔积水。亚急性病例，头部（常见于眼上窝和眼睑）、颈部和肩部水肿以及心包积液。最常见的病变是皮下和肌肉间组织胶样浸润，以眶上窝、眼和喉尤为显著。

**【检疫和诊断】**根据流行特点、临床症状和病理变化可以做出初诊，确诊需进行实验室检查。

1. 病原分离和鉴定　采集早期发热动物抗凝血，或尸体剖检时采集脾、肺和淋巴结，接种到BHK21或Vero细胞，如有病毒，3～7d后可出现细胞病变，无病变时需盲传2代确诊；病料静脉接种10～12日龄的鸡胚，33℃孵育，3～7d后发生死亡，感染鸡胚表现为全身性出血，呈现鲜红色；病料脑内接种小鼠，接种后4～10d左右可能有1只或1只以上小鼠出现神经症状；取病鼠脑制成乳剂，再接种于新生小鼠，潜伏期缩短至3～5d，100%感染。

2. 血清学试验　CFT常用于检测群特异性抗体；竞争性ELISA用来检测AHS抗体，与病毒中和试验有很好的一致性，但比琼脂扩散试验和补体结合反应更敏感和特异，而且这种试验更适宜于大数量血清检测的自动化，3h内可得出结果。也可用蚀斑减少中和试验和血凝试验等。

**【检疫处理】**进境检疫时一旦发现可疑病例，立即将病马在防虫厩舍内隔离饲养观察，尽快确诊。确诊后立即扑杀所有发病马及其同群马，并及时上报疫情。立即将周围100～200km的范围定为受威胁区，严禁易感动物移动，并进行紧急预防接种。

**【防疫措施】**目前我国尚无本病发生，因此必须加强进境检疫。禁止从发病国家输入易感动物。如果经过这些地区输入马匹时，必须隔离检疫2个月，其间需做严格的血清学检验。隔离期间最好是无吸血昆虫媒介活动的季节。

## 第二节　马传染性贫血

马传染性贫血（equine infectious anaemia，EIA）简称马传贫，是由马传贫病毒引起的马属动物的传染性疾病，以反复发作、贫血和持续病毒血症为特征。传播媒介为吸血昆虫。临床特征为高热稽留或间歇热，有贫血、出血、黄疸、心脏衰弱、浮肿和消瘦等症状。急性暴发期，往往造成大批马匹死亡。耐过病马可转为慢性或隐性，病毒在马体内长期存在，呈持续感染，并且可因环境和条件的变化反复发病。

**【病原体】**马传贫病毒（*Equine infectious anaemia virus*，EIAV）又称为沼泽热病毒，属于反转录病毒科（*Retroviridae*）慢病毒属（*Lentivirus*）。病毒粒子常呈圆形，直径为80～140nm。外层有囊膜和纤突。病毒只在马属动物白细胞及驴胎骨髓、肺、脾、皮肤、胸腺等细胞培养时才可复制。病毒对外界抵抗力较强，在粪、尿中可生存2.5个月，堆肥中30d，－20℃中保持毒力6个月到2年，日光照射经1～4h死亡。2%～4%氢氧化钠、3%～5%克辽林、3%漂白粉和20%草木灰水等均可在20min内杀死病毒。对温度抵抗力较弱，煮沸立即死亡。血清中的病毒，56℃经1h处理，可完全被灭活。病毒对乙醚敏感，5min即可丧失活性。

**【流行特点】**主要发生于马、驴、骡。主要通过吸血昆虫（虻、蚊及蠓等）传播。污染的针头、用具、器械等，通过注射、采血、手术、梳刷及投药等均可引起本病传播。经消化道、呼吸道、交配、胎盘也可发生感染。病马和带毒马是主要传染源，发热期病畜血液和内脏含毒浓度最高，排毒量最大，传染力最强，而隐性感染马则终身带毒长期传播本病。耐过病马可转为慢性或隐性，病毒在马体内长期存在，呈持续感染状态，并且可因环境和条件的变化反复发病。

主要呈地方性流行或散发。无严格季节性和地区性，但吸血昆虫较多的夏秋季节及森林、沼泽地带发病较多。新疫区以急性型多见，病死率较高；老疫区以慢性型、隐性型为多，病死率较低。外界环境条件造成了发病的内部因素，如不良的土壤、营养不全的饲料、寒冷而潮湿的畜舍以及繁重的劳役、长途运输及内外寄生虫侵袭等，都可促进本病发生和流行。引进新马将扩大本病的蔓延。

**【临床症状】**

1. 急性型　精神沉郁，食欲减退，呈渐进性消瘦。初期高热稽留，体温升高至40℃以上。中后期则步态不稳，后躯无力，有的病马胸、腹下、四肢下端（特别是后肢）或乳房等处出现无热、无痛的浮肿。少数病马有腹泻现象。

2. 亚急性型　反复发作的间歇热。一般发热39℃以上持续3～5d退至常温。经3～15d的间歇期又复发。病程1～2个月。

3. 慢性型　不规则发热。一般为微热及中热。病程可达数月及数年。临床症状及血液变化发热期明显，无热期减轻或消失，但心肌能力和使役能力降低，长期贫血、黄疸、消瘦。

**【病理变化】**

1. 急性型　主要表现败血变化。浆膜、黏膜出现出血斑点。肝、肾、脾脏不同程度肿大，包膜紧张并有出血；肝切面小叶结构模糊；质脆弱呈锈褐色或黄褐色，切面呈现特征的槟榔状花纹。肾显著肿大，实质浊肿，呈灰黄色，皮质有出血点。输尿管和膀胱黏膜有出血点。心肌脆弱，呈灰白色煮肉样，并有出血点。有时在心肌、心内外膜见有大小不等的灰白色斑。全身淋巴结肿大，切面多汁，并常有出血。

2. 亚急性和慢性型　以贫血、黄染和单核内皮细胞增生反应明显，败血变化轻微。脾脏中度或轻度肿大、坚实，表面粗糙不平，呈淡红色，切面有灰白色粟粒状突起（西米脾）；有的脾脏萎缩，切面小梁及滤泡明显。肝脏不同程度肿大呈土黄色或棕红色；切面呈豆蔻状花纹（豆蔻肝）；有的肝体积缩小，较硬，切面色淡呈网状。肾轻度肿大，灰白色。心肌浊肿。长骨红、黄髓界限不清，黄髓全部或部分被红髓代替；严重病例骨髓呈乳白色胶冻状。

**【检疫和诊断】**根据流行特点、临床症状和病理变化，血液学变化基本可以做出诊断，确诊主要采用血清学技术，常用方法有琼脂扩散试验、CFT、ELISA、荧光抗体染色和中和试验等。

**【检疫处理】**检疫阳性的马进行扑杀处理。在不散毒的条件下尸体集中进行销毁。

1. 加强检疫　异地调入的马属动物，必须来自非疫区。调入后必须隔离观察30d以上，并经当地动物卫生监督机构2次检查，确认健康无病方可混群饲养。调出马属动物的单位和个人，应按规定报检，经当地动物卫生监督机构进行检疫，合格后方可调出。

2. 监测和净化

（1）马传贫控制区、稳定控制区：采取“监测、扑杀、消毒、净化”的综合防控措施。每年对6～12月龄的幼驹进行一次血清学监测。阳性动物按规定扑杀处理，疫区内的所有马属动物进行临床检查和血清学检查，每隔3个月检查一次，直至连续2次血清学检查全部阴性为止。

（2）马传贫消灭区：采取“以疫情监测为主”的综合性防控措施，每年抽样做血清学检查，进行疫情监测，及时掌握疫情动态。

## 第三节　马脑脊髓炎

马脑脊髓炎（equine encephalomyelitis）（包括东方型、西方型）是由东方或西方马脑脊髓炎病毒引起的一种主要侵害中枢神经系统的传染性疾病。由节肢动物传播，季节性明显。主要侵害马，幼年马比成年马敏感；猪多为隐性感染，人也可感染。主要分布于美国、加拿大、中美、南美、前苏联、德国、澳大利亚等国家和地区。

**【病原体】**东方马脑脊髓炎病毒（*Eastern equine encephalomyelitis virus*，EEEV）和西方马脑脊髓炎病毒（*Western equine encephalomyelitis virus*，WEEV）属披膜病毒科（*Togaviridae*）甲病毒属（*Alphavirus*）。病毒为等轴对称，有囊膜的球形粒子，大小为25～70nm，核衣壳为二十面体对称。对乙醚和脱氧胆酸盐敏感，死后病毒迅速在组织中消失。

EEEV与WEEV大小及理化性质相同，但免疫学有差异，无交叉免疫性。病毒在鸡胚中生长良好，能在仓鼠肾细胞、猴肾细胞、鸭胚和鸡胚成纤维细胞和Hela细胞等多种细胞内增殖，并迅速引起病变。除鸡胚和鸭胚细胞外，常用BHK-21和Vero细胞株进行蚀斑试验。

**【流行特点】**马、驴、骡和人易感染，猴、犊牛、山羊、犬、鹿、鸡、鸽、鸭、家兔、野兔、豚鼠、大鼠、小鼠、田鼠、仓鼠、棉鼠、沙林鼠以及许多野鸟对两型病毒的脑内接种有易感性。猪、绵羊、猫、刺猬和各种鸟类只对东方型病毒易感。

EEEV和WEEV呈蚊-鸟式传播。黑尾赛蚊和长跗库蚊分别是鸟类中EEEV、WEEV的主要媒介。WEEV主要是由附斑库蚊传给禽类和哺乳动物，EEEV传给禽类但不传给哺乳动物的主要媒介为淡水沼泽蚊（黑尾毛蚊）。人与马可能是非固有的感染对象，发病后发生病毒血症的时间极短，血液中病毒浓度也低，不足以感染蚊，故在流行病学上似乎不起重要作用。许多家禽和鸟是无症状的带毒者，经常是病的扩大宿主。雉鸡对EEEV易感，经常发生致死性感染，而且可能因互相啄咬而直接传播。其他鸟类，包括鸡、鸭、鹅等家禽多不致死，但出现病毒血症，是蚊感染的主要来源。

有明显的季节性。美国除了最南部以外，都发生于6～11月；在气候暖和的一些州中冬天也可见零星病例。流行暴发与蚊的密度呈现明显的线性关系。11月后开始霜冻，蚊子死亡，疾病也就停止发生。

**【临床症状】**潜伏期1～3周，马群发病率一般20%～30%。病马发热，随后出现中枢神经症状，兴奋不安，圆圈运动，冲撞障碍物，拒绝饮食。随后嗜眠、垂头靠墙站立，但可能突然惊动，继而又入睡。常呈犬坐等异常姿势，此后呈现麻痹症状。下唇下垂，舌垂于口外。步样蹒跚，最后倒毙。病程1～2d。东方型死亡率有时高达90%，西方型有时高达40%，委内瑞拉型死亡率为60%～80%。

**【病理变化】**一般缺乏眼观病变，严重病例表现为脑膜水肿，脑实质充血、水肿和点状出血，尤其是间脑和脊髓呈喷雾状出血点与局灶性坏死。东方型表现皮质有弥漫性病变，病灶数目众多；嗜中性粒细胞在渗出物中占优势。病理组织学变化主要局限于脑和脑髓的灰质，呈典型的非化脓性脑炎。

**【检疫和诊断】**本病具有特征症状、流行特点和典型病变，但确诊还需依赖于病毒分离和鉴定以及特异性血清学检查。

1. *病毒分离*　病毒分离材料包括新鲜的马和其他宿主的脑以及媒介昆虫组织。最好是扑杀濒死期患畜，立即取出脑组织（大脑皮层和海马角），迅速冷藏，并尽快送至实验室。在动物发热初期用全血或血清接种小鼠、豚鼠、鸡胚、新生雏鸡或仓鼠肾原代细胞，鸡胚或鸭胚原代细胞以及 BHK21 等继代细胞株培养病毒。

用幼龄豚鼠、出壳雏鸡、乳鼠或 3 周龄小鼠做脑内接种，接种后每天观察，直至第 10 天。小鼠常在 3～5d 内发病，被毛逆立、弓背、畏寒、离群、抽搐、痉挛并死亡。将待检材料滴加于 9～10 日龄鸡胚的绒毛尿囊膜上，或注入尿囊腔内，鸡胚 15～24h 内死亡，胚体和绒毛尿囊膜内经常含有大量病毒。

2. *病毒鉴定*　新分离的病毒可用双抗体夹心 ELISA 和 HI 等血清学方法进行鉴定。鉴定种或型最好采用高免血清或者灭活疫苗进行交叉中和试验。

**【检疫处理】**进口动物时，一旦检出马脑脊髓炎，阳性动物做扑杀、销毁或退回处理，同群动物隔离观察。

**【防疫措施】**目前我国尚无本病发生，因此必须加强进境检疫。禁止从发病国家输入易感动物；如果经过这些地区输入马匹时，必须隔离检疫 2 个月，其间需做严格的血清学检验。隔离期间最好是无吸血昆虫媒介活动的季节。

## 第四节　马鼻疽

马鼻疽（glanders）是由鼻疽伯氏菌引起马、骡、驴等单蹄动物的一种高度接触性传染病，以鼻腔、喉头、气管黏膜或皮肤上形成鼻疽结节、溃疡和瘢痕，肺、淋巴结或其他实质器官发生鼻疽性结节为特征。人也可以感染。分布极为广泛，全世界都有发生。

**【病原体】**鼻疽伯氏菌（*Burkholderia mallei*）旧称鼻疽假单胞菌（*Pseudomonas mallei*），属于伯氏菌科（Burkholderiaceae）伯氏菌属（*Burkholderia*）。长 2～5μm、宽 0.3～0.8μm，两端钝圆，不能运动，不产生芽胞和荚膜。幼龄培养物大半是形态一致呈交叉状排列的杆菌，老龄菌有棒状、分支状和长丝状等多形态。革兰氏染色阴性。需氧和兼性厌氧，培养最适宜温度为 37～38℃，最适 pH6.4～7.0。在 4%甘油琼脂中生长良好，24h 培养后形成灰白带黄色有光泽的圆形小菌落。开始为半透明，室温放置后黄褐色逐渐加深，菌落黏稠。在含 2%血液或 0.1%裂解红细胞培养基内发育更好，在鲜血琼脂平板上不溶血。鼻疽杆菌对外界因素抵抗力不强，在腐败物质中能存活 14～24d，在潮湿的材料中能存活 16～30d；胃液中 30min 内、尿中 40h 可被灭活；在鼻液中可存活 14d。本菌不耐干燥，对日光尤其敏感，24h 可被杀灭。55℃加热 5～20min，80℃加热 5min 即被杀灭，煮沸立即死亡。2%石炭酸、1%苛性钾和氢氧化钠、3%来苏儿、5%漂白粉等常用消毒液，在 1h 内都能将其杀死。

【流行特点】人和多种温血动物易感。动物中以驴最易感，但感染率最低；骡居第二，但感染率却比马低；马通常取慢性经过，感染率高于驴、骡。骆驼也可自然发病。实验动物中以猫、仓鼠和田鼠最敏感，豚鼠次之，大鼠、小鼠易感性差。

病马是传染源，开放性鼻疽通过咳嗽、喷嚏散布病原更具危险性。常在同槽饲养、同桶饮水、互相啃咬时随着摄入污染的饲料、饮水经由消化道感染。

一年四季均可发生。新发病地区常呈暴发性流行，多取急性经过；在常发病地区马群多呈缓慢、延续性传播。当饲养管理不善、过劳、疾病或长途运输等应激因素影响时，可呈暴发性流行，引起大批马匹发病死亡。

【临床症状】潜伏期 2 周至几个月之间。不常发病地区的马、骡、驴的鼻疽多为急性经过，流行地区马的鼻疽主要为慢性型。

1. 急性鼻疽　潜伏期 2～4d，弛张型高热（39～41℃）、寒战，一侧性黄绿色鼻液和下颌淋巴结肿大，精神沉郁，食欲减少，可视黏膜潮红并轻度黄染。鼻腔黏膜上有小米粒至高粱大的灰白色圆形结节，突出黏膜表面，周围绕以红晕。结节迅速坏死、崩解，形成深浅不等的溃疡。常发生鼻出血或咳出带血黏液，时发干性短咳，听诊肺部有啰音。绝大部分病例排出带血的脓性鼻液，并沿着颜面、四肢、肩、胸、下腹部的淋巴管，形成索状肿胀和串珠状结节，索状肿胀常破溃。患畜食欲废绝，迅速消瘦，经 7～21d 死亡。

2. 慢性鼻疽　开始由一侧或两侧鼻孔流出灰黄色脓性鼻液，鼻腔黏膜见糜烂性溃疡，这些病马称为开放性鼻疽马。后期鼻中隔溃疡的一部分自愈，形成放射状瘢痕。触诊下颌淋巴结、咽喉背侧淋巴结、颈上淋巴结肿胀，有硬结感。下颌淋巴结因粘连几乎完全不能移动，无疼痛感。患畜营养状况下降，显著消瘦，被毛粗乱无光泽，往往陷于恶病质而死亡。

【病理变化】病马鼻腔、鼻中隔、喉头甚至气管黏膜形成结节、溃疡，甚至鼻中隔穿孔。慢性病例的鼻中隔和气管黏膜上，常见部分溃疡愈合形成或放射状瘢痕。肺脏的结节大小不一，从粟粒大到鸡卵大，中心坏死、化脓、干酪化，周边被由增殖性组织形成的红晕所包围。急性渗出性肺炎是由支气管扩散而来，可形成鼻疽性支气管肺炎，严重时形成鼻疽性脓肿，渗出物可随咳嗽排出，形成空洞。转为慢性时，形成由结缔组织构成的包膜，钙盐沉积形成的硬节内部，可见细小的脓肿和部分发生瘢痕化。皮肤可见淋巴管索状肿大，进而成为糜烂性溃疡。

【检疫和诊断】鼻疽多为慢性经过，症状常不明显，1～2 个病例难以提供明确的诊断。在剖检病死或扑杀的单蹄动物时，根据特殊病变也能做出初诊。对有些病例，需对可疑的小结节进行组织学检查和通过病原学和血清学检查才能确诊。

1. 涂片检查　用作诊断意义不大。但与流行性淋巴管炎、马腺疫和溃疡性淋巴管炎等疾病做鉴别诊断时，有一定的作用。

2. 分离培养　可将新鲜病料接种于甘油马铃薯培养基或含血液（血清）的甘油琼脂平板上，48h 后，根据菌落特征和平板凝集反应进行鉴别。被污染的病料，可用孔雀绿复红甘油琼脂平板或含抗生素的甘油琼脂平板分离培养，在前者呈现淡绿色小菌落，后者呈现灰黄色菌落，然后用平板凝集试验进行鉴定。

3. 动物接种　将纯培养或结节、溃疡病料制成乳剂腹腔或皮下注射雄性豚鼠。2～5d 后可见睾丸发生肿胀、化脓，阴囊呈现渗出性肿胀，剖杀分离细菌。未经抗生素处理的污染病料，最好先于左侧或右侧胸部皮下注射，3～5d 后同侧腋窝淋巴结肿胀、化脓时剖杀分离细菌。

其他方法还有凝集试验、CFT 和变态反应等。

**【检疫处理】** 进口动物时，一旦检出马脑脊髓炎，阳性动物作扑杀、销毁或退回处理，同群动物隔离观察。

**【防疫措施】** 加强饲养管理，做好消毒等基础性防疫工作，提高马匹抗病能力

1. 加强检疫　异地调运马属动物，必须来自非疫区；出售马属动物的单位和个人，应在出售前按规定报检，经检疫证明装运之日无鼻疽症状，装运前 6 个月内原产地无马鼻疽病例，装运前 15d 经鼻疽菌素试验或鼻疽补体结合反应试验，结果为阴性，方可启运。调入的马属动物必须在当地隔离观察 30d 以上，连续 2 次（间隔 5～6d）鼻疽菌素试验检查，确认健康无病方可混群饲养。

2. 疫情监测

(1) 稳定控制区：每年抽查进行鼻疽菌素试验检查，如检出阳性反应的，则按控制区标准采取相应措施。

(2) 消灭区：每年鼻疽菌素试验抽查监测。

## 第五节　马流行性淋巴管炎

马流行性淋巴管炎（epizootic lymphangitis）是由伪皮疽组织胞浆菌引起马属动物（偶尔感染骆驼）的一种慢性传染病，以形成淋巴管和淋巴结周围炎、肿胀、化脓、溃疡和肉芽肿结节为特征。

**【病原体】** 伪皮疽组织胞浆菌（*Histoplasma farciminosum*，HF）属于组织胞浆菌属（*Histoplasma*）。为双相型，在动物机体内以孢子芽裂繁殖为主的寄生型，在培养基上生长时形成以菌丝繁殖为主的腐生型，菌丝分支有横隔。病原对外界因素抵抗力顽强，直射阳光下能耐受 5d，60℃能存活 30min，病畜厩舍污染本菌经 6 个月仍能存活，在干燥密封的培养基上可生存 1 年以上。

**【流行特点】** 马、骡、驴均易感。幼龄及老龄都可发生，但 2～6 岁马较敏感，在牧区以 1～3 岁育成马发病率较高。污染地区发病率为 2%～5%，流行严重地区为 10%左右，严重时可达 32%～51%。死亡率和废役率一般占 20%～30%。病畜溃疡脓性分泌物直接或间接通过受损伤的皮肤和黏膜侵入而发病。被感染的种公马与母马交配也可直接感染。当皮肤、黏膜有损伤时亦可借污染的媒介物而感染，蚊、蝇、虻等刺螯昆虫是本病病原的机械传递者，不能经消化道感染。

本病无明显季节性，但一般秋末到冬初发生较多。在低湿地区及多雨年份、洪水泛滥之后发生较多。

**【临床症状】** 潜伏期长短与机体抵抗力、感染次数及病原菌毒力等因素有关，短的 40d 左右，长的达半年以上。病灶通常从皮肤的某一部位开始，出现豌豆大的硬性结肿，初期被毛覆盖，用手触摸才能发现。结节逐渐增大，突起于皮肤表面，变成脓肿，然后破溃流出黄白色或淡红色脓液，逐渐形成溃疡。而后由于肉芽增生，溃疡高于皮肤表面如蘑菇状或周围突起中间凹陷，易于

出血，不易愈合。病灶可沿淋巴管形成结节或呈索状，病情恶化后演变成成片的溃烂。化脓病菌感染时发展为全身性症状，病畜消瘦、运动障碍、食欲减退，以至瘦弱死亡。有些病例病变仅限于侵入处，可在2个月痊愈；严重病例可拖延数月。有的病例似乎临床上痊愈，但等到湿冷季节又重新复发，病程漫长，直至消瘦和衰竭而死。

**【病理变化】**皮肤和皮下组织中有大小不同的化脓性病灶，其间的淋巴管充满脓液和纤维蛋白凝块，单个结节是由灰白色柔软的肉芽组织构成，其中散布着微红色病灶。局部淋巴结通常肿大，含有大小不等的化脓病灶，陈旧者被坚韧的结缔组织所包围。四肢个别关节含有浆液性脓性渗出液，周围的组织中有的布满许多化脓病灶。

鼻黏膜上有扁豆大扁平突起的灰白色小结节和边缘隆起的较大溃疡。有的病例鼻窦、喉头和支气管中也有类似病变。有的病例肺、脑中见到小的化脓病灶。

**【检疫和诊断】**根据临床症状及流行特点可初步确定。确诊必须进行病原学或变态反应。

1. 病原检查　取病变结节内的脓汁涂片，姬姆萨染色后镜检，或加少量生理盐水充分混匀，盖上盖玻片后镜检，可见到寄生型孢子菌体，尤以双层细胞膜清晰。

2. 病原分离及鉴定　采集病变部位的脓液，或切取结节内壁小的组织块，刺种于固体培养基斜面下1/3处。28℃恒温培养。4～5天后，在原接种部位（绿豆料至黄豆料大小脓液或组织块）出现乳白色至淡灰色小菌落，之后菌落逐渐出现突起的皱褶，色泽也逐渐变深。7天呈较大的不整形皱褶菌落。当培养基上呈以菌丝为主的生长发育繁殖，形成突起不整形皱褶菌落时，则可确诊。

3. 变态反应　对于处在潜伏期隐性感染的亚临床症状时，需做变态反应诊断。该方法检出率很高，对进口马属动物应作变态反应检查。

**【检疫处理】**在进口动物时一旦检出本病，阳性动物做扑杀、销毁或退回处理，同群动物隔离观察。

**【防疫措施】**加强饲养管理，增强马匹体质，做好环境卫生。避免发生外伤，合理使役，发生外伤后及时进行治疗。常发本病的地区可采用菌苗进行免疫接种。发病后应及时隔离治疗。新引进的种马应进行隔离检疫。

## 第六节　马流产沙门菌病

马流产沙门菌病（equine salmonellosis）又称为马副伤寒（equine paratyphoid），是马的一种传染病。临床特征为孕马发生流产，公马发生睾丸炎或鬐甲脓肿，初生幼驹发生败血症、关节炎、肺炎、下痢等症状。本病呈世界性分布，一般呈散发，有的为地方性流行。马群中一旦暴发此病，可引起大批妊娠马流产，幼驹严重发病、死亡，从而造成严重经济损失。留下慢性病马和隐性带菌马，很难净化，随着易感马数量的增加，还可能引起下一次暴发。

**【病原体】**马流产沙门菌（*Salmonella abortusequi*）是两端钝圆、周边鞭毛的杆状细菌，能运动，革兰氏染色阴性。有的可见荚膜，不产生芽胞。需氧兼性厌氧，在普通培养基上易生长。生长的最适pH为7.4～7.6，最适培养温度为37.0～37.5℃。在普通肉汤中培养10～14h肉汤混浊，液面管壁形成薄膜。在普通琼脂平皿中培养16～18h形成光滑、圆整、中央隆起的透明菌落。本菌对热的抵抗力不强，煮沸立即死亡，加热到55～60℃经30min即可被杀死。直射阳光经10d可杀死土壤表面的活菌。常用消毒药一般都能杀死本菌。

**【流行特点】**病畜和隐性带菌者是主要传染源。孕马流产时，大量病原菌随流产胎儿、胎衣、羊水及阴道分泌物一起排出而使草地、饲料、饮水等受到污染。从阴道排菌的时间一般只有几天至3周，但是病菌可长期存在于病愈马的胆囊和肠道中，间歇地由粪便排出体外，有睾丸炎的公马可自精液排菌。非流产母马、马驹和去势马有时可成为隐性带菌者，向外界排菌。幼驹发生本病后，由粪便排菌。

本病的自然感染途径主要是消化道，也可通过交配或人工授精感染。隐性带菌者可由内源性感染而发病。初生驹可由胎盘感染或产道内感染而发病。

本病在马群中全年都可发生，但主要发生于初春（2～3月）、秋末（9～11月）季节。流产常发生于妊娠的中后期（4～8个月），且多见于第一次妊娠的青年母马。发生过本病的母马，大多数不再发生。但在初传入本病的地区，各胎次都可能发生。一般为散发，有时呈地方性流行。有易感性的育成马群，有时发病率可达80%～90%以上，而且死亡也较多。母马的流产率一般为10%～30%，甚至60%以上，这是此病在多数感染马群中的流行规律。

**【临床症状】**潜伏期15～30d，幼驹为10d左右。

1. 母马　临床特征是流产，以初产母马为多。流产前通常没有任何先兆，突然发生流产。流产母马有的引起子宫炎，体温升高，并出现严重的全身症状，阴道内流出污红色腥臭液体，有的子宫炎长期不愈，造成不孕症或多年流产现象，有的还可继发关节炎、腱鞘炎、肺炎和鬐甲脓肿，如不及时治疗，可死于败血症。

2. 幼驹　初生哺乳驹体温升高至40℃以上，呈稽留热或弛张热，精神沉郁，食欲减退或废绝，呼吸、脉搏增数，腹痛下痢，随后卧地不起，迅速死亡。较大的幼驹或病势较慢的，表现体温升高，发生多发性关节炎、腱鞘炎，多见于腕跗关节和系关节，病驹跛行，有的发生鬐甲脓肿，症状较重者可因败血症或脓毒血症死亡。

3. 公马及去势马　感染后多无明显症状。除病初体温升高外，主要表现为睾丸炎和副睾炎，精液中有大量病原。有的在四肢、鬐甲发生局限性硬固的肿胀，有热痛，重者化脓破溃形成不易愈合的脓疮，有些马可同时呈现慢性肠炎症状。各种年龄的马，特别是青壮年马感染后，还会发生急性胃肠炎，表现急性腹痛。

**【病理变化】**

1. 成年马　自然情况下很少死亡。感染致死后病理变化主要呈败血症变化，肝、脾、肺、肾等器官充血、出血。

2. 幼驹　除有肠炎和肺炎病变外，较小幼驹可见脾肿大、肝充血、肾皮质内有点状或纹状出血；心外膜有出血点，心肌发白。年龄较大的幼驹还常见关节炎的变化，有的在不同部位出现脓肿。

**【检疫诊断】**

1. 病原学检查

(1) 病料采集：采取流产胎儿的胃肠内容物、实质脏器、腹水，流产母马的阴道分泌物和胎盘，睾丸炎公马的精液，副伤寒幼驹的关节液、脓肿，胃肠炎病畜的肠内容物。应在使用抗菌素治疗前，发病的急性期或死后立即无菌采集。

(2) 分离培养：根据被检材料的种类和污染程度不同，可采取直接分离法或增菌分离法，但最好是两种方法同时进行。增菌培养基常用四硫黄酸钠培养基、亚硒酸盐培养基等液体增菌培养基，SS、BG（煌绿琼脂）、BS（亚硒酸铋琼脂）、孔雀绿、去氧胆酸柠檬酸钠琼脂培养基等选择性平板培养基。选择性平板培养基37℃培养24h后，沙门菌、志贺菌、变形杆菌等不发酵乳糖，其菌落为黄白色；而发酵乳糖的细菌如大肠杆菌等，其菌落为粉红色，以此可作为分离菌株初步鉴定的依据。

(3) 培养物鉴定：对可疑菌落分别在选择性培养基和非选择性普通琼脂培养基上获得纯培养。取纯培养物在三糖铁斜面上划线并做基底部穿刺，培养24h，马流产沙门菌在高层呈黄色，斜面上仍为红色，只有个别菌株产生硫化氢。对三糖铁培养可疑的分离菌株进行进一步检验，必要时做动力和生化试验。

2. 血清学检查

(1) 玻片凝集反应：对生化试验符合的，取其三糖铁琼脂或平板上纯培养物与沙门菌A～F多价血清做玻片凝集试验，凝集者用单因子血清定组，再以H血清做定型试验。马流产沙门菌只有一种鞭毛抗原，即是一种单项血清型。也可以对三糖铁可疑菌落先进行玻片凝集试验，然后再做生化试验以确定。

(2) 试管凝集试验：常用于本病的普查。

**【检疫处理】** 进口马检出本病，病马退回或者扑杀、销毁，同群其他马匹继续隔离检疫。

**【防疫措施】** 加强本病的检疫，淘汰阳性马和病马。对被污染的环境及用具用5%来苏儿或10%～20%的生石灰乳等进行彻底消毒，将垫草烧毁。常发本病的地区可采用菌苗进行免疫接种。发病后应及时隔离治疗。

## 第七节　马病毒性动脉炎

马病毒性动脉炎（equine viral arteritis，EVA）又称为流行性蜂窝织炎、丹毒，是马病毒性动脉炎病毒引起的一种传染病。主要特征为病马体温升高，步态僵硬，躯干和外生殖道水肿，眼周围水肿，鼻炎和妊娠马流产。该病于1953年在美国发现，此后欧洲及日本、伊朗、印度、澳大利亚、新西兰等国家均证实有本病存在。

**【病原体】** 马动脉炎病毒（*Equine arteritis virus*，EAV）是一种有囊膜、单股RNA病毒，属于动脉炎病毒科（*Arteriviridae*）动脉炎病毒属（*Arterivirus*）。病毒粒子直径为50～70nm，表面有纤突。病毒只有一个血清型，能在许多细胞培养物中增殖，产生细胞病变和蚀斑，并可用蚀斑减数试验等方法鉴定。病毒对0.5mg/mL胰蛋白酶有抵抗力，但对乙醚、氯仿等脂溶剂敏感。低温下极稳定，如在−20℃保存7年仍有活性，4℃可保存35d，37℃仅存活2d。

**【流行特点】** 该病可经呼吸道和生殖道传染。患病马在急性期通过呼吸道分泌物将病毒传给同群马或与其相接触的马。流产马的胎盘、胎液、胎儿亦可传播本病。长期带毒的种公马可通过自然交配或人工授精的方式把病毒传给母马。通过饲具、饲料、饲养人员的接触也能将病毒传给易感马。

**【临床症状】**大多数自然感染的马表现为亚临床症状，实验接种马可表现为临床症状。典型症状是发热，一般感染后3～14d体温升高达41℃，并可持续5～9d。病马出现以淋巴细胞减少为特征的白细胞减少症。母马痊愈后很少带毒，而大多数公马恢复后则成为病毒的长期携带者。

**【病理变化】**小动脉血管内肌层细胞的坏死，内膜上皮的病变导致特征性的出血和水肿以及血栓形成和梗死。常见有大叶性肺炎和胸膜渗出物，浆膜和黏膜以及肺和中隔等都有点状出血，在心、脾、肺、肾等内脏器官均能发现出血及水肿变化。浆膜腔中含有大量坏死，盲肠和结肠的黏膜坏死。恢复期病马的慢性损害包括广泛的全身性动脉炎和严重的肾小球性肾炎。

**【检疫诊断】**

1. *病毒分离*　急性病例采取抗凝血或鼻咽部拭子，种公马可采集精液，病死马可采取脾、肺和淋巴结等内脏，流产胎儿则采集脾、肺、肾、胎液、胎盘等病料进行病毒分离。初代分离最好用马源细胞，如马肾、马睾丸、马皮肤细胞、马卵巢细胞。已在马源细胞上适应的病毒，则易在BHK21细胞、RK13细胞上增殖。阳性病料需在细胞上盲传2～8代才能见到CPE。

2. CFT　补反抗体产生较早，一般感染后2～4周开始产生，到第4个月达到高峰，持续8个月后消失。此法对感染早期诊断有效，后期诊断率下降。

3. *微量中和试验*　中和抗体一般在感染后2～4个月达到高峰，并持续数年。该法敏感性和特异性均较好，被世界各国作为进口检疫标准。

**【检疫处理】**检出马病毒性动脉炎的马匹禁止进口，做退回或扑杀处理，同群其他动物在隔离场或其他指定地点隔离观察。

**【防疫措施】**平时加强口岸检疫，严防本病传入我国。一旦发生应采取严格的处理措施。发病后无特效疗法。

## 第八节　马鼻肺炎

马鼻肺炎（equine rhinopneumonitis，ER）又称为马病毒性流产，是由马疱疹病毒1型和4型引起马的一种急性发热性传染病。临床表现为上呼吸道黏膜的卡他性炎症以及白细胞减少，妊娠母马易发生流产。本病于20世纪30年代初最早发现于美国，现已在30多个国家或地区发现。血清抗体阳性率一般都在30%以上，最高有达90%。本病所引起的危害主要是妊娠母马流产，经济损失严重。

**【病原体】**马疱疹病毒1型（*Equid herpesvirus*-1，EHV-1）和4型（EHV-4）属于疱疹病毒科（*Herpesviridae*）。位于细胞核内的病毒无囊膜，核衣壳呈圆形，直径约100nm；位于细胞质或游离于细胞外带囊膜的成熟病毒粒子呈圆形或不规整的圆形，直径为150～200nm。病毒不能在宿主体外长时间存活，对乙醚、氯仿、乙醇、胰蛋白酶和肝素等都敏感。黏附在马毛上的病毒能保持感染性35～42d。

**【流行特点】**自然条件下只感染马属动物。病马和康复后的带毒马是传染源，主要经呼吸道传染，消化道及交配也可传染，可呈地方性流行，多发生于秋冬和早春。先在育成马群中暴发，传播很快，1周左右可使同群幼驹全部感染，随后怀孕母马发生流产，流产率达65%～70%，高的达90%。老疫区一般只见于1～2岁的幼马发病，3岁以上的马匹一般不感染或取隐性经过，再次怀孕的母马也较少发生流产。

【临床症状】潜伏期为2～10d。幼驹临床表现呈流感样症状，初期高热，鼻黏膜充血并流出浆液性鼻液，下颌淋巴结肿大，食欲稍减，白细胞数减少，主要是嗜中性粒细胞减少，体温下降后可恢复正常。若无细菌继发感染，多呈良性经过，1～2周可恢复正常。若细菌继发感染，发生肺炎和肠炎等，造成死亡。

成年马和空怀母马感染后多呈隐性经过，怀孕母马感染后潜伏期很长，要经过1～4个月后才发病。母马的流产多数发生在怀孕后的8～11个月，流产前不出现任何症状，偶有类似流感的表现。

【病理变化】幼驹和成年马一般只引起上呼吸道炎症。上呼吸道充血，黏液增多。组织学变化可见急性支气管肺炎，支气管嗜中性粒细胞浸润，支气管周围及血管周围的圆形细胞浸润，局部肺泡有浆液性纤维素渗出物潴留，支气管淋巴结的生发中心见坏死及核内包涵体。成年马可见呼吸道上皮细胞坏死，圆形细胞浸润及核内包涵体。

【检疫诊断】在马鼻肺炎流行区，可根据流行病学、临床症状、流产胎儿病变，尤其是嗜酸性核内包涵体等，做出初步诊断，确诊需做病毒分离或血清学试验。

1. 病毒分离　采取流产胎儿肺、肝、脾和胸腺等组织，其中以肺脏的病毒检出率最高，其次为肝，再次为脾和胸腺。也可以灭菌棉拭子采取鼻分泌液作为分离病毒的样品。初代分离培养病毒以马肾细胞最敏感。乳仓鼠肾和猪胎肾原代细胞同样适用于做初代分离培养，如能盲传2～3代，能提高分离率。

2. 病毒鉴定　新分离病毒在电镜下可见典型的疱疹病毒形态结构以及细胞培养物内病毒核芯的十字样形态特征。病毒的细胞感染范围、理化特性、核酸类型、乳仓鼠人工感染试验等均可作为鉴定的手段。新分离病毒可用中和试验进行种的鉴定。

3. CFT和琼脂扩散试验　常用于血清抗体调查和回顾性诊断。

【检疫处理】引进马匹时，检疫阳性马匹应立即隔离，做退回或扑杀处理。

【防疫措施】平时应加强饲养管理，严格执行兽医卫生防疫制度。发病后一般无需治疗，发病地区可进行免疫接种。

## 复习思考题

1. 马传染性贫血的流行病学特点有哪些？如何进行检疫诊断？
2. 非洲马瘟临床症状有哪几种类型？各型有哪些主要表现？
3. 马脑脊髓炎分为哪3种类型？各型对人的感染有何异同？
4. 如何进行马流产沙门菌病的检疫和诊断？

（佘锐萍　栗绍文）

# 第十一章 其他哺乳动物主要疫病检疫

## 第一节 兔病毒性出血症

兔病毒性出血症（rabbit viral hemorrhagic disease，RHD）俗称兔瘟，是由兔出血症病毒引起的一种急性、致死性、高度接触性传染病。特征为突然发病、呼吸急促、猝死、全身实质器官出血，传播迅速，发病率和死亡率极高，可给养兔业造成灾难性的打击。

**【病原体】** 兔出血症病毒（*Rabbit hemorrhagic disease virus*，RHDV）属于杯状病毒科（*Caliciviridae*）兔病毒属（*Lagovirus*）。呈二十面体对称，直径32～35nm，无囊膜。本病毒仅凝集人的红细胞，且凝集特性比较稳定，但可以被RHDV抗血清特异性抑制。该病毒只有一个血清型。体外分离还不能进行，但可以在乳鼠体内生长繁殖。病毒对理化因素有较强的抵抗力，具有耐热、耐酸的特性，对乙醚和氯仿等有机溶剂不敏感，对紫外线及干燥等不良环境耐受力较强。1%～2%福尔马林、3%烧碱、10%漂白粉在2～3h内可杀死该病毒。

**【流行特点】** 本病只发生于家兔和野兔，不同品种、性别都易感，主要侵害2月龄以上的青壮年兔，而哺乳仔兔很少发病。病兔和隐性感染带毒兔为主要传染源，病毒随传染源的分泌物、排泄物排出体外，健康兔与病兔可直接接触感染，也可以被污染的饲料、饮水、用具、环境等间接接触感染。主要传播途径是消化道，也可通过呼吸道、可视黏膜及注射等传播。常呈暴发流行，成年兔的发病率和病死率可达90%～100%。传播迅速，流行期短，无明显的季节性。

**【临床症状】** 潜伏期1～4d。最急性型多发生于流行初期。病兔突然倒地，抽搐，尖叫死亡。典型病例可见病死的家兔鼻孔流出带泡沫样血液，皮肤及可视黏膜发绀。急性型表现为体温升高（40℃以上），精神迟钝，食欲减退，口渴，呼吸急促，黏膜发绀，临死前表现短时兴奋，病程1～2d。慢性型表现体温升高1～1.5℃，食欲减少，被毛无光泽，全身性黄疸，最后消瘦、衰竭而死。少数病兔可耐过不死。

**【病理变化】** 以全身实质器官淤血、出血和坏死为主要特征。上呼吸道黏膜严重淤血、出血，气管、支气管有泡沫样血液。肺淤血、出血和水肿，间质增宽。肝、脾、肾淤血肿大，呈暗紫色。胆囊肿大。心脏淤血并有出血点。胃黏膜脱落，胃肠出血。肠系膜淋巴结肿大、出血。

**【检疫和诊断】** 根据临床特征和病理变化可做出初诊，确诊必须进行病原鉴定和血清学试验。病原鉴定方法有HA/HI、电镜检查、ELISA及RT-PCR等。肝脏是病原鉴定最适合的器官。

血清学方法常用的有 HI、ELISA、琼脂扩散试验等。其中以 HA/HI 应用最为普遍，常用来鉴定和检测自然感染、免疫接种的特异性抗体。

**【检疫处理】**发现病兔时，应立即封锁疫点，暂时停止种兔调剂，关闭兔及兔产品交易市场。深埋死兔，严禁出售食用。疫群中未病兔应紧急接种疫苗，扑杀重病兔。病、死兔污染的环境和用具等彻底消毒。屠宰前发现本病，病兔应进行不放血扑杀，尸体处理后利用。宰后检疫发现本病，胴体、内脏及皮毛等全部化制或销毁。

**【防疫措施】**本病来势猛烈，蔓延迅速，又无有效药物治疗，预防主要靠综合性防疫措施。

（1）在本病的常发区，每年春、秋两季用兔瘟组织灭活苗进行免疫预防接种。对断奶兔要及时补种疫苗。

（2）无病地区的兔场应实行自繁自养，严禁从疫区引进种兔。需要引进种兔时，严格检疫，并隔离观察一段时间，合格时方可合群。

（3）对病兔要及时隔离、扑杀，在疫区内严禁出售家兔，病死兔要深埋或焚烧，对污染的笼舍、场地、用具等可用3%过氧乙酸彻底消毒。

## 第二节 兔黏液瘤病

兔黏液瘤病（rabbit myxomatosis）是由兔黏液瘤病毒引起兔的一种高度接触性和致死性传染病。特征为全身皮下尤其颜面部和天然孔周围皮下发生黏液瘤性肿胀，具有极高的致死率。

**【病原体】**黏液瘤病毒（*Myxoma virus*）属于痘病毒科（*Poxviridae*）兔痘病毒属（*Leporipoxvirus*）。本病毒呈砖状，大小为 280nm×230nm×75nm。目前只有一个血清型，但不同毒株在抗原性和毒力有明显差异。病毒能在鸡胚绒毛尿囊膜上生长并产生痘斑，不同毒株形成的痘斑大小各异，这有助于毒株的鉴定。病毒也能在鸡胚成纤维细胞、兔睾丸细胞、兔肾细胞和鼠胚肾细胞上增殖而出现 CPE。病毒理化特性与其他痘病毒相似，消毒时可用 2%～4%NaOH 溶液、3%甲醛溶液等。

**【流行特点】**本病只侵害家兔和野兔，不同品种的家兔和野兔易感性差异较大，在新疫区内易感兔的死亡率几乎可达100%。传染源是病兔和带毒兔。传播方式是直接与病兔接触或与该病毒污染的饲料、饮水和用具等接触而传染；自然状态下节肢动物是主要的传播媒介。呈地方流行性或流行性，发病率和病死率高。

**【临床症状】**潜伏期 4～11d。临床症状因被感染兔的易感性、病毒株的致病性强弱有很大差异。典型病例的病兔眼睑水肿，有黏脓性结膜炎和鼻漏。上下唇、耳根、会阴和外生殖器显著水肿，初期硬而凸起，边界不清楚，进而充血、破溃，流出淡黄色的浆液。病兔直到死前不久仍保持食欲。病程 1～2 周，死前出现神经症状，病死率几乎 100%。近年来出现的呼吸型主要引起浆液性或脓性鼻炎和结膜炎，而皮肤病变轻微，仅在耳部和外生殖器等部位的皮肤上出现肿瘤样结节。

**【病理变化】**皮肤肿瘤和皮下胶冻样浸润，尤其是颜面部和全身天然孔的皮下浮肿。淋巴结肿大、出血，脾肿大，胃肠浆膜下和心内外膜可能有出血点。组织学变化为肿瘤的表皮细胞肿胀和空泡化，真皮深层出现大量正在分裂的大细胞核和丰满细胞质的星状细胞（黏液瘤细胞），同时有大量炎性细胞浸润。

**【检疫与诊断】**临床症状和病理变化都有一定的特征，结合流行特点不难对该病做出初诊。但确诊需要进行实验室检查。

1. 病理组织学检查　取病变的皮肤肿瘤制成石蜡切片，经光镜观察可见黏液瘤细胞和皮肤上皮细胞内的胞质包涵体。

2. 病原学诊断　采取新鲜病料经超声波处理使细胞裂解，释放出病毒粒子后制成抗原，然后进行琼脂扩散试验来证实病毒抗原；也可取病料接种兔肾单层细胞进行该病毒的分离培养，观察特征性的痘病毒细胞病变；还可通过免疫荧光试验和负染电镜观察证实病毒存在。

3. 血清学试验　国际贸易中最常用的方法有 CFT、中和试验和 ELISA 等。琼扩试验无论检测抗体或抗原，都可在 12～24h 内判定结果，准确率极高，一般只用于定性试验。

**【检疫处理】**发现疑似本病发生时，应向上级动物卫生监督机构报告疫情，并迅速做出确诊，及时采取扑杀病兔、销毁尸体、用 2%～5%福尔马林液消毒污染场所、紧急接种疫苗、严防野兔进入饲养场以及杀灭吸血昆虫等措施。新引进的兔必须在防昆虫动物房内隔离饲养 14d，检疫合格者方可混群饲养。

**【防疫措施】**我国是该病的非疫区，因此应加强国境检疫，严禁从疫区引进家兔及其产品，必须引进时要进行严格检疫。一旦发现阳性兔，要立即进行扑杀销毁；对进口的兔毛皮等产品应进行严格的熏蒸消毒以防产品带毒。

## 第三节　野兔热

野兔热（hare fever）又称为土拉杆菌病（tularemia），是由土拉弗朗西斯菌引起的一种急性自然疫源性人兽共患传染病。以体温升高、严重麻痹、淋巴结肿大、脾和其他内脏坏死为特征。

**【病原体】**土拉弗朗西斯菌（*Francisella Tularensis*）属于弗朗西斯菌属（*Francisella*）。革兰氏阴性，但着色不良，用美蓝染色呈明显的两极着染。在患病动物血液中为球形，在培养基上则呈多形性，如球形、杆状、长丝状等。无运动性，在病料中可看到荚膜，不形成芽胞。本菌为需氧菌，对营养要求较高，在普通培养基上不能生长，在含有兔血、胱氨酸或蛋黄的培养基上生长良好，经 3～5 d 培养，生长出灰白色、黏稠、类似露珠状的小菌落。本菌对外界环境抵抗力颇强，在土壤、水、肉、皮毛中可存活数十天。但对热和各种消毒药抵抗力弱。

**【流行特点】**主要发生于家兔、野兔和啮齿类动物，此外多种哺乳动物、禽鸟类及人均有感染的报道。自然界中啮齿动物是主要携带者和传染源，野兔群是最大的保菌宿主。主要通过直接接触和吸血昆虫叮咬而传播，也能通过污染的饲料、饮水、用具间接接触传播，并通过消化道、呼吸道、伤口及皮肤和黏膜而入侵。常呈地方性流行，多发生于春末夏初啮齿动物与吸血昆虫繁殖孳生的季节。

**【临床症状】**潜伏期为 1～10d。急性病例多无明显症状而呈败血症迅速死亡。多数病例病程较长，机体消瘦、衰竭，体表（颌下、颈下、腋下和腹股沟等处）淋巴结肿大、质硬，有鼻液，体温升高，白细胞增多。

**【病理变化】**急性死亡者无特征病变。如病程较长，可见淋巴结显著肿大，色深红，切面见针头大小的淡黄灰色坏死点；脾肿大，呈暗红色，表面与切面有灰白色或乳白色的粟粒至豌豆大的坏死灶；肝、肾肿大，有散发性针尖至粟粒大的坏死结节；肺充血有实变区；骨髓有坏死灶。

**【检疫和诊断】**根据症状、病变结合流行病学特点可做出初步诊断，但确诊必须依靠病原鉴定和血清学试验。病原鉴定可经涂片或组织切片鉴定土拉弗朗西斯菌，也可通过培养或动物接种试验进行鉴定。血清学试验主要用于对人土拉杆菌病的检测，而对动物的诊断价值不大，因为动物在产生抗体以前常常已经死亡。应用最普遍的血清学方法是试管凝集试验。

**【检疫处理】**检疫中发现本病时，应向有关动物卫生监督部门报告备案，病死畜应全部做销毁处理。及时隔离、治疗病畜，并对同群畜禽采取预防措施。

**【防疫措施】**严防野兔进入兔场，按防疫规定引进种兔；消灭鼠类、吸血昆虫和体外寄生虫；病兔及时治疗，对病死兔应采取烧毁等严格处理措施；剖检病尸时要严格消毒，防止对人感染；可用链霉素、庆大霉素、卡那霉素等抗生素治疗。

## 第四节　兔球虫病

兔球虫病（rabbit coccidiosis）是由艾美耳属的多种球虫寄生于兔的肝胆管和肠管的上皮细胞内引起的寄生虫病。特征是患兔消瘦、贫血和下痢。主要危害1～3月龄幼兔。本病分布极广，呈地方性流行，是家兔寄生虫病中危害最严重的一种。

**【病原体】**病原为艾美耳科（Eimeriidae）艾美耳属（*Eimeria*）的成员，主要有7种，除斯氏艾美耳球虫寄生于胆管上皮外，其余各种（如中型艾美耳球虫、大型艾美耳球虫、穿孔艾美耳球虫等）都寄生于肠上皮细胞内。艾美耳球虫的特征和生活史详见鸡球虫病。

**【流行特点】**各种品种的家兔都易感，断奶后至12周龄的幼兔感染最为严重，感染率可达100%，死亡率达40%～70%；成年兔发病轻微。病兔和成年带虫兔是本病的传染源，通过粪便排出卵囊，污染的饲料、饮水和用具等均可成为本病的传播媒介。仔兔主要是通过哺乳时吃入母兔乳房上黏附的卵囊而感染，幼兔则是通过吃了带卵囊的饲料和饮水而感染。营养不良，兔舍卫生条件恶劣，饲料与饮水遭受粪便污染等，可促成本病的发生和传播。多在温暖多雨季节发生和流行。

**【临床症状】**分为肝型、肠型和混合型，以混合型为最常见。病兔表现精神沉郁，食欲减退或废绝，眼鼻分泌物增多，贫血，幼兔生长停滞，排尿频繁，下痢，或腹泻与便秘交替发生，腹围膨大，肝触诊有痛感而肿大，可视黏膜轻度黄染。后期幼兔多出现神经症状，四肢痉挛或麻痹，常因极度衰竭而死亡，病死率一般在40%～70%，有时高达80%以上。

**【病理变化】**肝型球虫病的病变主要在肝脏。肝脏肿大，表面和实质内有许多白色或淡黄色结节，呈圆形，粟粒至豌豆大，沿小胆管分布，结节内含脓样或干酪样物质。慢性病例，由于肝脏间质结缔组织增生，使肝细胞萎缩，肝脏体积缩小。胆囊肿大，胆汁黏稠。

肠型球虫病的病变主要在肠道。肠黏膜充血，肠壁肥厚，小肠内充满气体和大量黏液。慢性病例，肠黏膜呈淡灰色，有许多小的白色结节，有的有化脓灶、坏死灶。

**【检疫和诊断】**生前根据流行特点、临床症状并结合粪检球虫卵囊可确诊。死后根据肝脏和肠道的病变特点，结合结节病变组织压片镜检可见大量球虫卵囊而确诊。

**【检疫处理】** 检疫中发现兔球虫病时，病兔立即隔离治疗，尸体烧毁或深埋。消毒被污染的兔笼、用具等，污染的粪便、垫草等要妥善处理。

**【防疫措施】**

(1) 兔舍经常保持清洁、干燥。对兔笼、饲槽定期消毒。兔粪要堆肥发酵。

(2) 选作种用兔必须经多次粪便检查，确认无球虫病者方可留做种用。对购进的家兔需隔离饲养 2～3 周，检查无球虫病方可混群。

(3) 幼兔与成年兔应分笼饲养，以防止成年兔带虫传播给幼兔。

(4) 发现病兔应立即隔离、治疗或淘汰。对病死兔的尸体要深埋或焚烧。

## 第五节　兔巴氏杆菌病

兔巴氏杆菌病（pasteurellosis）是由多杀性巴氏杆菌所引起的一种传染病。由于病原侵害部位不同，临床上可表现多种类型。家兔十分易感，主要引起 9 周龄至 6 月龄的兔死亡。一般无季节性，以冷热交替、气温骤变、闷热、潮湿多雨季节发生较多。

**【病原体】** 多杀性巴氏杆菌详见猪肺疫。自然病例分离培养的菌落型几乎全是 Fo 型。

**【流行特点】** 家兔十分易感。病兔和带菌兔是主要传染源。病兔的排泄物、分泌物可以不断排出有毒力的病菌，污染饲料、饮水、用具和外界环境，经消化道而传染给健康兔，或由咳嗽、喷嚏排出病菌，通过飞沫经呼吸道而传染，吸血昆虫的媒介和皮肤、黏膜的伤口也可发生传染。家兔健康带菌现象非常普遍，当兔子抵抗力降低时，可发生内源性感染。呈散发或地方流行性，一般发病率在 20%～70%。

**【临床症状】** 潜伏期长短不一，一般为 1～6d。临床上可表现多种类型。

1. 败血型　病兔精神委顿，食欲差，呼吸急促，体温高达 41℃左右，鼻腔流出浆液性或脓性分泌物，有时也发生腹泻。临死前体温下降，四肢抽搐，病程短的 24h 死亡，稍长的 3～5d 死亡。最急性的病兔，未见有临床症状就突然死亡。

2. 鼻炎型　常见，以浆液性、黏液性或黏液脓性鼻液为特征。

3. 肺炎型　病初表现食欲不振、精神沉郁，常转为败血症而很快死亡。

4. 中耳炎型（又称为斜颈病）　单纯的中耳炎常不表现临床症状，但病变蔓延至内耳及脑部时，则表现斜颈。

5. 结膜炎型　主要发生于未断奶的仔兔及少数老年兔。流泪，结膜充血、发红，眼睑中度肿胀，分泌物常将上下眼睑粘住。

6. 脓肿、子宫炎及睾丸炎型　脓肿可以发生于身体各处。子宫发炎时，母兔阴道有脓性分泌物。公兔睾丸炎可表现一侧或两侧睾丸肿大。

**【病理变化】** 各种病型有不同的病变，但经常看到几种病型联合发生。

1. 败血型　全身性充血、出血和坏死。呼吸道黏膜充血、出血；肺严重充血、出血，高度水肿；心内外膜有出血斑点；肝有许多小坏死点；脾、淋巴结肿大、出血；胸腹腔积液。

2. 鼻炎型　鼻腔内积有多量鼻液，鼻孔周围皮肤发炎，鼻黏膜红肿。

3. 肺炎型　肺充血、出血、实变、脓肿和出现灰白色小结节。胸膜、肺、心包膜上有纤维素附着。

4. 中耳炎型　鼓室内有白色奶油状渗出物，鼓室和鼓室内壁充血、增厚。

**【检疫和诊断】**根据流行特点、临床症状和病理变化可做出初诊，确诊需做病原学检查。病料可采集急性病例的心、肝、脾或体腔渗出物，以及其他病型的病变部位、脓汁、渗出物等，然后进行涂片镜检、细菌培养和鉴定、动物接种等病原学检查。

**【检疫处理】**检疫中发现本病时，病兔应立即隔离治疗，尸体烧毁或深埋。被污染的环境、兔笼、用具等彻底消毒，污染的粪便、垫草等妥善处理。

**【防疫措施】**兔场平时要加强饲养管理和卫生防疫工作，避免一切应激因素。种兔场要定期检疫，坚决淘汰阳性兔。引进种兔要隔离观察 30d，证明无病时方可混群饲养。兔群要定期预防接种。

发现病兔要严格隔离，尽早治疗，无治疗价值的坚决淘汰。对无症状健康兔紧急注射菌苗进行预防，以增强兔体免疫力。对兔舍及兔笼、场地等可用 3%来苏儿溶液或 20%石灰乳消毒，用具用 2%NaOH 液洗刷消毒。本病用抗生素治疗效果显著，如链霉素、庆大霉素、红霉素及磺胺类药物治疗都有很好的疗效。

## 第六节　兔密螺旋体病

兔密螺旋体病（treponemosis of rabbit）又称为兔梅毒，是由兔梅毒密螺旋体引起成年家兔和野兔的一种慢性传染病。其特征是侵害外生殖器和颜面部（口周、鼻端）皮肤及肛门黏膜，使其发生炎症、结节和溃疡。

**【病原体】**兔梅毒密螺旋体（*Treponema paraluis - cuniculi*）属于螺旋体科（Spirochaetaceae）密螺旋体属（*Treponema*），为革兰氏阴性的纤细螺旋状细菌，大小为 0.25μm×10～30μm。本菌着色力较差，可用印度墨汁染色、姬姆萨染色和镀银染色。目前尚不能人工培养，对实验动物如小鼠或豚鼠等人工接种也不能感染。

**【流行特点】**家兔和野兔易感。病兔和康复带菌兔是主要传染源，病原主要存在于病兔的生殖器官。交配传染是最主要的传染途径，发病的绝大多数是成年兔，幼兔极少发病。兔群中流行本病时发病率很高，但很少有死亡发生。

**【临床症状和病理变化】**潜伏期 2～10 周。发病呈慢性经过，全身症状不明显，仅见局部病状。病初，外生殖器官（公兔在龟头、包皮、阴囊皮肤上，母兔在阴唇上）和肛门周围红肿，继而形成粟粒大的小结节，有黏液脓性分泌物，并形成棕色痂皮。剥去痂皮，可见稍凹陷、边缘不整齐的溃疡，且易于出血，并常蔓延至鼻、眼睑、唇、爪等部位。有的附近淋巴结肿胀。康复兔溃疡区愈合后形成星形瘢痕。一般不影响公兔的性欲，但母兔失去配种能力，受胎率降低，本病病死率很低。

**【检疫和诊断】**根据流行特点、发病情况和患病部位的病变可做出初步诊断，确诊需刮取病变部位皮肤或黏膜的分泌物做涂片，用暗视野显微镜检查，或用姬姆萨染色或印度墨汁染色后，用普通光学显微镜检查有无密螺旋体存在。

**【检疫处理】**检疫中发现本病时，立即隔离病兔，治疗观察，停止配种，病重者淘汰。对污染的兔笼、用具、环境可用1%～2%火碱或2%～3%来苏儿进行消毒。屠宰检疫中发现本病时，宰前进行急宰，剔除的病变部分化制或销毁，皮张消毒处理，其余的胴体和内脏进行高温处理。宰后检疫发现本病后的卫生处理同宰前。

**【防疫措施】**平时的预防主要是加强兽医卫生防疫措施，不从疫区购买兔种，引种时要加强检疫，引入后要进行隔离观察，确认为健康后方可混群饲养。配种前应详细检查公、母兔的外生殖器，健康者方可配种。发现本病时要及时隔离饲养，不得配种，不得出售和运输。对污染的兔笼、工具等要严格消毒。治疗可用青霉素肌肉注射。病变局部以0.1%高锰酸钾溶液冲洗后，涂擦青霉素软膏或碘甘油。

## 第七节　水貂阿留申病

水貂阿留申病（aleutian disease）是由阿留申病毒引起水貂的一种免疫缺陷综合征性的慢性传染病。特征是持续性病毒血症、超敏和自身免疫缺陷，进行性缓慢衰弱，浆细胞与γ球蛋白增多。本病广泛流行于世界各养貂国家。在我国各养殖场均有此病发生。本病既能影响水貂的繁育和毛皮质量，又会干扰免疫反应，被公认为世界养貂业的三大疫病之一。

**【病原体】**貂阿留申病毒（*Aleutian mink disease virus*，ADV）属于细小病毒科（*Parvoviridae*）阿留申病毒属（*Amdovirus*）。呈球形，正二十面体对称，直径为24～26nm。病毒能在貂睾丸细胞和肾细胞、鼠和鸡胚成纤维细胞等原代细胞上增殖，也能在猫肾原代和继代细胞中增殖，并产生CPE。病毒抵抗力较强，能耐受乙醚和氯仿，对紫外线、强酸、强碱和碘敏感。

**【流行特点】**自然发病仅见于水貂，且所有品系的貂都易感，但阿留申貂的易感性最高，发病率也高，其他品系貂多数为隐性感染。年龄和性别也有一定差异，彩貂多于黑貂，成貂多于仔貂，公貂多于母貂。

主要传染来源是病貂和隐性感染貂。病毒主要通过粪、尿和唾液排泄到外界环境中，血液中也有病毒。主要通过消化道和呼吸道传染，蚊虫也可能是本病的传播媒介；通过母貂胎盘也可垂直传播给子代。

流行有明显的季节性，秋冬季节发病率较高。本病传入貂群，开始多呈隐性流行，随着时间的延长和病貂的累积，表现出地方流行性，也有暴发。

**【临床症状】**潜伏期长，自然感染平均时间为60～90d，有的可达1年以上。本病属于自家免疫病，无固定的特征性症状，少数呈急性经过，但多数为慢性或隐性感染。

急性型表现为食欲减退或消失，精神沉郁，机体衰竭，死前出现痉挛。幼貂还可呈现急性间质性肺炎而死亡。病程2～3d。

慢性型表现为口渴，消瘦，食欲反复无常。精神高度沉郁，可视黏膜苍白，口腔、齿龈、软腭上有出血和溃疡。排出煤焦油样粪便。病公貂无精子，病母貂易流产。最后病貂严重贫血，呈恶病质状，最后死于尿毒症。病程约数周。具有特征性的是血液学变化，血清中的γ球蛋白量增加；血清总氮量、麝香草酚浊度、谷草转氨酶、谷丙转氨酶和淀粉酶含量均明显增高；而血液纤维蛋白、血小板和血清钙含量以及白蛋白与球蛋白比降低。

**【病理变化】**主要在肝、肾、脾和骨髓，尤其是肾脏。肾脏显著肿大（可达2～3倍），呈灰色、淡黄色或橙黄色，表面有黄白色坏死灶及点状出血。慢性病例，肾髓质结节不平，有粟粒大灰白色小病灶。肝脏肿大，急性型呈红色，慢性型呈黄褐色。脾脏肿大2～5倍，急性型呈暗红色或紫红色，慢性型脾脏萎缩，呈红褐色或红棕色。淋巴结肿胀、多汁，呈淡灰色。病理组织学变化是浆细胞异常增多，特别是在肝、肾、脾和淋巴结的血管周围发生浆细胞浸润。在浆细胞中有许多圆形的Russe小体，小体可能由免疫球蛋白组成，小体的检出率为62%。

**【检疫与诊断】**根据流行特点、临床症状和病理变化可做出初步诊断，最后确诊需进行实验室检查。对进口貂的检疫，以前用碘凝集试验。本试验方法简单，但不是特异反应。目前常用的血清学诊断方法是对流免疫电泳试验。该法特异、简便、灵敏、快速、准确，检出率高达100%，适用于早期诊断，感染后3～9d即可检出沉淀抗体，并能维持6个月以上。还可采用CFT、免疫荧光试验、ELISA等。

**【检疫处理】**检疫中发现本病时，立即隔离饲养。必须果断地严格淘汰阳性貂，阳性貂不能再留作种用。被污染的食具、用具、笼子和地面等应严格消毒。

**【防疫措施】**采取以检疫、淘汰阳性貂为主的综合性防疫措施。平时要加强饲养管理，建立健全貂场的兽医卫生防疫制度，对养殖场的用具、笼舍、地面定期消毒。在引进种貂时应隔离检疫观察，阴性者方可混群。建立定期检疫和淘汰阳性貂的制度是净化貂群、消灭阿留申病的最好途径。

## 第八节　水貂病毒性肠炎

水貂病毒性肠炎（mink viral enteritis，MVE）又称为水貂传染性肠炎，是由貂肠炎病毒引起的一种以腹泻，粪便里含有灰白色脱落肠黏膜、纤维蛋白和肠黏液的管状物，血液白细胞显著减少为特征的急性、高度接触性传染病。本病已成为我国水貂三大疫病之一。

**【病原体】**貂肠炎病毒（*Mink enteritis virus*，MEV）属细小病毒科（*Parvoviridae*）细小病毒属（*Parvovirus*）。病毒粒子无囊膜，直径18～26nm。病毒基因组为单股DNA。能凝集猪和猴的红细胞。病毒能在貂肾、猫肾原代细胞上增殖，也能在CRFK、FK、NLFK等传代细胞上生长繁殖，能产生CPE和核内包涵体。病毒对外界环境有较强的抵抗力，在污染的貂笼里能保持1年的毒力。病毒对胆汁、乙醚、氯仿等有抵抗力。煮沸能杀死病毒，0.5%福尔马林、2%氢氧化钠溶液在室温条件下12h可使病毒失去活力。

**【流行特点】**自然条件下常见貂感染发病，不同品种和年龄均有易感性，但幼貂的易感性极强，发病率高，病死率也高。病貂、带毒貂和猫是主要的传染源。病毒可经病貂的粪便、尿和各种分泌物散播，污染饲料、饮水、用具和环境，通过消化道和呼吸道传染。本病多发生于夏季。

**【临床症状】**潜伏期4～9d。表现精神沉郁，食欲减退或废绝，渴欲增加，不愿活动，有的呕吐，体温升高到40～41℃，鼻镜干燥。粪便稀软，呈黄白、灰白、粉红甚至煤焦油状，并混有脱落的肠黏膜、纤维蛋白和黏液组成的灰白色或淡黄色管状物。病程稍长可见尸体消瘦，被毛松乱，肛门周围粪便污染。

**【病理变化】**以急性卡他性、纤维蛋白性乃至出血性肠炎变化为特征，即以肠和淋巴组织病理变化为主。胃幽门黏膜充血、坏死和溃疡。肠管呈鲜红色，肠内容物混有血液、脱落的黏膜上皮和纤维蛋白样物，有恶臭味，肠管显著增大，肠壁菲薄如纸。脾肿大，呈暗紫色，表面粗糙。胆囊膨胀，充满胆汁。肝肿大、质脆色淡。

**【检疫和诊断】** 根据流行特点、临床症状以及剖检变化，特别是血液白细胞锐减（白细胞总数由 9 500 个/$mm^3$ 减少到 5 000 个/$mm^3$ 以下）可做出初诊，确诊必须进行实验室检查。

1. 动物接种　采取典型病貂的肝、脾或肠段组织悬液给健康仔幼貂灌服或腹腔注射，经 1 周左右后发生肠炎，即可确诊。

2. 包涵体检查　取病料（最好是小肠隐窝）制片，染色镜检，在上皮细胞内见到胞质包涵体和胞核嗜伊红包涵体，2～3 个，圆形或椭圆形，边缘整齐，界线清晰，鲜艳红色。

3. 血清学检查　微量 HA/HI 具有特异、灵敏、快速和简便等优点。琼脂扩散试验也适用于此病的早期诊断。还有血清中和试验、直接荧光抗体试验等。

**【检疫处理】** 病貂隔离治疗，年终淘汰。同场健康貂紧急接种和进行计划检疫。皮张消毒后利用。病貂尸体及其污染的锯末垫料等烧毁，被污染的笼舍、场地、用具、粪便等严格消毒。

**【防疫措施】** 预防、控制和消灭，必须依靠综合性防疫措施。加强饲养管理，严格执行兽医卫生制度，定期进行免疫接种等，才有可能达到预期的效果。每年母貂配种前和仔貂分窝后 3 周，进行两次预防接种。对发病场（群），可在流行开始时立即对未发病貂进行紧急接种疫苗，以控制疫情，减少发病死亡。杜绝从疫区购买水貂，可有效地控制水貂病毒性肠炎的发生。

## 第九节　猫泛白细胞减少症

猫泛白细胞减少症（feline panleukopenia）又称为猫瘟热（feline distemper）、猫传染性肠炎（feline infectious enteritis），是由病毒引起的猫的一种急性、高度接触性传染病。特征是突发双相型高热、呕吐、腹泻、高度脱水、白细胞显著减少及出血性肠炎。

**【病原体】** 猫泛白细胞减少症病毒（*Feline panleukopenia virus*，FPV）属细小病毒科（*Parvoviridae*）、细小病毒属（*Parvovirus*）。病毒粒子无囊膜，直径 20～40nm。在 4℃能凝集猫红细胞。FPV 只有一个血清型，且与犬细小病毒（CPV）和水貂肠炎病毒（MEV）在抗原结构上有一定亲缘关系。FPV 抵抗力极强，与貂肠炎病毒相似。

**【流行特点】** 家猫是主要的宿主。其他猫科动物（虎、猎豹和豹）、鼬科（貂、雪貂和臭鼬）和浣熊科（长吻浣熊、浣熊）动物也能自然感染。感染动物特别是病猫和康复猫是主要传染源，可从粪、尿、呕吐物及各种分泌物排出病毒，污染饲料、饮水、器具和周围环境。猫和水貂即使康复后粪尿中仍能排毒数周至 1 年以上。通过直接接触或消化道、呼吸道等途径传播，跳蚤、虱、螨等吸血昆虫也可成为传播媒介。流行具有一定的季节性，以冬末至春季多发，尤以 3 月份发病率最高。1 岁以下的幼猫多发，随年龄增长发病率降低。各种应激因素如长途运输、饲养条件剧变或来源不同的猫混杂饲养等，可能导致急性暴发流行。

**【临床症状】** 潜伏期 2～9d。最急性病猫无任何前驱症状而突然死亡，死后仅见尸体有脱水症状。第一次发烧时体温 40℃左右，持续 24h 后恢复到常温，经 2～3d 后第 2 次上升，呈明显的双相热型。精神沉郁，被毛粗乱，头和前爪贴靠腹部，厌食，持续呕吐，排带血的水样稀粪，严重脱水，体重迅速下降，眼鼻有脓性分泌物。一般在第 2 次发烧至高峰后不久病猫死亡。妊娠母猫子宫感染可引起流产、死胎、早产或小脑发育不全的畸形胎儿。血液中白细胞大量减少是本病的特征性变化。

**【病理变化】** 胃肠黏膜充血、出血和水肿以及被纤维素性渗出物覆盖，空肠和回肠病变尤为严重。小肠肠壁增厚，外观似乳胶管样。肠系膜淋巴结肿胀、出血。肝、肾淤血、肿胀。长骨骨髓呈半液状。组织学变化可见肠淋巴滤泡、淋巴结及脾脏滤泡内网状内皮细胞增生，淋巴细胞数量减少。肠绒毛上皮变性，可见核内包涵体。

**【检疫和诊断】** 根据临床症状、流行特点、血液学检查白细胞减少和病理组织学检查，可以做出初诊，确诊需进行病毒分离鉴定或血清学检查。

1. 病毒分离与鉴定　取急性病例的肝、脾、血液及其排泄物，接种于猫肾原代或继代细胞。病毒鉴定可采用免疫荧光试验检查细胞培养物或患病动物组织的冰冻切片，也可用标准免疫血清进行病毒中和试验，或用免疫电镜技术直接检查粪便中的病毒抗原。

2. 血清学检查　血清中和试验和 HI 试验最常用。

**【检疫处理】** 检疫中发现猫泛白细胞减少症时，应将病猫严格隔离治疗或扑杀。病猫尸体应烧毁，被污染的笼舍、场地、用具及粪便等严格消毒。

**【防疫措施】** 预防关键是免疫接种。常用的疫苗有两种，即灭活苗和弱毒苗。本病一旦污染则很难彻底根除，因此必须严格实施平时的常规防疫措施。平时应搞好猫舍卫生，对于新引进的猫，必须进行免疫接种并观察 60d 后，才能混群饲养。

本病无特效药物可用于治疗，主要采取支持性疗法，如补液、使用抗菌药物和止吐药，并要精心护理、限制饲喂。近年来，使用猫瘟热高免血清进行特异性治疗，并配合对症疗法取得了较好的治疗效果。

## 第十节　犬瘟热

犬瘟热（canine distemper）是由犬瘟热病毒感染肉食兽中犬科（尤其是幼犬）、鼬科及一部分浣熊科动物的高度接触传染性、致死性传染病。病犬早期表现双相热型、急性鼻卡他性炎，随后以支气管炎、卡他型肺炎、严重胃肠炎和神经症状为特征。少数病例出现鼻部和脚垫高度角化。该病几乎分布于全世界，所有养犬国家均有发生。

**【病原体】** 犬瘟热病毒（*Canine distemper virus*，CDV）属于副黏病毒科（*Paramyxoviridae*）麻疹病毒属（*Morbillivirus*），直径 150～300nm，对干燥和寒冷有强的抵抗力。在室温下可存活 7～8d。对碱性消毒液敏感，常用 3%NaOH 溶液作为消毒剂。

**【流行特点】** 不同年龄的犬均可感染，以不满周岁的犬最易感。貂、狐、狼、熊、大熊猫等也可感染。病犬和病水貂是最主要传染源。病毒大量存在于鼻液、唾液、泪液和尿液中。主要经呼吸道和消化道感染。寒冷季节较多发。

**【临床症状】** 潜伏期随传染来源的不同长短差异较大。来源于同种动物的潜伏期 3～6d；来源于异种动物时因需要经过一段时间的适应，潜伏期可长达 30～90d。

1. 犬　体温升高，持续 1～3d；然后消退，似感冒痊愈特征；但几天后体温再次升高，并伴有流泪、眼结膜发红、眼分泌物由液状变成黏脓性。鼻镜发干，有浆液性或脓性鼻液流出。病初干咳，后转为湿咳，呼吸困难。呕吐、腹泻，有的出现神经症状，最终以严重脱水和衰弱死亡。出现神经症状的病犬多呈急性经过，病程短，死亡率高，常在2～3d内死亡。常继发上呼吸道感染或支气管肺炎。

2. 水貂　慢性主要表现脚爪肿胀，脚垫变硬，鼻、唇和脚爪部发生水疱、化脓和结痂。急性病例还出现体温升高、消化紊乱、下痢等感冒样症状。

**【病理变化】** CDV为泛嗜性病毒，对上皮细胞有特殊的亲和力，因此病变分布非常广泛。新生幼犬常表现为胸腺萎缩。成年犬多表现为结膜炎、鼻炎、支气管肺炎和卡他性肠炎。肺组织出血。胃黏膜和小肠前段出血。有的病犬脾脏和膀胱黏膜出血。中枢神经系统病变包括脑膜充血、出血，脑室扩张和脑水肿所致的脑脊髓液增加。

**【检疫和诊断】** 根据临床症状、病理变化和流行特点可做出初诊，确诊需通过实验室检查。

1. 病毒的分离鉴定　从自然感染病例分离病毒较为困难。组织培养分离CDV可用犬肾原代细胞、鸡胚成纤维细胞或犬肺泡巨噬细胞等。

2. 包涵体检查　生前可刮取鼻、舌、瞬膜和阴道黏膜等，死后则刮膀胱、肾盂、胆囊或胆管等黏膜，做成涂片，HE染色后镜检。细胞质内见红色、圆形或椭圆形、边缘清晰的包涵体。

3. 血清学诊断　包括中和试验、CFT、ELISA等方法。

**【检疫后处理】** 检疫中发现犬瘟热时，患病及可疑动物一律隔离治疗，同群动物紧急免疫接种，定期检疫，无害化处理尸体。被污染的笼子、用具、地面等严格消毒。

**【防疫措施】** 平时严格执行兽医卫生防疫措施，坚持进行免疫注射，可以预防犬瘟热的发生。一旦发生犬瘟热，为防止疫病蔓延，必须迅速将病犬隔离，用火碱、漂白粉或来苏儿彻底消毒，停止动物调动及无关人员来往。对尚未发病的假定健康动物和受威胁的其他动物，可考虑用犬瘟热高免血清或小儿麻疹疫苗做紧急预防注射，待疫情稳定后，再注射犬瘟热疫苗。

## 第十一节　利什曼病

利什曼病（leishmaniasis）又称为黑热病（Kala-azar）是由多种利什曼原虫所引起的人、犬以及多种野生动物的人兽共患寄生虫病。该病广泛分布于世界各地。

**【病原体】** 病原是锥体科（Trypanosoma）利什曼属（*Leishmania*）的多种原虫。有前鞭毛体和无鞭毛体两种形态。无鞭毛体见于哺乳动物体内，圆形直径2.4～5.2μm，椭圆形大小2.9～5.7μm×1.8～4.0μm；前鞭毛体见于白蛉消化道中，大小14.3～20.0μm×1.5～1.8μm。

当白蛉叮刺患者或感染的动物时，将无鞭毛体随同血液一并吸入蛉胃中，巨噬细胞被消化或破裂后，无鞭毛体即被释出，开始向前鞭毛体转化，并很快以纵二分裂法进行繁殖。当感染有前鞭毛体的白蛉叮刺人体吸血时，前鞭毛体即随白蛉分泌的唾液一道注入皮内，一部分被巨噬细胞吞噬。进入巨噬细胞内的虫体逐渐变圆，鞭毛消退，转化为无鞭毛体。

**【流行特点】** 人、犬、狐及某些鼠类对本病易感。家犬和野犬为重要的保虫宿主。主要传染源是病人和保虫宿主（犬、狐、鼠类）。以通过媒介昆虫白蛉的叮刺方式而传播。偶可经口腔黏膜、破损皮肤、胎盘或输血传播。

**【临床症状和病理变化】** 犬潜伏期3～7个月，病情严重程度不同。皮肤病灶常见而且明显，由紫斑性脱屑的脱毛区构成，主要在关节和皮肤皱褶处。有时鼻、耳垂和背部可见小的溃疡。鼻和口黏膜上也有溃疡。发展缓慢，表现精神不振，不规则的发热、呼吸促迫，黏膜苍白、消瘦，天然孔流血。剖检见肝、脾肿大，骨髓呈胶样红色，淋巴结肿胀。无明显征候的犬很多。

**【检疫和诊断】**根据流行特点、临床症状及病理变化可做出初诊，确诊需依靠实验室检查。以骨髓穿刺或淋巴结穿刺检出无鞭毛型的利什曼原虫即可确诊。也可以用IHAT、间接免疫荧光、ELISA、对流免疫电泳和直接凝集等方法来诊断。PCR法、cDNA探针杂交法、Dip-stick法也可用于该病的诊断。

**【检疫处理】**发现犬利什曼病时，以扑杀为宜。

**【防疫措施】**在我国山丘疫区，犬为主要传染源，故对病犬应做到早发现、早捕杀。定期查犬、捕杀病犬是防治工作中重要的一环。在流行地区对病人及时地进行治疗对控制黑热病的暴发和流行有很重大意义。消灭传播媒介白蛉是防控黑热病的根本措施。必须根据白蛉的生态习性，因地制宜地采取适当的对策。同时应加强个人防护，减少并避免白蛉的叮刺。

## 第十二节　鹿茸真菌病

鹿茸真菌病（mycosis of pilose antler）是由某些真菌感染鹿茸引起的一种疾病，危害鹿茸的生长和美观。

**【病原体】**病原为半知菌亚门（Deuteromycotina）绿菌纲（Chlorobia）的某种真菌。菌丝为有横隔的多细胞。病料在光镜下呈排列不规则的圆形孢子，未见菌丝。培养物镜检见菌丝分支并分离，菌丝直径1.7μm，菌丝末端的顶端或侧面见长方形小分生孢子。孢子生在无梗菌丝上。

**【流行特点】**仅公鹿感染。患病的公鹿为主要传染源。主要由病鹿与健康鹿直接接触，使鹿茸发生擦伤而感染。也可能通过饲养员或饲养用具间接接触鹿茸皮肤传播。一年四季均可发生，以6～7月鹿茸生长旺季多发。气温高、湿度大、昆虫多、鹿茸有损伤易诱发。

**【临床症状和病理变化】**以鹿茸发痒，茸皮上有梅花状或呈圆形小疱、溃疡和结痂为特征。病鹿精神、食欲和营养状况无异常。未经治疗的严重病例，病变只蔓延到真皮，不能扩散到皮下组织。鹿茸间质层和髓质层未见病理变化。本病对茸生长速度无影响。

**【检疫和诊断】**根据临床症状和病理变化可做出初步诊断，确诊需进行病原检查，即在茸皮病变部位刮取痂皮、茸皮，进行显微镜检查、沙堡劳培养基培养（对菌落特性、菌丝和孢子进行鉴定）。

**【检疫处理】**检疫中发现本病，要立即隔离治疗，被污染的圈舍、饲槽及用具应严格消毒。

**【防疫措施】**搞好饲养管理，做好清洁卫生，防止鹿群拥挤，减少饲养密度，保持通风良好。本病潮湿天气蔓延较快，因此要注意防止积水，做好经常性的消毒工作。治疗应早期进行，可用5%敌百虫溶液洗刷，也可用5%水杨酸酒精溶液洗刷。

## 第十三节　鹦鹉热

鹦鹉热（psittacosis）又称为鸟疫（ornithosis）、禽衣原体病（avian chlamydiosis），是由鹦

鹉热亲衣原体引起禽类的一种接触性传染病。常呈隐性感染，也可出现症状，主要特征为眼结膜炎、鼻炎和腹泻。人类和一些哺乳动物也可感染。

**【病原体】** 鹦鹉热亲衣原体（*Chlamydophila psittaci*）属于衣原体科（Chlamydiaceae）亲衣原体属（*Chlamydophila*），革兰氏染色阴性，只有寄生在宿主细胞的细胞质中才能增殖。可用鸡胚或细胞培养物来培养。病原对酸、碱有较强的抵抗力。

**【流行特点】** 感染范围较广。各种家禽、鸟类、人类均可感染。幼龄禽类易感性高。家禽中以鸽、鸡感染为主。各种鸟类和家禽多呈隐性感染，并通过鼻腔分泌物、肠排泄物排出病原体，是本病的主要传染源。主要通过吸入含病原的飞沫和尘土等感染，其次经口感染，也可经皮肤伤口感染。鸡螨、虱等吸血昆虫也可传播。

**【临床症状】** 多为隐性感染，但在应激时可呈显性感染。一般表现为发热、精神不振、厌食、鼻流黏液性分泌物、眼结膜炎、排黄绿色稀粪等。

**【病理变化】** 气囊增厚、腹腔浆膜面或心外膜上覆盖有纤维蛋白性渗出物，肺水肿或充血，肝、脾肿大，发生心包炎（鹦鹉科）或心肌炎（火鸡）。

**【检疫和诊断】** 临床表现并无特征性，确诊有赖于实验室检查。

1. 病原的分离和鉴定　取肺、气囊、肝、脾或异常分泌物作为病料制作涂片，用麻氏法或吉氏法染色后于油镜下检查。原生小体呈球形或椭圆形，鲜红色，分布于细胞质内。有时可见较大的浅蓝色颗粒。分离病原时将病料制作乳剂，卵黄囊内接种于6～7日龄的鸡胚或小鼠腹腔内，用卵黄囊涂片或用死亡、扑杀的鼠肝涂片染色镜检，发现病原即可确诊。

2. 血清学试验　检疫进出口动物衣原体病时，常用IHAT和CFT。

**【检疫处理】** 检疫中发现衣原体病时，要采取果断措施，淘汰病鸟，病鸟及鸟的排泄物一律深埋或焚烧。对笼具、食水具和环境进行彻底清理和消毒。对于特别珍贵的鸟可以在严格隔离的条件下用药物进行治疗。

**【防疫措施】** 严格养禽场和鸟类贸易集市以及运输过程的检疫制度。对已发生过感染的场所和房舍，给予检疫监督和消毒处理。在家禽和鸟类运输前后，应在饲料中加入四环素族抗生素进行化学预防。引进新鸟时要先隔离饲养至少3个月，确认健康者方可混群饲养。

## 复习思考题

1. 兔病毒性出血病与兔败血症型巴氏杆菌病如何鉴别？
2. 兔黏液瘤病实验室诊断方法有哪些？
3. 兔球虫病如何确诊和检疫？
4. 如何鉴别水貂阿留申病、水貂病毒性肠炎及犬瘟热？
5. 犬瘟热如何确定检疫？
6. 鹦鹉热如何检疫和处理？

（宁官保）

# 第十二章

# 蜜蜂、蚕和水产动物主要疫病检疫

## 第一节 欧洲幼虫腐臭病

欧洲幼虫腐臭病（European foulbrood disease）又称为欧洲腐蛆病、欧洲幼虫病，是由蜂房蜜蜂球菌引起蜜蜂的一种传染病。特征是3～5日龄幼虫卷曲、腐坏死亡，形成橡胶状不定型物，具酸臭味。本病几乎世界各国都有发生。我国中蜂抵抗力弱，常有发生，西方蜜蜂也有患病报道。

**【病原体】**蜂房蜜蜂球菌（*Melissococcus pluton*）属蜜蜂球菌属（*Melissococcus*）。菌体呈披针形，大小为0.5～0.7μm×1.0μm，无运动性，革兰氏染色阳性，但染色不稳定，不形成芽胞，有时可形成荚膜，多成对或形成不定长的链状。此菌可分解葡萄糖、果糖，不产气，不分解蔗糖、麦芽糖、淀粉等。

**【流行特点】**48h内小幼虫最易感，蜂王、雄蜂和工蜂幼虫都能受到感染。患病幼虫和哺育蜂是主要传染源。通过污染的哺育蜂传染。盗蜂、迷巢蜂、雄蜂以及养蜂人员不遵守卫生操作规程，都会造成本病在蜂场内和蜂场之间传播。春末夏初是发病高峰期，病程发展较缓慢，轻的3%～5%幼虫死亡，重的20%～25%以上幼虫死亡。

**【临床症状和病理变化】**潜伏期2～3d，感染幼虫多在4～5日龄、巢房未封盖时死亡。病虫由珍珠白色变为黄色，最后变为棕色，蜷缩在巢房底。虫体内气管清晰可见，在卷曲幼虫呈白色辐射线，在伸直幼虫呈细线状有白色横纹。透过表皮可见一条延长的、模糊的、浅灰色或浅黄色团块，是中肠内含有许多细菌的混浊的液体。腐烂尸体似橡胶状，稍有黏性，拉丝长度不超过2mm，有酸臭味。虫尸干燥后变为深褐色，容易从巢房取出或被工蜂清除。在未封盖子脾（大幼虫脾）有"插花子"现象。由于不同寄生腐生菌的存在，虫尸气味有很大变化，典型的是酸味。后期如有蜂房芽胞杆菌感染分解色氨酸产生吲哚，则具有强烈的大粪味。

**【检疫和诊断】**根据典型症状与病变，结合流行特点可做出初诊，确诊需进行实验室诊断。

1. 直接涂片镜检　采集病死幼虫及带死虫的巢脾，挑取病虫尸体少许，置于载玻片上，加水制成悬液，风干、固定后染色镜检。如看到单个、成对或链状略呈披针形的球菌，结合临床症状，即可确诊。

2. 分离培养　无菌挑取幼虫尸体少许，制成悬浮液。划线接种于马铃薯琼脂培养基或牛肉膏琼脂平板上，35～37℃ 培养 24h。若出现小球形，边缘整齐，表面光滑、凸起，珍珠白色，不透明的菌落，再挑取单个菌落涂片染色检查。

3. 血清学诊断　用阳性兔血清，采用沉淀反应或凝集反应来检测细菌抗原。

**【检疫处理】** 检疫中发现欧洲幼虫腐臭病时，不准转地或调运。患病蜂群连同巢脾烧毁深埋。其他蜂群搬至距原场 5km 的地方隔离。外出放蜂需有地县检疫证明方可托运。

**【防疫措施】**

1. 加强饲养管理　做好春秋繁殖期的保温工作，合并弱群，同时保证蜂群的饲料供给，提高蜂群的抗病能力。也可结合饲喂进行药物预防。

2. 搞好消毒工作，消灭疫源　平时要注意蜂场和蜂群的卫生，定期对场地和蜂具进行消毒。当发病范围很小、发病严重时，应销毁严重发病的蜂群。

3. 换掉病群蜂王　发病初期用新交尾成功的蜂王将老蜂王换掉，有良好的效果。年轻的蜂王产卵快，促使清扫工蜂更加积极地清除病虫，蜂群能迅速恢复。

4. 药物治疗　链霉素、青霉素、土霉素等多种抗菌素有效，土霉素最好。

## 第二节　美洲幼虫腐臭病

美洲幼虫腐臭病（American foulbrood disease）又称为臭子病、烂子病，是由幼虫芽胞杆菌引起蜜蜂幼虫和蛹的一种急性、细菌性传染病。以子脾封盖下陷、穿孔，封盖幼虫死亡、蛹舌现象为特征。

**【病原体】** 幼虫芽胞杆菌（*Bacillus larvae*）属于类芽胞杆菌属（*Paenibacillus*），菌体杆状，大小为 2～5 μm×0.5～0.8μm，革兰氏阳性菌，能形成椭圆形的芽胞，其大小约为 1.3 μm×0.6 μm，中生至端生，孢囊膨大。芽胞对热、化学消毒剂、干燥等不良环境有很强的抵抗力。

**【流行特点】** 工蜂、雄蜂、蜂王的幼虫期均易感，西方蜜蜂比东方蜜蜂易感，黄蜂也易感。病虫是主要传染源，病脾、带菌花粉等被污染物是主要传播媒介。幼虫因食入染菌的食物而感染。内勤蜂的清巢、饲喂等活动也是群内传播的方式。群体间传播主要由盗蜂、迷巢蜂、得病群与健康群之间巢脾等蜂具调整、带菌花粉的饲喂等造成的。多在夏秋季节流行，并常造成全群或全场的覆灭。

**【临床症状和病理变化】** 1 日龄幼虫最易感，只有芽胞才能感染健康幼虫。染病幼虫在封盖后 3～4d 死亡（即前蛹期），少数在幼虫期或蛹期死亡。蛹期死亡的虫体部已腐烂，但其口喙朝巢房口方向前伸，形如舌状，称蛹舌现象，是本病典型特征。病虫体色变化明显，逐渐由正常的珍珠白变黄、淡褐色、褐色直至黑褐色。病脾封盖子蜡盖下陷、颜色变暗，呈湿润状，有的有穿孔。烂虫具黏性，有腥臭味，用竹签挑，可拉出长丝。随虫体不断失水干瘪，最后会变成工蜂难以清除的黑褐色鳞片状物。

**【检疫和诊断】** 根据典型症状，结合流行特点即可做出初诊，确诊需进行实验室诊断。

1. 芽胞染色诊断　挑取腐烂尸体少许，涂抹在载玻片上制成混浊悬液，加苯胺黑溶液混匀，均匀涂抹后风干，加上盖玻片，用油镜检查。若看到大量明亮椭圆形芽胞，即可确诊。

2. 生化反应鉴别　在试管内加 1%脱脂牛乳粉溶液 3～5mL，将腐烂的幼虫体液放入其中混匀，37℃培养 10～20 min，混悬液将澄清。而欧洲幼虫腐病或者囊状幼虫病的混悬液将呈阴性反应。原理是幼虫芽胞杆菌形成芽胞时产生大量蛋白水解酶，使牛乳蛋白水解。

**【检疫处理】**检疫中发现美洲幼虫腐臭病时，应立刻连同蜂箱巢脾烧毁，对蜂具彻底消毒，也可只烧毁蜜蜂和巢脾，用喷灯烧烤蜂箱内壁。病情较轻的蜂群，采取换箱换脾，彻底消毒蜂箱蜂具，结合饲喂药物有可能治愈。待临检症状消失后，经检验合格开具检验证明方可托运。外出放蜂需有地县检疫证明方可托运。

**【防疫措施】**杜绝病原传入，实行检疫，操作要遵守卫生规程；饲料用蜂蜜要严格选择，禁用来路不明的蜂蜜，禁止购买有病的蜂群。严格消毒，每年在春季蜂群陈列以后和越冬包装之前，均要对蜂群进行一次彻底的消毒，特别是在有病或受到威胁的情况下，更应进行严格消毒。托运单位必须在启运前 3d 通知动物防疫机构。放蜂单位应持有县农牧部门出境证明和到达地县以上农牧部门的同意入境放蜂证明，再到动物检疫机关进行检疫。

## 第三节　蜜蜂孢子虫病

蜜蜂孢子虫病（nosemosis of honey bees）又称为蜜蜂微粒子病，是由蜜蜂微孢子虫寄生在成年蜜蜂消化道的一种传染病。特征是腹部末端暗黑色，第一、第二腹节背板呈棕黄色略透明。

**【病原体】**蜜蜂微孢子虫（*Nosema apis*，*Nosema ceranae*）在蜜蜂体外以孢子形态存活。孢子长椭圆形，长 4～6μm，宽 2～4μm，外面有孢子膜，膜厚度均匀，表面光滑，具高度折光性。孢子内部有两个细胞核，两端有两个空泡，还有一条长 230～400μm 细长盘旋的极丝。孢子前端的孢子膜中央有一个胚孔，极丝可从胚孔伸出。蜂微孢子虫对外界不良环境的抵抗力很强。耐受冷冻、冻干和微波。在蜜蜂尸体里至少可存活 1 年，在蜜蜂粪便里可存活 2 年，在蜂蜜中存活 10 个月。杀死微孢子虫孢子，在直射阳光下需 15～32h，在蜂蜜中加热到 60℃需经过 60h，在 10%漂白粉溶液中需 10～12h，在 2%石炭酸溶液中只需 10min。

**【流行特点】**主要感染成年蜂，而幼虫和蛹不感染。中、西蜂都易感染，以西方蜜蜂较为普通。病蜂是传染源。病蜂体内孢子随粪便排到体外，常常通过污染巢脾、蜂箱、蜂蜜、花粉和水源传播。群内传播主要是健康工蜂进行采集和清扫工作时吞食了孢子；群间传播则是通过盗蜂、迷巢蜂或饲养员随意调换巢脾、混用蜂具等造成。多流行于春季，夏季病害会显著降低。

**【临床症状】**发展较缓慢，初期症状不明显，随着病情的发展，病蜂行动迟缓，后期丧失飞翔能力。病蜂常集中在巢脾下面边缘和蜂箱底部，许多病蜂在蜂箱前的地面上无力地爬行。典型症状是病蜂腹部末端呈暗黑色，第一和第二腹节背板呈棕黄色，略透明。行为也有改变，停止饲喂幼虫，停止照顾蜂王，转去守卫蜂巢和从事采集。

**【病理变化】**主要局限在蜜蜂的中肠（胃）。健康蜜蜂的中肠呈淡褐色，环纹清楚，有弹性。病变的中肠变成灰白色，环纹模糊，失去弹性。将病蜂中肠和健康蜂中肠进行组织切片，用苏木精染色液染色，显微镜观察。病蜂中肠的围食膜消失，上皮细胞内充满大量的微孢子虫的新生孢子。健康蜂的围食膜完好，上皮细胞正常。

**【检疫和诊断】**根据流行特点、临床症状和病理变化可做出初诊，确诊需做实验室检验，包括病理组织学检查和病原学诊断。微孢子虫在蜜蜂中肠细胞内引起的病理变化，通过制作病理切片可以清楚地观察到。采集蜜蜂消化系统、蜂王粪便或蜂蜜，涂片进行病原体检查，若发现有较多的强折光性、谷粒状的椭圆形孢子即可确诊。

**【检疫处理】**检疫中发现蜜蜂孢子虫病时，病群应隔离治疗，蜂箱、巢脾、蜂具等要严格消毒。加强饲养管理，喂以优质的蜂蜜和纯净的糖浆。其他处理方法同欧洲幼虫腐臭病。

**【防疫措施】**

1. 加强饲养管理　越冬前要给蜂群准备好不含甘露蜜的越冬饲料；北方蜂群越冬室温以2～4℃为宜，并具有干燥和通风的环境条件；早春应促使蜜蜂提早排泄飞翔，并及时更换劣质蜂王；不随便合并患病蜂群及调换巢脾。

2. 严格消毒　对养蜂用具、蜂箱、巢脾及场地等，要搞好消毒工作。蜂箱及巢框可用2%～3%NaOH液清洗，也可用火焰喷灯灼烧；巢脾可用4%甲醛溶液或冰醋酸消毒；蜂场可用10%～20%的石灰乳喷洒。

3. 药物防治　选择柠檬酸、米醋等制成酸性糖浆，在秋末冬初饲喂越冬饲料时，或在早春对蜂群进行饲喂，可起到抑制孢子虫生长繁殖。治疗可选用烟曲霉素等药物。

## 第四节　蜜蜂螨病

蜜蜂螨病（tropilaelaps mite）又称为小蜂螨病，是由亮热厉螨寄生在蜜蜂虫蛹上引起的蜜蜂毁灭性传染病。感染亮热厉螨的蜂群，大批虫蛹死亡、腐烂、变黑；勉强出房的幼蜂，翅残缺不全，不久死亡；蜂群迅速削弱为其特征。

**【病原体】**亮热厉螨（*Tropilaelaps clareae*）俗称小蜂螨，属于寄螨目（Parasitiformes）厉螨科（Laelaptidae）热厉螨属（*Tropilaelaps*）。小蜂螨有卵、幼虫、前期若虫、后期若虫及成虫5种虫态。雌虫卵圆形，体长1.03mm，宽0.56mm，黄棕色；雄虫略小，卵圆形，体长0.95mm，宽0.56mm，淡棕色。

**【生活史】**小蜂螨在蜜蜂的子脾上生活和繁殖。雌螨进入幼虫巢房，48h后开始产卵。1个幼虫巢房常有多只小蜂螨寄生。小蜂螨从卵到成虫的发育期为4.5～6.0d。雌蜂螨的寿命与温度有密切关系，最适生活温度为31～36℃。小蜂螨在蜜蜂繁殖期，在子脾上可存活20d以上，脱离蜂巢在蜂体上只能存活1～3d。

**【流行特点】**本病是带小蜂螨的蜜蜂与健康蜂直接接触传染。盗蜂、迷巢蜂，特别是将有小蜂螨的子脾调给健康蜂群，造成蜂群之间的传播。长途转地放蜂使本病从一个地区传播到另一个地区的蜂场。幼虫和蛹受害严重，发病与蜂群群势和气温有密切关系。6月份前很少发生，7月后开始上升，9月份达到高峰，11月又降低。

**【临床症状和病理变化】**大批蜜蜂虫蛹死亡，腐烂变黑，无黏性；巢房蜂盖有小孔。出房幼蜂的翅残缺不全，丧失生活能力，很快死亡；蜂群迅速衰弱，没有生产力，甚至全群毁灭。

小蜂螨寄生在蜜蜂虫蛹体上，吸食它们的血淋巴，使虫蛹缺乏营养而死亡或者发育不全。

**【检疫和诊断】**根据流行特点、临床症状和病理变化可做出初诊，通过病原检查可以确诊。

1. 直接检查　从蜂群中提出封盖子脾，挑开有小孔的封盖，夹出蜂蛹。将子脾迎着阳光，巢房内若有小蜂螨，它们就爬出来，在巢脾上快速爬行。大小似芝麻粒，肉眼可以看清。也可用放大镜仔细检查蛹体、蜂房内是否有蜂螨寄生。

2. 熏蒸检查　从蜂群提出正有幼蜂出房的子脾，用玻璃杯扣取 50～100 只工蜂，用乙醚棉球熏蒸 3～5min，待蜜蜂昏迷后，轻轻振摇，再将蜜蜂倒回原群的巢门前，蜜蜂苏醒后即回巢内。如有小蜂螨，它们就黏附在玻璃杯底部或壁上。

**【检疫处理】**检疫中发现小蜂螨病，主要采取药物治疗措施，消灭小蜂螨。同时，加强蜜蜂的饲养管理。一般应在采取相应的杀螨措施后才能转地或调运。

**【防疫措施】**根据小蜂螨的生活习性，主要采取蜂群内断子和同巢分区断子等方法来治螨，也可采取药物（如硫黄燃烧、升华硫黄）防治该病。

## 第五节　大蜂螨病

大蜂螨病（varroa mite）是由雅氏瓦螨引起蜜蜂的寄生螨传染病。受瓦螨危害严重的蜂群，工蜂瘦弱、翅卷曲残缺、寿命缩短；雄蜂的性功能降低。蜜蜂体壁被刺破的伤口容易感染病毒和细菌，使蜂群削弱死亡。

**【病原体】**雅氏瓦螨（*Varroa Jacobsoni Oudemans*）属于厉螨科（Laelaptidae）瓦螨属（*Varroa*），俗称大蜂螨，有卵、幼虫、前期若虫、后期若虫及成虫 5 种形态。幼虫在卵内形成。雌螨呈椭圆形，长 1.1～1.2mm，宽 1.6～1.8mm，棕褐色；背板一块，板上密布刚毛；足 4 对，足的跗节末端有爪垫。雄螨呈灰白色，卵圆形，长 0.8～0.9mm，宽 0.7～0.8mm，足 4 对，足的跗节末端爪垫不发达。

**【生活史】**受精的雌螨进入工蜂幼虫巢房（封盖期 12d）一般产 2～5 粒卵，其中 1 粒为雄性，其余为雌性，平均可成活 2～3 只充分受精的新雌螨。卵产出后即在卵内发育成具有 6 只足的幼虫雏形；经过 1～1.5d 破卵形成前期若虫；再经过 1.5～2.5d 蜕皮成为后期若虫；后期若虫经过约 3d 时间蜕皮，变为成虫。整个发育期历时 6～9d。雄螨与数只雌螨多次交配后就死亡。成活的雌螨随蜜蜂羽化出房，寄生在蜂体腹部的节间膜之间，吸食蜜蜂的血淋巴，在蜂体上漫游数日，然后寻找快要封盖的蜜蜂幼虫，潜入其巢房产卵。在蜜蜂繁殖期雌性瓦螨平均寿命约 45d，可产卵 2～3 个周期，一生最多可产 30 粒卵。瓦螨在蜂体上越冬，冬季可存活 3～6 个月以上。

**【流行特点】**瓦螨通过蜜蜂接触传染，雄蜂、盗蜂、迷巢蜂、长途转地放养，以及蜂王和笼装蜜蜂的运送，都能促进瓦螨的传播。瓦螨还可携带病毒和细菌，它们刺破蜂体的伤口也为传染开辟了道路。蜂螨的消长与蜂群群势、气温、蜜源及蜂王产卵时间均有较密切的关系。在北京地区，大蜂螨自春季蜂王开始产卵、蜂群内有封盖子脾时就开始繁殖，夏季蜜粉源充足，蜂王产卵力旺盛，蜂群进入繁殖盛期，这时蜂螨的寄生率保持相对稳定状态，到了秋季外界气温低，蜜源缺乏，蜂群群势下降，而蜂螨仍继续繁殖，并集中在少量的封盖子脾和蜂体上，则蜂螨的寄生率急剧上升；到秋季或初冬蜂王停止产卵，蜂群内无子脾时，蜂螨停止繁殖，以成螨形态在蜂体上越冬。因此，大蜂螨一年四季在蜂群中都可见到。

**【临床症状】**感染最初 2～3 年没有明显临床症状，对产蜜量也无影响。第 3 年以后如果蜂群中瓦螨总数超过了 3 000～5 000 只，1 个工蜂幼虫巢房可寄生 2～3 只瓦螨，并在其中产卵，蜂蛹营养不良，羽化的幼蜂身体瘦弱，翅畸形，寿命缩短。受多只瓦螨寄生的蜂蛹，时常死于巢房之内，死蛹无黏性，容易清除。螨害严重的蜂群大多在越冬期或早春全群死亡。

**【病理变化】** 瓦螨寄生在蜜蜂幼虫及成蜂的体外，以蜜蜂的血淋巴为营养，造成蜂体营养不良。如果有数只瓦螨寄生在1只蜜蜂虫蛹，可使蜂翅发育不全。工蜂寄生1～3只瓦螨，血淋巴减少23.6%，寄生4～6只瓦螨的减少40%。雄蜂有1～3只瓦螨寄生时，血淋巴减少18.3%，寄生4~6只瓦螨的减少31%。

**【检疫和诊断】** 根据流行特点、临床症状可做出初步诊断。雅氏瓦螨寄生时，可在巢门前发现有许多翅足不全的幼蜂和死蜂，子脾上有死亡变黑的幼虫或蛹，死蛹体上还常附着有白色的颗粒状物。确诊需进行病原学检查，方法基本同小蜂螨病。

**【检疫处理】** 同小蜂螨病。

**【防疫措施】** 根据蜂螨繁殖于封盖房，寄生于蜂体的特点，利用各种断子时期，进行治疗。一般是抓住越冬阶段内没有子脾，蜂螨寄生在成蜂体的有利时机治疗蜂螨病。治疗蜂螨病的药物较多，常交替使用，以防蜂螨产生抗药性。

## 第六节 白垩病

白垩病（chalkbrood disease）又称为石灰质病，是由蜂球囊菌引起蜜蜂幼虫的顽固性真菌传染病。特征为患病幼虫最后形成海绵体状石子形颗粒。

**【病原体】** 蜂球囊菌（*Ascophaera apis*）属真菌球囊菌科（Ascophaeraceae）球囊菌属（*Ascophaera*）。菌丝为雌雄异株，两种菌丝相结合时形成孢子。孢子在直径约60μm、暗棕绿色的子实体的孢子囊内形成。1个子实体含有数个孢子囊，每个孢子囊含有8个左右孢子。孢子椭圆形，大小为2.5μm×1.25μm。孢子具有很强的生命力，在干燥状态下可存活15年之久。

**【流行特点】** 雄蜂幼虫最易感染，蜂王幼虫也能受到感染。蜂囊球菌孢子经风力传播到植物上污染花蜜和花粉以及水源，通过饲料感染幼虫。受污染的花粉是主要传播媒介。盗蜂，将有病巢脾调到健康群，转地放蜂，都会造成疾病的传播。多发生于春、夏高湿季节。

**【临床症状和病理变化】** 幼虫大多在3～4日龄受到感染，病虫失去光泽，经过巢房蜂盖后病虫死亡，先在腹部下侧出现白色附着物，逐渐延伸到整个尸体，最后僵化成木乃伊状。幼虫最初呈苍白色，以后变成灰色至黑色。幼虫尸体干枯后成为质地疏松的白垩状物。病虫的巢房蜂盖下陷，有孔洞。从大的孔洞可观察到白色幼虫僵尸。它们常被工蜂拖出巢房，聚集在箱底或巢门前。

**【检疫和诊断】** 根据流行特点、临床症状和病理变化可做出初诊，确诊需经实验室检查，即进行病料接种培养，镜检若发现大量白色菌丝和含有孢子的孢子囊时，即可确诊。

**【检疫处理】** 不准转地或调运。患病蜂群采取以下措施：①将患病群中的巢脾全部撤出，换箱换脾。②撤下的蜂箱、巢脾用消毒药喷洒或浸泡消毒。蜂场场地也要消毒。换箱后的蜂群逐脾喷洒消毒，连喷3d。③病群严禁生产蜂产品。

**【防疫措施】** 采取换箱换脾和药物防治相结合的措施。首先加强对蜂群的综合饲养管理，提高蜜蜂的抗病力。控制真菌繁殖的环境条件，饲料要清洁卫生。场地保持干燥、向阳、通风。更换患病群的蜂王和污染的蜂具，并对污染的蜂箱、巢脾用福尔马林和高锰酸钾熏蒸消毒。治疗可用黄连解毒汤加热，候温喷脾，然后用灰黄霉素混于糖浆中饲喂。

## 第七节　蚕型多角体病

蚕型多角体病（bombyx mori polyhedrosis）分为质型多角体病和核型多角体病两种：质型多角体病又称为中肠型脓病，俗称干白肚，是由质多角体病毒寄生于蚕中肠圆筒形细胞，并在细胞质内形成多角体的一种传染病；核型多角体病又称为血液型脓病或体腔型脓病，欧洲称为黄疸病或脂肪病，是由核型多角体病毒寄生和繁殖于寄主血细胞和体腔内各组织细胞核内而引起蚕的一种传染病。

**【病原体】**质型多角体病毒（*Cytoplasmic polyhedrosis virus*，CPV）属于呼肠孤病毒科（*Reoviridae*）质型多角体病毒属（*Cypovirus*）。病毒的稳定性与存在环境条件等有关，游离态病毒对外界环境抵抗力弱，而多角体抵抗力较强。

核型多角体病毒（*Nucleopolyhedrovirus*，NPV）属于杆状病毒科（*Baculoviridae*）核型多角体病毒属（*Nucleopolyhedrovirus*）。病毒在细胞核内形成一种特异的核型多角体（一种结晶蛋白质），其中包含着许多病毒粒子。病毒粒子由多角体蛋白质保护，对不良环境有较强的抵抗力。而游离在多角体之外的游离病毒，对环境的抵抗力很弱。

**【流行特点】**家蚕、野蚕、桑蚕、樗蚕、蓖麻蚕均可感染，尤以桑蚕最易感。各龄期蚕均易感染，蚕龄越小易感性越强，同一龄期以起蚕最易感。桑蟥、美国白蛾、赤腹舞蛾等野外昆虫也可感染。病蚕是主要传染源。野外患病的昆虫也可成为传染源。主要经口感染，也可能经伤口感染。病蚕流出的脓性体液及病昆虫的排泄物污染蚕室、蚕具及桑叶，被健蚕食入或接触即可感染发病。蚕的发病率与品种、蚕龄、季节有关。杂交一代比其亲本抵抗力强，杂交品种中夏秋蚕比春蚕抵抗力强；春季发病率相对较低，夏秋季发病率升高。

**【临床症状和病理变化】**

1. 质型多角体病　潜伏期较长，一般为1～2龄期。以空头、起缩和腹泻为特征。初期症状不明显，随后食欲减退，群体发育不齐。体色失去光泽，呈白陶土色，胸部半透明呈“空头状”，行动迟缓。病情加剧后常呆伏于蚕座四周，排出白色的粒粪，死时吐出胃液。起蚕得病，皮肤多皱，体色灰黄，食桑逐渐停止，起缩下痢。轻度病蚕，在第8环节背面撕开体壁，中肠后部有乳白横皱纹。后期则解剖后中肠部位呈乳白色脓肿现象。

2. 核型多角体病　以狂躁爬行，体色乳白，躯体肿胀易破、流出血液呈乳白色脓汁状，泄脓后蚕体萎缩、死亡为特征。一般稚蚕3～4d，壮蚕4～6d发病死亡。

**【检疫和诊断】**根据临床症状和病理变化可做出初步诊断，确诊需进一步做实验室检查。

1. 病原学检查　取中肠后部组织一小块，置于显微镜下观察，见到大量折光性强、大小不等的多角体可确诊。

2. 血清学检查　双向扩散法和对流免疫电泳法灵敏度高，可用于早期诊断。

**【检疫处理】**检疫中发现本病时，对有病批次的蚕采取先行严格隔离，即时拣除病蚕，区别不同情况，及时淘汰或治疗。使用蚕座消毒剂及时处理蚕沙，防止病毒蔓延。

**【防疫措施】**应坚持以防为主、综合防治的原则，重点抓好消灭病原和加强饲养管理两个环节。养蚕前要对蚕室、蚕具等彻底消毒，可用漂白粉或福尔马林消毒，蚕室用喷雾法，蚕具用喷雾或浸渍法消毒。蚕期饲育过程要严格捉青、分批、防止混批饲育。及时淘汰弱小蚕。蚕座经常撒药。加强饲育管理，饲育过程应按养蚕技术要点进行，促使蚕体发育齐全，严格控制壮蚕期的温湿度。选拔培育抗病的蚕品种。

## 第八节　蚕白僵病

蚕白僵病（white muscardine）是由白僵菌经皮肤侵入蚕体而引起发病的。蚕死后，先软后硬，全身被白色分生孢子覆盖，称为白僵蚕。白僵蚕喜湿怕干，多湿地方、多雨季节，蚕就容易发生白僵病。

**【病原体】**白僵菌（*Beauveria bassiana*）属于丛梗孢科（Moniliaceae）白僵菌属（*Beauveria*）。其生长周期分为四个主要阶段：分生孢子、营养菌丝、芽生孢子和气生菌丝。

**【流行特点】**蚕和野生昆虫均易感染。蛹和蛾也可感染。覆盖于白僵蚕尸体上白色的分生孢子是传染来源。传播途径为直接接触或经伤口感染。分生孢子随风飞散，当落入蚕座并附于蚕体壁后，在适宜温湿度下经6～8h发芽，并穿透体壁进入体内寄生。各养蚕季节均可发生，但以温暖潮湿季节和地区多发。

**【临床症状和病理变化】**初期外观与健康蚕无明显差异。但随着病情的进展，病蚕体表散在暗褐色或油渍状病斑，形状不规则，大小不一，部位不定。之后不久病蚕食欲急剧降低乃至停食。病蚕死前呕吐和排软便，死后尸体头胸部向前伸出，体躯松弛柔软，继而硬化，有的从尾部开始呈现桃红色或全身酱红色。死后1～2d，自硬化尸体的气门、口器及节间膜等处先长出气生菌丝，继而布满全身。最后在菌丝上生出无数分生孢子，状似白粉。眠前发病，则病蚕多呈半脱皮或不脱皮，有时因为出血，尸体潮湿呈污褐色，易腐烂。在簇中或茧中的病死蚕，往往干瘪，仅在节间膜处看到少量的菌丝和分生孢子。病蛾尸体则扁瘪而脆，翅足易折。蚕感染后一般3～7d死亡，小蚕的潜伏期短，死亡快，大蚕则死亡慢。

**【检疫和诊断】**根据临床症状和病理变化可做出初步诊断，确诊需进行病原检查。可取病蚕血液在显微镜下检查，如有圆筒形或卵圆形的短菌丝及营养菌丝即可确诊。或用1%有效氯的漂白粉液（用其他氯制剂也可）对病蚕的尸体进行体表消毒后，置于灭菌培养皿中，于25℃培养4～6d，观察气生菌丝和分生孢子着生的状况及其颜色，做进一步的分类鉴定，便可最后确诊。

**【检疫处理】**发现白僵病后，要隔离病蚕，严格处理白僵病的尸体及蚕鞘、蚕粪等。

**【防疫措施】**严格进行蚕室、蚕具、蚕卵及环境的消毒。驱除桑园虫害，防止患病害虫及其尸体、排泄物等附着在桑叶上混入蚕室。饲养中控制好蚕室温湿度，特别是湿度，要控制在75%以下，以抑制白僵菌分生孢子发芽。做好蛹期防僵工作。可适当推迟削茧鉴蛹的时期，一般在复眼着色后进行，在老熟上蔟前进行蚕体和蚕蔟消毒。在削茧鉴蛹时进行蛹体消毒。在裸蛹保护过程中可用硫黄熏烟消毒。

## 第九节　虹鳟病毒性出血性败血症

病毒性出血性败血症（viral haemorrhagic septicaemia，VHS）是由病毒性出血性败血病病毒引起虹鳟的一种急性败血性传染病。其特征是鱼体发黑，眼球突出，鳃、鳍条、肌肉和内脏出血。

**【病原体】**病毒性出血性败血病病毒（*Viral haemorrhagic septicaemia virus*，VHSV）又称为艾特韦病毒（*Egtved virus*），属弹状病毒科（*Rhabdoviridae*）。至少有3种血清型。病毒能在哺乳动物细胞株BHK-21、WI-38和两栖动物细胞株GL-1上生长。VHSV不耐热，不耐酸。

**【流行特点】**主要危害在低温季节淡水中养殖的虹鳟，人工感染可使河鳟、美洲红点鲑、鲰、白鲑、湖红点鲑等发病。重要的传染源是带毒鱼，病毒在池水中可长期保持感染力，因此发病池的水、底泥及池内的无脊椎动物上都可能残留病毒颗粒，成为传染源。感染途径尚未完全查明，人工感染通过接触、腹腔注射及涂在鳃上均可获得成功。流行于冬末初春，水温在14℃以下容易暴发。

**【临床症状和病理变化】**

1. 急性型　发病迅速，死亡率很高。病鱼体色发黑，贫血，眼球突出，眼眶周围、口腔出血，鳃色变淡或花斑状出血，鳍基部及皮肤有时也出血。骨骼肌、脂肪组织、鳔、肠等出血；肾脏比正常的更红，造血组织发生变性、坏死，肾小管上皮细胞空泡变性，核固缩、溶解，上皮细胞剥离，肾小球水肿；肝呈暗红色，点状出血，肝血窦扩张、淤血，肝细胞发生空泡变性，局灶性坏死；脾脏肿大，脾脏及肾脏中有很多游离黑色素；骨骼肌有时发生玻璃样变、坏死。

2. 慢性型　病程较长，死亡率较低，鱼体深黑色，眼球显著突出，严重贫血，鳃苍白，甚至水肿，鱼体各处很少出血或不出血，并常伴有腹水；肝脏、肾脏、脾脏退色，肝血窦扩张，其中有正在溶血的红细胞，常出现点状出血或色素颗粒，肝细胞内有包涵体，肝细胞发生变性、坏死；肾脏、脾脏中造血组织坏死。

3. 神经型　病鱼做旋转游动，时而沉于池底，时而狂游，跳出水面，或侧游，腹壁收缩，在数日内逐渐死亡。

**【检疫和诊断】**根据流行情况、症状及病理变化做出初步诊断，确诊需进行实验室检查。

1. 病毒的分离和鉴定　将病料接种于RTG-2或FHM细胞上，15℃下培养。接种3～4d后，感染细胞变成颗粒状并脱落。蚀斑边缘不整。分离到的病毒用血清学方法鉴定。

2. 血清学试验　可用荧光抗体法，即将感染鱼的肾、脾和心做冰冻切片进行荧光抗体染色。

**【检疫处理】**检疫发现本病时，应立即进行隔离治疗。死鱼深埋，不得乱弃。用过的用具消毒。病鱼不准外运销售。待病愈后，经县级动物卫生监督部门检疫合格，开具检疫证明书后，方准外调托运。

**【防疫措施】**加强综合预防措施，严格执行检疫制度。卵用碘伏水溶液消毒。疾病流行地区改养对VHS抗病力强的大鳞大马哈鱼、银大马哈鱼或虹鳟与银大马哈鱼杂交的三倍体杂交种。

## 第十节 鲤春病毒血症

鲤春病毒血症（spring viraemia of carp，SVC）又称为鲤病毒血症，是由鲤春病毒血症病毒引起鲤的一种急性传染病。特征是体黑眼突，皮肤出血，肛门红肿，腹胀，肠炎。

**【病原体】**鲤春病毒血症病毒（Spring viraemia of carp，SVCV）属弹状病毒科（*Rhabdoviridae*）。病毒能在多种鱼类细胞株上增殖，并出现 CPE，其中在 FHM 和 EPC 细胞上增殖最好；病毒也能在猪肾、牛胚、鸡胚及爬行动物细胞株上增殖。在 pH 7～10 中稳定。对热敏感，加热 60℃经 15min 时侵染率为 0%。用冷冻干燥法可长时间保存病毒。保存在－70℃的鲤鱼组织内，或在含 10%胎儿血清培养液中，其感染力至少可维持 20 个月。

**【流行特点】**主要危害 1 龄以上的鲤，鱼苗、鱼种很少感染。人工感染还可使白斑狗鱼、草鱼、虹鳟等发病。病鱼、死鱼及带病毒鱼是传染源，可通过水传播；病毒可能通过鳃和肠感染，鲺和蛭也有可能是其媒介者。只流行于春季（水温 13～20℃），水温超过 22℃时就不再发病，所以称为鲤春病毒血症。

**【临床症状和病理变化】**病鱼呼吸缓慢，沉入池底或失去平衡侧游。体色发黑，常有出血斑点。腹部膨大，眼球突出和出血，肛门红肿。贫血，鳃色变淡并有出血点。腹腔内积有浆液性或出血的腹水，肠壁严重发炎，其他内脏上也有出血斑点，其中以鳔壁为最常见。肌肉也因出血而呈红色。肝、脾、肾肿大，颜色变淡，造血组织坏死。心脏发生心肌炎、心包炎。肝血管发炎、水肿及坏死。脾充血，网状内皮细胞增生。肾小管渐进性闭塞，细胞玻璃样变性，细胞质内有包涵体。鳔上皮细胞由单层变成多层，黏膜下血管肿大，附近淋巴细胞浸润。心肌变性、坏死。胰腺化脓性炎症，渐进性坏死。小肠血管发炎。

**【检疫和诊断】**根据症状及病理变化特点，结合流行特点可做出初步诊断，确诊需做病毒分离和鉴定：将病鱼的内脏或鱼鳔做成乳剂，接种于 FHM 细胞上，在 20～22℃培养 10d，病变细胞首先出现颗粒，然后变圆。分离的病毒可用中和试验和分子生物学技术进行鉴定。

**【检疫处理】**有发病前兆的鱼塘用漂白粉全池消毒；一旦暴发后，每尾鲤腹腔注射弱毒苗，或采用碘伏拌饵投喂鱼。同时用硫酸铜或漂白粉全池消毒；或生石灰全池消毒，并辅以内服或外用抗生素以防止继发细菌性感染。其他检疫处理与病毒性出血性败血病相同。

**【防疫措施】**加强综合预防措施，严格执行检疫制度。经常保持鱼塘水质清洁，备有充足的天然饲料，及时分塘。未经充分发酵的牛、羊、猪等粪肥，不得施入鱼塘。水温提高到 22℃以上。选育对 SVC 有抵抗力的品种。

## 第十一节 对虾杆状病毒病

对虾杆状病毒病（penaei baculovirus disease）又称为四角体杆状病毒病（tetrahedral baculovirosis），是由对虾杆状病毒引起对虾的一种急性高度致死性传染病。特征为肝胰腺或中肠上皮的细胞核内有大量的四面体包涵体，幼虾发病率和病死率均很高，病程短。

**【病原体】**对虾杆状病毒（*Baculovirus panaei*，BP）属杆状病毒科（*Baculoviridae*）核多

角体病毒属（*Nucleopolyhedrovirus*）。杆状，有囊膜。病毒颗粒在肝胰腺及前中肠上皮细胞核内增殖，包涵体是四面体或金字塔形；汞溴酚蓝染色包涵体呈浅蓝至深蓝色，甲基绿-焦宁染色呈鲜红色；PAS反应阴性，福尔根反应阴性。多角形核内包涵体呈晶格构造，是由圆形的亚基整齐排列组合而成。

**【流行特点】**主要流行于墨西哥北部沿岸、中美洲沿岸地区及夏威夷，危害桃红对虾、褐对虾、白对虾、万氏对虾、蓝对虾及缘沟对虾等。将病虾的肝胰腺喂给健康虾吃后也患病，推测自然界中传播途径可能是健康虾吃了带病毒的虾而感染。

**【临床症状和病理变化】**患病对虾外观无特异症状，但死亡率很高。用显微镜检查新鲜肝胰腺压片时，很容易看到金字塔形的包涵体，肝胰腺上皮细胞的核比正常细胞核大1.5～2倍，核仁退化或消失，染色质减少，核膜增厚。

**【检疫和诊断】**目前该病毒尚不能在体外培养，故只能用组织学方法检查。常用切片法、压片法和印片法，均以找到特征性的四面体包涵体作为诊断依据。由于对虾死后2h，体内的蛋白酶就把病毒包涵体降解，所以必须收集濒死或刚死的虾，死后数小时的虾无诊断意义。

**【检疫处理】**检疫中发现该病时，对病死虾要采取深埋或销毁的处理，虾塘彻底消毒，禁止病对虾上市销售，暂停种虾调运检疫证的发放。

**【防疫措施】**加强饲养管理，尽可能地改善水质，根据养虾池的条件，确定比较合理的养殖密度，投喂优质饲料及准确掌握投饲量，定期投喂广谱抗菌药物，以防细菌感染。对虾池进行彻底消毒。加强亲虾的检查，发现携带病毒的亲虾，要及时清除，并对亲虾暂养池及工具进行消毒。育苗时要加强对幼体的监测，一旦发现有病毒感染，应立即进行严格的隔离、消毒或销毁，以免造成疾病的传播和流行。

## 复习思考题

1. 如何鉴别欧洲幼虫腐臭病与美洲幼虫腐臭病？
2. 蜂孢子虫病如何检疫？
3. 蜜蜂螨病与大蜂螨病有何异同点？
4. 蚕型多角体病包括哪两种类型？如何鉴别？
5. 虹鳟病毒性出血性败血症、鲤春病毒血症和对虾杆状病毒病的检疫要点是什么？

（宁官保）

# 附　录

## 一、2008 年版 OIE《陆生动物卫生法典》动物疫病名录

多种动物共患病（26 种）：Anthrax（炭疽）、Aujeszky’s disease（伪狂犬病）、Bluetongue（蓝舌病）、Brucellosis（*Brucella abortus*）［布鲁氏菌病（流产布鲁氏菌）］、Brucellosis（*Brucella melitensis*）［布鲁氏菌病（马耳他热布鲁氏菌）］、Brucellosis（*Brucella suis*）［布鲁氏菌病（猪布鲁氏菌）］、Crimean Congo haemorrhagic fever（克里米亚-刚果出血热）、Echinococcosis/hydatidosis（棘球蚴病）、Epizootic haemorrhagic disease（流行性出血病）、Equine encephalomyelitis（Eastern）（东方马脑脊髓炎）、Foot and mouth disease（口蹄疫）、Heartwater（心水病）、Japanese encephalitis（日本乙型脑炎）、Leptospirosis（钩端螺旋体病）、New world screwworm（*Cochliomyia hominivorax*）（新大陆螺旋蝇蛆病）、Old world screwworm（*Chrysomya bezziana*）（旧大陆螺旋蝇蛆病）、Paratuberculosis（副结核病）、Q fever（Q 热）、Rabies（狂犬病）、Rift Valley fever（裂谷热）、Rinderpest（牛瘟）、Trichinellosis（旋毛虫病）、Tularemia［土拉菌病（野兔热）］、Vesicular stomatitis（水泡性口炎）、West Nile fever（西尼罗河热）。

牛病（14 种）：Bovine anaplasmosis（牛无浆体病、牛边虫病）、Bovine babesiosis（牛巴贝斯虫病）、Bovine genital campylobacteriosis（牛生殖道弯曲杆菌病）、Bovine spongiform encephalopathy（牛海绵状脑病）、Bovine tuberculosis（牛结核）、Bovine viral diarrhoea（牛病毒性腹泻）、Contagious bovine pleuropneumonia（牛传染性胸膜肺炎）、Enzootic bovine leukosis（地方流行性白血病）、Haemorrhagic septicaemia（出血性败血症）、Infectious bovine rhinotracheitis/infectious pustular vulvovaginitis（牛传染性鼻气管炎、传染性脓疱性阴户阴道炎）、Lumpy skin disease（结节性皮肤病）、Theileriosis（泰勒虫病）、Trichomonosis（毛滴虫病）、Trypanosomosis（tsetse-transmitted）［锥虫病（舌蝇传播）］。

羊病（11 种）：Caprine arthritis/encephalitis（山羊关节炎脑炎）、Contagious agalactia（接触传染性无乳症）、Contagious caprine pleuropneumonia（山羊传染性胸膜肺炎）、Enzooticabortion of ewes（ovine chlamydiosis）（母羊地方性流产、羊衣原体病）、Maedi-visna（梅迪-维斯那病）、Nairobi sheep disease（内罗毕绵羊病）、Ovine epididymitis（Brucella ovis）［绵羊附睾炎

（绵羊布鲁氏菌病）]、Peste des petits ruminants（小反刍兽疫）、Salmonellosis（S. abortusovis）[沙门氏菌病（羊流产沙门氏菌）]、Scrapie（痒病）、Sheep pox and goat pox（绵羊痘和山羊痘）。

马病（11 种）：African horse sickness（非洲马瘟）、Contagious equine metritis（马传染性子宫炎）、Dourine（马媾疫）、Equine encephalomyelitis（Western）（西方马脑脊髓炎）、Equine infectious anaemia（马传染性贫血）、Equine influenza（马流感）、Equine piroplasmosis（马梨形虫病）、Equine rhinopneumonitis（马鼻肺炎）、Equine viral arteritis（马病毒性动脉炎）、Glanders（马鼻疽）、Venezuelan equine encephalomyelitis（委内瑞拉马脑脊髓炎）。

猪病（7 种）：African swine fever（非洲猪瘟）、Classical swine fever（古典猪瘟）、Nipah-virus encephalitis（尼帕病毒病）、Porcine cysticercosis（猪囊尾蚴病）、Porcine reproductive and respiratory syndrome（猪繁殖与呼吸综合征）、Swine vesicular disease（猪水疱病）、Transmissible gastroenteritis.（传染性胃肠炎）。

禽病（14 种）：Avian chlamydiosis（禽衣原体病）、Avian infectious bronchitis（禽传染性支气管炎）、Avian infectious laryngotracheitis（禽传染性喉气管炎）、Avian mycoplasmosis（Mycoplasma gallisepticum）[禽支原体病（鸡毒支原体）]、Avian mycoplasmosis（*Mycoplasma synoviae*）[禽支原体病（滑液支原体）]、Duck virus hepatitis（鸭病毒性肝炎）、Fowl cholera（禽霍乱）、Fowl typhoid（禽伤寒）、Highly pathogenic avian influenza in birds and low pathogenicity notifiable avian influenza in poultry as defined in Chapter 9.5（鸟类高致病性禽流感和需申报的禽的低致病性禽流感）、Infectious bursal disease（Gumboro disease）[传染性法氏囊病（甘保罗病）]、Marek's disease（马立克氏病）、Newcastle disease（新城疫）、Pullorum disease（鸡白痢）、Turkey rhinotracheitis（火鸡鼻气管炎）。

兔病（2 种）：Myxomatosis（多发性黏液瘤病）、Rabbit haemorrhagic disease（兔出血病）。

蜜蜂病（6 种）：Acarapisosis of honey bees（蜜蜂螨病）、American foulbrood of honey bees（蜜蜂美洲幼虫病）、European foulbrood of honey bees（蜜蜂欧洲幼虫病）、Small hive beetle infestation（*Aethina tumida*）（小蜂窝甲虫病）、*Tropilaelaps* infestation of honey bees（蜜蜂小蜂螨病）、Varroosis of honey bees（蜜蜂瓦螨病）。

其他动物疫病（2 种）：Camelpox（骆驼痘）、Leishmaniosis（利什曼虫病）。

## 二、2008 年版 OIE《水生动物卫生法典》动物疫病名录

鱼病（9 种）：Epizootic haematopoietic necrosis（流行性造血器官坏死病）、Infectious haematopoietic necrosis（传染性造血器官坏死病）、Spring viraemia of carp（鲤春病毒血症）、Viral haemorrhagic septicaemia（病毒性出血性败血症）、Infectious salmon anaemia（鲑鱼传染性贫血病）、Epizootic ulcerative syndrome（流行性溃疡综合征）、Gyrodactylosis（*Gyrodactylus salaris*）[三代虫病（唇齿鲥三代虫）]、Red sea bream iridoviral disease（真鲷虹彩病毒病）、Koi herpesvirus disease（Koi 鱼疱疹病毒病）。

软体动物病（7 种）：Infection with *Bonamia ostreae* [包拉米虫病（*Bonamia ostreae*）]、Infection with *Bonamia exitiosus*［包拉米虫病（*Bonamia exitiosus*）］、Infection with *Marteiliarefringens*［马尔太虫病（*Marteilia refringens*）］、Infection with *Perkinsus marinus*［派琴虫病（*Perkinsus marinus*）］、Infection with *Perkinsus olseni*［派琴虫病（*Perkinsus olseni*）］、Infection with *Xenohaliotis californiensis*（鲍鱼凋萎综合征）、Abalone viral mortality（鲍鱼病毒性死亡）。

甲壳动物病（8 种）：Taura syndrome（桃拉综合征）、White spot disease（白斑病）、Yellowhead disease（黄头病）、Tetrahedral baculovirosis（*Baculovirus penaei*）［四面体杆状病毒病（对虾杆状病毒）］、Spherical baculovirosis（*Penaeus monodon*-type baculovirus）［球形杆状病毒病（斑节对虾杆状病毒）］、Infectious hypodermal and haematopoietic necrosis（传染性皮下和造血器官坏死病）、Crayfish plague（*Aphanomyces astaci*）（螯虾瘟）、Necrotising hepatopancreatitis（坏死性肝胰炎）、Infectious myonecrosis（传染性肌坏死）、White tail disease（白尾病）、Hepatopancreatic parvovirus disease（肝胰炎细小病毒病）、Mourilyan vires disease（莫里扬病毒病）。

两栖动物病（2 种）：Infection with *Batrachochytrium dendrobatidis*（壶菌感染）、Infection with ranavirus（虹彩病毒感染）。

## 三、中华人民共和国一、二、三类动物疫病病种名录

（2008 年农业部颁布）

1. 一类动物疫病（17 种）

口蹄疫、猪水泡病、猪瘟、非洲猪瘟、高致病性猪蓝耳病、非洲马瘟、牛瘟、牛传染性胸膜肺炎、牛海绵状脑病、痒病、蓝舌病、小反刍兽疫、绵羊痘和山羊痘、高致病性禽流感、新城疫、鲤春病毒血症、白斑综合征。

2. 二类动物疫病（77 种）

多种动物共患病：狂犬病、布鲁氏菌病、炭疽、伪狂犬病、魏氏梭菌病、副结核病、弓形虫病、棘球蚴病、钩端螺旋体病。

牛病：牛结核病、牛传染性鼻气管炎、牛恶性卡他热、牛白血病、牛出血性败血病、牛梨形虫病（牛焦虫病）、牛锥虫病、日本血吸虫病。

绵羊和山羊病：山羊关节炎脑炎、梅迪-维斯纳病。

猪病：猪繁殖与呼吸综合征（经典猪蓝耳病）、猪乙型脑炎、猪细小病毒病、猪丹毒、猪肺疫、猪链球菌病、猪传染性萎缩性鼻炎、猪支原体肺炎、旋毛虫病、猪囊尾蚴病、猪圆环病毒病、副猪嗜血杆菌病。

马病：马传染性贫血、马流行性淋巴管炎、马鼻疽、马巴贝斯虫病、伊氏锥虫病。

禽病：鸡传染性喉气管炎、鸡传染性支气管炎、传染性法氏囊病、马立克氏病、产蛋下降综合征、禽白血病、禽痘、鸭瘟、鸭病毒性肝炎、鸭浆膜炎、小鹅瘟、禽霍乱、鸡白痢、禽伤寒、鸡败血支原体感染、鸡球虫病、低致病性禽流感、禽网状内皮组织增殖症。

兔病：兔病毒性出血病、兔黏液瘤病、野兔热、兔球虫病。

蜜蜂病：美洲幼虫腐臭病、欧洲幼虫腐臭病。

鱼类病：草鱼出血病、传染性脾肾坏死病、锦鲤疱疹病毒病、刺激隐核虫病、淡水鱼细菌性败血症、病毒性神经坏死病、流行性造血器官坏死病、斑点叉尾鮰病毒病、传染性造血器官坏死病、病毒性出血性败血症、流行性溃疡综合征。

甲壳类病：桃拉综合征、黄头病、罗氏沼虾白尾病、对虾杆状病毒病、传染性皮下和造血器官坏死病、传染性肌肉坏死病。

3. 三类动物疫病（63 种）

多种动物共患病：大肠杆菌病、李氏杆菌病、类鼻疽、放线菌病、肝片吸虫病、丝虫病、附红细胞体病、Q 热。

牛病：牛流行热、牛病毒性腹泻/黏膜病、牛生殖器弯曲杆菌病、毛滴虫病、牛皮蝇蛆病。

绵羊和山羊病：肺腺瘤病、传染性脓疱、羊肠毒血症、干酪性淋巴结炎、绵羊疥癣，绵羊地方性流产。

马病：马流行性感冒、马腺疫、马鼻腔肺炎、溃疡性淋巴管炎、马媾疫。

猪病：猪传染性胃肠炎、猪流行性感冒、猪副伤寒、猪密螺旋体痢疾。

禽病：鸡病毒性关节炎、禽传染性脑脊髓炎、传染性鼻炎、禽结核病。

蚕、蜂病：蚕型多角体病、蚕白僵病、蜂螨病、瓦螨病、亮热厉螨病、蜜蜂孢子虫病、白垩病。

犬猫等动物病：水貂阿留申病、水貂病毒性肠炎、犬瘟热、犬细小病毒病、犬传染性肝炎、猫泛白细胞减少症、利什曼病。

鱼类病：鮰类肠败血症、迟缓爱德华氏菌病、小瓜虫病、黏孢子虫病、三代虫病、指环虫病、链球菌病。

甲壳类病：河蟹颤抖病、斑节对虾杆状病毒病。

贝类病：鲍脓疱病、鲍立克次体病、鲍病毒性死亡病、包纳米虫病、折光马尔太虫病、奥尔森派琴虫病。

两栖与爬行类病：鳖腮腺炎病、蛙脑膜炎败血金黄杆菌病。

## 四、中华人民共和国进境动物一、二类传染病、寄生虫病名录

1. 一类动物传染病、寄生虫病

口蹄疫、非洲猪瘟、猪水疱病、猪瘟、牛瘟、小反刍兽疫、蓝舌病、痒病、牛海绵状脑病、非洲马瘟、禽流感、新城疫、鸭瘟、牛肺疫、牛结节疹。

2. 二类动物传染病、寄生虫病

多种动物共患疫病：炭疽、伪狂犬病、心水病、狂犬病、Q 热、裂谷热、副结核病、巴氏杆菌病、布鲁氏菌病、结核病、鹿流行性出血热、细小病毒病、梨形虫病。

牛疫病：锥虫病、边虫病、牛地方流行性白血病、牛传染性鼻气管炎、牛病毒性腹泻-黏膜病、牛生殖道弯杆菌病、赤羽病、中山病、水泡性口炎、牛流行热、茨城病。

绵羊和山羊疫病：绵羊和山羊痘、衣原体病、梅迪-维斯纳病、边界病、绵羊肺腺瘤病、山

羊关节炎脑病。

猪疫病：猪传染性脑脊髓炎、猪传染性胃肠炎、猪流行性腹泻、猪密螺旋体痢疾、猪传染性胸膜肺炎、猪繁殖与呼吸综合征。

马疫病：马传染性贫血、马脑脊髓炎、委内瑞拉马脑脊髓炎、马鼻疽、马流行性淋巴管炎、马沙门氏菌病、类鼻疽、马传染病毒性动脉炎、马鼻肺炎。

禽病：鸡传染性喉气管炎、鸡传染性支气管炎、鸡传染性法式囊病、鸭病毒性肝炎、鸡伤寒、禽痘、鹅螺旋体病、马立克氏病、住白细胞原虫病、鸡白痢、家禽支原体病、鹦鹉热（鸟疫）、鸡病毒性关节炎、禽白血病。

啮齿动物病：兔病毒性出血症、兔黏液瘤病、野兔热。

水生动物病：鱼传染性胰脏坏死、鱼传染性造血器官坏死、鲤春病毒病、斑节对虾杆状病毒病、鱼螵炎症、鱼旋转病、鱼鳃霉病、鱼疖疮病、异尖线虫病、对虾杆状病毒病、鲑鳟鱼病毒性出血性败血症。

蜂病：美洲幼虫腐臭病、欧洲幼虫腐臭病、蜂螨病、瓦螨病、蜂孢子虫病。

其他动物疫病：蚕微粒子病、水貂阿留申病、犬瘟热、利什曼病。

# 主要参考文献


OIE. 2008. Terrestrial Animal Health Code.

Y. M. 塞弗主编. 2005. 禽病学. 第十一版. 苏敬良，高福，索勋主译. 北京：中国农业出版社.

白文彬，于康震. 2002. 动物传染病诊断学. 北京：中国农业出版社.

毕丁仁主编. 1998. 动物霉形体及研究方法. 北京：中国农业出版社.

北京动植物检疫局. 1995. 进出境动植物检疫. 北京：中国农业科技出版社.

汪明主编. 2002. 兽医寄生虫学. 第三版. 北京：中国农业出版社.

蔡宝祥主编. 2001. 家畜传染病学. 北京：中国农业出版社.

陈怀涛. 2004. 牛羊病诊治彩色图谱. 北京：中国农业出版社.

陈可毅. 1994. 实用水牛疾病学. 长沙：湖南科学技术出版社.

陈溥言主编. 2006. 兽医传染病学. 第五版. 北京：中国农业出版社.

陈向前，汪明主编. 2002. 动物卫生法学. 北京：中国农业大学出版社.

程安春主编. 2004. 动物微生态学. 成都：四川科学技术出版社.

费恩阁，李德昌，丁壮. 2004. 动物疫病学. 北京：中国农业出版社.

甘肃农业大学，南京农业大学主编. 1992. 动物性食品卫生学. 北京：中国农业出版社.

甘孟侯主编. 1999. 中国禽病学. 北京：中国农业出版社.

华育荣. 1999. 野生动物传染病检疫学. 北京：中国林业出版社.

贾有茂主编. 1998. 动物检疫与管理. 北京：中国农业科技出版社.

孔繁瑶主编. 1999. 兽医大词典. 北京：中国农业出版社.

李国清主编. 2006. 兽医寄生虫学（双语版）. 北京：中国农业大学出版社.

李克荣，王加力主编. 2004. 动物防检疫技术与管理. 兰州：甘肃科学技术出版社.

李通瑞，刘宏智，冯学平. 1992. 动物检疫. 北京：农业出版社.

李志红，杨汉春，沈佐锐. 2004. 动植物检疫概论. 北京：中国农业大学出版社.

刘秀梵主编. 2000. 兽医流行病学. 第二版. 北京：中国农业出版社.

娄玉杰，金立明主编. 2004. 禽生产学. 长春：吉林科学技术出版社.

陆承平主编. 2007. 兽医微生物学. 第四版. 北京：中国农业出版社.

倪宏波等主编. 2002. 预防兽医学检验技术. 长春：吉林人民出版社.

马贵平. 1992. 进出境动物检疫手册. 北京：北京农业大学出版社.

国际兽疫局编著. 2002. 哺乳动物、禽、蜜蜂 A 和 B 类疾病诊断试验和疫苗标准手册. 农业部畜牧兽医司译. 北京：中国农业科技出版社.

农牧渔业部动物检疫所. 1986. 动物检疫. 第二版. 上海：上海科学技术出版社.

朴范泽主编．2004．家畜传染病学．北京：中国科学文化出版社．

钱爱东，丁日新主编．1997．畜禽防疫．长春：吉林科学技术出版社．

佘锐萍主编．2000．动物产品卫生检验．北京：中国农业大学出版社．

孙锡斌．2006．动物性食品卫生学．北京：高等教育出版社．

孙锡斌．1991．兽医卫生检验学．北京：中国农业出版社．

唐德辉主编．2003．动物检验检疫标准规范及法律法规实务全书．合肥：安徽音像出版社．

王桂枝，毕丁仁主编．1998．兽医防疫与检疫．北京：中国农业出版社．

王永坤主编．2002．水禽病诊断与防治手册．上海：上海科学技术出版社．

文心田主编．2004．动物防疫检疫手册．成都：四川科技出版社．

翁心华，潘孝彰，王岱明主编．1998．现代感染病学．上海：上海医科大学出版社．

肖蓉，徐昆龙主编．2005．实用动物性食品卫生检验技术．昆明：云南科技出版社．

徐国淦．1995．有害生物熏蒸及其他处理实用技术．北京：中国农业出版社．

杨汉春．2003．动物免疫学．第二版．北京：中国农业大学出版社．

杨廷桂．2001．动物防疫与检疫．北京：中国农业出版社．

殷震，刘景华．1997．动物病毒学．第二版．北京：科学出版社．

于大海，崔砚林主编．1997．中国进出境动物检疫规范．北京：中国农业出版社．

于恩庶，徐秉锟主编．1988．中国人兽共患病．福州：福建科技出版社．

俞乃胜主编．2000．山羊疾病学．昆明：云南科技出版社．

张勇主编．2003．动物疫情监测分析与疫病预防控制技术规范实施手册（第二卷）．呼和浩特：内蒙古人民出版社．

张彦明，贾靖国，刘安典主编．1994．动物性食品卫生检验技术．西安：西北大学出版社．

张彦明，佘锐萍主编．2003．动物性食品卫生学．第三版．北京：中国农业出版社．

张彦明主编．2003．兽医公共卫生学．北京：中国农业出版社．

郑明光主编．1999．动物性食品卫生检验学．长春：吉林科学技术出版社．

郑文波，李凯伦．2003．动物防疫检疫技术与法规．北京：中国农业大学出版社．

中国农业科学院哈尔滨兽医研究所主编．1999．动物传染病学．北京：中国农业出版社．

朱作锋主编．2004．动物防疫新技术标准规程与管理法规手册．北京：光明日报出版社．

朱维正主编．2000．新编兽医手册（修订版）．北京：金盾出版社．

骆延波，张绍学，柴家前等．2000．牛病毒性腹泻病病毒免疫机理研究进展．山东农业大学学报（自然科学版）31（2）：214～216．

何昭阳．2001．牛结核病研究进展．预防兽医学进展 3（4）：34～39．

# 郑 重 声 明

**图书在版编目（CIP）数据**

动物防疫与检疫/毕丁仁，钱爱东主编．—北京：中国农业出版社，2009.8
（全国高等农林院校“十一五”规划教材）
ISBN 978-7-109-10617-8

Ⅰ.动… Ⅱ.①毕…②钱… Ⅲ.①兽疫—防疫—高等学校—教材②兽疫—检疫—高等学校—教材 Ⅳ.S851.3

中国版本图书馆 CIP 数据核字（2009）第 108393 号

中国农业出版社出版
（北京市朝阳区农展馆北路 2 号）
（邮政编码 100125）
责任编辑 武旭峰

中国农业出版社印刷厂印刷 新华书店北京发行所发行
2009 年 8 月第 1 版 2009 年 8 月北京第 1 次印刷

开本：820mm×1080mm 1/16 印张：17.25
字数：407 千字
定价：26.00 元